できる®

Excel関数

エクセル

生成AI Copilot対応

Office 2024/2021/2019 & Microsoft 365版

尾崎裕子 & できるシリーズ編集部

インプレス

ご購入・ご利用の前に必ずお読みください

本書は、2024年11月現在の情報をもとに「Microsoft Excel 2024」の操作方法について解説しています。本書の発行後に「Microsoft Excel 2024」の機能や操作方法、画面などが変更された場合、本書の掲載内容通りに操作できなくなる可能性があります。本書発行後の情報については、弊社のWebページ（https://book.impress.co.jp/）などで可能な限りお知らせいたしますが、すべての情報の即時掲載ならびに、確実な解決をお約束することはできかねます。また本書の運用により生じる、直接的、または間接的な損害について、著者ならびに弊社では一切の責任を負いかねます。あらかじめご理解、ご了承ください。

本書で紹介している内容のご質問につきましては、巻末をご参照のうえ、お問い合わせフォームかメールにて問い合わせください。電話やFAX等でのご質問には対応しておりません。また、本書の発行後に発生した利用手順やサービスの変更に関しては、お答えしかねる場合があることをご了承ください。

動画について

操作を確認できる動画をYouTube動画で参照できます。画面の動きがそのまま見られるので、より理解が深まります。QRが読めるスマートフォンなどからはレッスンタイトル横にあるQRを読むことで直接動画を見ることができます。パソコンなどQRが読めない場合は、以下の動画一覧ページからご覧ください。

▼動画一覧ページ
https://dekiru.net/kansu2024

●用語の使い方

本文中では、「Microsoft Excel 2024」のことを、「Excel 2024」または「Excel」、「Microsoft 365 Personal」の「Excel」のことを、「Microsoft 365」または、「Excel」と記述しています。また、本文中で使用している用語は、基本的に実際の画面に表示される名称に則っています。

●本書の前提

本書では、「Windows 11」に「Microsoft Excel 2024」または「Microsoft 365のExcel」がインストールされているパソコンで、インターネットに常時接続されている環境を前提に画面を再現しています。また一部のレッスンでは有償版のCopilotを契約してMicrosoft 365のExcelでCopilotが利用できる状況になっている必要があります。

まえがき

本書は、Excelの関数を使用例とともに紹介する「Excel関数」本です。とうたいながら実は、関数以外にも、表の作り方やExcelの機能を折にふれて詳しく解説しています。場合によっては、関数を使わなくてもできる方法を紹介しています。

というのも、あまり関数だけで頭でっかちになると、使う必要もないのに無理やり関数をあてたり、関数のロジックにはまったあげく、複雑怪奇な式を作ったりしがちだからです。そんな間違った関数の使い手だけにはなってほしくないという思いから、関数以外のネタも随所に盛り込んでいます。

関数を使いこなすには、Excelの知識や表作成の基本は欠かせませんが、本書では関数を学びながら、ついでにExcelの知識、操作を身に付けられます。

さらに本書では、関数をもっと効率よく、もっと簡単に使うために、生成AI「Copilot」の利用も紹介しています。関数をベースにExcelの基本からAIの活用まで盛りだくさんの内容になっています。

もちろん「Excel関数」本ですから、関数の解説が中心です。使用頻度の高いもの、汎用性のあるもの、そして、知っておくと絶対お得なものを、できるだけたくさん、身近な使用例で解説しています。ここ数年、Excelには斬新な（昔からある関数とは異なる使用感！）関数が多数追加されていますが、これらもすぐに使える使用例とともに紹介しています。新関数の習得にもぜひお役立てください。

これから関数に詳しくなりたい方にはもちろん、長年Excelを愛用しているという方にも本書で、新関数やAIを活用した新しいExcelを楽しんでいただければ幸いです。

2024年11月　尾崎裕子

本書の読み方

レッスンタイトル
やりたいことや知りたいことが探せるタイトルが付いています。

YouTube動画で見る
パソコンやスマートフォンなどで視聴できる無料の動画です。詳しくは2ページをご参照ください。

サブタイトル
機能名やサービス名などで調べやすくなっています。

関数
関数の書式や使い方について解説しています。左上に関数の分類を明記しているので［関数ライブラリ］から関数を入力するときに便利です。右上には対応バージョンが記載されています。引数にどんな値を指定するかも詳しく紹介しています。

関連する関数
レッスンで解説する関数と関連の深い関数の一覧です。その関数を解説しているページを掲載しています。

ポイント
使用例で、引数にどんな値を指定しているのかを詳しく解説しています。

レッスン
19 合計値を求めるには

SUM

複数の数値を足す合計は、SUM関数で求めます。SUM関数は、あらゆる表でよく使われる基本の関数です。ここでは、支店別の売上金額の合計を求めます。

基本編 第3章 ビジネスに必須の関数をマスターしよう

数学／三角　対応バージョン 365 2024 2021 2019

数値の合計値を表示する

=SUM(数値)

SUM関数は、引数に指定された複数の数値の合計を求めます。引数には、数値、セル、セル範囲を指定することができます。数値の場合「10,20,30」のように、セルの場合「A1,A5,A10」のように「,」（カンマ）で区切って指定します。セル範囲の場合は、「A1:A10」のように「:」（コロン）でつなげて範囲を指定します。

引数

数値　合計を計算したい複数の数値、セル、セル範囲を指定します。

キーワード

関連する関数

用語解説

累計売り上げ

日々の売り上げを管理する集計表では、日付ごとに売り上げを足した「累計売上金額」を表示することがあります。例えば、1週間や1カ月の売り上げ目標に対し、到達までの過程を日々の累計で確認できます。

使いこなしのヒント

引数のセル範囲を色で確認する

引数にセルやセル範囲を指定すると、その場所に色と枠線が付きます。数式内の引数も同じ色になります。実際のセルと引数を色で確認できるわけです。数式の入力途中だけでなく、入力後の数式をダブルクリックしたときも、色枠で確認できることを覚えておきましょう。

88 できる

キーワード

レッスンで重要な用語の一覧です。巻末の用語集のページも掲載しています。

練習用ファイル

レッスンで使用する練習用ファイルの名前です。ダウンロード方法などは6ページをご参照ください。

使用例

関数の具体例を紹介しています。1つ1つの引数を画面写真上で指し示しているので、引数の指定に迷いません。

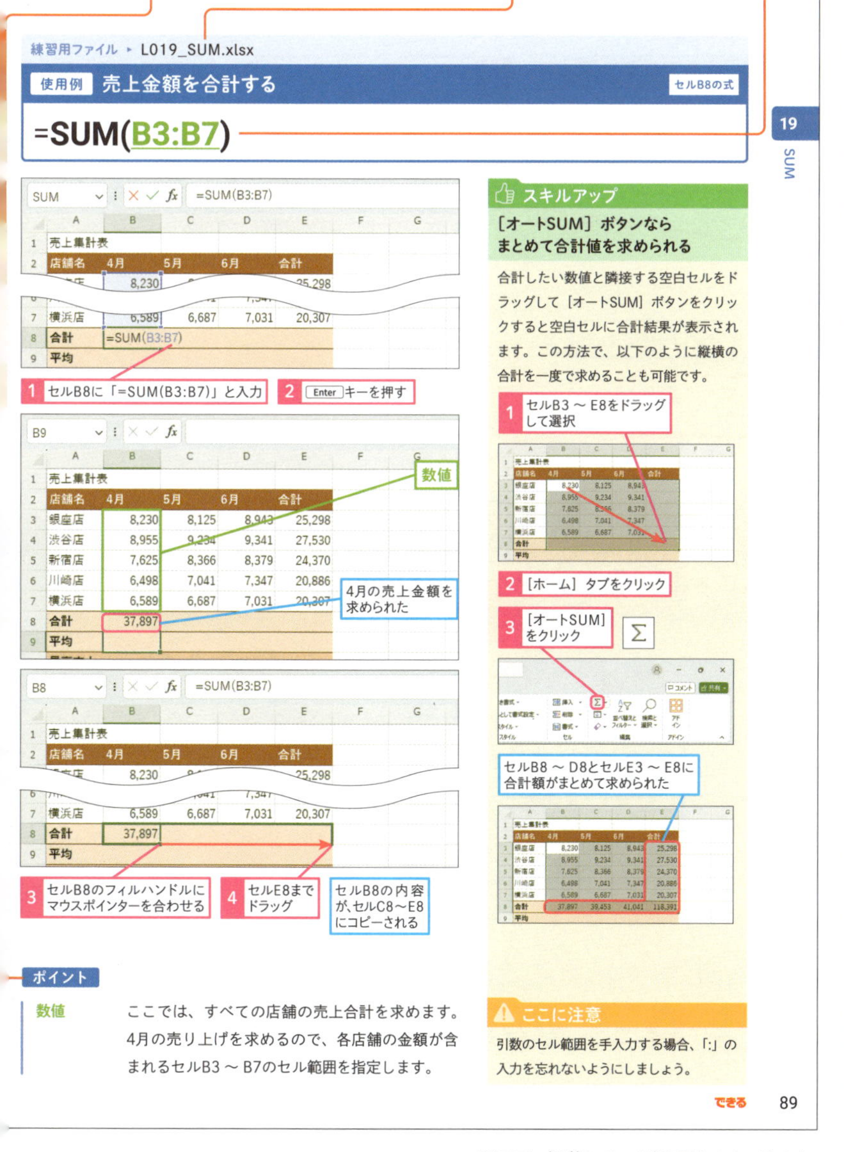

関連情報

レッスンの操作内容を補足する要素を種類ごとに色分けして掲載しています。

使いこなしのヒント

操作を進める上で役に立つヒントを掲載しています。

ショートカットキー

キーの組み合わせだけで操作する方法を紹介しています。

時短ワザ

手順を短縮できる操作方法を紹介しています。

スキルアップ

一歩進んだテクニックを紹介しています。

用語解説

レッスンで覚えておきたい用語を解説しています。

ここに注意

間違えがちな操作について注意点を紹介しています。

※ここに掲載している紙面はイメージです。実際のレッスンページとは異なります。

練習用ファイルの使い方

本書では、レッスンの操作をすぐに試せる無料の練習用ファイルを用意しています。ダウンロードした練習用ファイルは必ず展開して使ってください。ここではMicrosoft Edgeを使ったダウンロードの方法を紹介します。

▼練習用ファイルのダウンロードページ

https://book.impress.co.jp/books/1124101089

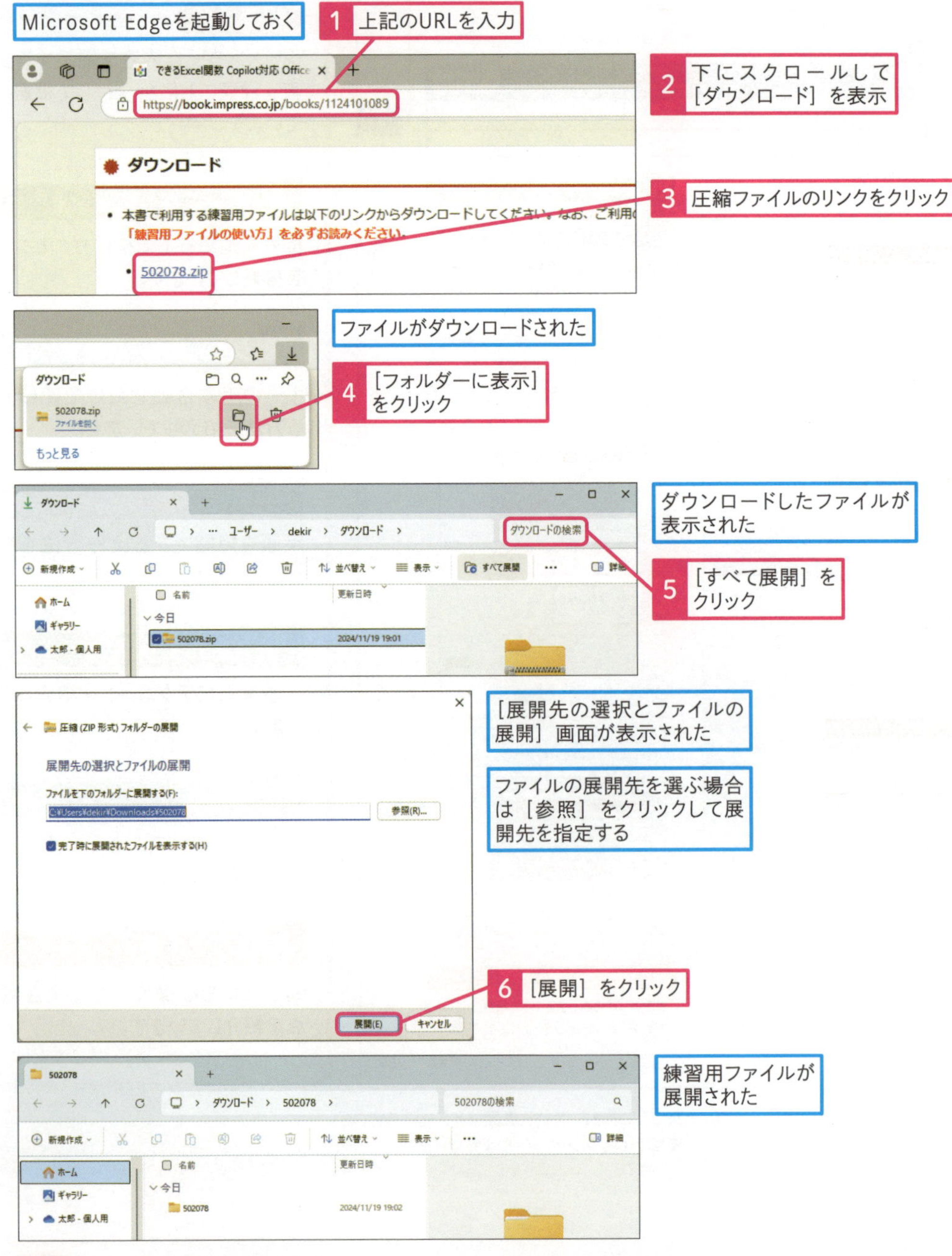

●練習用ファイルを使えるようにする

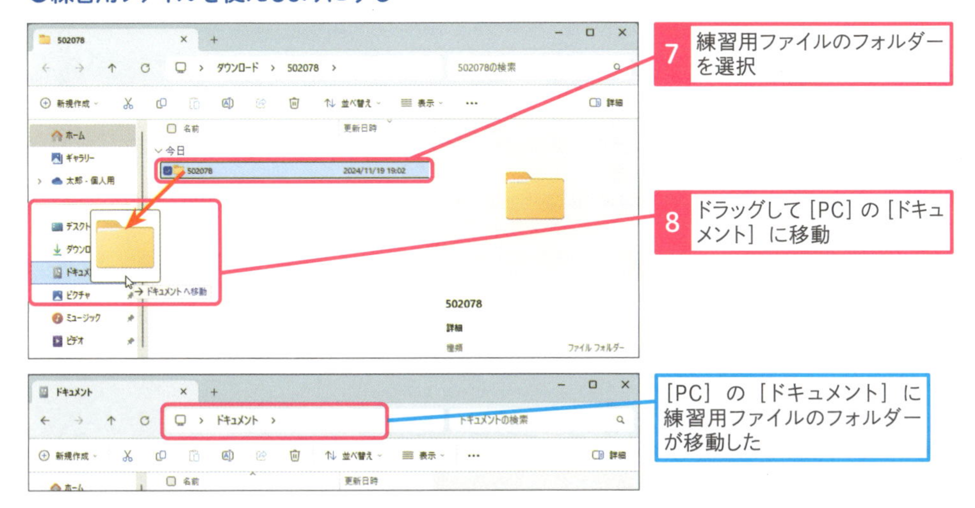

練習用ファイルの内容

練習用ファイルには章ごとにファイルが格納されており、ファイル先頭の「L」に続く数字がレッスン番号、次がレッスンのサブタイトル、最後の数字が手順番号を表します。レッスンによって、練習用ファイルがなかったり、1つだけになっていたりします。 手順実行後のファイルは、収録できるもののみ入っています。

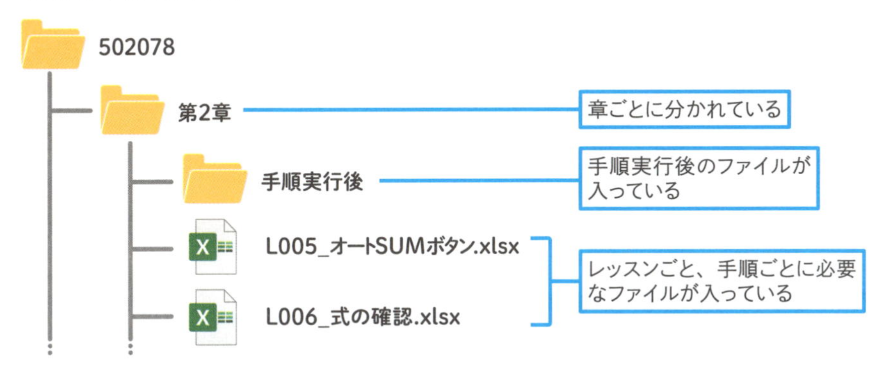

［保護ビュー］が表示された場合は

インターネットを経由してダウンロードしたファイルを開くと、保護ビューで表示されます。ウイルスやスパイウェアなど、セキュリティ上問題があるファイルをすぐに開いてしまわないようにするためです。ファイルの入手時に配布元をよく確認して、安全と判断できた場合は［編集を有効にする］ボタンをクリックしてください。

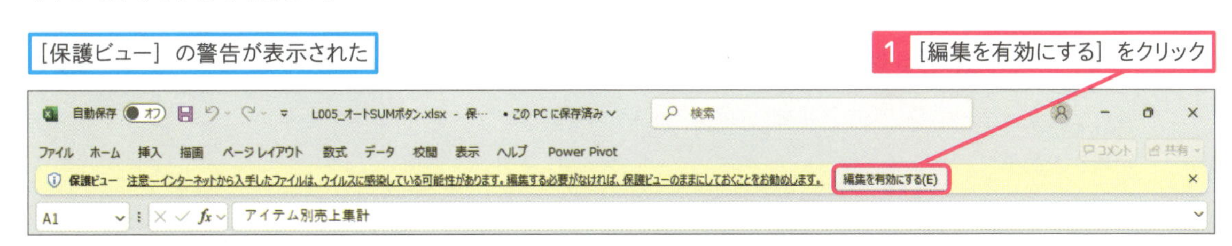

目次

第8章 データを分析・予測する 229

第9章 表作成に役立つテクニック関数 263

第10章 Copilotを数式作成に活用する 299

関数索引（アルファベット順）

本書に掲載している関数を関数名のアルファベット順で探せる索引です

本書の構成

本書は手順を1つずつ学べる「基本編」、便利な操作をバリエーション豊かに揃えた「活用編」の2部で、Excel関数の基礎から応用まで無理なく身に付くように構成されています。

基本編
第1章～第3章

関数式の入力方法や、関数を使う上で欠かせない表示形式やテーブル機能、ビジネスで必須の関数などを一通り解説します。最初から続けて読むことで、関数の使い方がよく身に付きます。

活用編
第4章～第10章

データの集計や整形、分析など、広く業務に役立つ関数を厳選して紹介します。また、生成AI「Copilot」の活用方法も解説しています。興味のある部分を拾い読みして、サンプルを操作することで学びが深まります。

用語集・索引

重要なキーワードを解説した用語集、知りたいことから調べられる索引などを収録。基本編、活用編と連動させることで、Excel関数についての理解がさらに深まります。

登場人物紹介

Excel関数を皆さんと一緒に学ぶ生徒と先生を紹介します。各章の冒頭にある「イントロダクション」、最後にある「この章のまとめ」で登場します。それぞれの章で学ぶ内容や、重要なポイントを説明していますので、ぜひご参照ください。

北島タクミ（きたじまたくみ）
元気が取り柄の若手社会人。うっかりミスが多いが、憎めない性格で周りの人がフォローしてくれる。好きな食べ物はカレーライス。

南マヤ（みなみまや）
タクミの同期。しっかり者で周囲の信頼も厚い。 タクミがミスをしたときは、おやつを条件にフォローする。好きなコーヒー豆はマンデリン。

エクセル先生
Excelのすべてをマスターし、その素晴らしさを広めている先生。基本から活用まで幅広いExcelの疑問に答える。好きな関数はVLOOKUP。

基本編

第1章

関数について知ろう

この章では、関数とはどんなものなのか、関数の仕組みや関数の種類を見て理解していきましょう。本格的に関数を使う前にこれだけは押さえておきたいという関数利用のベースとなる内容です。

レッスン **01**

Introduction この章で学ぶこと

関数でExcelをさらに使いこなそう

Excel関数はExcelのとても便利な機能の1つ。しかし、関数を使うと具体的にどのようなことができるのか、知らない人も多いはずです。ここではExcelの機能を確認するとともに、関数を使うメリットを解説します。3人の会話から関数を学ぶ目的を知りましょう。

Excelでできることをおさらいしておこう

Excelでできることならもちろん知っています！　表やグラフを作れるし、大量のデータを蓄積してデータベースを作ることもできるんですよね。

正解！　だけど、グラフやデータベースは、言ってみれば、サブ機能。メインの役割は表作成なんだよ。なぜなら、表があってはじめてグラフやデータベースが作れるからね。

	A	B	C	D	E	F
1	アイテム別売上集計					2025/1/10
2	アイテム	10月	11月	12月	合計	月平均
3	Tシャツ	8,230	8,125	8,943	25,298	8,433
4	カットソー	10,550	9,842	9,973	30,365	10,122
5	ニット	9,500	9,700	9,900	29,100	9,700
6	ジャケット	8,955	9,231	10,340	28,526	9,509
7						

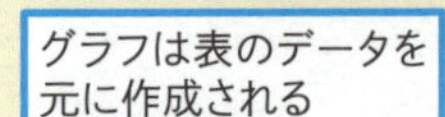

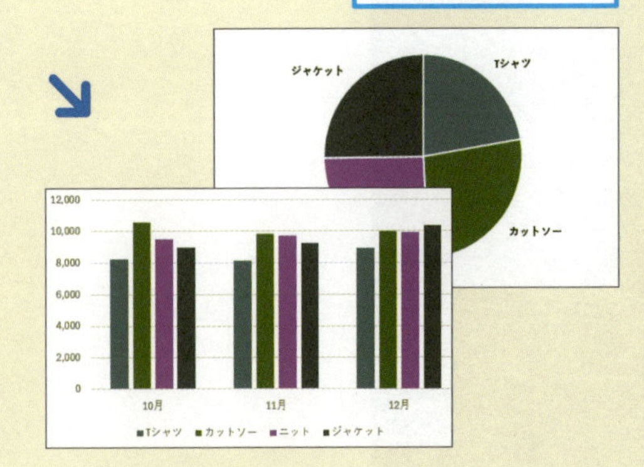

データベースは表の形で大量のデータを管理する

	A	B	C	D	E	F	G
1	日付	商品名	金額	年	月	年度	
2	2024/10/1	Tシャツ	8,230	2024	10	2024	
3	2024/10/2	カットソー	10,550	2024	10	2024	
4	2024/10/3	ニット	9,500	2024	10	2024	
5	2024/10/4	ジャケット	8,955	2024	10	2024	
6	2024/11/1	Tシャツ	8,125	2024	11	2024	
7	2024/11/2	カットソー	9,842	2024	11	2024	
8	2024/11/3	ニット	9,700	2024	11	2024	
9	2024/11/4	ジャケット	9,231	2024	11	2024	
10	2024/12/1	Tシャツ	8,943	2024	12	2024	
11	2024/12/2	カットソー	9,973	2024	12	2024	
12	2024/12/3	ニット	9,900	2024	12	2024	

Excelにはいろんな機能があるけど、どれもベースは「表」ってことですね！

その通り！　表がちゃんと作れないと、どの機能も使いこなせないんだ。そして表の作成には関数が欠かせないんだよ。

Excelで作る表と関数の役割

ちょっとここで、表をイメージしてみよう。表は大きく分けると、このように2種類あるよ。これらの表を上司から作ってと言われたらどう作る?

◆集計表
計算を含んだ表

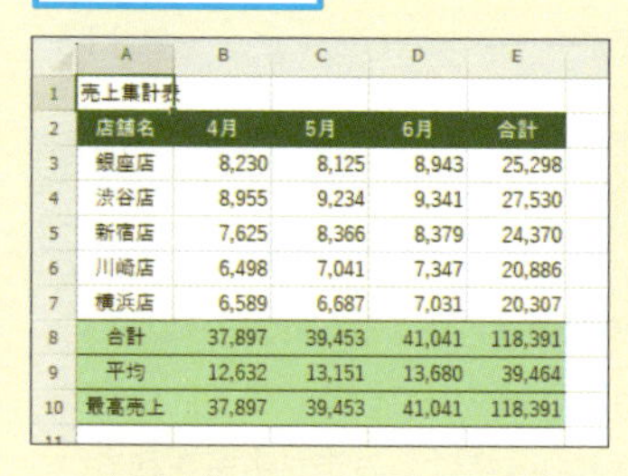

	A	B	C	D	E
1	売上集計表				
2	店舗名	4月	5月	6月	合計
3	銀座店	8,230	8,125	8,943	25,298
4	渋谷店	8,955	9,234	9,341	27,530
5	新宿店	7,625	8,366	8,379	24,370
6	川崎店	6,498	7,041	7,347	20,886
7	横浜店	6,589	6,687	7,031	20,307
8	合計	37,897	39,453	41,041	118,391
9	平均	12,632	13,151	13,680	39,464
10	最高売上	37,897	39,453	41,041	118,391

◆テーブル
大量のデータを集めた表

	A	B	C	D	E	F
1	会員番号	氏名	フリガナ	郵便番号	住所	県名なし
2	1A2001	高橋　祥平	タカハシ　ショウヘイ	248-0024	神奈川県鎌倉市稲村ガ崎X-X-X	鎌倉市稲村ガ崎X-X-X
3	1A2002	田中　美菱	タナカ　ミユウ	247-0056	神奈川県鎌倉市大船X-X-X	鎌倉市大船X-X-X
4	1A2003	伊藤　賢也	イトウ　ケンヤ	248-0013	神奈川県鎌倉市材木座X-X-X	鎌倉市材木座X-X-X
5	1A2004	山本　心海	ヤマモト　ココミ	210-0022	神奈川県川崎市川崎区池田X-X-X	川崎市川崎区池田X-X-X
6	1B2005	渡辺　卓未	ワタナベ　タクミ	210-0847	神奈川県川崎市川崎区浅田X-X-X	川崎市川崎区浅田X-X-X
7	1B2006	中村　健太	ナカムラ　ケンタ	210-0023	神奈川県川崎市川崎区小川町X-X-X	川崎市川崎区小川町X-X-X
8	1B2007	小林　孝之	コバヤシ　タカユキ	222-0011	神奈川県横浜市港北区菊名X-X-X	横浜市港北区菊名X-X-X
9	1B2008	加藤　純也	カトウ　ジュンヤ	222-0036	神奈川県横浜市港北区小机町X-X-X	横浜市港北区小机町X-X-X
10	1B2009	吉田　玲香	ヨシダ　レイカ	222-0026	神奈川県横浜市港北区篠原町X-X-X	横浜市港北区篠原町X-X-X
11	1B2010	山田　一太	ヤマダ　イチタ	250-0025	神奈川県小田原市江之浦X-X-X	小田原市江之浦X-X-X
12	1B2011	佐々木　謙一	ササキ　ケンイチ	250-0041	神奈川県小田原市池上X-X-X	小田原市池上X-X-X

集計表なら、縦、横の合計や平均を計算して、最高売り上げは探して入力する、かなあ……。

それだと、値がもっとたくさんあったら探すの大変だよね。それに、もし値が変更になったら? 関数を使えば、目的の値を探し出すのも計算のし直しも全部自動でやってくれるんだ。

でも、さすがにテーブルの方は一件ずつ手入力していくしかないんじゃ……。

いやいや、関数は計算だけじゃなくて、データ入力も効率化できるんだ。関数を知っているのと知らないのとではかかる手間が全然違ってくるんだよ。関数の重要性を分かってくれたかな……?

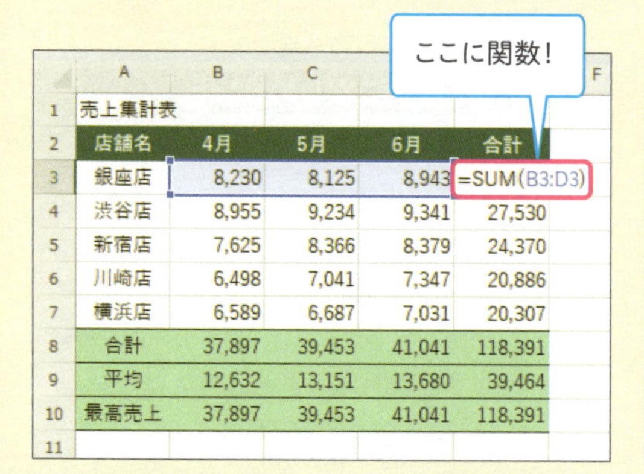

	A	B	C	D	E
1	売上集計表				
2	店舗名	4月	5月	6月	合計
3	銀座店	8,230	8,125	8,943	=SUM(B3:D3)
4	渋谷店	8,955	9,234	9,341	27,530
5	新宿店	7,625	8,366	8,379	24,370
6	川崎店	6,498	7,041	7,347	20,886
7	横浜店	6,589	6,687	7,031	20,307
8	合計	37,897	39,453	41,041	118,391
9	平均	12,632	13,151	13,680	39,464
10	最高売上	37,897	39,453	41,041	118,391

ここにも関数!

	A	B	C	D	
1	会員番号	氏名	フリガナ	郵便	
2	1A2001	高橋　祥平	=PHONETIC(B2)		
3	1A2002	田中　美菱	タナカ　ミユウ	247	
4	1A2003	伊藤　賢也	イトウ　ケンヤ	248-0013	神奈
5	1A2004	山本　心海	ヤマモト　ココミ	210-0022	神奈
6	1B2005	渡辺　卓未	ワタナベ　タクミ	210-0847	神奈
7	1B2006	中村　健太	ナカムラ　ケンタ	210-0023	神奈
8	1B2007	小林　孝之	コバヤシ　タカユキ	222-0011	神奈
9	1B2008	加藤　純也	カトウ　ジュンヤ	222-0036	神奈
10	1B2009	吉田　玲香	ヨシダ　レイカ	222-0026	神奈
11	1B2010	山田　一太	ヤマダ　イチタ	250-0025	神奈
12	1B2011	佐々木　謙一	ササキ　ケンイチ	250-0041	神奈
13	1B2012	山口　雅弘	ヤマグチ　マサヒロ	250-0863	神奈

レッスン

02 関数の仕組みを知ろう

関数の役割と書式

練習用ファイル なし

関数を使う前に、まずは関数の実体、関数そのものを確認しておきましょう。関数はセルに入力しますが、それがどんなものなのか、どんなルールで成り立っているのかを簡単に紹介します。これを知っているだけで関数が読みやすくなります。

関数を見てみよう

関数はセルに入力する「式」です。式の内容はルールに則って入力しなくてはなりません。まずそのルールを確認しておきましょう。関数式は、先頭に「=」、その後に関数名、続けて () でくくった引数（ひきすう）、必ずこの構成になっています。関数によっては、() の中の引数が複数あるものがありますが、その場合は「,」で区切ることになっています。

● 関数式の構成

＝関数名（引数）

半角の「=」に続けて関数名を記述する

関数名に続けて、「()」でくくった引数を記述する

= SUM（B3：D3）

SUM関数（合計を求める）の例
セルB3からD3の値を合計する

=LARGE(A1:A10,2)

引数を複数指定する必要があるので「,」で区切る

LARGE関数（X番目に大きい値を求める）の例
セルA1からA10の中で2番目に大きい値を表示する

キーワード

数式バー P.313
セル範囲 P.313

用語解説

関数

Excelの関数は、決まった計算や処理を行うために用意されている式です。目的に合わせ400種類以上の式が用意されています。

使いこなしのヒント

セルに入力されている関数は数式バーで確認できる

関数を入力したセルには、関数の結果のみが表示されます。入力した関数は数式バーで確認します。関数を入力したセルをクリックすると数式バーに式が表示されます。

数式バーに式が表示される

fx =SUM(B3:D3)

使いこなしのヒント

引数を省略できる関数もある

関数の中には、レッスン27で紹介するTODAY関数をはじめ、指定すべき引数を持たない関数があります。また、複数の引数を利用する場合、引数の一部を省略できる関数もあります。詳しくは、各レッスンの引数の解説を確認してください。

● 関数の表示例

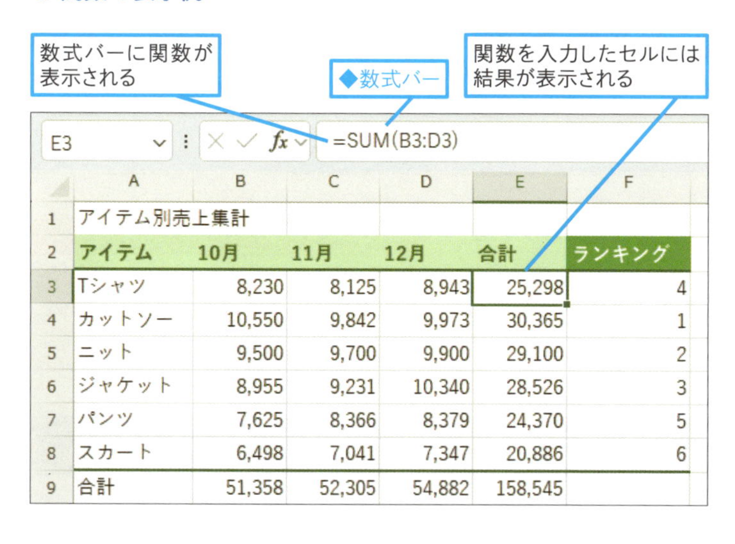

	A	B	C	D	E	F
1	アイテム別売上集計					
2	アイテム	10月	11月	12月	合計	ランキング
3	Tシャツ	8,230	8,125	8,943	25,298	4
4	カットソー	10,550	9,842	9,973	30,365	1
5	ニット	9,500	9,700	9,900	29,100	2
6	ジャケット	8,955	9,231	10,340	28,526	3
7	パンツ	7,625	8,366	8,379	24,370	5
8	スカート	6,498	7,041	7,347	20,886	6
9	合計	51,358	52,305	54,882	158,545	

使いこなしのヒント

セル範囲の表し方を知ろう

セル範囲とは、連続したセルをマウスやキーで選択した複数セルのことです。セル範囲は、関数の引数に指定することが多く、範囲を開始するセルと終了するセルを「:」（コロン）で結んだ形で表します。例えばセルB3からセルD3の範囲を選択すると「B3:D3」と表示されます。

関数の仕組みを知ろう

Excelには、計算や処理の内容ごとに異なる関数が用意されています。使うときには、たくさんある種類から目的の関数を選びます。ただし、選ぶだけでは結果は得られません。結果を引き出すには、「引数」（ひきすう）を与える必要があります。引数を例えるなら、自動販売機に投入するお金です。赤いジュースが欲しいのでそのボタンを押しますが、お金を入れなければ出てきません。関数も同じで結果を得るには、目的の関数（赤いジュース）を選んで実行する（ボタンを押す）だけではダメで、関数に見合った引数（お金）を入れなくてはならないのです。

引数は、前のページで見たように関数ごとに異なります。それぞれの引数に注目して関数を学んでいきましょう。

お金（引数）を入れてボタンを押す（実行）とジュース（結果）が出る

レッスン

03 関数の種類を知ろう

関数の種類

練習用ファイル なし

関数をひとつひとつ学ぶ前にまずExcelにどんな関数があるかを確認しておきましょう。関数で何ができるかを一通り把握しておけば、関数を使う幅が広がります。また、関数を選ぶときも見つけやすくなります。

キーワード

数式	P.313
セル参照	P.313

関数を使いこなすには

Excelの関数は数多くありますが、大事なのは目的に合わせて的確に関数を選ぶことです。そのためには、Excelにどんな関数があり、何ができるのかを知っておく必要があります。仕事の中でよく使う関数というのは、だいたい決まってきますが、それ以外にも応用次第で便利に使える関数が必ずあります。また、関数は新しく追加もされています。関数のすべてを覚える必要はありませんが、少なくとも関数の種類や役割は理解しておきましょう。

関数はさまざまあるため、目的に合わせて的確に選ぶことが大切

いろいろな計算ができる

Excelには、あらゆる決められた計算をする関数が用意されています。合計や平均を求める、標準偏差値を求めるなど、計算方法が決まったものでも計算式を考える必要はありません。計算に必要な値を引数に指定するだけですから、計算式をいちいち作るより簡単で計算ミスもありません。

E3　=SUM(B3:D3)

	A	B	C	D	E	F
1	アイテム別売上集計					2025/1/10
2	アイテム	10月	11月	12月	合計	月平均
3	Tシャツ	8,230	8,125	8,943	25,298	8,433
4	カットソー	10,550	9,842	9,973	30,365	10,122
5	ニット	9,500	9,700	9,900	29,100	9,700
6	ジャケット	8,955	9,231	10,340	28,526	9,509
7	パンツ	7,625	8,366	8,379	24,370	8,123
8	スカート	6,498	7,041	7,347	20,886	6,962
9						
10						
11						

◆AVERAGE関数
数値の平均を求められる

D9　=AVERAGE(D3:D8)

	A	B	C	D	E	F	G
1	売上集計表						
2	店舗名	4月	5月	6月	合計		
3	銀座店	8,230	8,125	8,943	25,298		
4	渋谷店	8,955	9,234	9,341	27,530		
5	新宿店	7,625	8,366	8,379	24,370		
6	川崎店	6,498	7,041	7,347	20,886		
7	横浜店	6,589	6,687	7,031	20,307		
8	合計	37,897	39,453	41,041	118,391		
9	平均	12,632	13,151	13,680	39,464		
10	最高売上	37,897	39,453	41,041	118,391		
11							
12							

計算以外の処理ができる

関数には計算では難しい“処理”をするものが数多くあります。例えば、個数を数えるCOUNT関数です。目で見て数えるという処理を関数が代わりにやってくれるわけです。ほかにも順位を付けたり、データを探したり、いろいろな処理を行ってくれます。関数が使えないとすると大変な手間ですが、関数なら簡単です。

◆COUNT関数
データの件数を数えられる

B16　=COUNT(B3:B15)

	A	B	C	D	E	F	G
1	社内研修（全3回）出席者管理						
2		社員番号	第1回	第2回	第3回		
3		10105	○	○	○		
4		10023	○	○			
5		10407		○	○		
6		10078	○		○		
7		10345	○	○	○		
8		10265	○	○	○		
9		10664	○	○			
10		10007		○	○		
11		10402	○	○	○		
12		10330	○	○	○		
13		10649	○				
14		10040	○	○	○		
15		10057	○	○	○		
16	人数	13	11	11	10		
17							
18							

◆RANK.EQ関数
順位を求められる

C3　=RANK.EQ(B3,$B$3:$B$11,0)

	A	B	C	D	E	F
1	サンドイッチ売上ランキング					
2	商品名	売上	順位			
3	野菜サンド	16,500	5			
4	ベーコントマト	17,000	4			
5	チキンレタス	20,300	1			
6	照り焼きチキン	16,100	6			
7	フルーツミックス	17,800	3			
8	たまごサンド	10,300	8			
9	ハムレタスサンド	19,100	2			
10	ハムカツサンド	10,900	7			
11	チーズサンド	9,700	9			
12						
13						
14						
15						
16						
17						

次のページに続く ➡

条件に合わせて結果が出せる

関数には、条件を設定できるものがあります。条件を設定することで、条件に合う場合と合わない場合とで、計算や処理を分岐させることができます。例えば、セルの値を判断し、結果をA、B、Cの3つに分けるなどが可能です。条件設定ができれば、関数の使い道はさらに拡がります。

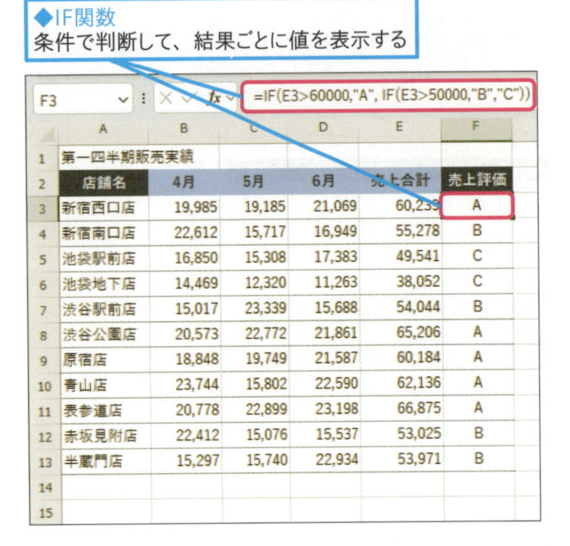

◆IF関数
条件で判断して、結果ごとに値を表示する

F3　=IF(E3>60000,"A", IF(E3>50000,"B","C"))

	A	B	C	D	E	F
1	第一四半期販売実績					
2	店舗名	4月	5月	6月	売上合計	売上評価
3	新宿西口店	19,985	19,185	21,069	60,23[illegible]	A
4	新宿南口店	22,612	15,717	16,949	55,278	B
5	池袋駅前店	16,850	15,308	17,383	49,541	C
6	池袋地下店	14,469	12,320	11,263	38,052	C
7	渋谷駅前店	15,017	23,339	15,688	54,044	B
8	渋谷公園店	20,573	22,772	21,861	65,206	A
9	原宿店	18,848	19,749	21,587	60,184	A
10	青山店	23,744	15,802	22,590	62,136	A
11	表参道店	20,778	22,899	23,198	66,875	A
12	赤坂見附店	22,412	15,076	15,537	53,025	B
13	半蔵門店	15,297	15,740	22,934	53,971	B
14						
15						

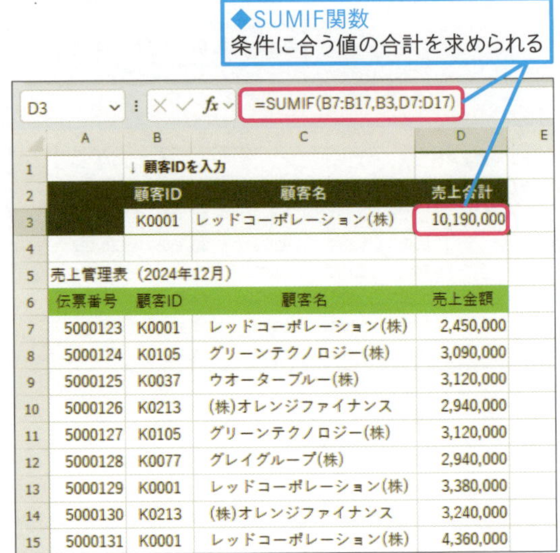

◆SUMIF関数
条件に合う値の合計を求められる

D3　=SUMIF(B7:B17,B3,D7:D17)

	A	B	C	D
1		↓顧客IDを入力		
2		顧客ID	顧客名	売上合計
3		K0001	レッドコーポレーション(株)	10,190,000
4				
5	売上管理表（2024年12月）			
6	伝票番号	顧客ID	顧客名	売上金額
7	5000123	K0001	レッドコーポレーション(株)	2,450,000
8	5000124	K0105	グリーンテクノロジー(株)	3,090,000
9	5000125	K0037	ウオーターブルー(株)	3,120,000
10	5000126	K0213	(株)オレンジファイナンス	2,940,000
11	5000127	K0105	グリーンテクノロジー(株)	3,120,000
12	5000128	K0077	グレイグループ(株)	2,940,000
13	5000129	K0001	レッドコーポレーション(株)	3,380,000
14	5000130	K0213	(株)オレンジファイナンス	3,240,000
15	5000131	K0001	レッドコーポレーション(株)	4,360,000

日付や文字も計算・処理できる

関数の中には、日付や時間、文字専用のものがあります。例えば、日付専用の関数では、来月の月末の日付を表示したり、土日を除いて計算したりするものなどがあります。文字を扱う専用の関数では、文字を置き換えたり、変換したりすることができます。数値だけでなく、日付、時間、文字の処理も関数で可能です。

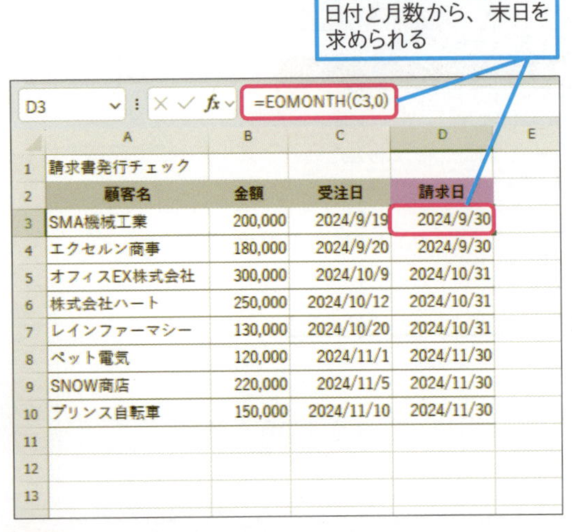

◆EOMONTH関数
日付と月数から、末日を求められる

D3　=EOMONTH(C3,0)

	A	B	C	D
1	請求書発行チェック			
2	顧客名	金額	受注日	請求日
3	SMA機械工業	200,000	2024/9/19	2024/9/30
4	エクセルン商事	180,000	2024/9/20	2024/9/30
5	オフィスEX株式会社	300,000	2024/10/9	2024/10/31
6	株式会社ハート	250,000	2024/10/12	2024/10/31
7	レインファーマシー	130,000	2024/10/20	2024/10/31
8	ペット電気	120,000	2024/11/1	2024/11/30
9	SNOW商店	220,000	2024/11/5	2024/11/30
10	プリンス自転車	150,000	2024/11/10	2024/11/30
11				
12				
13				

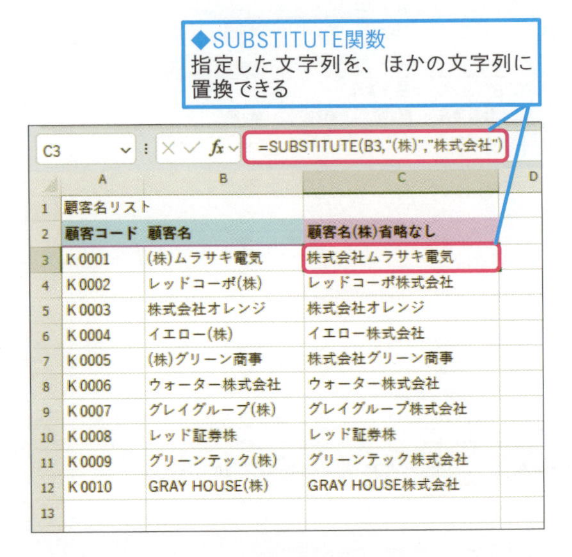

◆SUBSTITUTE関数
指定した文字列を、ほかの文字列に置換できる

C3　=SUBSTITUTE(B3,"(株)","株式会社")

	A	B	C
1	顧客名リスト		
2	顧客コード	顧客名	顧客名(株)省略なし
3	K0001	(株)ムラサキ電気	株式会社ムラサキ電気
4	K0002	レッドコーポ(株)	レッドコーポ株式会社
5	K0003	株式会社オレンジ	株式会社オレンジ
6	K0004	イエロー(株)	イエロー株式会社
7	K0005	(株)グリーン商事	株式会社グリーン商事
8	K0006	ウォーター株式会社	ウォーター株式会社
9	K0007	グレイグループ(株)	グレイグループ株式会社
10	K0008	レッド証券株	レッド証券株
11	K0009	グリーンテック(株)	グリーンテック株式会社
12	K0010	GRAY HOUSE(株)	GRAY HOUSE株式会社
13			

スキルアップ

関数ライブラリを見てみよう

関数の入力は、関数名のアルファベットを入力する方法が簡単ですが、関数名が分からないときは［数式］タブの「関数ライブラリ」から選びましょう。「関数ライブラリ」では、引数や関数の働きを確認して選ぶことができるので、関数を理解する手助けにもなります。［数式］タブを表示すると、「論理」や「数学/三角」など、関数が目的ごとに分類されています。それぞれの分類にどんな関数があるか一度見ておきましょう。

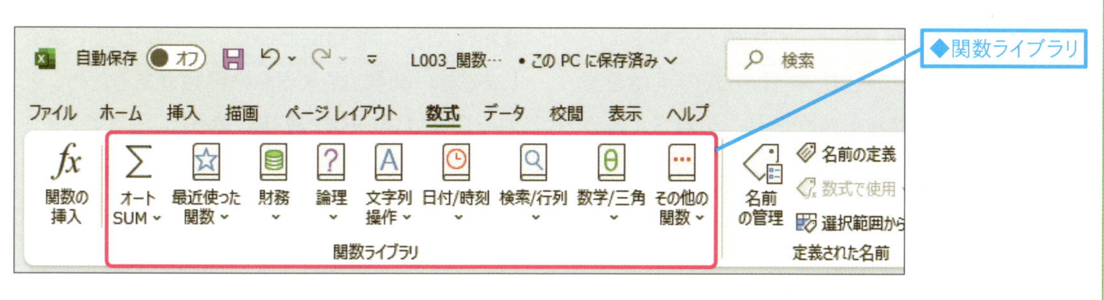

●関数の機能を確認する

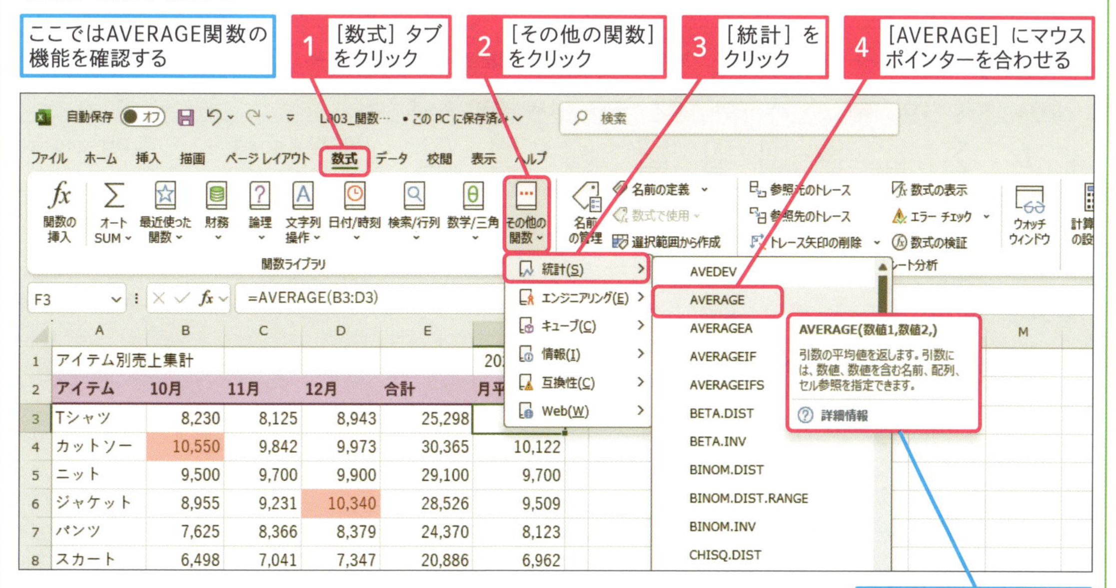

●関数の分類

分類	説明
財務	お金に関する計算を行う関数。貯蓄や借入の利率、利息の計算や投資、会計に関するもの
論理	条件が満たされているかどうかを判定して処理する関数。IF関数、IFERROR関数ほか
文字列	文字列を対象に処理を行う関数。文字の置き換えや変換など。SUBSTITUTE関数、ASC関数ほか
日付/時刻	日付や時刻の計算や処理を行う関数。月末日の表示、土日を除く計算など。EOMONTH関数、NETWORKDAYS関数ほか
検索/行列	指定したデータを探し表示する関数。ほかの表から目的のデータを取り出すなど。VLOOKUP関数、CHOOSE関数ほか
数学/三角	合計、四捨五入などの基本的な計算や数学で使われる計算を行う関数。SUM関数、ROUND関数ほか
その他の関数-統計	平均や最大、最小、偏差値などの主に統計計算をする関数。AVERAGE関数、STDEV.S関数ほか

この章のまとめ

関数ってどんなもの？ 何ができるかを知ろう

この章では、関数とはどんなものかを解説しています。まず関数の仕組みとして式の実体を見ましたが、式にはルールがあり、それさえ分かれば難しいものではありません。これから使う関数の式を理解するためにも「関数式のルール」をしっかり覚えておきましょう。

また、関数の種類についていくつかの例で紹介しました。関数はたくさんの種類があるため、どれを使えばいいのか最初に迷うところです。そこでまず、どんな種類があるかを知っておきましょう。その上で、これからいろいろな関数を使ってみましょう。

関数にはさまざまな種類があることを知ろう

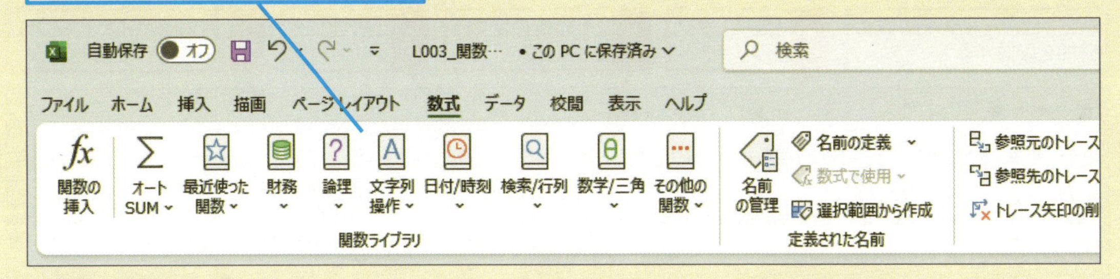

● **関数式のルール**

＝関数名（引数）

ポイント1　先頭に必ず「＝」

ポイント2　関数ごとに関数名、引数の内容は異なる

ポイント3　引数は必ず()でくくる

ポイント4　引数が複数あるときは「,」で区切る

関数っていろんなものがあるんですね。

こんなに種類があると覚えられるか心配になってきました……。

大丈夫。実は式を簡単に入力する方法も用意されているし、全部覚える必要はないから。
でも式のルールは絶対だからね。これは確実に覚えておこう。これさえ分かっていれば難しい関数の式も読みやすくなるから。

基本編

第2章

基本関数を使って表を作ろう

この章では、まず基本の関数を使ってみましょう。関数の入力や確認の方法、修正の仕方などを基本の関数を使って紹介します。また、関数を含む表の作成と便利な使い方にも触れます。

レッスン

04 Introduction この章で学ぶこと 関数を含む表の作り方を知ろう

集計表には合計や平均の関数が使われることが多く、そのような基本の関数を含む表を間違いなくかつ素早く作るには、表作りのポイントを押さえておく必要があります。ここでは、関数を扱う上で非常に重要な、データの種類や表の構造について簡単に紹介します。

セルへの入力内容に注意しよう

データには数値や文字などの種類があることは知っている？ 例えば以下の表のデータなんだけど。

全部数値ですよね。

	A	B
1		
2		100
3		1
4		
5		001
6		1m
7		
8		

そう見えるよね。ところがね、上の右寄せになっている2つは数値だけど、下の左寄せになっている2つは文字なんだよ。

「1m」は「m」の文字が含まれているから分かるけど、「001」も文字？

そう。Excelでは先頭の「0」は消えるから、消えないように文字列として入力してあるんだ。

それが関数に関係あるんですか？

第1章で関数には引数ってことは分かったよね。その引数は、データの種類が決められているんだ。データが数値か文字か分からないと引数を正しく指定できないよね。「001」が数値か文字か問題は、レッスン08で詳しく説明するよ！

集計表やデータベースの特徴を知ろう

この後の表作成に入る前に、集計表やデータベースの構造の特徴も簡単に覚えておこう！　ポイントを押さえておけば、表の作成もスムーズになるよ。

● 集計表

左端の列と上の行に項目名を入力する

多くの場合、平均や合計などを表示する集計列もしくは集計行がある

	A	B	C	D	E	F	G
1	売上集計表						
2	店舗名	4月	5月	6月	合計		
3	銀座店	8,230	8,125	8,943	25,298		
4	渋谷店	8,955	9,234	9,341	27,530		
5	新宿店	7,625	8,366	8,379	24,370		
6	川崎店	6,498	7,041	7,347	20,886		
7	横浜店	6,589	6,687	7,031	20,307		
8	合計	37,897	39,453	41,041	118,391		
9	平均	12,632	13,151	13,680	39,464		
10	最高売上	37,897	39,453	41,041	118,391		
11							

項目行の色を変えるとデータと区別されて見やすいですね！

● データベース

先頭行に項目名を入力する

1行に1件のデータを入力し、空白行は作らない

	A	B	C	D	E	F	G
1	会員番号	氏名	フリガナ	郵便番号	住所	県名なし	
2	1A2001	高橋　祥平	タカハシ　ショウヘイ	248-0024	神奈川県鎌倉市稲村ガ崎X-X-X	鎌倉市稲村ガ崎X-X-X	
3	1A2002	田中　美憂	タナカ　ミユウ	247-0056	神奈川県鎌倉市大船X-X-X	鎌倉市大船X-X-X	
4	1A2003	伊藤　賢也	イトウ　ケンヤ	248-0013	神奈川県鎌倉市材木座X-X-X	鎌倉市材木座X-X-X	
5	1A2004	山本　心海	ヤマモト　ココミ	210-0022	神奈川県川崎市川崎区池田X-X-X	川崎市川崎区池田X-X-X	
6	1B2005	渡辺　卓未	ワタナベ　タクミ	210-0847	神奈川県川崎市川崎区浅田X-X-X	川崎市川崎区浅田X-X-X	
7	1B2006	中村　健太	ナカムラ　ケンタ	210-0023	神奈川県川崎市川崎区小川町X-X-X	川崎市川崎区小川町X-X-X	
8	1B2007	小林　孝之	コバヤシ　タカユキ	222-0011	神奈川県横浜市港北区菊名X-X-X	横浜市港北区菊名X-X-X	
9	1B2008	加藤　純也	カトウ　ジュンヤ	222-0036	神奈川県横浜市港北区小机町X-X-X	横浜市港北区小机町X-X-X	

表に隣接する行や列は空欄にする

きれいにまとめられているけど、データベースは、大量にデータが入力されているから、どこを見たらいいのかちょっと分かりにくいかも。

いいところに気づいたね！　データが多い表は見づらくなりがちなんだ。関数の入力も間違いやすくなるし、結果を確かめるのも大変。それを解決してくれるのが、さまざまなExcelの便利機能なのさ。この章で関数を含む表を作りながらそれらの機能も確認していこう！

レッスン

05 合計・平均の関数を簡単に入力する

オートSUM

練習用ファイル L005_オートSUMボタン.xlsx

関数の中で業種や業務を問わずよく使われるのは、合計を求めるSUM関数、平均を求めるAVERAGE関数です。これらの関数は「オートSUM」ボタンで簡単に入力できます。ボタンの使い方を確認しましょう。

1 合計を求める

ここではセルB3～セルD3の合計を求めて、セルE3に表示する

1 セルE3をクリック

	A	B	C	D	E	F
1	アイテム別売上集計					1月10日
2	アイテム	10月	11月	12月	合計	月平均
3	Tシャツ	8230	8125	8943		
4	カットソー	10550	9842	9973		
5	ニット	9500	9700	9900		
6	ジャケット	8955	9231	10340		

2 ［数式］タブをクリック

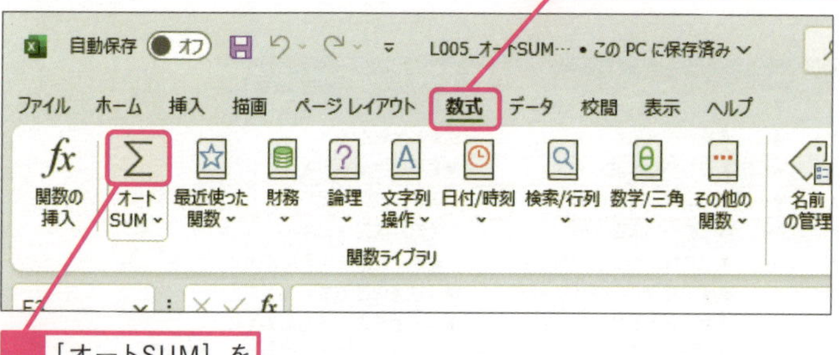

3 ［オートSUM］をクリック

自動的にSUM関数が入力された

4 Enter キーを押す

セルB3～セルD3の合計が表示される

1	アイテム別売上集計				1月10日
2	アイテム	10月	11月	12月	合{8230,8125,8943}
3	Tシャツ	8230	8125	8943	=SUM(B3:D3)
4	カットソー	10550	9842	9973	SUM(数値1, [数値2], ...)
5	ニット	9500	9700	9900	
6	ジャケット	8955	9231	10340	
7	パンツ	7625	8366	8379	
8	スカート	6498	7041	7347	

キーワード

オートSUM P.311

使いこなしのヒント

ステータスバーで検算しよう

範囲を選択するだけで、その範囲の合計やデータの個数、平均が画面下のステータスバーに表示されます。関数の結果が正しいか確認したいときに便利です。表示されていない場合は、ステータスバーを右クリックして合計や平均にチェックを付け、表示されるようにしておきましょう。

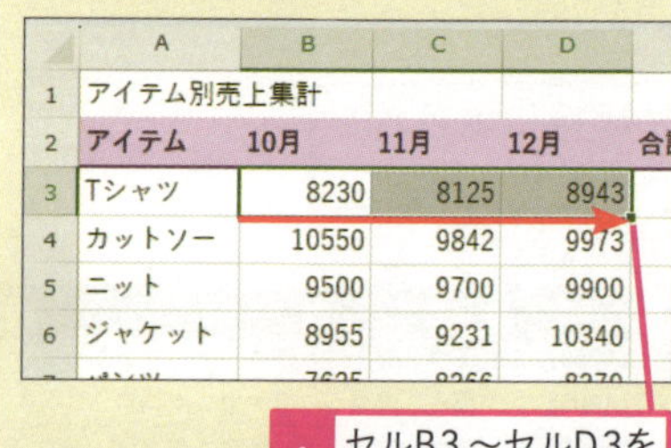

1 セルB3～セルD3をドラッグして選択

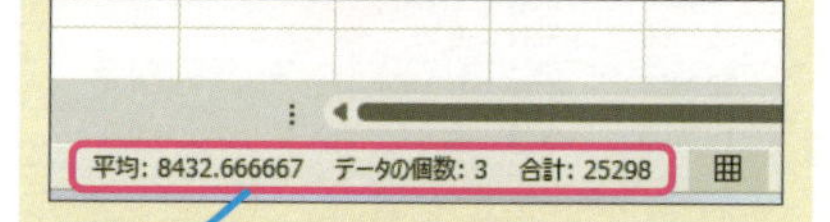

ステータスバーに、選択したセルの合計と個数、平均が表示された

ショートカットキー

SUM関数の挿入 Shift + Alt + =

2 平均を求める

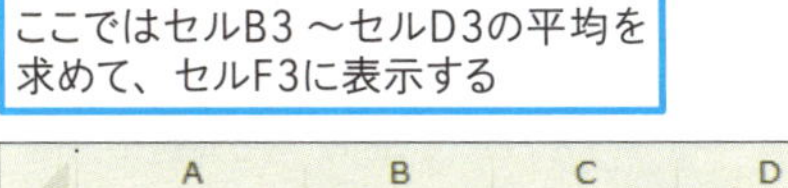

ここではセルB3～セルD3の平均を求めて、セルF3に表示する

1 セルF3をクリック

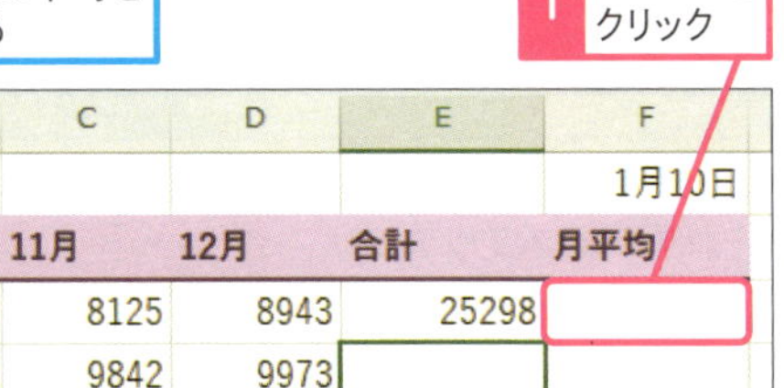

	A	B	C	D	E	F
1	アイテム別売上集計					1月10日
2	アイテム	10月	11月	12月	合計	月平均
3	Tシャツ	8230	8125	8943	25298	
4	カットソー	10550	9842	9973		
5	ニット	9500	9700	9900		
6	ジャケット	8955	9231	10340		

2 ［数式］タブをクリック

3 ［オートSUM］のここをクリック

4 ［平均］をクリック

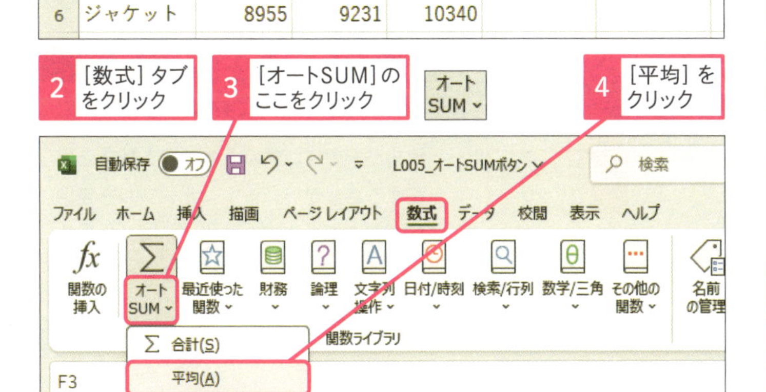

自動的にAVERAGE関数が入力された

	A	B	C	D	E	F
1	アイテム別売上集計					1月10日
2	アイテム	10月	11月	12月	合計	月平均
3	Tシャツ	8230	8125	8943	25298	=AVERAGE(B3:E3)
4	カットソー	10550	9842	9973		
5	ニット	9500	9700	9900		
6	ジャケット	8955	9231	10340		
7	パンツ	7625	8366	8379		

セルの選択範囲にセルE3が含まれるので修正する

5 セルB3～セルD3をドラッグ

セルの選択範囲が修正された

6 Enter キーを押す

セルB3～セルD3の平均が表示される

	A	B	C	D	E	F
1	アイテム別売上集計					1月10日
2	アイテム	10月	11月	12月	合計	月平均
3	Tシャツ	8230	8125	8943	25298	=AVERAGE(B3:D3)
4	カットソー	10550	9842	9973		
5	ニット	9500	9700	9900		
6	ジャケット	8955	9231	10340		
7	パンツ	7625	8366	8379		

使いこなしのヒント

［オートSUM］は［ホーム］タブにもある

［オートSUM］のボタンは、［ホーム］タブにもあります。［ホーム］タブが表示されているときは、タブを切り替える必要がなくすぐに使えます。

使いこなしのヒント

［オートSUM］では範囲が自動選択される

［オートSUM］ボタンを使って関数を入力すると、引数の範囲は自動的に選択されます。式を入力するセルに隣接する範囲が選択されるので、間違っている場合は修正する必要があります。

使いこなしのヒント

合計や平均以外の関数も入力できる

［オートSUM］ボタンでは、ほかに数値の個数を表示するCOUNT関数、最大値を表示するMAX関数、最小値を表示するMIN関数も入力することができます。

レッスン

06 関数式を確認する

関数式の確認

練習用ファイル L006_式の確認.xlsx

関数を入力したセルには関数の結果が表示されるため入力した式は見えません。式は数式バーで確認します。また、ここでは数式をセルに表示させる機能も紹介します。数式がどこにあるかを確認するときに利用することができます。

1 数式バーで関数式を確認する

ここではレッスン05でセルE3に入力したSUM関数の関数式を確認する

1 セルE3をクリック

A1 アイテム別売上集計

	A	B	C	D	E	F
1	アイテム別売上集計					1月10日
2	アイテム	10月	11月	12月	合計	月平均
3	Tシャツ	8230	8125	8943	25298	8432.6667
4	カットソー	10550	9842	9973		
5	ニット	9500	9700	9900		
6	ジャケット	8955	9231	10340		
7	パンツ	7625	8366	8379		
8	スカート	6498	7041	7347		
9						
10						
11						

セルE3に入力された関数式が、数式バーに表示された

E3 =SUM(B3:D3)

	A	B	C	D	E	F
1	アイテム別売上集計					1月10日
2	アイテム	10月	11月	12月	合計	月平均
3	Tシャツ	8230	8125	8943	25298	8432.6667
4	カットソー	10550	9842	9973		
5	ニット	9500	9700	9900		
6	ジャケット	8955	9231	10340		
7	パンツ	7625	8366	8379		
8	スカート	6498	7041	7347		
9						
10						
11						

キーワード

数式	P.313
数式バー	P.313
セル範囲	P.313

使いこなしのヒント

関数は数式バーで修正できる

数式バーでは、表示されている数式を修正することができます。カーソルを表示して直接式を修正しますが、ほかにも修正方法はあります。詳しくはレッスン11を参照してください。

使いこなしのヒント

引数のセル範囲を確認しよう

数式バーの数式をクリックしてカーソルを表示すると、引数の文字に色が付き、その引数に対応するセル範囲に同じ色の枠線が現れます。色と枠で引数の場所を確認することができます。

数式バーにカーソルが表示された状態だと、引数のセル範囲に色の付いた枠が表示される

=SUM(B3:D3)

B	C	D	E
売上集計			
10月	11月	12月	合計
8230	8125	8943	D3)
10550	9842	9973	
9500	9700	9900	

2 すべての数式をセルに表示する

1 ［数式］タブをクリック

2 ［数式の表示］をクリック

数式の表示

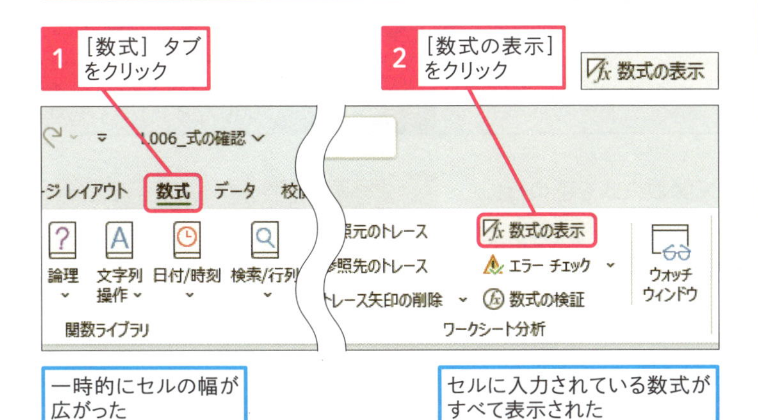

一時的にセルの幅が広がった

セルに入力されている数式がすべて表示された

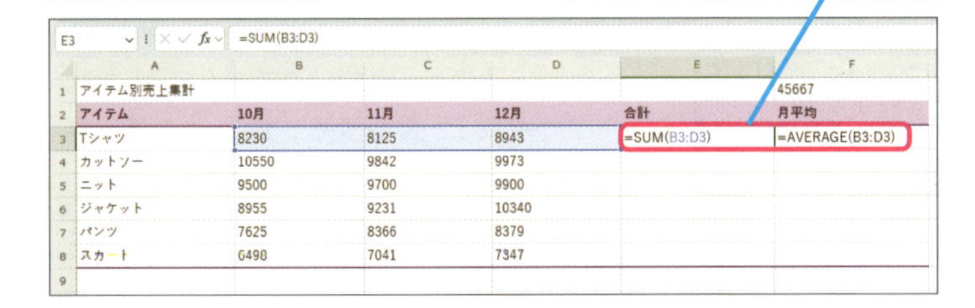

E3 =SUM(B3:D3)

	A	B	C	D	E	F
1	アイテム別売上集計					45667
2	アイテム	10月	11月	12月	合計	月平均
3	Tシャツ	8230	8125	8943	=SUM(B3:D3)	=AVERAGE(B3:D3)
4	カットソー	10550	9842	9973		
5	ニット	9500	9700	9900		
6	ジャケット	8955	9231	10340		
7	パンツ	7625	8366	8379		
8	スカート	6498	7041	7347		
9						

3 ［数式の表示］をクリック

数式の表示

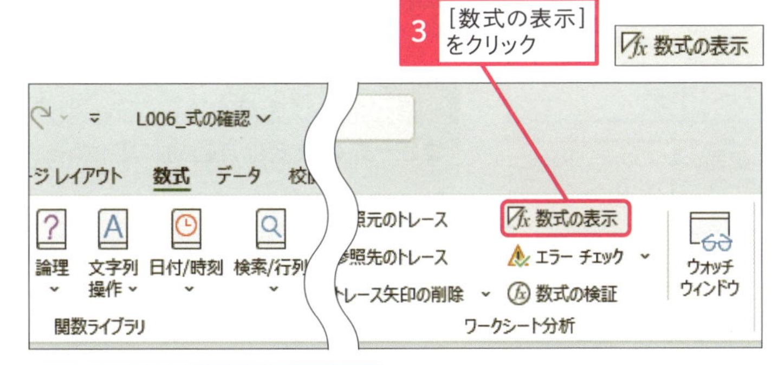

数式が非表示になり、セルの幅が元に戻った

E3 =SUM(B3:D3)

	A	B	C	D	E	F
1	アイテム別売上集計					1月10日
2	アイテム	10月	11月	12月	合計	月平均
3	Tシャツ	8230	8125	8943	25298	8432.6667
4	カットソー	10550	9842	9973		
5	ニット	9500	9700	9900		
6	ジャケット	8955	9231	10340		
7	パンツ	7625	8366	8379		
8	スカート	6498	7041	7347		
9						
10						
11						

使いこなしのヒント

数式が入力されている場所を確認する

表を見ただけでは、どこに式が入力されているか分からないため、誤って式を消去してしまう恐れがあります。［数式の表示］機能は、すべての式をセルに表示してくれるので、どこに式があるのかをすぐに把握できます。ほかの人が作った表で式の場所を確認したいときに便利です。

使いこなしのヒント

［数式の表示］を行うときの注意点

［数式の表示］をクリックすると、一時的に列の幅が広がります。このとき列幅を調整してしまうと［数式の表示］をやめても列幅は元に戻りません。数式の場所を確認するだけなら列幅は変更しないようにしましょう。

レッスン

07 関数をコピーする

オートフィル

練習用ファイル L007_オートフィル.xlsx

レッスン05で入力したSUM関数、AVERAGE関数の式を下の行にコピーします。隣接するセルにコピーする場合、「オートフィル」というマウスによる操作を行います。ここでは、表の罫線が崩れないようにコピーする方法を紹介します。

1 関数をコピーする

「Tシャツ」に続いて、「カットソー」「ニット」「ジャケット」「パンツ」「スカート」の10月から12月までの売上合計と月平均を表示する

レッスン05でセルE3とセルF3に入力した関数をコピーする

1 セルE3 ～セルF3をドラッグして選択

	アイテム	10月	11月	12月	合計	月平均
3	Tシャツ	8230	8125	8943	25298	8432.6667
4	カットソー	10550	9842	9973		

フィルハンドルが表示された

◆フィルハンドル

セルE3 ～セルF3が選択された

2 選択したセル範囲のフィルハンドルにマウスポインターを合わせる

	アイテム	10月	11月	12月	合計	月平均
3	Tシャツ	8230	8125	8943	25298	8432.6667
4	カットソー	10550	9842	9973		

マウスポインターの形が変わった ＋

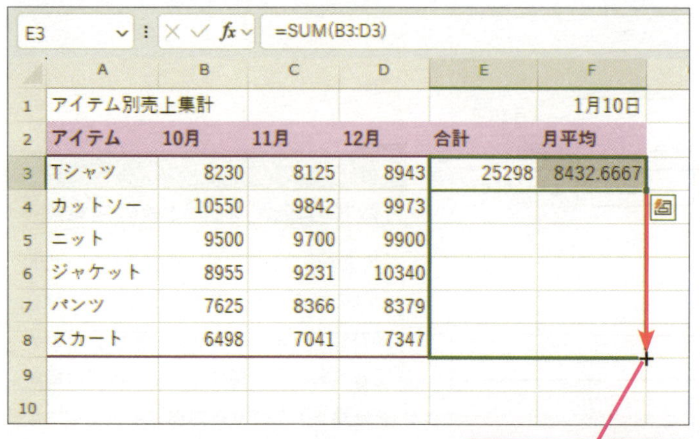
E3 =SUM(B3:D3)

	A	B	C	D	E	F
1	アイテム別売上集計					1月10日
2	アイテム	10月	11月	12月	合計	月平均
3	Tシャツ	8230	8125	8943	25298	8432.6667
4	カットソー	10550	9842	9973		
5	ニット	9500	9700	9900		
6	ジャケット	8955	9231	10340		
7	パンツ	7625	8366	8379		
8	スカート	6498	7041	7347		
9						
10						

3 セルF8までドラッグ

キーワード

用語解説

オートフィル

オートフィルとはセルの内容を隣接したセルにコピーする機能です。セルを選択したとき、セルの右下に表示されるフィルハンドル（■）をドラッグするだけで、セルの内容がドラッグしたセルまでコピーされます。

使いこなしのヒント

コピー先の数式は自動的に変わる

数式をコピーすると、引数に指定したセル番号が、コピー先の列や行に合うように自動的に修正されます。これはセル番号が相対参照になっているからです。詳しくは、**レッスン13**を参照してください。

ここに注意

ドラッグする際、マウスポインターの形は必ず＋の形で行います。位置がずれると✚の形になるので注意が必要です。

ここに注意

フィルハンドルのドラッグでセル範囲を間違えたときは、フィルハンドルを正しいセル範囲までドラッグし直します。

2 コピーしたセルの書式を元に戻す

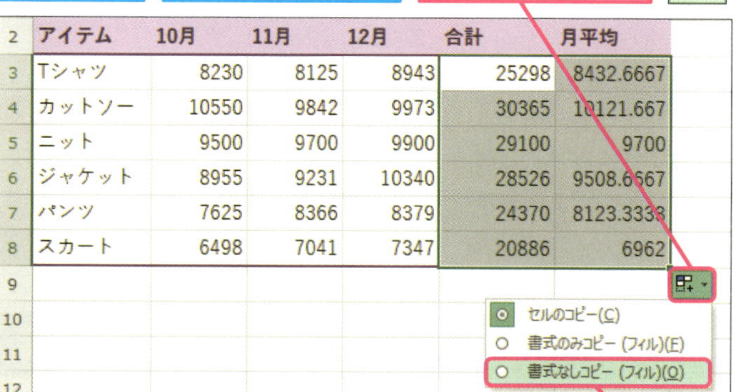

コピーしたセルが元の書式に戻った

セル参照が正しく指定されているか確認する

3 セルE4をクリック

E3 =SUM(B3:D3)

	A	B	C	D	E	F
1	アイテム別売上集計					1月10日
2	アイテム	10月	11月	12月	合計	月平均
3	Tシャツ	8230	8125	8943	25298	8432.6667
4	カットソー	10550	9842	9973	30365	10121.667
5	ニット	9500	9700	9900	29100	9700
6	ジャケット	8955	9231	10340	28526	9508.6667
7	パンツ	7625	8366	8379	24370	8123.3333
8	スカート	6498	7041	7347	20886	6962

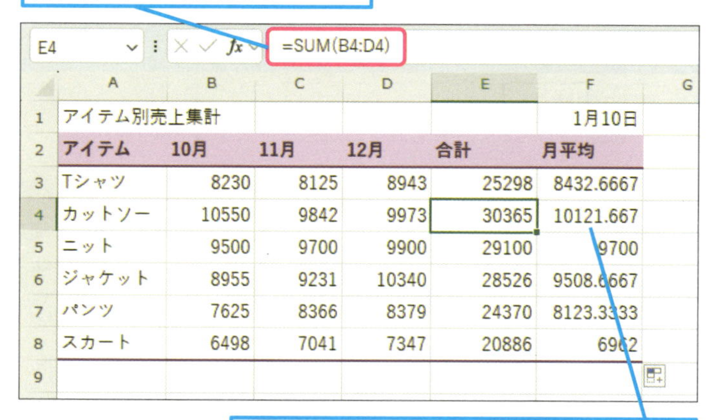

使いこなしのヒント

「書式なしコピー」とは?

オートフィルは、セルの入力内容だけでなく、セルに設定された書式（色や罫線など）も一緒にコピーしますが、コピー直後に「書式なしコピー」を選べば、入力内容のみのコピーに変更できます。コピー先の書式を崩したくないとき［オートフィルオプション］ボタンから選びます。

スキルアップ

セルをコピーして貼り付けてもいい

このレッスンでは、関数をオートフィルの機能でコピーしています。しかし、関数を入力したセルを選択してCtrl+Cキーでコピーし、コピー先のセルを選択してCtrl+Vキーで貼り付けてもかまいません。関数を離れた場所のセルにコピーしたいときにも便利です。

1 セルE3～セルF3をドラッグして選択

2 Ctrl+Cキーを押す

3 セルE4～セルF8をドラッグして選択

4 Ctrl+Vキーを押す

関数がコピーされた

レッスン

08 データを見やすく整える

表示形式

練習用ファイル　L008_表示形式.xlsx

関数で求めた結果は、使用する関数により数値であったり、文字であったり、日付の場合もあります。数値なら桁区切りのカンマを付けるなどして見やすくします。このように見た目を整えるには「表示形式」を変更します。

キーワード

シリアル値	P.312
表示形式	P.314
文字列	P.315

数値・文字・日付の特性を知ろう

入力データや関数の結果は、数値、文字、日付、時刻とはっきり区別されています。この区別をふまえ、数値には数値の表示形式を設定します。それぞれの特性を確認しておきましょう。

● 数値

数値は足したり引いたりの計算が可能なデータです。数字のみで表し、負の値は「-10」のように「-」が付きます。なお、数値の先頭の「0」は表示されないため注意が必要です。

「001」と入力

	A	B	C	D	E
1	001				
2					

→

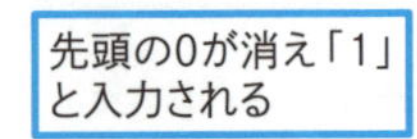

数値は右寄せで表示される

	A	B	C	D	E
1	1				
2					

● 文字列

文字は数値のように足したり引いたりの計算はできません。「1kg」のように値を表していても文字列を含むデータは文字データとして扱われます。計算の対象にはなりません。

文字列は左寄せで表示される

	A	B	C	D	E
1	ABC				
2					

1文字でも文字が含まれていると、文字列として認識される

	A	B	C	D	E
1	1kg				
2					

● 日付・時刻

日付や時刻は決まった形式で入力します。日付の場合、例えば「2024/12/1」や「R6.12.1」です。正しい形式で入力すると日付は「年/月/日」、時刻は「時:分:秒」の形で数式バーに表示され日付や時刻として認められます。

正しい形式（2024/12/1や14:30など）で入力しないと、日付や時刻のデータとして認識されない

	A	B	C	D	E
1	2024/12/1				
2					

	A	B	C	D	E
1	14:30				
2					

表示形式を知ろう

「表示形式」は、セルの内容をどのように見せるかという設定です。セルという入れ物に対して設定されるので、セルの内容（例えば「12345」）が変わることはありません。表示だけが変わります。

● 表示形式の仕組み

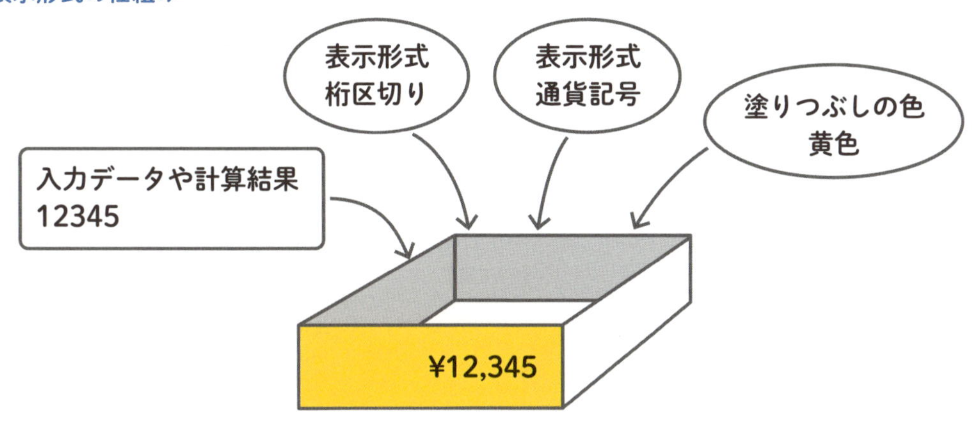

● 表示形式の変更方法

主な表示形式は［ホーム］タブの数値グループにあるボタンで設定できる

［数値の書式］のここ（⌄）をクリックすると表示形式の一覧が表示される

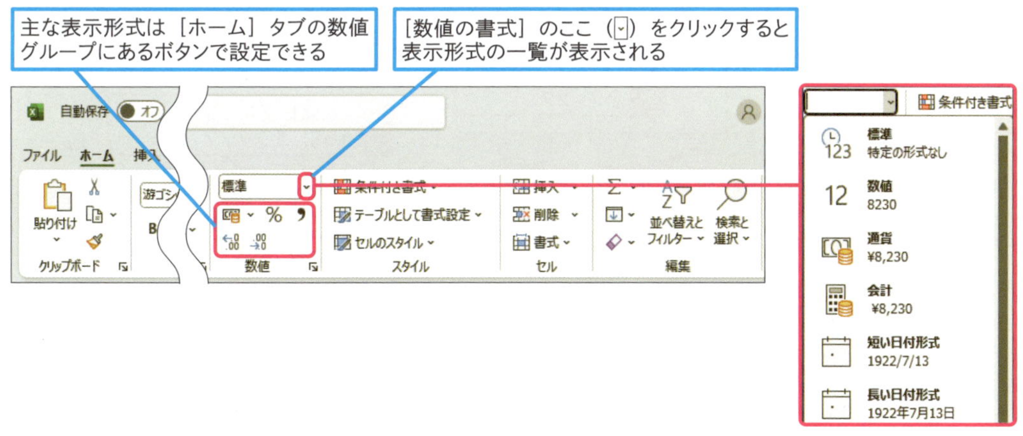

● 表示形式の設定例

表示形式を設定すると、データの見た目を変更できる

8230

	A	B	C	D	E	F
1	アイテム別売上集計					1月10日
2	アイテム	10月	11月	12月	合計	月平均
3	Tシャツ	8230	8125	8943	25298	8432.6667
4	カットソー	10550	9842	9973	30365	10121.667
5	ニット	9500	9700	9900	29100	9700
6	ジャケット	8955	9231	10340	28526	9508.6667
7	パンツ	7625	8366	8379	24370	8123.3333
8	スカート	6498	7041	7347	20886	6962

→

8,230

	A	B	C	D	E	F
1	アイテム別売上集計					1月10日
2	アイテム	10月	11月	12月	合計	月平均
3	Tシャツ	8,230	8,125	8,943	25,298	8,433
4	カットソー	10,550	9,842	9,973	30,365	10,122
5	ニット	9,500	9,700	9,900	29,100	9,700
6	ジャケット	8,955	9,231	10,340	28,526	9,509
7	パンツ	7,625	8,366	8,379	24,370	8,123
8	スカート	6,498	7,041	7,347	20,886	6,962

次のページに続く ➡

1 表示形式を変更する

セルB3 ～セルF8の数値をカンマ表示、セルF1の日付を「年/月/日」表示にする

1 セルB3 ～セルF8をドラッグして選択

2 ［ホーム］タブをクリック

3 ［桁区切りスタイル］をクリック

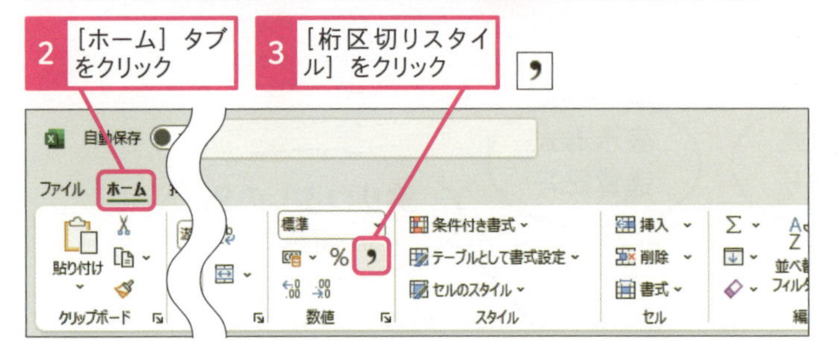

セルB3 ～セルF8の数値が3桁ごとにカンマ区切りで表示された

2	アイテム	10月	11月	12月	合計	月平均
3	Tシャツ	8,230	8,125	8,943	25,298	8,433
4	カットソー	10,550	9,842	9,973	30,365	10,122
5	ニット	9,500	9,700	9,900	29,100	9,700
6	ジャケット	8,955	9,231	10,340	28,526	9,509
7	パンツ	7,625	8,366	8,379	24,370	8,123
8	スカート	6,498	7,041	7,347	20,886	6,962
9						

4 セルF1をクリック

5 ［数値の書式］のここをクリック

6 ［短い日付形式］をクリック

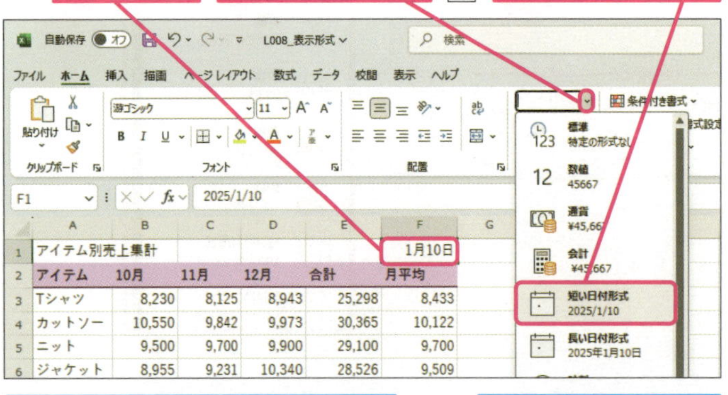

セルF1に入力された日付が、スラッシュ区切りの年月日で表示された

適用された表示形式はここで確認できる

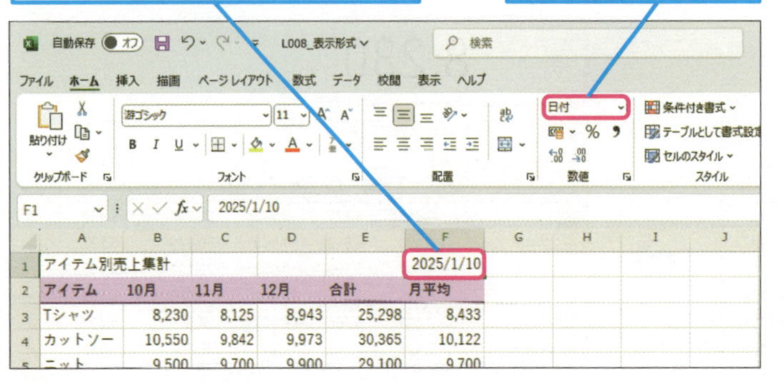

使いこなしのヒント

表示形式を解除するには

表示形式の設定を解除するには［数値の書式］から［標準］を選びます。または、［ホーム］タブの［クリア］-［書式のクリア］をクリックします。

ここに注意

「桁区切りスタイル」では小数点以下が四捨五入されますが、四捨五入は表示上です。セルの内容である値は変わりません。

スキルアップ

［書式設定］ダイアログボックスで詳細な設定をする

［数値の書式］にない表示は、以下の［書式設定］ダイアログボックスで設定します。日付のセルF1をクリックし、和暦の表示にしてみましょう。

1 ［ホーム］タブをクリック

2 ［数値］グループの［表示形式］をクリック

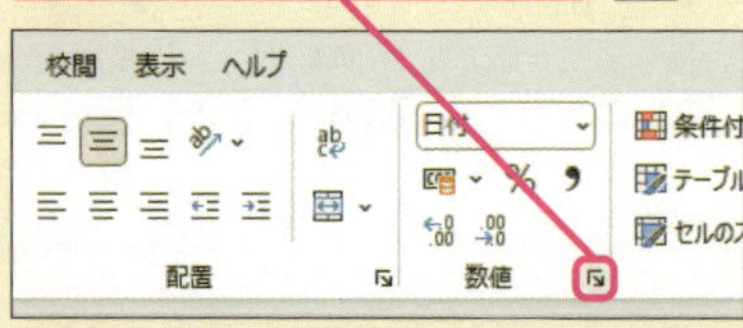

3 ［表示形式］タブの［日付］をクリック

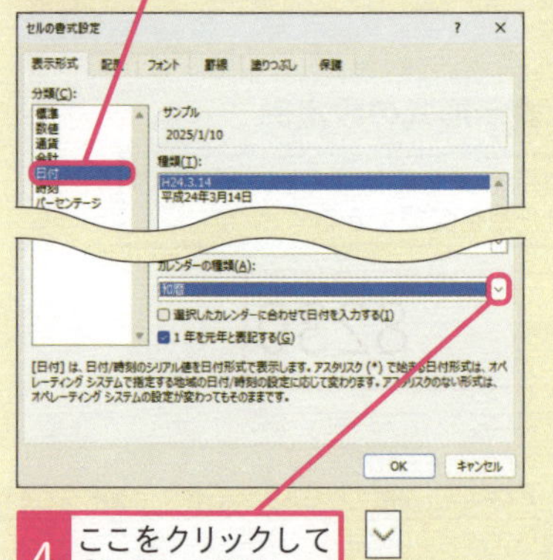

4 ここをクリックして［和暦］を選択

日付の表示形式を和暦に設定できる

スキルアップ

日付・時刻のシリアル値を知ろう

「2025/1/10」のように年月日が「/」で区切られた日付データをExcelは「シリアル値」という数値で管理しています。シリアル値は、「1900/1/1」を「1」と定め、1日ごとに「1」が加算されます。換算していくと「2025/1/10」はシリアル値「45667」です。この「シリアル値」を利用することで正しく日付の計算ができるのです。時刻のシリアル値は、1日(24時間)のシリアル値が1を24時間で割った値になります。
なお、関数の引数に「シリアル値」と指定されている場合は、日付または時刻のデータを設定します。

● 日付のシリアル値を確認するには

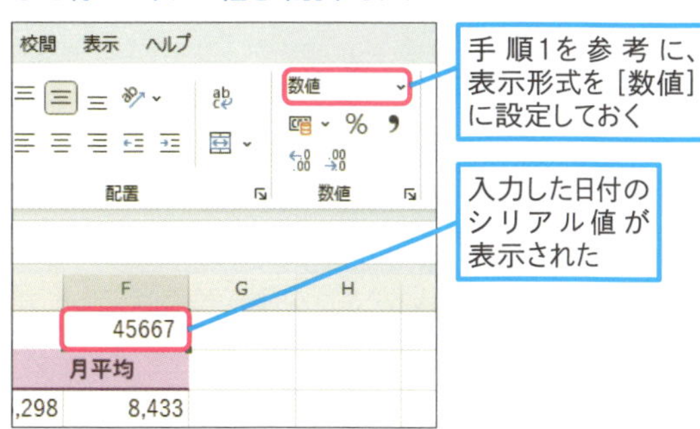

● シリアル値と表示形式の関係

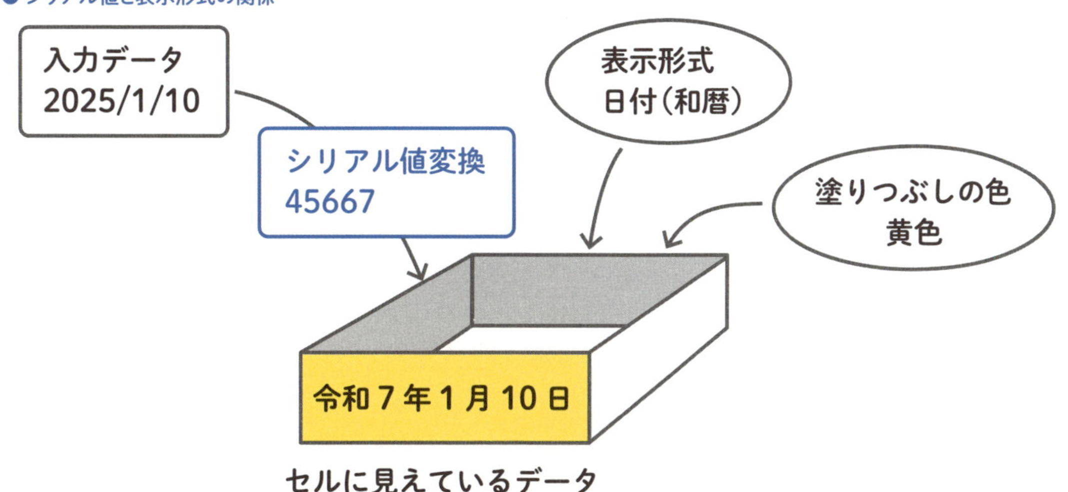

● 日付と時刻のシリアル値

日付のシリアル値
1900/1/1を1とし、
1ずつ増える

1900/1/1 1 2
2025/1/8 45665
2025/1/9 45666
2025/1/10 45667

24時間
(シリアル値=1)

時刻のシリアル値
1日のシリアル値=1
これを24時間に分割した値
(小数点以下の値になる)

0:00 45665.0
6:00 45665.25
12:00 45665.5
18:00 45665.75
24:00 45666.0

2025/1/8の12:00

レッスン
09 条件付き書式でデータを目立たせる

条件付き書式

練習用ファイル L009_条件付き書式.xlsx

ここでは、「条件付き書式」について、機能と基本的な使い方を解説します。「条件付き書式」は目的のセルを強調するのに便利ですが、関数の結果が正しいかどうか確かめる際にも利用できます。使い方を確認しておきましょう。

キーワード
条件付き書式 P.312

条件付き書式とは

「条件付き書式」は、条件に合うセルにだけ色などの書式を設定することができます。例えば、たくさん並ぶ数値の中から10,000より大きい値はどれか目で見て探すのは大変です。「条件付き書式」なら10,000より大きい値に色を付けることができ、一目で目的の値が分かります。

	A	B	C	D	E	F
1	アイテム別売上集計					2025/1/10
2	アイテム	10月	11月	12月	合計	月平均
3	Tシャツ	8,230	8,125	8,943	25,298	8,433
4	カットソー	10,550	9,842	9,973	30,365	10,122
5	ニット	9,500	9,700	9,900	29,100	9,700
6	ジャケット	8,955	9,231	10,340	28,526	9,509
7	パンツ	7,625	8,366	8,379	24,370	8,123
8	スカート	6,498	7,041	7,347	20,886	6,962
9						

条件付き書式を設定すると、特定の値のセルが強調される

スキルアップ

条件に関数を指定できる

「条件付き書式」の条件は、あらかじめ用意されたもの以外に自由に設定することもできます。その際、関数も利用可能です。関数による複雑な条件の指定で利用範囲が広がります。関数の利用については第9章で紹介します。

	A	B	C	D
1	スケジュール			
2	日付	曜日	勤務	予定
3	2024/11/1	金	テレワーク	
4	2024/11/2	土		
5	2024/11/3	日		
6	2024/11/4	月	出勤	
7	2024/11/5	火	出勤	
8	2024/11/6	水	テレワーク	
9	2024/11/7	木	テレワーク	

→

条件に関数を指定し、土日の行に色を付けることができる

	A	B	C	D
1	スケジュール			
2	日付	曜日	勤務	予定
3	2024/11/1	金	テレワーク	
4	2024/11/2	土		
5	2024/11/3	日		
6	2024/11/4	月	出勤	
7	2024/11/5	火	出勤	
8	2024/11/6	水	テレワーク	
9	2024/11/7	木	テレワーク	

1 指定の値より大きい値を強調する

ここでは、10月～12月の売上金額で10000より大きい値を強調する

1 セルB3～セルD8をドラッグして選択

2	アイテム	10月	11月	12月	合計	月平均
3	Tシャツ	8,230	8,125	8,943	25,298	8,433
4	カットソー	10,550	9,842	9,973	30,365	10,122
5	ニット	9,500	9,700	9,900	29,100	9,700
6	ジャケット	8,955	9,231	10,340	28,526	9,509
7	パンツ	7,625	8,366	8,379	24,370	8,123
8	スカート	6,498	7,041	7,347	20,886	6,962

2 [ホーム] タブをクリック

3 [条件付き書式] をクリック

4 [セルの強調表示ルール] をクリック

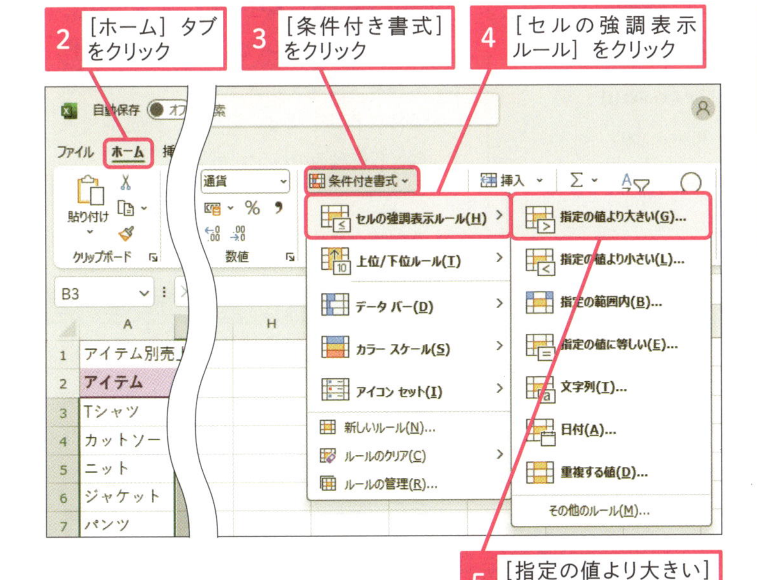

5 [指定の値より大きい] をクリック

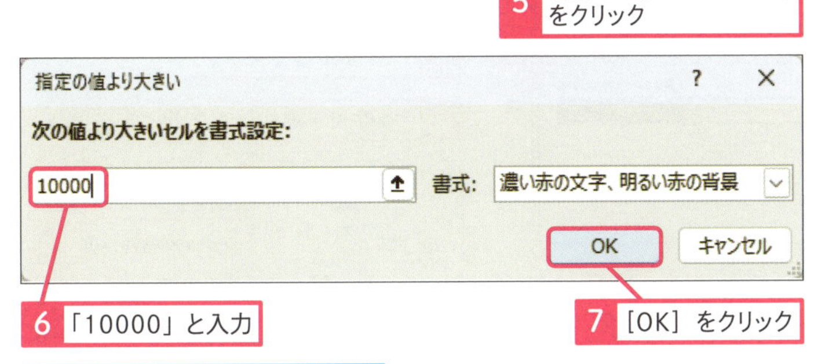

6 「10000」と入力

7 [OK] をクリック

10000より大きい値のセルB4とセルD6が、強調表示された

2	アイテム	10月	11月	12月	合計	月平均
3	Tシャツ	8,230	8,125	8,943	25,298	8,433
4	カットソー	10,550	9,842	9,973	30,365	10,122
5	ニット	9,500	9,700	9,900	29,100	9,700
6	ジャケット	8,955	9,231	10,340	28,526	9,509
7	パンツ	7,625	8,366	8,379	24,370	8,123
8	スカート	6,498	7,041	7,347	20,886	6,962

ここに注意

「条件付き書式」をどこに設定するか、操作1の範囲選択が重要です。設定は指定した範囲でのみ有効です。

使いこなしのヒント

セルを塗りつぶす色を変更するには

セルの背景の色は、以下の手順で変えることができます。なお、下図の操作1のあと［ユーザー設定の書式］を選択すると、［書式設定］ダイアログボックスが表示され、［塗りつぶし］タブで好きな色を選ぶことができます。

左の手順1の3枚目の画面を表示しておく

1 ［書式］のここをクリック

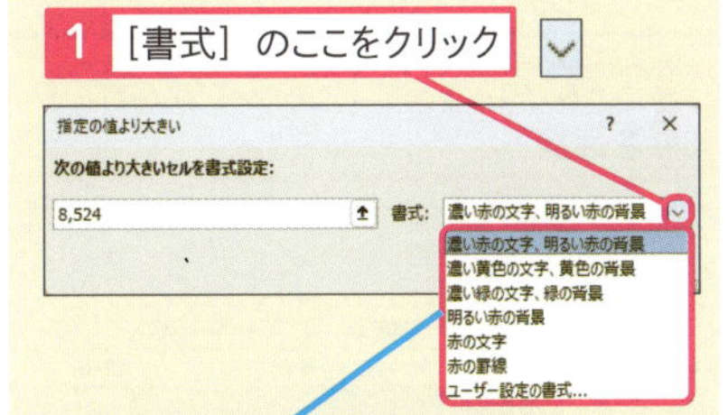

文字や背景の色を選択できる

使いこなしのヒント

条件付き書式の結果は変わる

「条件付き書式」は、随時更新されます。例えば、表の値が変更されるとそれに合わせて条件付き書式の結果も変わります。

次のページに続く

2 条件付き書式を解除する

1 ［ホーム］タブをクリック

2 ［条件付き書式］をクリック

3 ［ルールの管理］をクリック

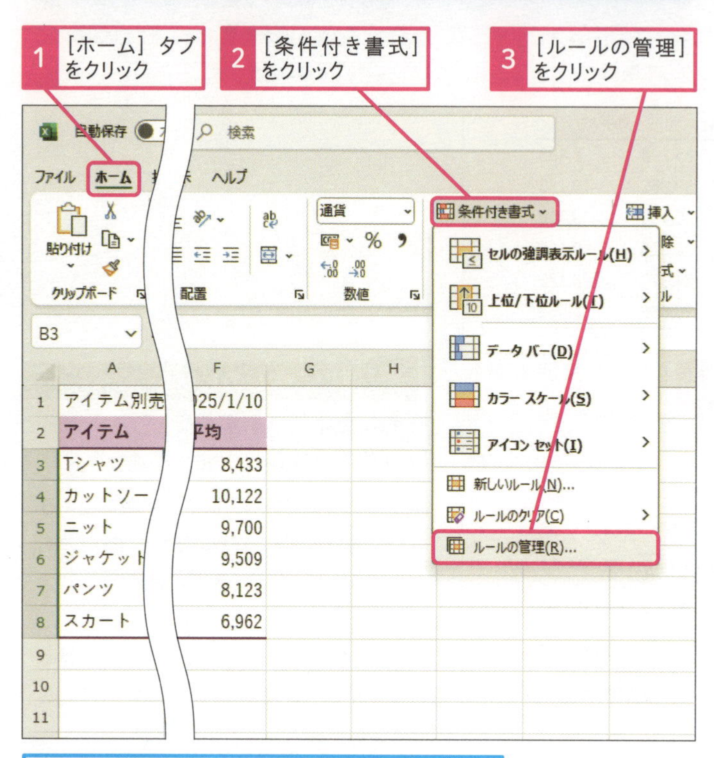

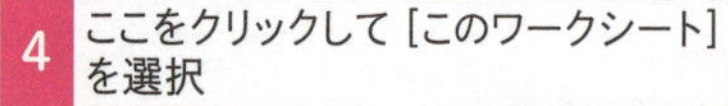
［条件付き書式ルールの管理］ダイアログボックスが表示された

4 ここをクリックして［このワークシート］を選択

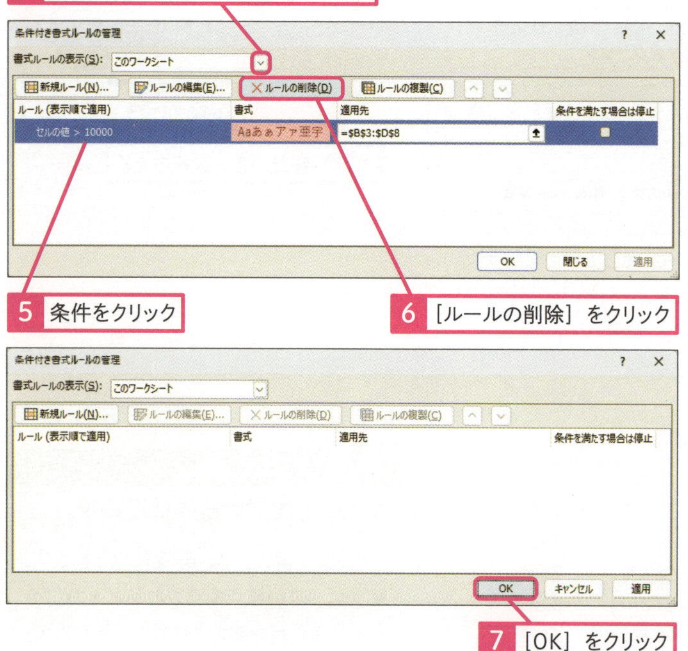

5 条件をクリック

6 ［ルールの削除］をクリック

7 ［OK］をクリック

ここに注意

条件付き書式を編集・削除する場合、操作4で［このワークシート］を指定し、ワークシートにあるすべての条件付き書式から選ぶようにしましょう。

使いこなしのヒント
どんな条件を指定できるの?

セルの内容が数値、文字、日付により指定できる条件は異なります。数値の場合、値や上位/下位の何位までといった条件を指定できます。文字の場合、文字列を条件に指定します。日付は、先週や先月など日付独自の指定が可能です。

使いこなしのヒント
［新しいルール］からも指定できる

［条件付き書式］をクリックしたあと［新しいルール］を選択すると、より複雑な条件を指定することができます。条件に数式や関数の式を指定したい場合は、［新しいルール］を選んで設定します（レッスン112 ～レッスン116参照）。

1 ［ホーム］タブをクリック

2 ［条件付き書式］をクリック

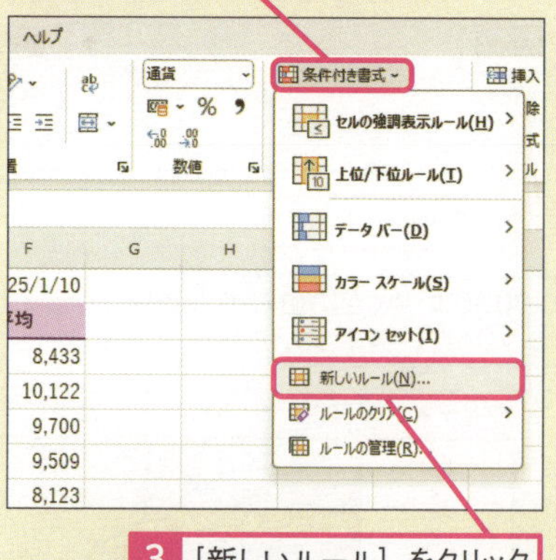

3 ［新しいルール］をクリック

［新しい書式ルール］ダイアログボックスが表示される

● 条件付き書式が解除された

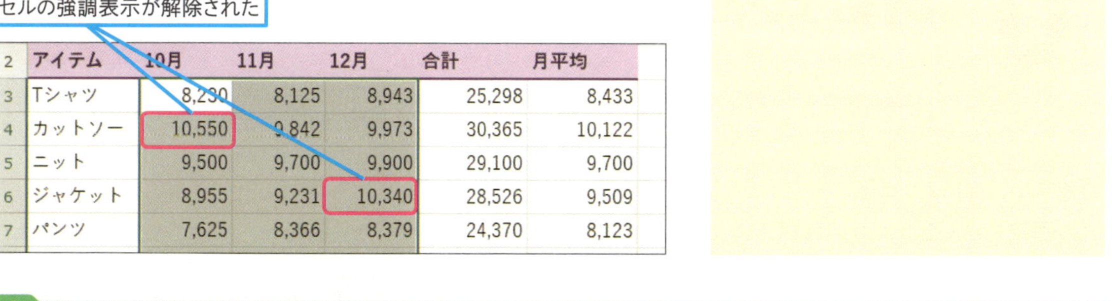

2	アイテム	10月	11月	12月	合計	月平均
3	Tシャツ	8,230	8,125	8,943	25,298	8,433
4	カットソー	10,550	9,842	9,973	30,365	10,122
5	ニット	9,500	9,700	9,900	29,100	9,700
6	ジャケット	8,955	9,231	10,340	28,526	9,509
7	パンツ	7,625	8,366	8,379	24,370	8,123

スキルアップ

条件付き書式を修正するには

「条件付き書式」は後から、条件、書式、範囲の修正が可能です。条件、書式は、［ルールの編集］から行います（下図参照）。範囲の修正は、［適用先］に表示されている範囲を修正します。

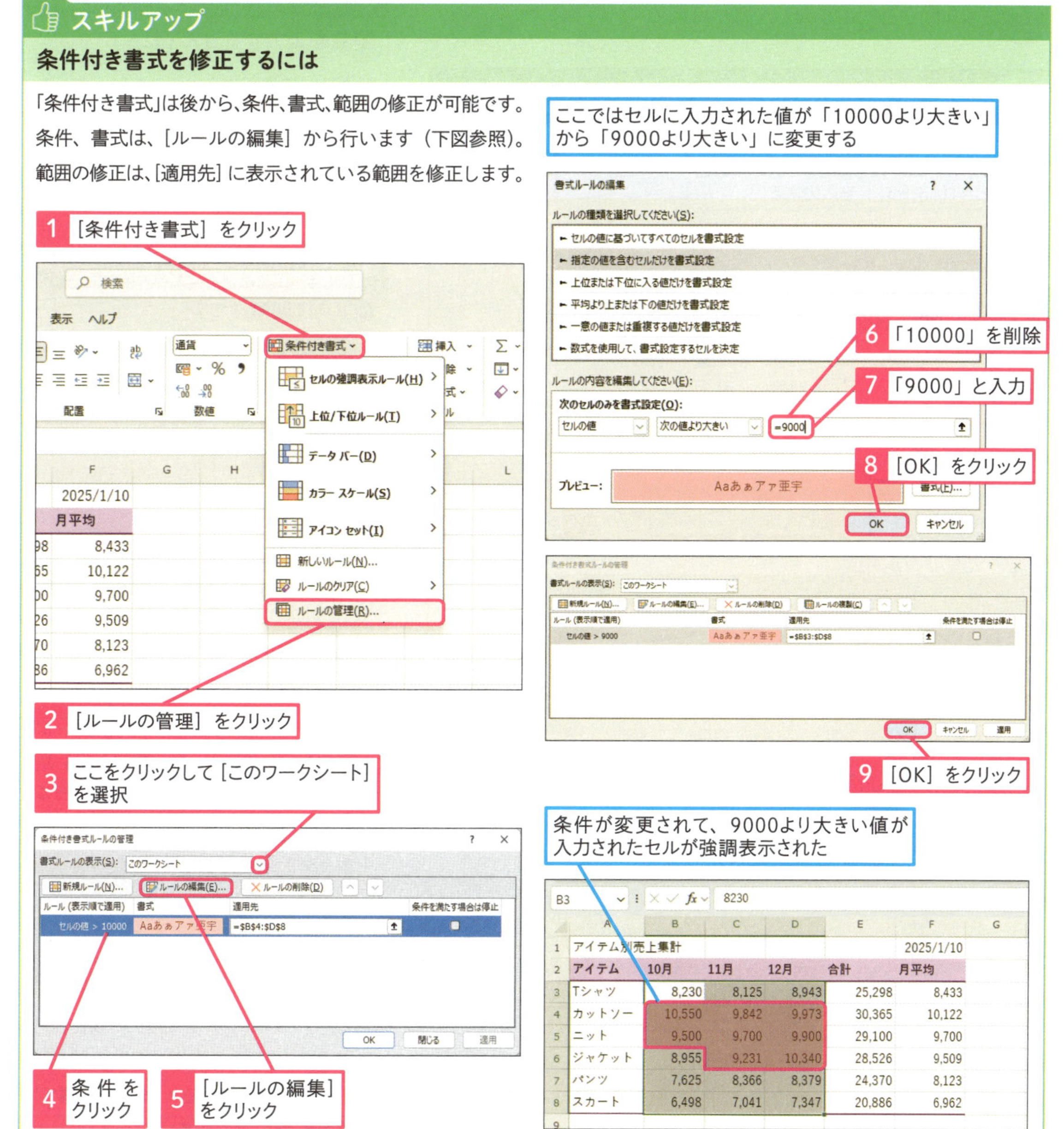

レッスン

10 関数式を確実に入力する

［関数の引数］ダイアログボックス

練習用ファイル L010_関数の引数ダイアログボックス.xlsx

関数式は、なにより正確に入力することが大事です。ここでは、数値の個数を数えるCOUNT関数を例に、関数名のアルファベットや引数を間違いなく入力する方法を紹介します。第3章以降で紹介するさまざまな関数も同じ方法で入力が可能です。

1 関数名を入力する

ここではアイテムの数を数えるCOUNT関数「=COUNT(E3:E8)」を入力する

1 セルH3をクリック

	A	B	C	D	E	F	G	H
1	アイテム別売上集計					2025/1/10		
2	アイテム	10月	11月	12月	合計	月平均		アイテム数
3	Tシャツ	8,230	8,125	8,943	25,298	8,433		
4	カットソー	10,550	9,842	9,973	30,365	10,122		
5	ニット	9,500	9,700	9,900	29,100	9,700		
6	ジャケット	8,955	9,231	10,340	28,526	9,509		
7	パンツ	7,625	8,366	8,379	24,370	8,123		
8	スカート	6,498	7,041	7,347	20,886	6,962		

「=」と関数の先頭数文字を入力する

2 セルH4に「=COU」と入力

3 「COUNT」をダブルクリック

=COU

	A	B	C	D	E	F	G	H
1	アイテム別売上集計					2025/1/10		
2	アイテム	10月	11月	12月	合計	月平均		アイテム数
3	Tシャツ	8,230	8,125	8,943	25,298	8,433		=COU
4	カットソー	10,550	9,842	9,973	30,365	10,122		COUNT
5	ニット	9,500	9,700	9,900	29,100	9,700		COUNTA
6	ジャケット	8,955	9,231	10,340	28,526	9,509		COUNTBLANK
7	パンツ	7,625	8,366	8,379	24,370	8,123		COUNTIF
8	スカート	6,498	7,041	7,347	20,886	6,962		COUNTIFS
								COUPDAYBS

続けて引数を指定する

4 ［関数の挿入］をクリック

fx

=COUNT(

	A	B	C	D	E	F	G	H
1	アイテム別売上集計					2025/1/10		
2	アイテム	10月	11月	12月	合計	月平均		アイテム数
3	Tシャツ	8,230	8,125	8,943	25,298	8,433		=COUNT(
4	カットソー	10,550	9,842	9,973	30,365	10,122		COUNT(値1, [値2], ...)
5	ニット	9,500	9,700	9,900	29,100	9,700		
6	ジャケット	8,955	9,231	10,340	28,526	9,509		
7	パンツ	7,625	8,366	8,379	24,370	8,123		
8	スカート	6,498	7,041	7,347	20,886	6,962		
9								

キーワード

セル範囲 P.313

使いこなしのヒント

関数を入力するセルとは

関数は、結果を表示するセルに入力します。ここでは、セルH3に個数を表示するのでセルH3に関数を入力します。

使いこなしのヒント

COUNT関数って?

COUNT関数は、引数に指定した範囲に数値データが何個あるかを表示します。COUNT関数の使い方や書式はレッスン46で詳しく解説します。

使いこなしのヒント

先頭文字の入力で関数名を選択できる

「=」に続けて関数名の最初の何文字かを入力すると、同じ文字で始まる関数、同じ文字を含む関数の一覧が表示されます。ここから選ぶのが確実です。なお、キーボードで選択する場合は、↓キーを押して関数名を選び、Tabキーを押します。

ここに注意

関数を入力するセルを間違えた場合、入力途中ならEscキーを押せば取り消せます。入力が完了しているときは、［元に戻す］ボタンをクリックします。

2 引数を指定する

［関数の引数］ダイアログボックスが表示された

1 関数の説明を確認

2 ［値1］にカーソルがあることを確認

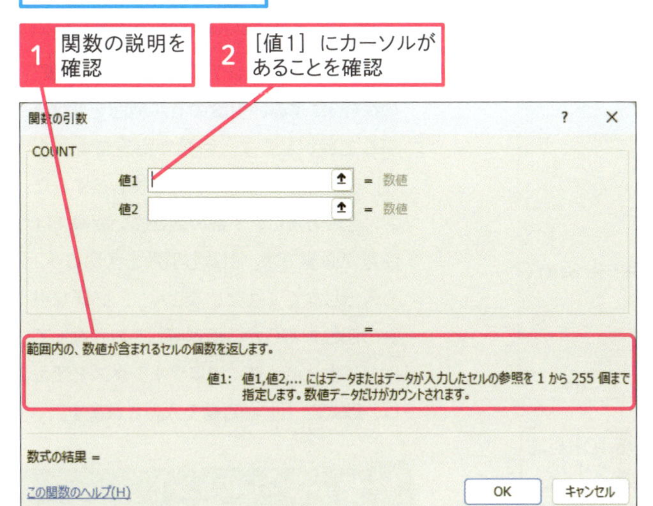

引数となるセル範囲を選択する

3 セルE3にマウスポインターを合わせる

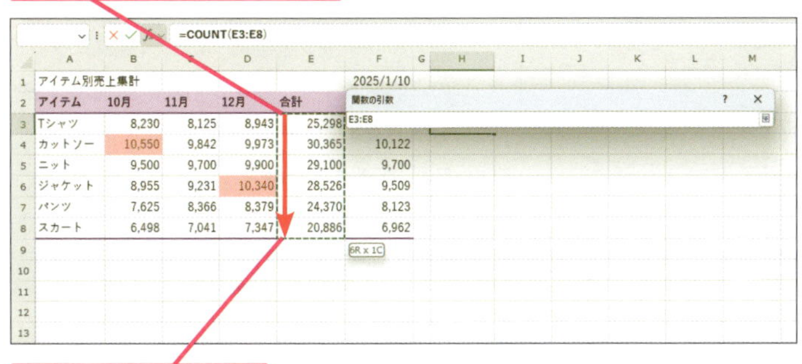

4 セルE8までドラッグ

連続したセル範囲が選択され、点滅する枠線が表示された

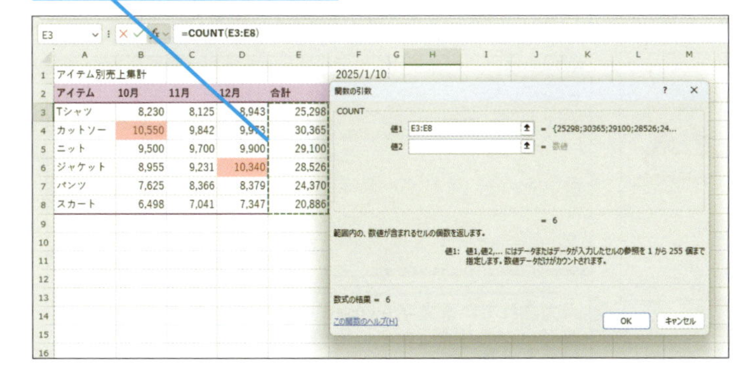

使いこなしのヒント

［関数の引数］ダイアログボックスとは

［関数の引数］ダイアログボックスは、引数の入力を手助けしてくれる画面です。引数は、関数により指定する数も内容も違うため、関数ごとにダイアログボックスが用意されています。［関数の引数］ダイアログボックスを使えば、引数の名前や解説を確認しながら引数を入力できます。

使いこなしのヒント

数値が入力されているセル範囲を引数にする

引数「値1」には、「アイテム」の列ではなく、「合計」の列の範囲を指定します。COUNT関数は数値データの個数を数える関数ですから、数値のデータがある列を範囲にする必要があります。

使いこなしのヒント

ダイアログボックスを移動するには

ダイアログボックスが表に重なっている場合、引数となるセル範囲をドラッグできません。その場合は、ダイアログボックスの文字が何もないところにマウスポインターを合わせて、表に重ならないところまでドラッグして移動します。

次のページに続く ➡

3 関数の入力を確定する

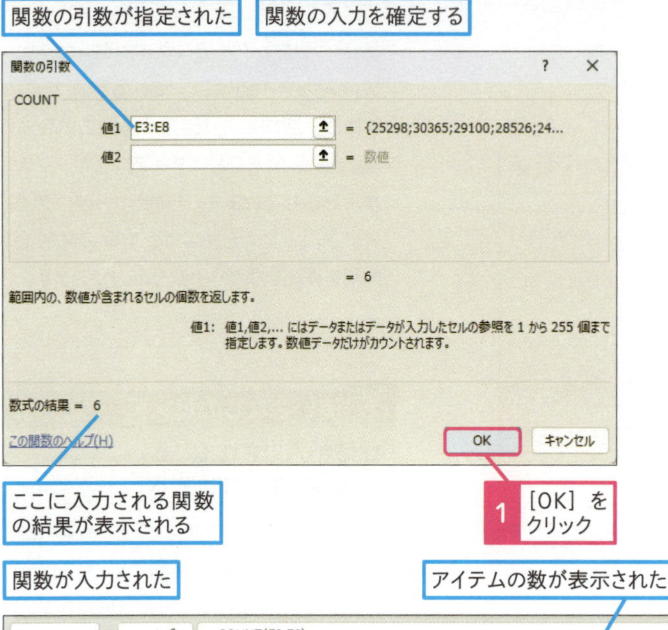

関数が入力された　　アイテムの数が表示された

H3　=COUNT(E3:E8)

	A	B	C	D	E	F	G	H	I
1	アイテム別売上集計					2025/1/10			
2	アイテム	10月	11月	12月	合計	月平均		アイテム数	
3	Tシャツ	8,230	8,125	8,943	25,298	8,433		6	
4	カットソー	10,550	9,842	9,973	30,365	10,122			
5	ニット	9,500	9,700	9,900	29,100	9,700			
6	ジャケット	8,955	9,231	10,340	28,526	9,509			
7	パンツ	7,625	8,366	8,379	24,370	8,123			
8	スカート	6,498	7,041	7,347	20,886	6,962			

使いこなしのヒント

[関数の引数] ダイアログボックスを使わないときは

引数は [関数の引数] ダイアログボックスを使わなくても入力できます。その場合は、「=COUNT(」まで入力した後、手順2の操作3に進み、引数のセル範囲をドラッグして選択します。引数が指定できたら「)」を入力して Enter キーを押します。なお、この方法は、引数の数が多い関数では注意が必要です。引数と引数を区切る「,」も入力しなくてはなりませんし、必要な引数の個数をあらかじめ理解しておかなくてはなりません。ダイアログボックスを使えば、数式に「,」が自動で入力されます。

使いこなしのヒント

そのほかの関数の入力方法

よく使う関数は、[関数の引数] ダイアログボックスを使わず手早く入力する方法で効率化をはかることができます（次ページのスキルアップ参照）。また、[数式] タブの [関数ライブラリ] から関数を選ぶ方法もあります（39ページのスキルアップ参照）。関数名が分からないときに有効です。

使いこなしのヒント

入力済みの関数を修正するには

関数が入力されているセルをクリックすると、数式バーに関数が表示されます。この状態で数式バーの左にある [関数の挿入] ボタンをクリックすると、[関数の引数] ダイアログボックスが表示されるので、引数に指定されている文字を Delete キーで削除してから、引数を指定し直します。なお、数式を直接修正する方法はレッスン11で詳しく解説します。

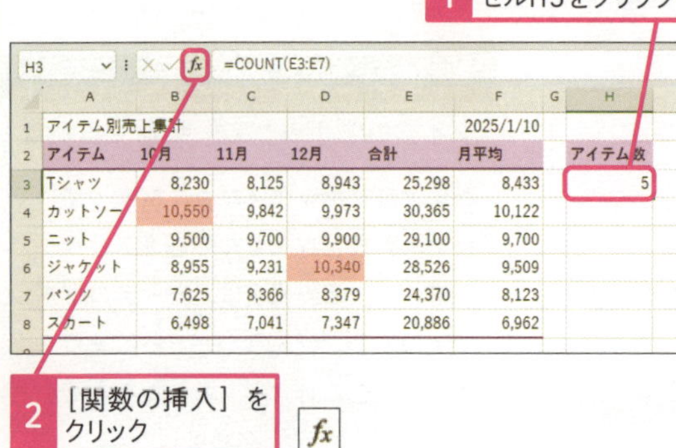

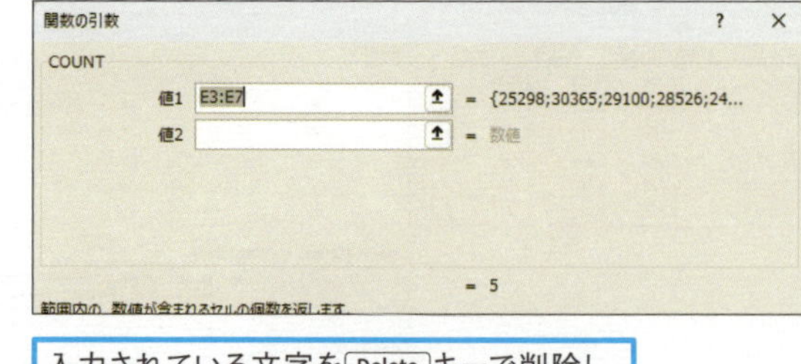

スキルアップ

関数式を直接入力するには

関数式を直接入力する場合、引数に指定するセルやセル範囲は、クリック、またはドラッグ操作で自動表示します（図参照）。なお、引数が複数ある場合は、引数を区切る「,」の入力を忘れないよう注意が必要です。

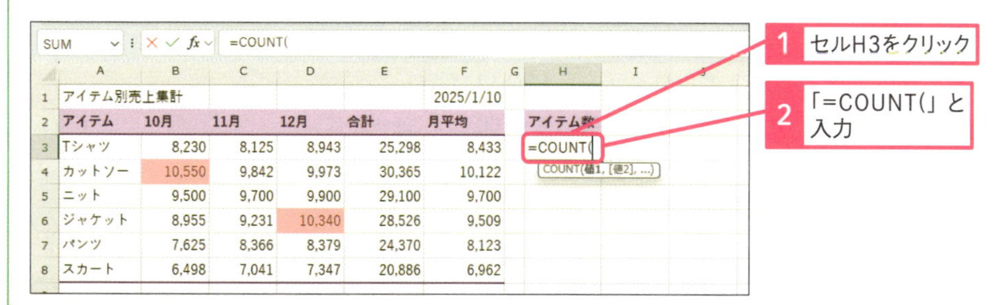

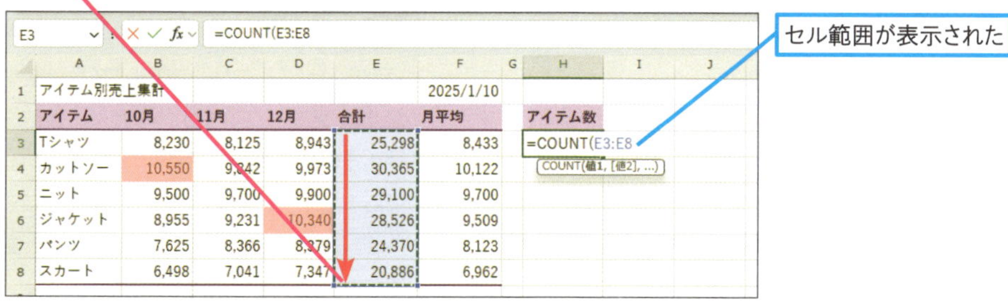

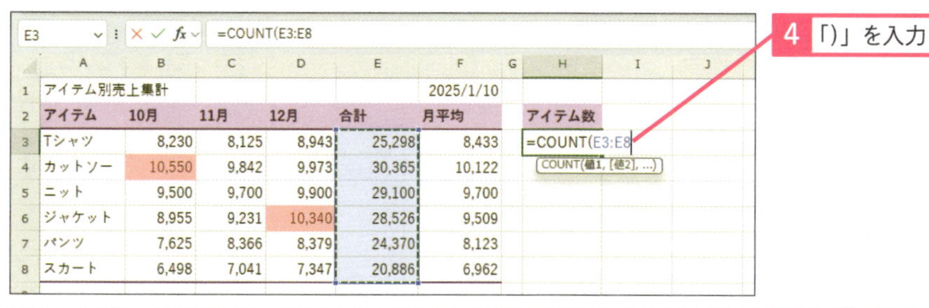

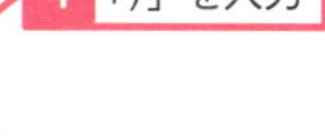

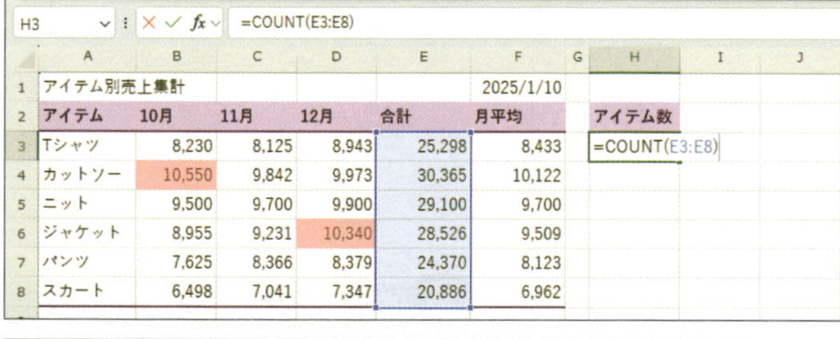

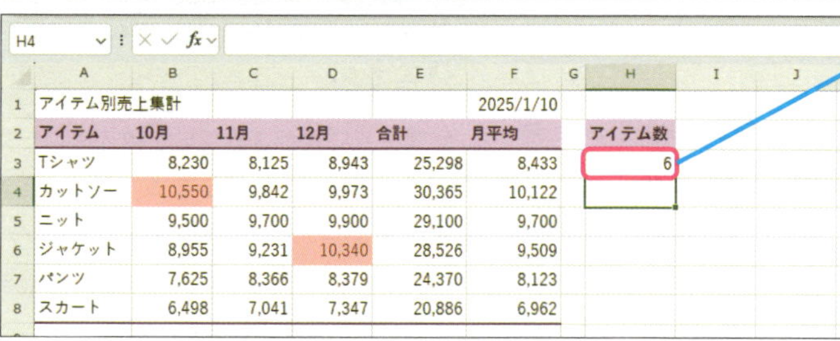

関数式が入力され結果が表示された

レッスン

11 関数式を修正する

引数の修正

練習用ファイル　L011_引数の修正.xlsx

関数式が間違っていると当然正しい結果は得られません。特に引数に指定したセル範囲は、間違っていたとしても、間違った範囲での結果が表示されるため気づかないことがあります。ここでは、COUNT関数を例に引数の間違いを修正します。

1 数式バーから修正する

ここではセルH3に入力されたCOUNT関数の引数を修正する

1 セルH3をクリック

2 数式バーをクリック

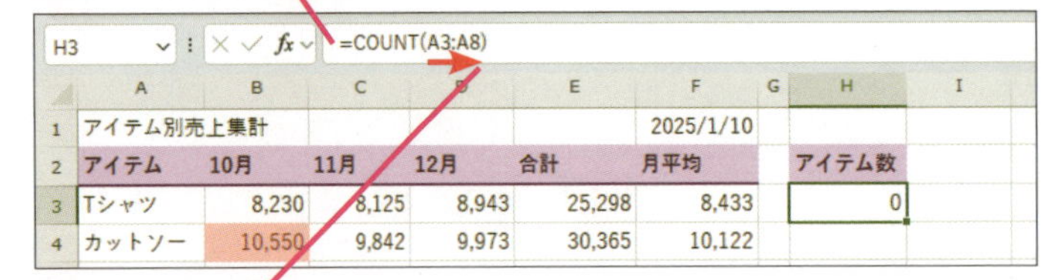

	A	B	C	D	E	F	G	H
1	アイテム別売上集計					2025/1/10		
2	アイテム	10月	11月	12月	合計	月平均		アイテム数
3	Tシャツ	8,230	8,125	8,943	25,298	8,433		0
4	カットソー	10,550	9,842	9,973	30,365	10,122		

3 「A3:A8」をドラッグして選択

修正する引数が選択された

4 セルE3にマウスポインターを合わせる

5 セルE8までドラッグ

SUM　=COUNT(A3:A8)　COUNT(値1, [値2], ...)

	A	B	C	D	E	F	G	H
1	アイテム別売上集計					2025/1/10		
2	アイテム	10月	11月	12月	合計	月平均		アイテム数
3	Tシャツ	8,230	8,125	8,943	25,298	8,433		A3:A8)
4	カットソー	10,550	9,842	9,973	30,365	10,122		
5	ニット	9,500	9,700	9,900	29,100	9,700		
6	ジャケット	8,955	9,231	10,340	28,526	9,509		
7	パンツ	7,625	8,366	8,379	24,370	8,123		
8	スカート	6,498	7,041	7,347	20,886	6,962		

引数がセルE3～セルE8に修正された

6 Enter キーを押す

E3　=COUNT(E3:E8　COUNT(値1, [値2], ...)

	A	B	C	D	E	F	G	H
1	アイテム別売上集計					2025/1/10		
2	アイテム	10月	11月	12月	合計	月平均		アイテム数
3	Tシャツ	8,230	8,125	8,943	25,298	8,433		E3:E8)
4	カットソー	10,550	9,842	9,973	30,365	10,122		
5	ニット	9,500	9,700	9,900	29,100	9,700		
6	ジャケット	8,955	9,231	10,340	28,526	9,509		
7	パンツ	7,625	8,366	8,379	24,370	8,123		

キーワード

数式バー　P.313

使いこなしのヒント

COUNT関数は文字を数えられない

練習用ファイルでは、COUNT関数の結果が「0」となっています。これは、数値を数えるCOUNT関数の引数に文字が入力してあるA列を指定しているためです。ここでは、数値のE列に修正していますが、数値であればほかの列でもかまいません。

アイテム数が「0」になってしまっている

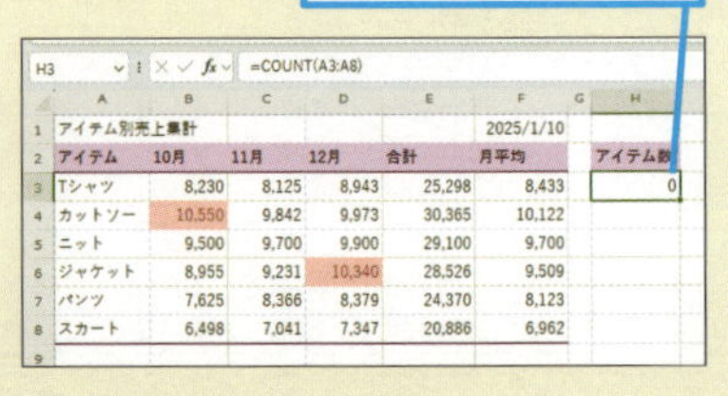

	A	B	C	D	E	F	G	H
1	アイテム別売上集計					2025/1/10		
2	アイテム	10月	11月	12月	合計	月平均		アイテム数
3	Tシャツ	8,230	8,125	8,943	25,298	8,433		0
4	カットソー	10,550	9,842	9,973	30,365	10,122		
5	ニット	9,500	9,700	9,900	29,100	9,700		
6	ジャケット	8,955	9,231	10,340	28,526	9,509		
7	パンツ	7,625	8,366	8,379	24,370	8,123		
8	スカート	6,498	7,041	7,347	20,886	6,962		

使いこなしのヒント

数式バーに直接入力しても修正できる

数式バーに表示されている数式は、一文字ずつ手入力して修正することもできます。数式バーをクリックするとカーソルが表示されるので、カーソルを移動して数式の文字を修正します。

2 色枠をドラッグして修正する

ここではセルH3に入力されたCOUNT関数の引数を修正する

1 セルH3をダブルクリック

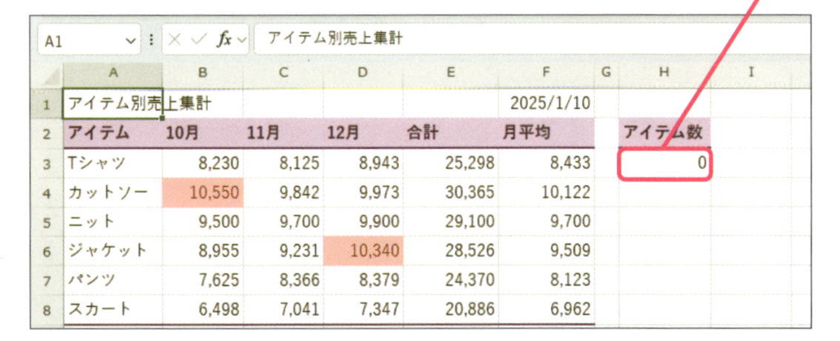

	A	B	C	D	E	F	G	H	I
1	アイテム別売上集計					2025/1/10			
2	アイテム	10月	11月	12月	合計	月平均		アイテム数	
3	Tシャツ	8,230	8,125	8,943	25,298	8,433		0	
4	カットソー	10,550	9,842	9,973	30,365	10,122			
5	ニット	9,500	9,700	9,900	29,100	9,700			
6	ジャケット	8,955	9,231	10,340	28,526	9,509			
7	パンツ	7,625	8,366	8,379	24,370	8,123			
8	スカート	6,498	7,041	7,347	20,886	6,962			

関数式が修正できる状態になった

引数に指定されているセル範囲に色の付いた枠が表示された

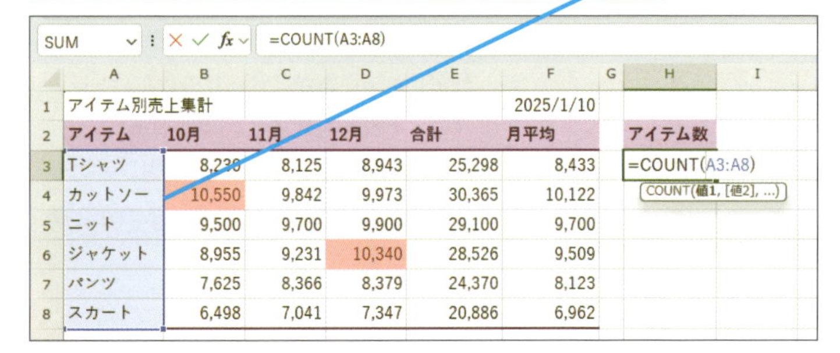

2 色の付いた枠にマウスポインターを合わせる

マウスポインターの形が変わった

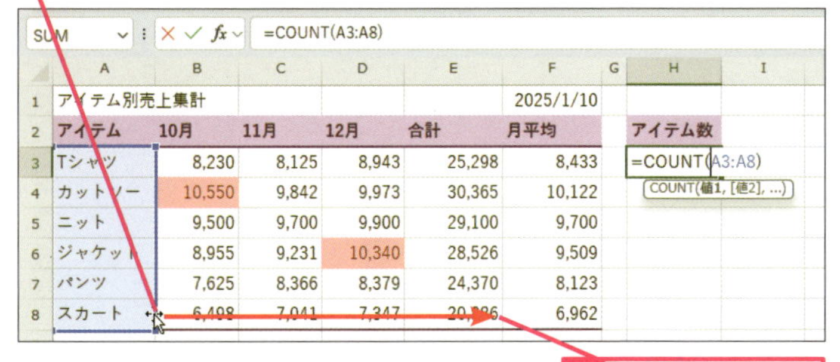

3 セルE3～セルE8の位置までドラッグ

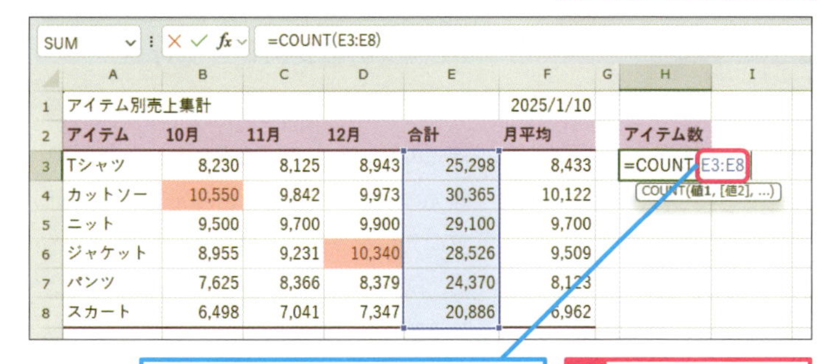

引数がセルE3～セルE8に修正された

4 Enterキーを押す

使いこなしのヒント

ダイアログボックスで修正するには

関数式の修正は、引数の内容を理解していないとできません。関数を入力したときと同じように［関数の引数］ダイアログボックスを表示して修正すれば、引数の説明を見ることができ、正しく理解した上で修正することができます。

1 関数が入力されたセルをクリック

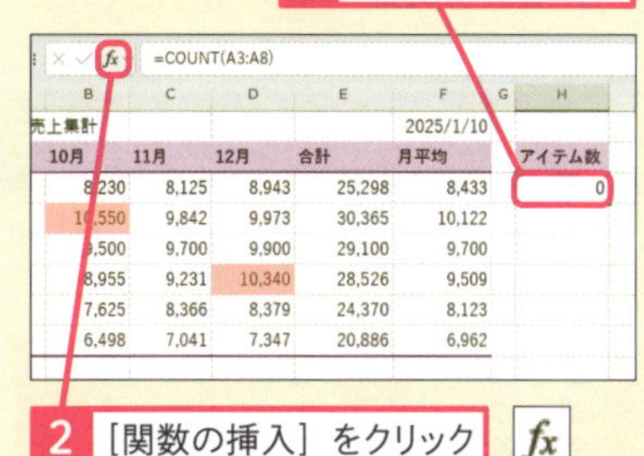

2 ［関数の挿入］をクリック

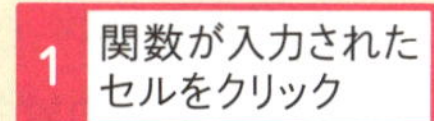

［関数の引数］ダイアログボックスが表示されるので、引数を修正する

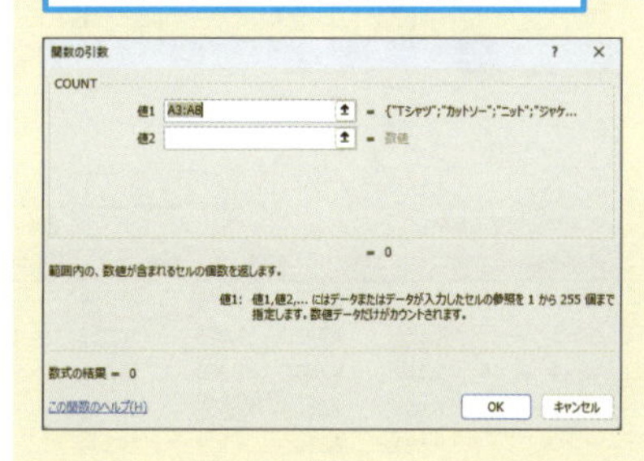

使いこなしのヒント

引数の範囲を拡大縮小するには

引数の範囲を示す枠は、枠線上でドラッグすると移動しますが、四隅のいずれかのハンドル（■）をドラッグするとサイズを変えることができます。セル範囲を拡大、縮小する場合は、ハンドル（■）をドラッグします。

レッスン

12 関数式の参照を確認する

YouTube動画で見る
詳細は2ページへ

トレース

練習用ファイル L012_トレース.xlsx

関数による計算や処理が複雑になると、どの値を元にどの計算がされているのかを追っていくのが難しくなります。そうした場面で役に立つのが「トレース」機能です。関数の式と計算や処理の元になる値の関係を矢印の線で見せてくれます。

1 参照元のトレース矢印を表示する

セルE3の数式の参照元を確かめる

1 セルE3をクリック

2 ［数式］タブをクリック

3 ［参照元のトレース］をクリック

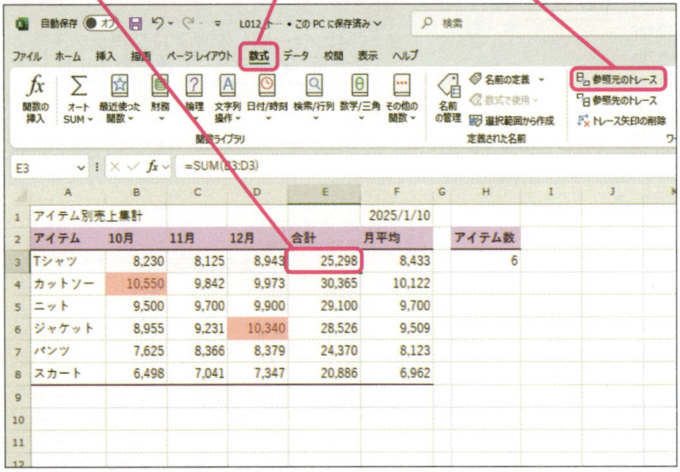

	A	B	C	D	E	F	G	H
1	アイテム別売上集計					2025/1/10		
2	アイテム	10月	11月	12月	合計	月平均		アイテム数
3	Tシャツ	8,230	8,125	8,943	25,298	8,433		6
4	カットソー	10,550	9,842	9,973	30,365	10,122		
5	ニット	9,500	9,700	9,900	29,100	9,700		
6	ジャケット	8,955	9,231	10,340	28,526	9,509		
7	パンツ	7,625	8,366	8,379	24,370	8,123		
8	スカート	6,498	7,041	7,347	20,886	6,962		

参照元のセルから関数の式に向かう矢印が表示された

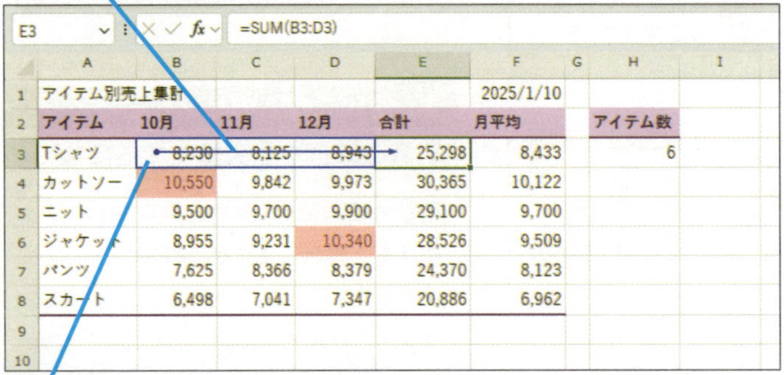

枠線が表示された範囲（セルB3～D3）が参照元であることが分かる

セルE3の結果を求める計算の流れが分かる

キーワード

参照先 P.312
参照元 P.312
トレース P.314

用語解説

トレース

表を一見しただけでは、どの値がどこで計算されているかは分かりません。トレースは、それを視覚的に表現する機能です。表示される矢印をたどっていくと、どのセルの値で計算が実行されているのかを確認できます。

使いこなしのヒント

トレースの種類の使い分け方

トレースには「参照元のトレース」と「参照先のトレース」の2種類があります。「参照元のトレース」は、計算結果から「計算の元になる値」を明らかにしたいときに、「参照先のトレース」は、計算の元になる値から「計算結果」を明らかにしたいときに利用します。

使いこなしのヒント

「参照元」「参照先」とは

「参照元」と「参照先」の意味は、Excel独自のものです。Excelでは、ある値を計算して結果を出した場合、値のセルを「参照元」といい、結果のセルを「参照先」といいます。

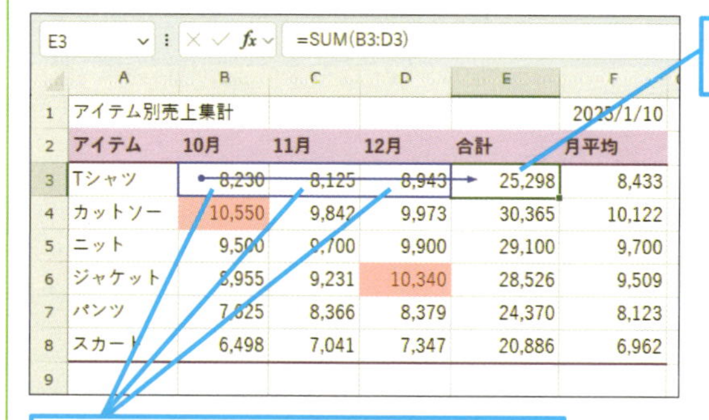

	A	B	C	D	E	F
1	アイテム別売上集計					2025/1/10
2	アイテム	10月	11月	12月	合計	月平均
3	Tシャツ	8,230	8,125	8,943	25,298	8,433
4	カットソー	10,550	9,842	9,973	30,365	10,122
5	ニット	9,500	9,700	9,900	29,100	9,700
6	ジャケット	8,955	9,231	10,340	28,526	9,509
7	パンツ	7,625	8,366	8,379	24,370	8,123
8	スカート	6,498	7,041	7,347	20,886	6,962
9						

セルB3～D3の計算結果であるセルE3は、セルB3～D3の参照先となる

セルE3に表示された計算結果の元の値となるセルB3～D3は、セルE3の参照元となる

2 参照元のトレース矢印を削除する

すべてのトレース矢印を削除する

1 ［トレース矢印の削除］をクリック

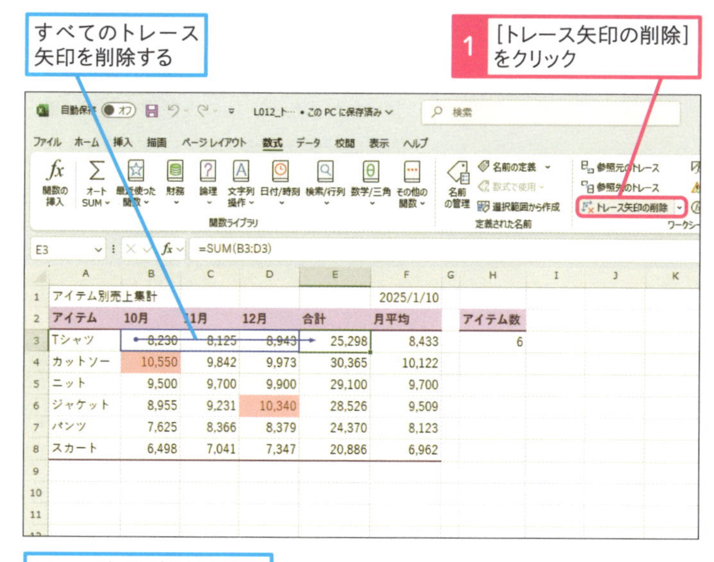

	A	B	C	D	E	F	G	H
1	アイテム別売上集計					2025/1/10		
2	アイテム	10月	11月	12月	合計	月平均		アイテム数
3	Tシャツ	8,230	8,125	8,943	25,298	8,433		6
4	カットソー	10,550	9,842	9,973	30,365	10,122		
5	ニット	9,500	9,700	9,900	29,100	9,700		
6	ジャケット	8,955	9,231	10,340	28,526	9,509		
7	パンツ	7,625	8,366	8,379	24,370	8,123		
8	スカート	6,498	7,041	7,347	20,886	6,962		

トレース矢印が削除された

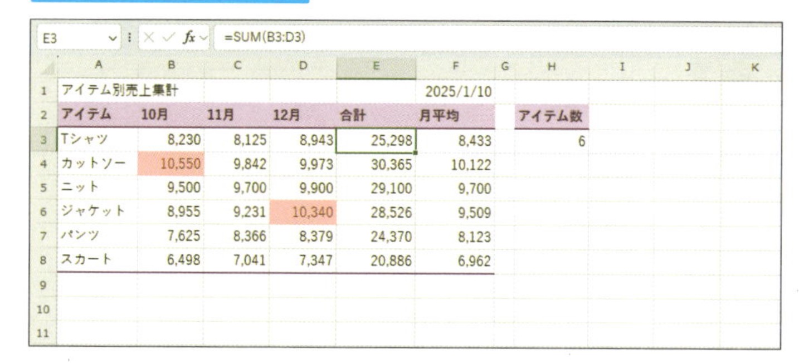

	A	B	C	D	E	F	G	H
1	アイテム別売上集計					2025/1/10		
2	アイテム	10月	11月	12月	合計	月平均		アイテム数
3	Tシャツ	8,230	8,125	8,943	25,298	8,433		6
4	カットソー	10,550	9,842	9,973	30,365	10,122		
5	ニット	9,500	9,700	9,900	29,100	9,700		
6	ジャケット	8,955	9,231	10,340	28,526	9,509		
7	パンツ	7,625	8,366	8,379	24,370	8,123		
8	スカート	6,498	7,041	7,347	20,886	6,962		

使いこなしのヒント

参照元と参照先のトレース矢印を別々に削除するには

トレースの矢印は、「参照元のトレース」と次のページで紹介する「参照先のトレース」があります。［トレース矢印の削除］は、その両方をすべて削除します。別々に削除したい場合は⌄をクリックして選びます。

1 ［トレース矢印の削除］のここをクリック

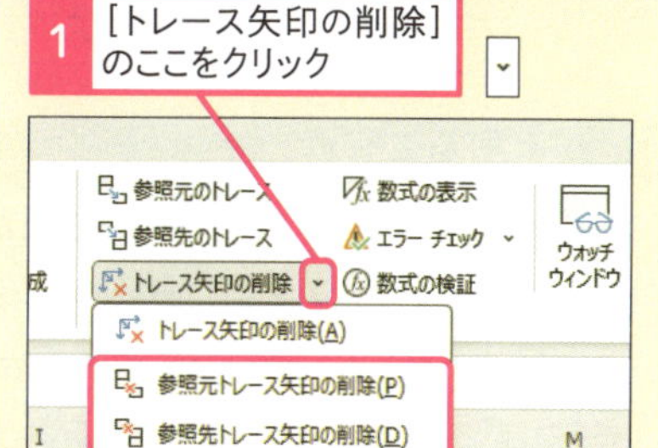

参照元か参照先のいずれかを選択して削除できる

次のページに続く

3 参照先のトレース矢印を表示する

セルE3の参照先を確かめる

1 セルE3をクリック

2 ［参照先のトレース］をクリック

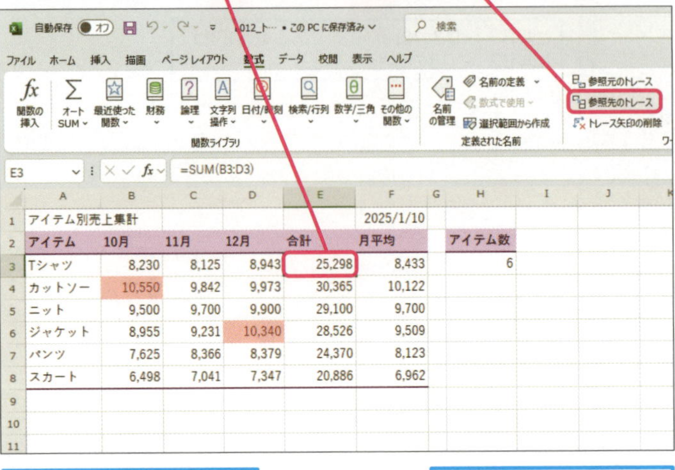

セルE3から参照先の式に向かう矢印が表示された

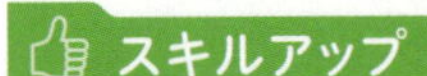

セルE3がどのセルの式に使われているかが分かる

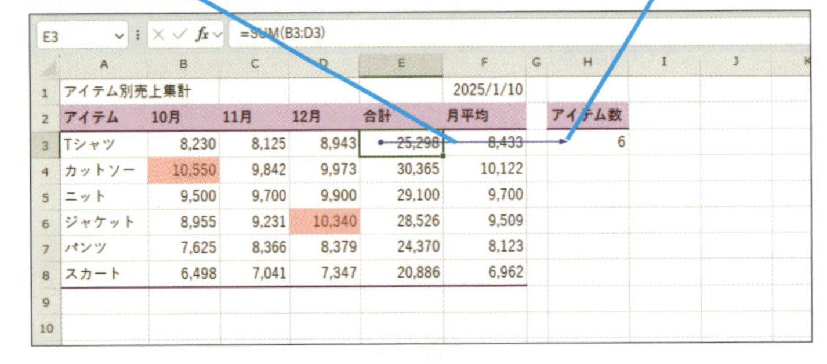

使いこなしのヒント

参照先を確認して分かること

「参照先」は、数式が入力されているセルです。ここでは、セルE3の参照先がセルH3であることが分かります。これは、もしセルE3が変わるとセルH3が影響を受けるということです。

使いこなしのヒント

トレース矢印で表の構造を理解する

ある値を変更すると、その値を使った計算の結果も当然変わります。表の構造が分からないまま、むやみに値を修正してしまうと、思わぬ個所に影響が出て表を崩しかねません。他の人が作った表や範囲の広い大きな表、難しい式が入力してある表に手を加えるときには、トレース矢印を表示して、表の構造、セル同士の関係性を確認しましょう。

スキルアップ

数式がどこに入力されているかを確かめるには

数式が入力されている場所を確認する方法として、47ページで［数式の表示］を紹介しましたが、数式の内容ではなく場所だけを知りたいという場合は、数式が入力されているセルだけをすべて一度に自動選択する機能が便利です。

1 ［ホーム］タブをクリック

2 ［検索と選択］をクリック

3 ［数式］をクリック

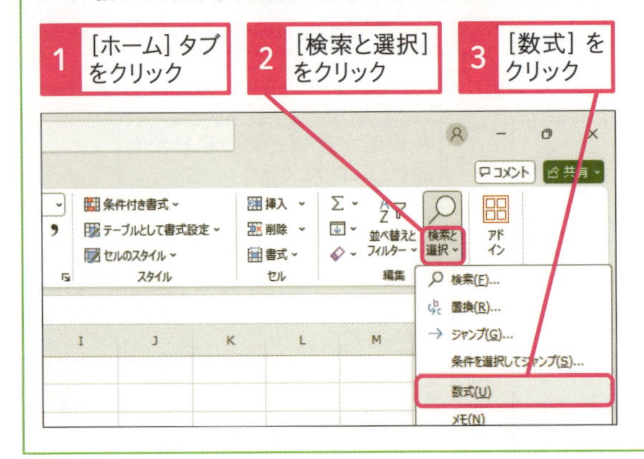

数式が入力されたセルが選択された

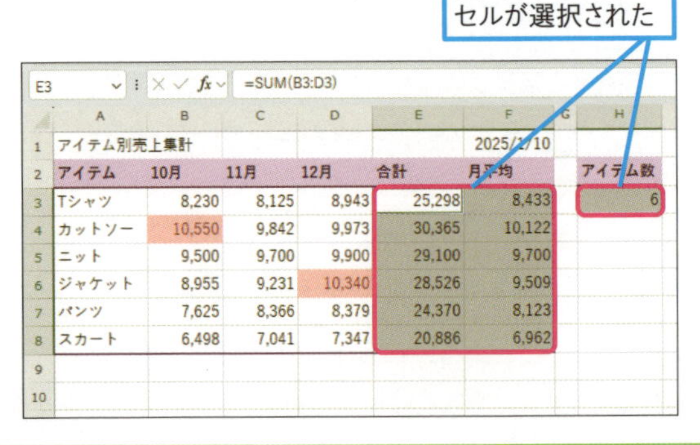

4 参照先のトレース矢印を削除する

1 ［トレース矢印の削除］をクリック

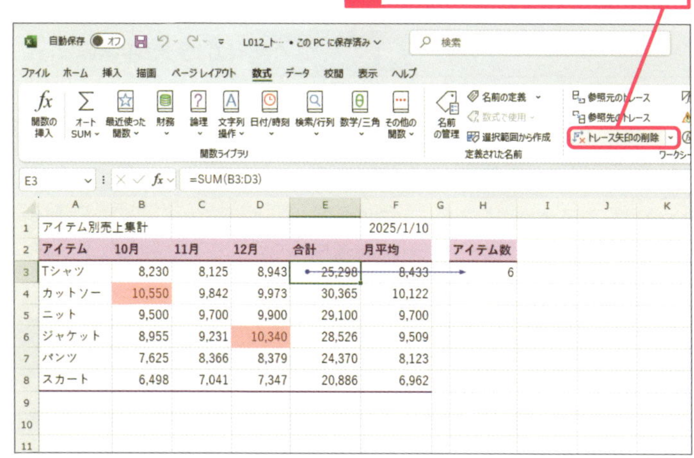

参照先のトレース矢印が削除された

	A	B	C	D	E	F	G	H
1	アイテム別売上集計					2025/1/10		
2	アイテム	10月	11月	12月	合計	月平均		アイテム数
3	Tシャツ	8,230	8,125	8,943	25,298	8,433		6
4	カットソー	10,550	9,842	9,973	30,365	10,122		
5	ニット	9,500	9,700	9,900	29,100	9,700		
6	ジャケット	8,955	9,231	10,340	28,526	9,509		
7	パンツ	7,625	8,366	8,379	24,370	8,123		
8	スカート	6,498	7,041	7,347	20,886	6,962		

使いこなしのヒント

トレースの矢印は保存されない

トレース矢印の表示状態は保存することはできません。表示したままファイルを保存したとしても、次にファイルを開いたときにはトレース矢印は消えています。

ここに注意

最初に選択するセルを間違えて実行した場合、［トレース矢印の削除］で矢印を消した後、最初からやり直します。

使いこなしのヒント

参照元や参照先が別シートの場合は

関数の引数には別シートを指定することができます。その場合、参照元や参照先のトレースの矢印は、破線とアイコンの表示に変わります。破線をダブルクリックしダイアログボックスでシート名とセルを確認します。

参照元や参照先が別シートにある場合は、破線とワークシートのアイコンが表示される

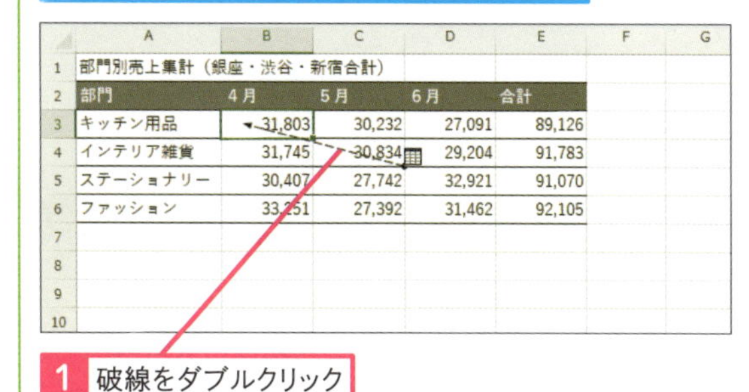

1 破線をダブルクリック

［ジャンプ］ダイアログボックスが表示された

参照元や参照先に設定されている場所が表示される

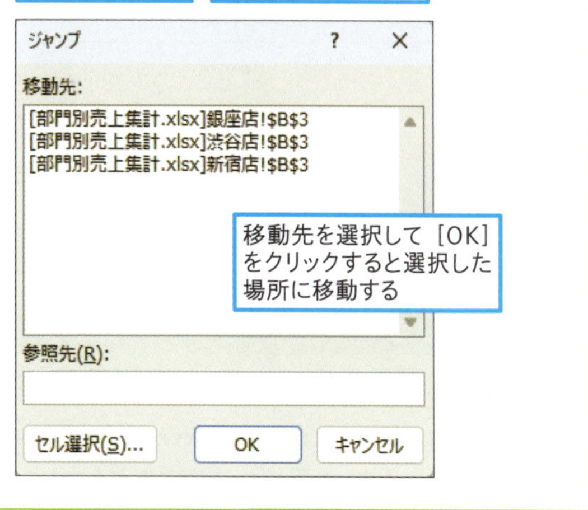

移動先を選択して［OK］をクリックすると選択した場所に移動する

レッスン

13 相対参照/絶対参照を使いこなす

セル参照

練習用ファイル L013_セル参照.xlsx

数式や引数にセルやセル範囲を指定することを「参照」といいます。「参照」には「相対参照」と「絶対参照」があり、見た目も働きも違います。ここで両者の違いを確認し、使い分けられるようにしておきましょう。

キーワード

絶対参照	P.313
セル参照	P.313
相対参照	P.313

相対参照とは

「=A1+B1」や「=SUM(A1:A10)」のように、セルやセル範囲を列番号と行番号で指定するのが「相対参照」です。「相対参照」のセルやセル範囲は、式をコピーしたときコピー先に合わせて変わるのが特徴です。しかし、変わると困る場合があります。以下の例では、構成比を求める式「=E3/E9」をコピーしていますが、コピー先で「E9」が「E10」に変わりエラーとなります。この場合、E9は変わることがないように「絶対参照」でセルを指定する必要があります。

セルF3に売り上げの「構成比」を求める数式「=E3/E9」の数式が入力されている

1 セルF3をセルF4にコピー

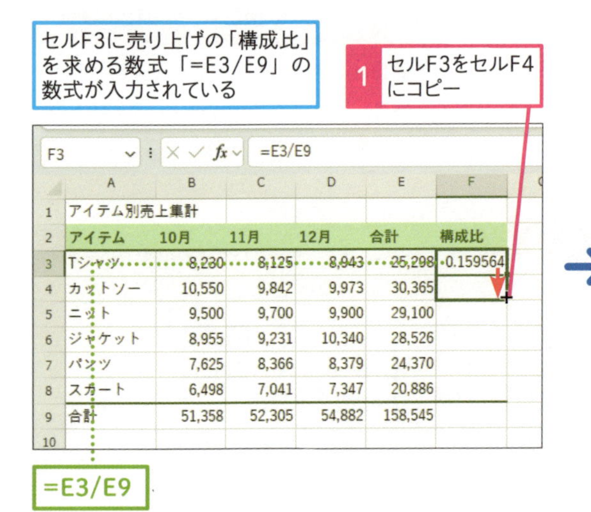

F3 =E3/E9

	A	B	C	D	E	F
1	アイテム別売上集計					
2	アイテム	10月	11月	12月	合計	構成比
3	Tシャツ	8,230	8,125	8,943	25,298	0.159564
4	カットソー	10,550	9,842	9,973	30,365	
5	ニット	9,500	9,700	9,900	29,100	
6	ジャケット	8,955	9,231	10,340	28,526	
7	パンツ	7,625	8,366	8,379	24,370	
8	スカート	6,498	7,041	7,347	20,886	
9	合計	51,358	52,305	54,882	158,545	
10						

=E3/E9

セルF4の数式が「=E4/E10」となり正しい計算ができない

セルE10は空白なので、「#DIV/0!」というエラーが表示される

F3 =E3/E9

	A	B	C	D	E	F
1	アイテム別売上集計					
2	アイテム	10月	11月	12月	合計	構成比
3	Tシャツ	8,230	8,125	8,943	25,298	0.159564
4	カットソー	10,550	9,842	9,973	30,365	#DIV/0!
5	ニット	9,500	9,700	9,900	29,100	
6	ジャケット	8,955	9,231	10,340	28,526	
7	パンツ	7,625	8,366	8,379	24,370	
8	スカート	6,498	7,041	7,347	20,886	
9	合計	51,358	52,305	54,882	158,545	
10						

=E4/E10

使いこなしのヒント

セル参照って何?

数式にセルやセル範囲を指定することをExcelでは「セルを参照する」といいます。参照とは、指定したセルやセル範囲の値を用いるという意味です。「=E3/E9」ならセルE3とセルE9の値を使って計算が実行されます。

絶対参照とは

数式をコピーするとセル参照が変化する「相対参照」に対し、「絶対参照」は、数式をコピーしてもセル参照が変わりません。絶対参照とするには、「$E$9」のように列番号と行番号の前に「$」を付けます。下の例は、絶対参照を指定した数式をコピーした例です。「構成比」を求める場合、「=E3/E9」の「E9」は、どの行の構成比を求めるときも同じ「E9」でなくてはなりません。そこで、数式をコピーしたときにセルの参照が変わらないように「=E3/$E$9」と絶対参照で指定します。

セルF3に売り上げの「構成比」を求める「=E3/$E$9」の数式が入力されている

1 セルF3をセルF4にコピー

F3 =E3/$E$9

	A	B	C	D	E	F	G
1	アイテム別売上集計						
2	アイテム	10月	11月	12月	合計	構成比	
3	Tシャツ	8,230	8,125	8,943	25,298	0.159564	
4	カットソー	10,550	9,842	9,973	30,365		
5	ニット	9,500	9,700	9,900	29,100		
6	ジャケット	8,955	9,231	10,340	28,526		
7	パンツ	7,625	8,366	8,379	24,370		
8	スカート	6,498	7,041	7,347	20,886		
9	合計	51,358	52,305	54,882	158,545		
10							

=E3/$E$9

セルF4の数式は「=E4/$E$9」となり、セルE9の参照は変わらない

エラーが表示されず、正しい結果が求められた

F3 =E3/$E$9

	A	B	C	D	E	F	G
1	アイテム別売上集計						
2	アイテム	10月	11月	12月	合計	構成比	
3	Tシャツ	8,230	8,125	8,943	25,298	0.159564	
4	カットソー	10,550	9,842	9,973	30,365	0.191523	
5	ニット	9,500	9,700	9,900	29,100		
6	ジャケット	8,955	9,231	10,340	28,526		
7	パンツ	7,625	8,366	8,379	24,370		
8	スカート	6,498	7,041	7,347	20,886		
9	合計	51,358	52,305	54,882	158,545		
10							

=E4/$E$9

使いこなしのヒント

関数の引数にも指定できる

関数の中には、引数に絶対参照を指定しなくてはならないものがあります。また、計算の内容によっては、相対参照と絶対参照を使い分ける必要もあります。

使いこなしのヒント

数式をコピーするには

数式をコピーするには「オートフィル」を行います。数式を入力したセルの右下角にあるフィルハンドルをドラッグすると、数式がコピーされます。

使いこなしのヒント

コピー先の数式を必ず確認しよう

ここで求める構成比は、参照するセルを絶対参照にしないとエラーになりますが、ほかの計算では、エラーになるとは限らず、間違った数式による計算結果が表示される場合もあります。数式をコピーしたときには、コピー先の数式の参照が間違っていないか確認するようにしましょう。

時短ワザ

相対参照が F4 キーで絶対参照になる

絶対参照は「$E$9」のように列番号や行番号に「$」を付けますが、F4 キーで簡単に参照方法の切り替えができます。次のページから詳しく紹介しますが、「E9」の相対参照を F4 キーで「$E$9」の絶対参照に変更します。

● 絶対参照の切り替え

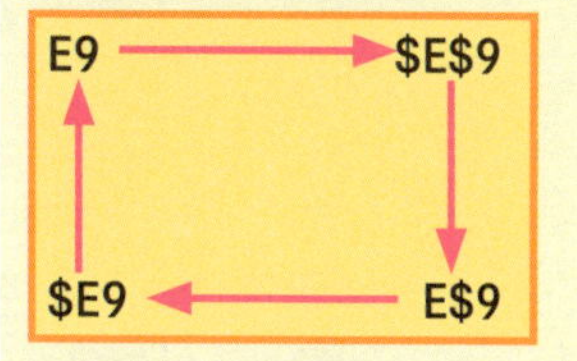

F4 キーを押すごとに絶対参照が切り替わる

次のページに続く➡

1 相対参照を絶対参照に切り替える

セルF3に入力した数式を修正する

1 セルF3をダブルクリック

セルのデータが編集可能な状態になる

A1 アイテム別売上集計

	A	B	C	D	E	F
1	アイテム別売上集計					
2	アイテム	10月	11月	12月	合計	構成比
3	Tシャツ	8,230	8,125	8,943	25,298	0.159564
4	カットソー	10,550	9,842	9,973	30,365	
5	ニット	9,500	9,700	9,900	29,100	
6	ジャケット	8,955	9,231	10,340	28,526	
7	パンツ	7,625	8,366	8,379	24,370	
8	スカート	6,498	7,041	7,347	20,886	
9	合計	51,358	52,305	54,882	158,545	
10						

数式の「E9」を絶対参照に切り替える

2 「E9」をドラッグして選択

3 F4キーを押す

SUM =E3/E9

	A	B	C	D	E	F
1	アイテム別売上集計					
2	アイテム	10月	11月	12月	合計	構成比 158545
3	Tシャツ	8,230	8,125	8,943	25,298	=E3/E9
4	カットソー	10,550	9,842	9,973	30,365	
5	ニット	9,500	9,700	9,900	29,100	
6	ジャケット	8,955	9,231	10,340	28,526	
7	パンツ	7,625	8,366	8,379	24,370	
8	スカート	6,498	7,041	7,347	20,886	
9	合計	51,358	52,305	54,882	158,545	
10						

「E9」が絶対参照の「$E$9」に切り替わった

4 Enterキーを押す

数式が確定される

SUM =E3/$E$9

	A	B	C	D	E	F
1	アイテム別売上集計					
2	アイテム	10月	11月	12月	合計	構成比 158545
3	Tシャツ	8,230	8,125	8,943	25,298	=E3/$E$9
4	カットソー	10,550	9,842	9,973	30,365	
5	ニット	9,500	9,700	9,900	29,100	
6	ジャケット	8,955	9,231	10,340	28,526	
7	パンツ	7,625	8,366	8,379	24,370	
8	スカート	6,498	7,041	7,347	20,886	
9	合計	51,358	52,305	54,882	158,545	
10						

使いこなしのヒント

「$」を直接入力しても絶対参照にできる

セルの列番号や行番号の前に「$」を付ければ絶対参照になります。F4キーを使用せず、数式に直接「$」を入力しても構いません。

「$」を直接入力しても絶対参照に変更できる

12月	合計	構成比
8,943	25,298	=E3/$E$9
9,973	30,365	
9,900	29,100	
10,340	28,526	
8,379	24,370	
7,347	20,886	
54,882	158,545	

使いこなしのヒント

数式を入力するときに絶対参照にするには

ここでは、すでに入力済みの式の参照を絶対参照に修正していますが、数式を入力するときに絶対参照に切り替えた方が効率的です。その場合は、「=E3/E9」の「E9」を入力した直後にF4キーを押します。

ここに注意

操作3でF4キーを押しすぎたときには、さらに何度かF4キーを押して、正しい絶対参照に変更します。

2 絶対参照で数式をコピーする

数式をコピーして「カットソー」「ニット」「ジャケット」「パンツ」「スカート」の構成比を求める

1 セルF3をクリック

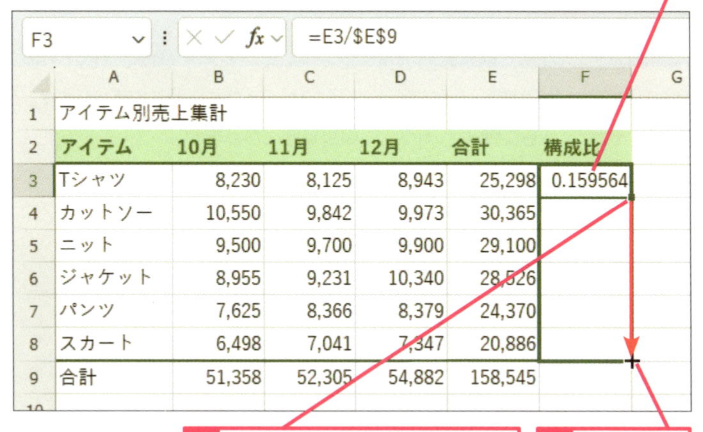

F3 =E3/$E$9

	A	B	C	D	E	F
1	アイテム別売上集計					
2	アイテム	10月	11月	12月	合計	構成比
3	Tシャツ	8,230	8,125	8,943	25,298	0.159564
4	カットソー	10,550	9,842	9,973	30,365	
5	ニット	9,500	9,700	9,900	29,100	
6	ジャケット	8,955	9,231	10,340	28,526	
7	パンツ	7,625	8,366	8,379	24,370	
8	スカート	6,498	7,041	7,347	20,886	
9	合計	51,358	52,305	54,882	158,545	

2 セルF3のフィルハンドルにマウスポインターを合わせる

3 セルF8までドラッグ

セルF3の数式がセルF4～F8にコピーされた

セルF8とセルF9の間の罫線が消えてしまったので、コピー方法を変更する

4 [オートフィルオプション]をクリック

2	アイテム	10月	11月	12月	合計	構成比
3	Tシャツ	8,230	8,125	8,943	25,298	0.159564
4	カットソー	10,550	9,842	9,973	30,365	0.191523
5	ニット	9,500	9,700	9,900	29,100	0.183544
6	ジャケット	8,955	9,231	10,340	28,526	0.179924
7	パンツ	7,625	8,366	8,379	24,370	0.15371
8	スカート	6,498	7,041	7,347	20,886	0.131735
9	合計	51,358	52,305	54,882	158,545	

- セルのコピー(C)
- 書式のみコピー (フィル)(F)
- 書式なしコピー (フィル)(O)
- フラッシュ フィル(F)

5 [書式なしコピー（フィル）]をクリック

セルF8とセルF9の間の罫線が元に戻った

2	アイテム	10月	11月	12月	合計	構成比
3	Tシャツ	8,230	8,125	8,943	25,298	0.159564
4	カットソー	10,550	9,842	9,973	30,365	0.191523
5	ニット	9,500	9,700	9,900	29,100	0.183544
6	ジャケット	8,955	9,231	10,340	28,526	0.179924
7	パンツ	7,625	8,366	8,379	24,370	0.15371
8	スカート	6,498	7,041	7,347	20,886	0.131735
9	合計	51,358	52,305	54,882	158,545	

使いこなしのヒント

コピー先の絶対参照を確認する

数式をコピーした後、コピー先の数式を確認しましょう。ここでは、「=E3/$E$9」をコピーしたので、各行の式は、相対参照の「E3」は行により変化していますが、絶対参照の「$E$9」に変化はありません。各行で正しく計算が行われていることを確認します。

使いこなしのヒント

構成比を％で表示するには

セル範囲を選択した後、［ホーム］タブの［パーセントスタイル］ボタンをクリックします。このとき小数点以下は四捨五入された表示になります。小数点以下の桁を増やして表示する場合は、［小数点以下の表示桁数を増やす］ボタン（ ）をクリックします。

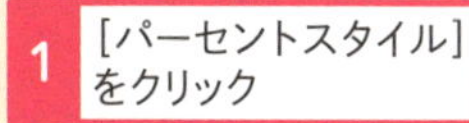

1 [パーセントスタイル]をクリック

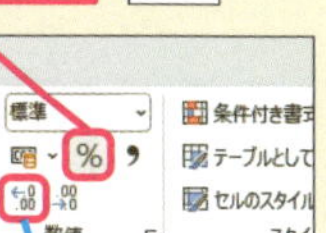

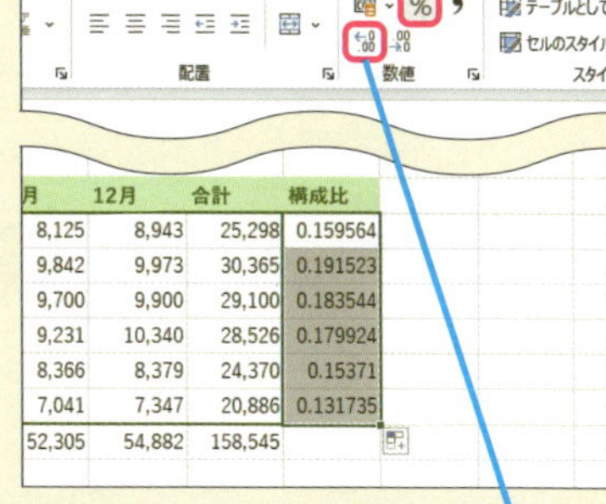

[小数点以下の表示桁数を増やす]をクリックすると、小数点第1位まで表示される

次のページに続く

スキルアップ

行や列だけを絶対参照にできる

絶対参照は、行と列に対して行う（$E$9）以外にも、行のみ絶対参照（E$9）、列のみ絶対参照（$E9）を指定する複合参照が可能です。「構成比」を求める例では、セルE9を行と列ともに絶対参照（$E$9）にしましたが、もともと列がずれる心配はないので、行のみを絶対参照にして「E$9」としても構いません。このように絶対参照は、行と列に対しそれぞれ設定できます。

関数によっては、複数の行、列に同じ数式を入力するために、行のみ、あるいは、列のみの絶対参照を使い分けることがあります。

なお、絶対参照の指定は、F4キーを押すたびに「E9」（相対参照）→「$E$9」→「E$9」→「$E9」と切り替わります。さらに押すと「E9」の相対参照に戻ります。

● 絶対参照の切り替え

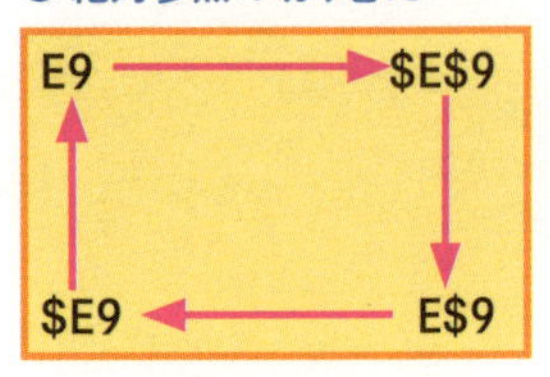

F4キーを押すごとに絶対参照が切り替わる

● 行のみ絶対参照にする

手順1を参考にして、セルF3の数式の「E9」をドラッグして選択しておく

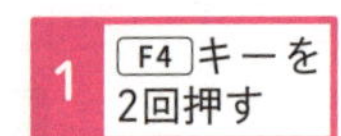

F3 =E3/E9

	A	B	C	D	E	F	G
1	アイテム別売上集計						
2	アイテム	10月	11月	12月	合計	構 158545	
3	Tシャツ	8,230	8,125	8,943	25,298	=E3/E9	
4	カットソー	10,550	9,842	9,973	30,365		
5	ニット	9,500	9,700	9,900	29,100		
6	ジャケット	8,955	9,231	10,340	28,526		
7	パンツ	7,625	8,366	8,379	24,370		
8	スカート	6,498	7,041	7,347	20,886		
9	合計	51,358	52,305	54,882	158,545		
10							

=E3/E9

行のみ絶対参照に切り替わった

F3 =E3/E$9

	A	B	C	D	E	F	G
1	アイテム別売上集計						
2	アイテム	10月	11月	12月	合計	構 158545	
3	Tシャツ	8,230	8,125	8,943	25,298	=E3/E$9	
4	カットソー	10,550	9,842	9,973	30,365		
5	ニット	9,500	9,700	9,900	29,100		
6	ジャケット	8,955	9,231	10,340	28,526		
7	パンツ	7,625	8,366	8,379	24,370		
8	スカート	6,498	7,041	7,347	20,886		
9	合計	51,358	52,305	54,882	158,545		
10							

=E3/E$9

● 列のみ絶対参照にする

手順1を参考にして、セルF3の数式の「E9」をドラッグして選択しておく

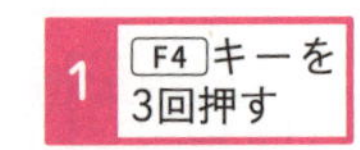

F3 =E3/E9

	A	B	C	D	E	F	G
1	アイテム別売上集計						
2	アイテム	10月	11月	12月	合計	構 158545	
3	Tシャツ	8,230	8,125	8,943	25,298	=E3/E9	
4	カットソー	10,550	9,842	9,973	30,365		
5	ニット	9,500	9,700	9,900	29,100		
6	ジャケット	8,955	9,231	10,340	28,526		
7	パンツ	7,625	8,366	8,379	24,370		
8	スカート	6,498	7,041	7,347	20,886		
9	合計	51,358	52,305	54,882	158,545		
10							

=E3/E9

列のみ絶対参照に切り替わった

F3 =E3/$E9

	A	B	C	D	E	F	G
1	アイテム別売上集計						
2	アイテム	10月	11月	12月	合計	構 158545	
3	Tシャツ	8,230	8,125	8,943	25,298	=E3/$E9	
4	カットソー	10,550	9,842	9,973	30,365		
5	ニット	9,500	9,700	9,900	29,100		
6	ジャケット	8,955	9,231	10,340	28,526		
7	パンツ	7,625	8,366	8,379	24,370		
8	スカート	6,498	7,041	7,347	20,886		
9	合計	51,358	52,305	54,882	158,545		
10							

=E3/$E9

スキルアップ

Excelのエラー表示の種類を知ろう

エラーは、数式に間違いがあるときや、何らかの理由で正常に処理されないときに表示されます。エラーを確認したら、本ページを参考に原因を突き止め対処しましょう。なお、レッスン25ではエラーを表示させない関数も紹介します。

#DIV/0! 数値を「0」(ゼロ)で割り算してしまっている

原因	対処法
数式の分母として参照しているセルが空白または「0」である	セルに「0」以外の値を入力する
数式をコピーしたときに、空欄のセルを参照している	レッスン25を参考にしてIFERROR関数を使うか、引数に正しいセル参照を入力し直す

#N/A 関数や数式に使える値がない

原因	対処法
VLOOKUP関数などで、引数[検索値]に間違った値が指定されている	引数に指定している内容を確認し、正しく設定し直す

#NAME? 関数のつづりを間違えたり、間違った[名前]が入力されている

原因	対処法
入力した関数名のつづりが間違っている	関数名を正しく入力し直す
「&」で文字列を組み合わせるとき、「"」を付け忘れている	文字列の前後に「"」を付ける
テーブルに設定していない[名前]を入力している	テーブルや列に設定した[名前]を確認して、正しく入力し直す

#NULL! セル参照に使う記号が間違っている

原因	対処法
セル範囲への参照を、「:」や「,」ではなく「 」(半角の空白)で入力している	「 」を「:」か「,」に修正する

#NUM! 引数に間違ったデータが入力されている

原因	対処法
指定できる数値が限られている引数に、間違った数値を指定している	引数に指定している数値を確認し、正しい数値に修正する

#REF! 数式や関数に使われているセル参照が無効になった

原因	対処法
参照していたセルが削除されているか、移動している	削除したセルにもう一度データを入力する

#VALUE! 数式や関数の引数に入れるデータの種類が間違っている

原因	対処法
数値を計算する数式で参照しているセルに、数値以外のデータを入力している	引数としてセル参照がある場合などは、参照先のセルに正しい値が入力されているか確認する
関数の引数に使っているセル参照が、コピーなどによってずれている	レッスン25を参考にしてIFERROR関数を使うか、引数を正しいセル参照に修正する

########## セルに表示できない数値が入力されている

原因	対処法
セル幅より長い桁の数値が入力されている	数値がすべて表示されるようにセルの幅を広げる
日付や時間を計算をする際に答えがマイナスになる数式を入力している	答えがマイナスにならない数式に修正する

#スピル! スピル機能で使用されるセルにデータが入力されている

原因	対処法
スピル機能で自動的に結果が表示されるセルにデータがある	スピル機能で使用されるセルを空白にする

レッスン

14 関数式に絶対参照を指定する

絶対参照

練習用ファイル　L014_絶対参照.xlsx

関数の式をコピーして効率よく作業するには、引数の参照を相対参照、絶対参照に正しく使い分ける必要があります。ここでは、指定した値が特定の範囲の中で何位になるか順位を調べるRANK.EQ関数を例に解説します。

1 引数を絶対参照で入力する

ここでは「Tシャツ」がすべてのアイテムの中で何番目に売り上げが多いか、順位をセルF3に表示する

1 セルF3をクリック

SUM　=rank

	A	B	C	D	E	F	G	H
1	アイテム別売上集計							
2	アイテム	10月	11月	12月	合計	ランキング		
3	Tシャツ	8,230	8,125	8,943	25,298	=rank		
4	カットソー	10,550	9,842	9,973	30,365			
5	ニット	9,500	9,700	9,900	29,100			
6	ジャケット	8,955	9,231	10,340	28,526			
7	パンツ	7,625	8,366	8,379	24,370			
8	スカート	6,498	7,041	7,347	20,886			
9	合計	51,358	52,305	54,882	158,545			
10								
11								
12								

RANK.AVG
RANK.EQ
RANK
CUBERANKEDMEMBER
PERCENTRANK.EXC
PERCENTRANK.INC
PERCENTRANK

2 「=rank」と入力

3 「RANK.EQ」をダブルクリック

「=RANK.EQ(」が入力された

4 セルE3をクリック

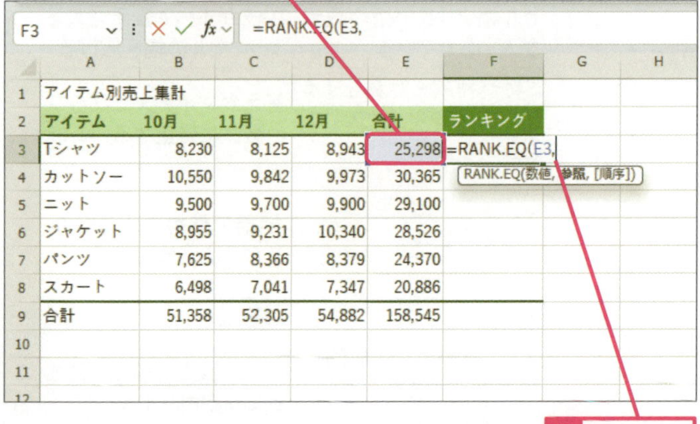

5 「,」と入力

キーワード

絶対参照	P.313
セル参照	P.313

使いこなしのヒント

RANK.EQ関数って?

RANK.EQ関数は順位を調べる関数です(詳しくはレッスン85参照)。ここでは、以下のように引数を指定します。

=RANK.EQ(数値, 参照, 順序)

引数	説明	指定した値
数値	順位を調べたい対象となる値	E3
参照	どのグループの中で順位を調べるのかその範囲(絶対参照)	\$E\$3:\$E\$8
順序	数値の降順に順位を付ける「0」、または昇順に順位を付ける「1」	0

使いこなしのヒント

[関数の引数]ダイアログボックスで絶対参照に指定するには

操作3のあと[関数の引数]ダイアログボックスを表示して指定する(レッスン10参照)場合、[参照]のセル範囲を指定した直後にF4キーを押して絶対参照にします。

1 [参照]の範囲を指定

2 F4キーを押す

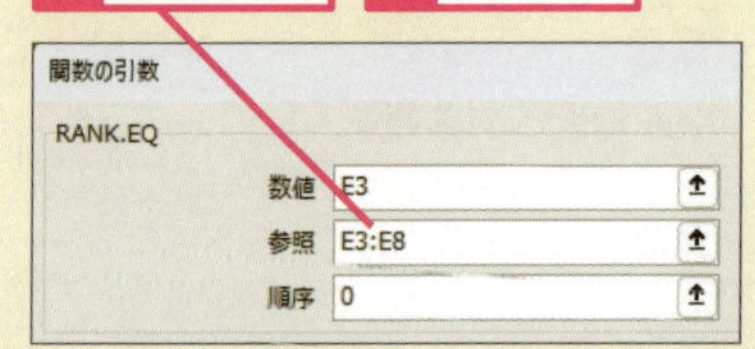

● 2つ目の引数に指定するセル範囲を選択する

6 セルE3 ～セルE8をドラッグ　**7** F4 キーを押す

E3　=RANK.EQ(E3,E3:E8

	A	B	C	D	E	F
1	アイテム別売上集計					
2	アイテム	10月	11月	12月	合計	ランキング
3	Tシャツ	8,230	8,125	8,943	25,298	=RANK.EQ(E3,E3:E8
4	カットソー	10,550	9,842	9,973	30,365	RANK.EQ(数値, 参照, [順序])
5	ニット	9,500	9,700	9,900	29,100	
6	ジャケット	8,955	9,231	10,340	28,526	
7	パンツ	7,625	8,366	8,379	24,370	
8	スカート	6,498	7,041	7,347	20,886	
9	合計	51,358	52,305	54,882	158,545	

セルE3 ～セルE8が絶対参照に切り替わった

E3　=RANK.EQ(E3,$E$3:$E$8

	A	B	C	D	E	F
1	アイテム別売上集計					
2	アイテム	10月	11月	12月	合計	ランキング
3	Tシャツ	8,230	8,125	8,943	25,298	=RANK.EQ(E3,$E$3:$E$8
4	カットソー	10,550	9,842	9,973	30,365	RANK.EQ(数値, 参照, [順序])
5	ニット	9,500	9,700	9,900	29,100	
6	ジャケット	8,955	9,231	10,340	28,526	
7	パンツ	7,625	8,366	8,379	24,370	
8	スカート	6,498	7,041	7,347	20,886	
9	合計	51,358	52,305	54,882	158,545	

8 「,0)」と入力　**9** Enter キーを押す

F3　=RANK.EQ(E3,$E$3:$E$8,0)

	A	B	C	D	E	F
1	アイテム別売上集計					
2	アイテム	10月	11月	12月	合計	ランキング
3	Tシャツ	8,230	8,125	8,943	25,298	=RANK.EQ(E3,$E$3:$E$8,0)
4	カットソー	10,550	9,842	9,973	30,365	
5	ニット	9,500	9,700	9,900	29,100	
6	ジャケット	8,955	9,231	10,340	28,526	
7	パンツ	7,625	8,366	8,379	24,370	
8	スカート	6,498	7,041	7,347	20,886	
9	合計	51,358	52,305	54,882	158,545	

「Tシャツ」がすべてのアイテムの中で何番目に売り上げが多いか、順位がセルF3に表示された

レッスン07を参考に、セルF3の数式をセルF4 ～セルF8にコピーしておく

F4

	A	B	C	D	E	F
1	アイテム別売上集計					
2	アイテム	10月	11月	12月	合計	ランキング
3	Tシャツ	8,230	8,125	8,943	25,298	4
4	カットソー	10,550	9,842	9,973	30,365	
5	ニット	9,500	9,700	9,900	29,100	
6	ジャケット	8,955	9,231	10,340	28,526	
7	パンツ	7,625	8,366	8,379	24,370	
8	スカート	6,498	7,041	7,347	20,886	
9	合計	51,358	52,305	54,882	158,545	

使いこなしのヒント
絶対参照の指定を忘れた場合

例のように各アイテムの順位を求めたい場合、RANK.EQ関数の引数［参照］は絶対参照にします。もし絶対参照にしないまま式をコピーすると、引数［参照］の範囲がコピー先ごとに変化してしまい正しい順位になりません。

使いこなしのヒント
入力済みの引数を絶対参照に指定するには

参照は式を入力した後からでも変更できます。その場合、変更したい参照をドラッグして選択したあと F4 キーを使います。

1 セルF3をダブルクリック

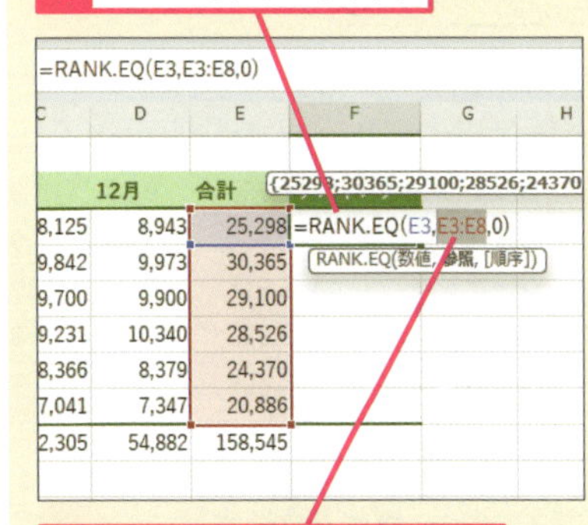

2 「E3:E8」をドラッグして選択

3 F4 キーを押す

セルE3セルE8が絶対参照に切り替わった

=RANK.EQ(E3,$E$3:$E$8,0)

C	D	E	F
	12月	合計	{25298;30365;29100;28526;243
8,125	8,943	25,298	=RANK.EQ(E3,$E$3:$E$8,0)
9,842	9,973	30,365	RANK.EQ(数値, 参照, [順序])
9,700	9,900	29,100	
9,231	10,340	28,526	
8,366	8,379	24,370	
7,041	7,347	20,886	
2,305	54,882	158,545	

レッスン

15 表をテーブルにする

テーブル

練習用ファイル　L015_テーブル.xlsx

ここからは、「テーブル」の作成と使い方を解説します。テーブルは、Excelの表作成には欠かせない機能です。本書でも随所でテーブルを利用します。まずテーブルをどのように作成するか確認しておきましょう。

キーワード

書式	P.312
テーブル	P.314
フィルター	P.315

テーブルとは

「テーブル」は、データを蓄積するための枠組みです。表をこの枠組みに当てはめることで、表全体の処理が簡単になります。例えば、表の行が増えたとすると、その行に自動的に罫線や色が適用され、数式があれば自動的にコピーしてくれます。ほかにどのような働きがあるか見てみましょう。

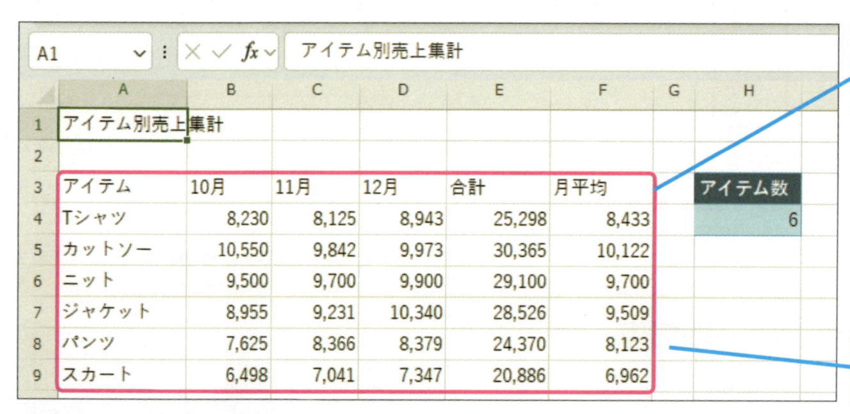

	A	B	C	D	E	F	G	H
1	アイテム別売上集計							
2								
3	アイテム	10月	11月	12月	合計	月平均		アイテム数
4	Tシャツ	8,230	8,125	8,943	25,298	8,433		6
5	カットソー	10,550	9,842	9,973	30,365	10,122		
6	ニット	9,500	9,700	9,900	29,100	9,700		
7	ジャケット	8,955	9,231	10,340	28,526	9,509		
8	パンツ	7,625	8,366	8,379	24,370	8,123		
9	スカート	6,498	7,041	7,347	20,886	6,962		

先頭行は項目名、1行に1件のデータが入力してある表をテーブルにする

隣接するセルにはデータを入力しない

条件によりデータを抽出する「フィルター」機能が自動的にオンになる

A1　アイテム別売上集計

	A	B	C	D	E	F	G	H
1	アイテム別売上集計							
2								
3	アイテム	10月	11月	12月	合計	月平均		アイテム数
4	Tシャツ	8,230	8,125	8,943	25,298	8,433		7
5	カットソー	10,550	9,842	9,973	30,365	10,122		
6	ニット	9,500	9,700	9,900	29,100	9,700		
7	ジャケット	8,955	9,231	10,340	28,526	9,509		
8	パンツ	7,625	8,366	8,379	24,370	8,123		
9	スカート	6,498	7,041	7,347	20,886	6,962		
10	スーツ	11,500	12,370	9,958	33,828	11,276		
11	合計	62,858	64,675	64,840	192,373			

テーブル全体に罫線や色のデザインが設定できる

行を増やすと自動的にテーブルが広がる

データを集計する行を必要に応じて表示/非表示できる

1 テーブルを作成する

ここではセルA3 ～セルF9でテーブルを作成する

1 範囲のいずれかのセルをクリック

ここではセルA3をクリックした

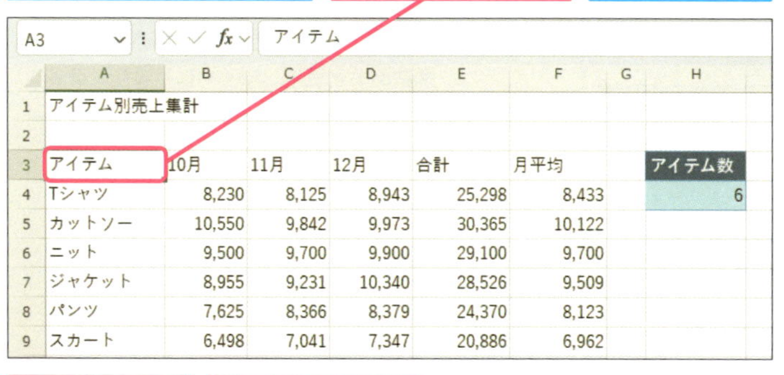

A3 アイテム

	A	B	C	D	E	F	G	H
1	アイテム別売上集計							
2								
3	アイテム	10月	11月	12月	合計	月平均		アイテム数
4	Tシャツ	8,230	8,125	8,943	25,298	8,433		6
5	カットソー	10,550	9,842	9,973	30,365	10,122		
6	ニット	9,500	9,700	9,900	29,100	9,700		
7	ジャケット	8,955	9,231	10,340	28,526	9,509		
8	パンツ	7,625	8,366	8,379	24,370	8,123		
9	スカート	6,498	7,041	7,347	20,886	6,962		

2 ［挿入］タブをクリック

3 ［テーブル］をクリック

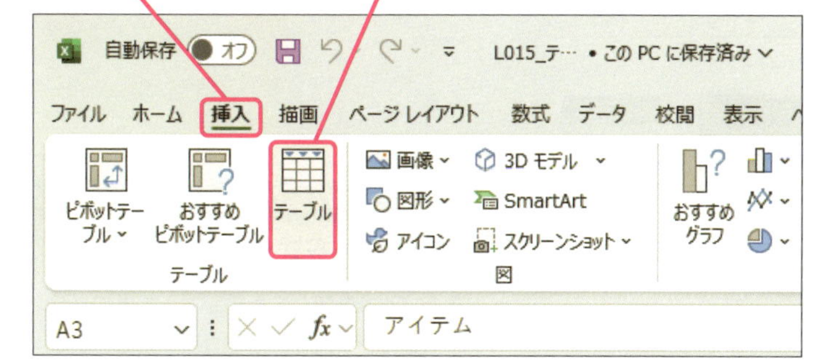

テーブルを作成するセル範囲が表示された

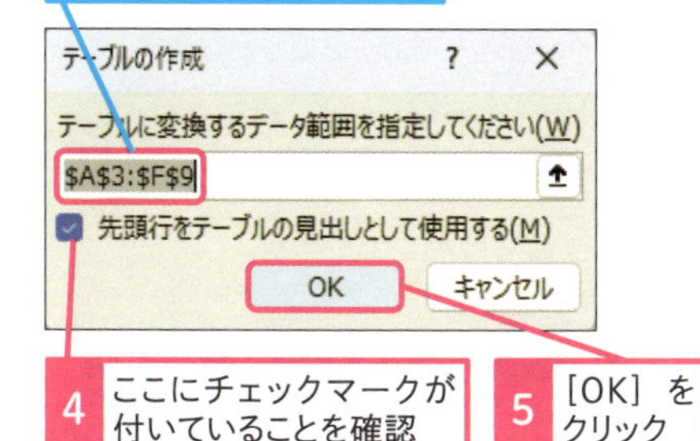

4 ここにチェックマークが付いていることを確認

5 ［OK］をクリック

テーブルが作成された

A3

	A	B	C	D	E	F	G	H
1	アイテム別売上集計							
2								
3	アイテム	10月	11月	12月	合計	月平均		アイテム数
4	Tシャツ	8,230	8,125	8,943	25,298	8,433		6
5	カットソー	10,550	9,842	9,973	30,365	10,122		
6	ニット	9,500	9,700	9,900	29,100	9,700		
7	ジャケット	8,955	9,231	10,340	28,526	9,509		
8	パンツ	7,625	8,366	8,379	24,370	8,123		
9	スカート	6,498	7,041	7,347	20,886	6,962		
10								

ここに注意

テーブルの範囲は自動的に認識させることができます。データが連続して入力された列、行が対象です。途中空白行があると思い通りの範囲になりません。

使いこなしのヒント

先頭行を見出しに設定する

先頭行に項目名が入力してある場合は、［テーブルの作成］ダイアログボックスの［先頭行をテーブルの見出しとして使用する］にチェックマークを付けます。付けなかった場合、先頭に新たな行が見出し行として挿入されます。

ショートカットキー

テーブルを作成 Ctrl + T

使いこなしのヒント

テーブルにする範囲を変更するには

テーブルの範囲は、最初にクリックしたセルから上下左右にデータが入力してあるセルまでを自動選択します。これを変更したい場合は、自動選択された範囲を消し、目的の範囲をドラッグします。

使いこなしのヒント

［テーブルデザイン］タブが表示される

テーブルを作成すると［テーブルデザイン］タブが表示されます。ただし、［テーブルデザイン］タブは、テーブル以外のセルをクリックすると非表示になります。このタブはテーブル内のセルをクリックするといつでも表示できます。

次のページに続く

2 テーブル名を変更する

自動的に［テーブルデザイン］タブに切り替わる

自動的に「テーブル1」というテーブル名が付いている

「テーブル1」というテーブル名を「集計表」に変更する

1 「テーブル1」をドラッグして選択

2 「集計表」と入力

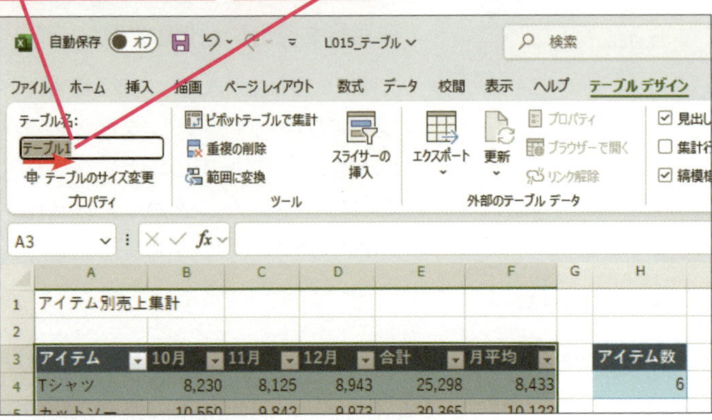

テーブル名が変更された

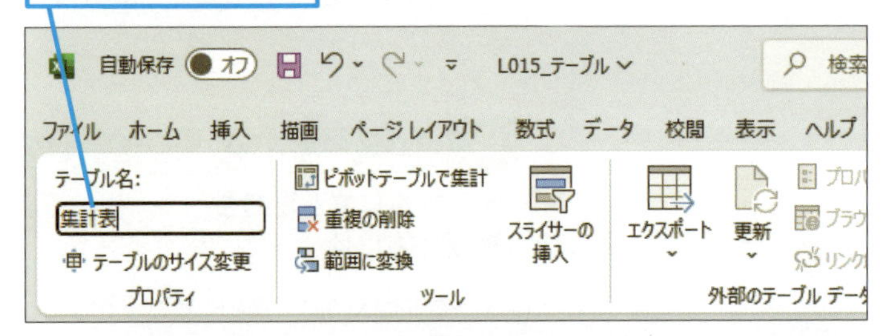

3 テーブルを解除する

1 テーブル内のセルをクリック

2 ［範囲に変換］をクリック

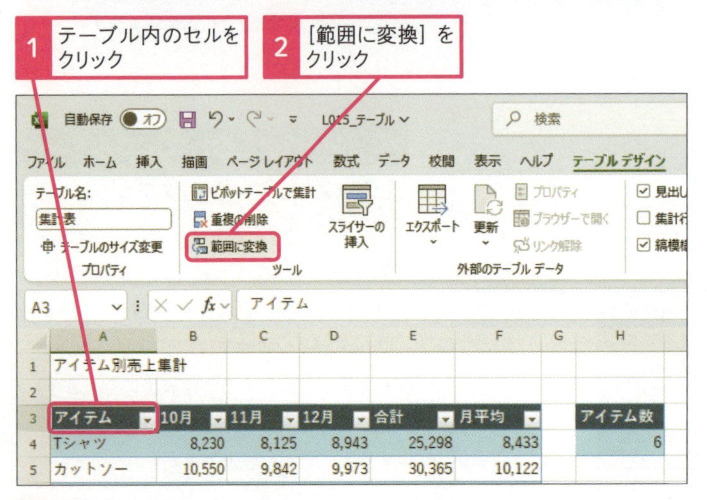

使いこなしのヒント

なぜテーブル名を付けるの？

テーブルにはテーブル名が必要です。テーブル作成の直後は「テーブル1」（数字は変わる）と付けられますが、テーブルが複数あると区別しにくくなります。テーブル名は関数の引数に利用しますので、分かりやすいものにしておきましょう。

使いこなしのヒント

テーブルの書式を解除するには

テーブルを解除してもテーブルの書式（罫線や色など）は元には戻りません。元に戻すには、テーブルを解除する前に、80ページのヒントを参考に、色や罫線が何もないスタイルを選んでおく必要があります。

テーブルを解除しても、設定されたセルの書式は元に戻らない

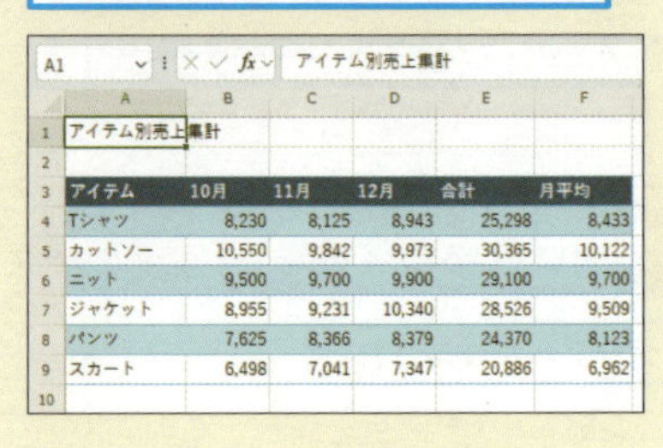

ここに注意

表をテーブルに設定した後、必ずしも解除する必要はありません。このまま保存や印刷も可能です。テーブル機能が不要のとき手順3の方法で解除することができます。

● 標準の範囲に変換する

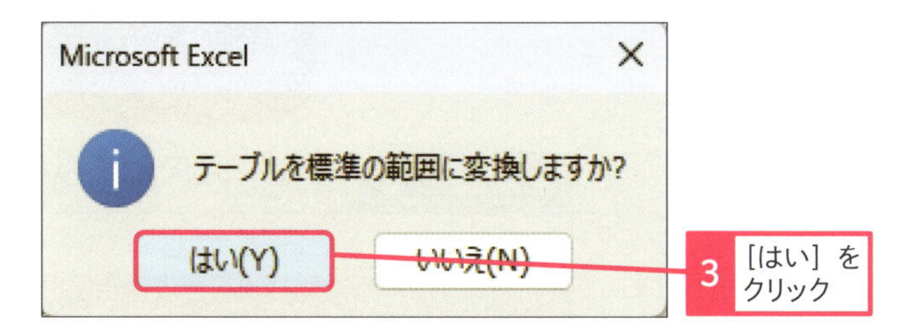

スキルアップ

フィルターで簡単にデータを抽出できる

テーブルには自動的に「フィルター」機能の働きが追加されます。項目名の右横のフィルターボタンで条件を指定すると、該当するデータのみ表示されます。膨大なデータの中から特定のものだけを見たいときに便利です。

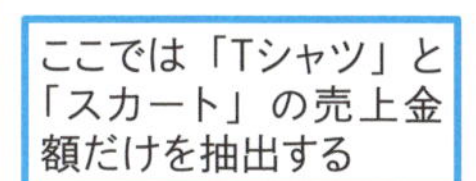

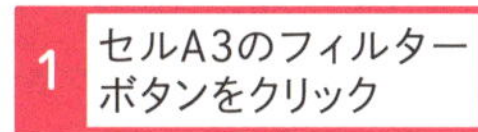

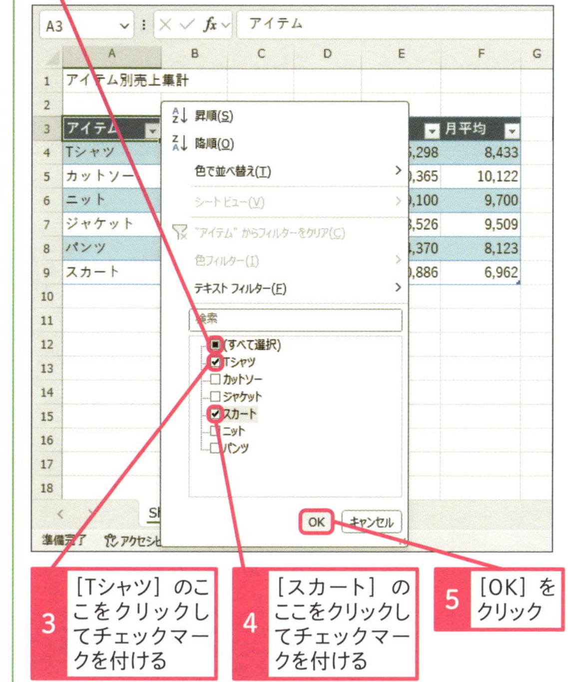

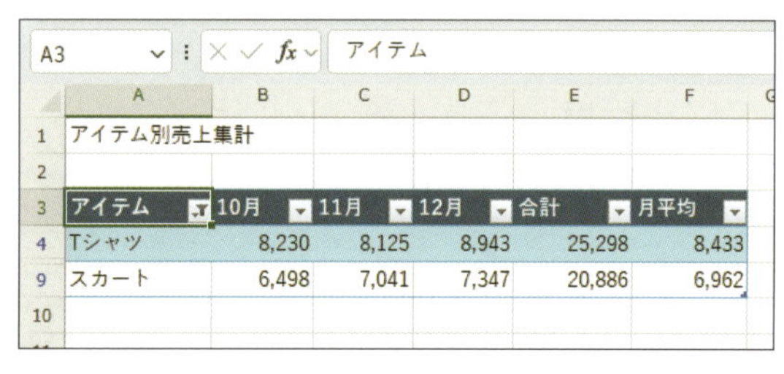

● フィルター結果を解除するには

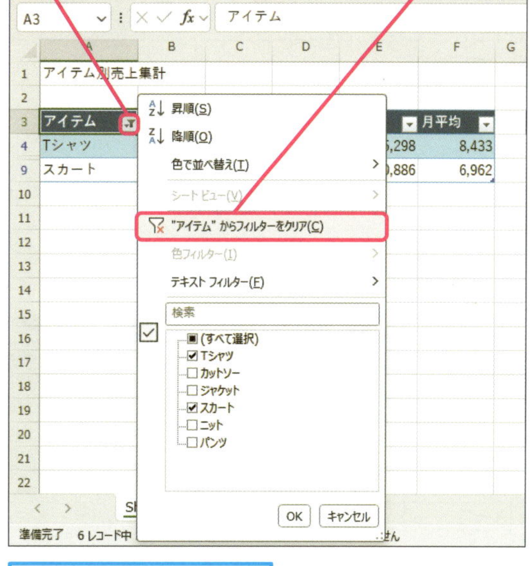

フィルター結果が解除される

レッスン

16 テーブルにデータを追加する

テーブルへのデータ追加

練習用ファイル L016_テーブルへのデータ追加.xlsx

テーブルにデータを追加すると、テーブルの範囲は自動的に広がります。そのとき、テーブルがどのように変化するかを確認しておきましょう。ここでは、テーブルのすぐ下の行に新しいデータを追加します。

1 テーブルに行を追加する

ここでは10行目に「スーツ」というアイテムの行を追加する

1 セルA10をクリック

A10

	A	B	C	D	E	F	G	H
1	アイテム別売上集計							
2								
3	アイテム	10月	11月	12月	合計	月平均		アイテム数
4	Tシャツ	8,230	8,125	8,943	25,298	8,433		6
5	カットソー	10,550	9,842	9,973	30,365	10,122		
6	ニット	9,500	9,700	9,900	29,100	9,700		
7	ジャケット	8,955	9,231	10,340	28,526	9,509		
8	パンツ	7,625	8,366	8,379	24,370	8,123		
9	スカート	6,498	7,041	7,347	20,886	6,962		
10								
11								
12								
13								
14								

2 「スーツ」と入力

3 Tabキーを押す

A10 スーツ

	A	B	C	D	E	F	G	H
1	アイテム別売上集計							
2								
3	アイテム	10月	11月	12月	合計	月平均		アイテム数
4	Tシャツ	8,230	8,125	8,943	25,298	8,433		6
5	カットソー	10,550	9,842	9,973	30,365	10,122		
6	ニット	9,500	9,700	9,900	29,100	9,700		
7	ジャケット	8,955	9,231	10,340	28,526	9,509		
8	パンツ	7,625	8,366	8,379	24,370	8,123		
9	スカート	6,498	7,041	7,347	20,886	6,962		
10	スーツ							
11								
12								
13								
14								

キーワード

書式 P.312
テーブル P.314

使いこなしのヒント
Tabキーで横移動ができる

例のように、右方向に連続してデータを入力したい場合、文字入力のあとTabを押して、アクティブセル（セルを選択する枠）を右方向に移動させます。なお、→キーでも同様の動きをします。

使いこなしのヒント
テーブルの見た目を変えるには

テーブルの罫線や色を変えるには、テーブルのスタイルを変更します。テーブル内のセルをクリックすると表示される［テーブルデザイン］タブでスタイルを選びます。

1 ［テーブルデザイン］タブをクリック

2 ［クイックスタイル］をクリック

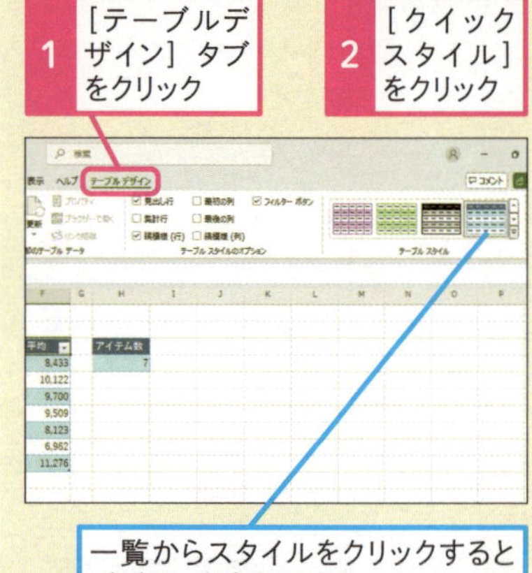

一覧からスタイルをクリックするとデザインを変更できる

2 テーブルにデータを追加する

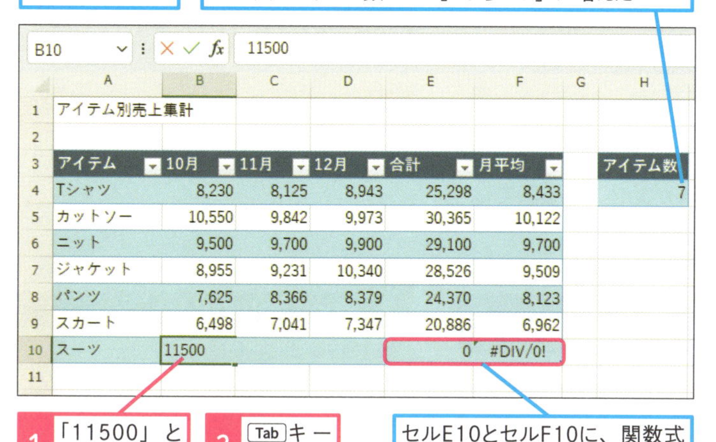

1 「11500」と入力

2 Tab キーを押す

セルE10とセルF10に、関数式が自動的にコピーされた

3 セルC10に「12370」、セルD10に「9958」とそれぞれ入力

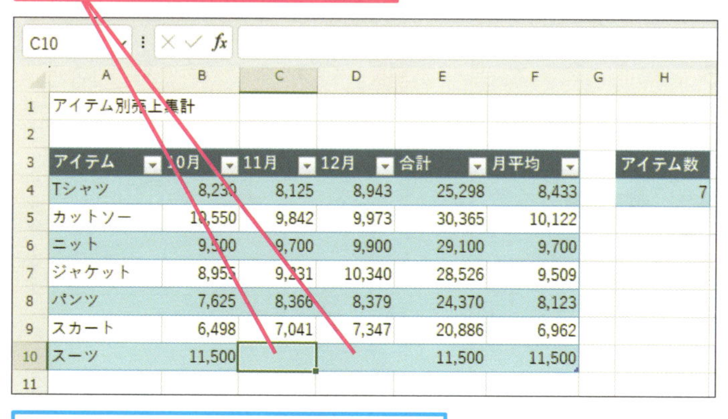

新たに追加した「スーツ」の10月～12月の合計売上金額がセルE10に表示された

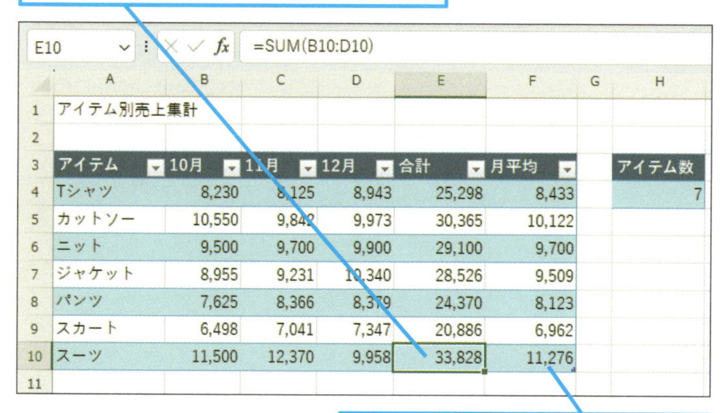

同様に「スーツ」の10月～12月の売り上げ平均がセルF10に表示された

使いこなしのヒント

自動的に書式が適用される

テーブルに隣接する行にデータを入力すると、上の行の書式が自動的に引き継がれます。例のように、セルB10に数値「11500」を入力しただけで、上の行の書式（桁区切りスタイル）が引き継がれ、自動的にカンマが付きます。

使いこなしのヒント

テーブル範囲の拡大で関連する式も変わる

テーブルにデータを追加するとテーブル範囲が自動的に広がりますが、それに合わせてテーブルを参照している式も範囲が自動的に変わります。下図の例では、セルH4のCOUNT関数の引数がデータ追加前と後で変わります。

●データ追加前

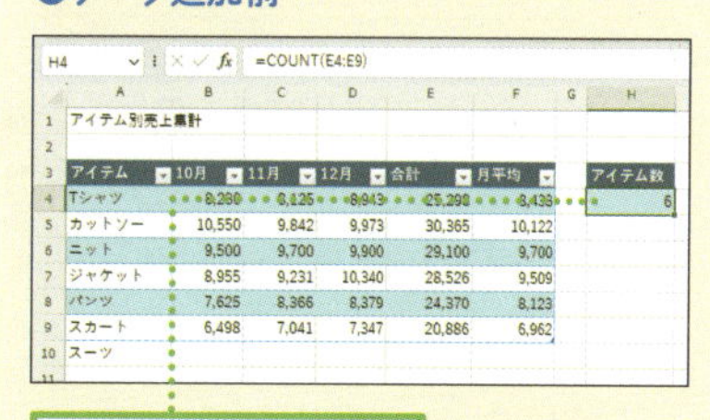

●データ追加後

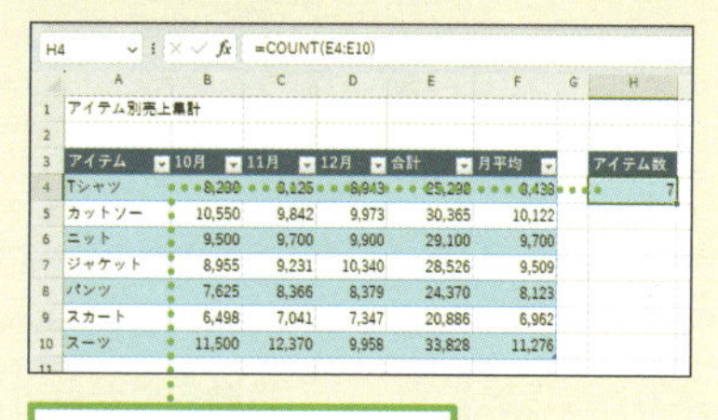

レッスン

17 テーブルを集計する

集計行

練習用ファイル L017_集計行.xlsx

テーブルの下に合計や平均を表示したい場合は、SUM関数やAVERAGE関数の式を入力するのではなく、[テーブルデザイン] タブの [集計行] を利用します。データの増減が見込まれる表では、必要に応じて [集計行] の表示/非表示を切り替えます。

1 集計行を追加する

ここでは11行目に集計行を追加する

1 テーブルのセルをクリック

2 [テーブルデザイン] タブをクリック

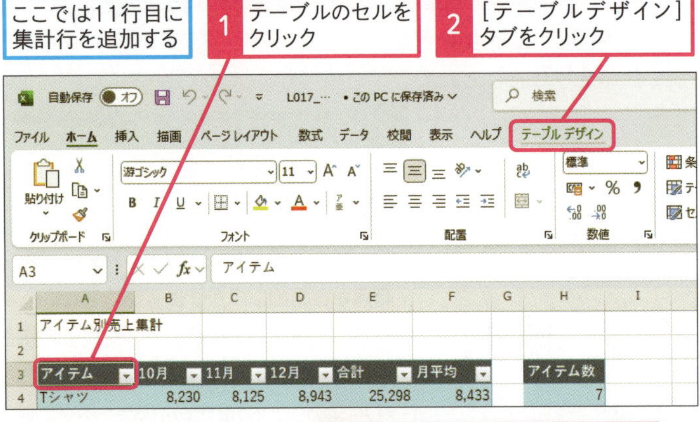

3 [集計行] のここをクリックしてチェックマークを付ける

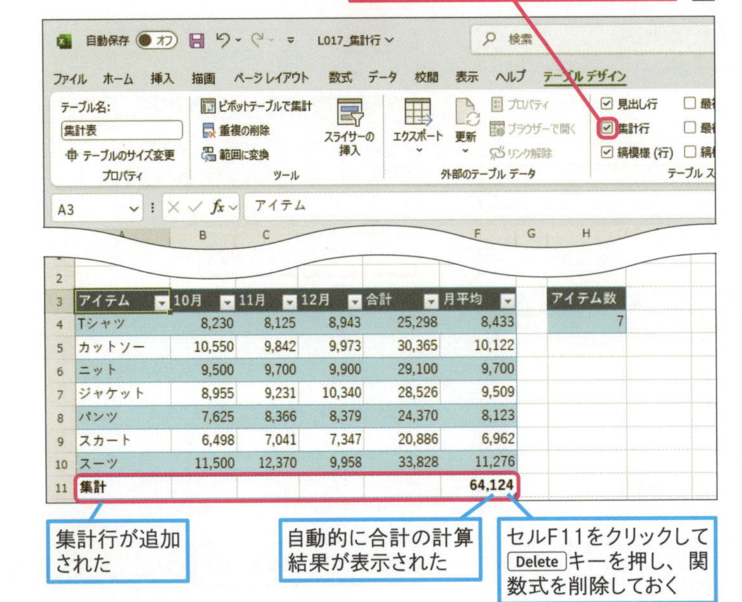

アイテム	10月	11月	12月	合計	月平均
Tシャツ	8,230	8,125	8,943	25,298	8,433
カットソー	10,550	9,842	9,973	30,365	10,122
ニット	9,500	9,700	9,900	29,100	9,700
ジャケット	8,955	9,231	10,340	28,526	9,509
パンツ	7,625	8,366	8,379	24,370	8,123
スカート	6,498	7,041	7,347	20,886	6,962
スーツ	11,500	12,370	9,958	33,828	11,276
集計					64,124

アイテム数
7

集計行が追加された

自動的に合計の計算結果が表示された

セルF11をクリックして Delete キーを押し、関数式を削除しておく

キーワード

テーブル P.314

使いこなしのヒント

集計行を非表示にするには

集計行は、チェックマークを外すと非表示になります。なお、一度指定した合計などの計算方法は、集計行を非表示にしても残っていますので、いつでも前回と同じ集計行を再表示することができます。

1 [集計行] のここをクリックしてチェックマークを外す

集計行が非表示になった

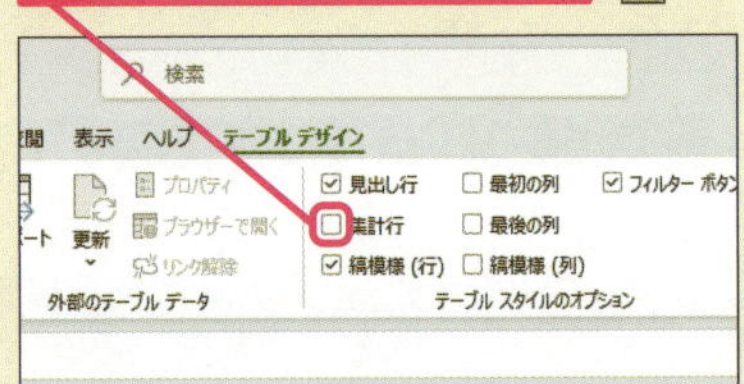

アイテム	10月	11月	12月	合計	月平均
Tシャツ	8,230	8,125	8,943	25,298	8,433
カットソー	10,550	9,842	9,973	30,365	10,122
ニット	9,500	9,700	9,900	29,100	9,700
ジャケット	8,955	9,231	10,340	28,526	9,509
パンツ	7,625	8,366	8,379	24,370	8,123
スカート	6,498	7,041	7,347	20,886	6,962
スーツ	11,500	12,370	9,958	33,828	11,276

もう一度、集計行を表示すると、指定した計算方法や文字列が保持されたまま表示される

2 集計行にデータを入力する

ここでは10月～12月の月別の全アイテムの合計売上金額と、総合計金額を表示する

1 セルB11をクリック

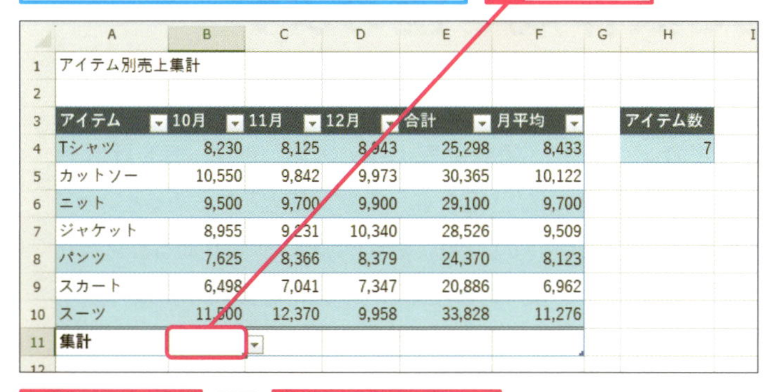

	A	B	C	D	E	F	G	H
1	アイテム別売上集計							
2								
3	アイテム	10月	11月	12月	合計	月平均		アイテム数
4	Tシャツ	8,230	8,125	8,943	25,298	8,433		7
5	カットソー	10,550	9,842	9,973	30,365	10,122		
6	ニット	9,500	9,700	9,900	29,100	9,700		
7	ジャケット	8,955	9,231	10,340	28,526	9,509		
8	パンツ	7,625	8,366	8,379	24,370	8,123		
9	スカート	6,498	7,041	7,347	20,886	6,962		
10	スーツ	11,500	12,370	9,958	33,828	11,276		
11	集計							

2 ここをクリック

3 ［合計］をクリック

なし
平均
個数
数値の個数
最大
最小
合計
標本標準偏差
標本分散
その他の関数...

セルB4～セルB10の合計が表示された

	A	B	C	D	E	F
11	集計	62,858				

4 セルB11のフィルハンドルにマウスポインターを合わせる

5 セルE11までドラッグ

セルB11の数式が、セルC11～E11にコピーされた

	A	B	C	D	E	F
11	合計	62,858	64,675	64,840	192,373	
12						

6 セルA11に「合計」と入力

使いこなしのヒント

集計行のセルを選択するとボタンが表示される

集計行のセルには計算方法を選ぶためのボタン（▼）が用意されています。平均や合計といった一覧から計算方法を選びます。なお、［その他の関数］を選ぶと、一覧にない関数を入力することができます。

使いこなしのヒント

集計行に入力される関数

集計行で計算方法を選んだ場合、いずれもSUBTOTAL関数（引数により計算方法は異なる）が入力されます（レッスン57参照）。この関数は、データが抽出されたとき、抽出データだけを計算の対象にします。

●セルB11の式

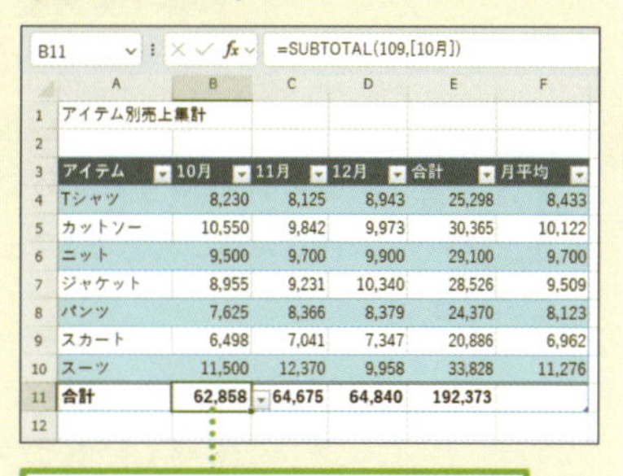

=SUBTOTAL(109,[10月])

この章のまとめ

関数の入力と表作成を極めよう

この章では、関数の入力方法と関数を含む表の作り方を紹介しました。関数の入力については、操作方法に慣れることが一番です。関数名を先頭文字から探す方法、［関数の引数］ダイアログボックスの出し方など、何度も操作して慣れておきましょう。

また、関数は表の中に入力したり、表を計算対象にしたりします。関数は表とともにあるといってもいいでしょう。表の作成に不備があると関数をいざ使うとき困ることが出てきます。関数の入力とともに表作成についても極めておきましょう。

A1　アイテム別売上集計

	A	B	C	D	E	F	G	H
1	アイテム別売上集計							
2								
3	アイテム	10月	11月	12月	合計	月平均		アイテム数
4	Tシャツ	8,230	8,125	8,943	25,298	8,433		7
5	カットソー	10,550	9,842	9,973	30,365	10,122		
6	ニット	9,500	9,700	9,900	29,100	9,700		
7	ジャケット	8,955	9,231	10,340	28,526	9,509		
8	パンツ	7,625	8,366	8,379	24,370	8,123		
9	スカート	6,498	7,041	7,347	20,886	6,962		
10	スーツ	11,500	12,370	9,958	33,828	11,276		
11	合計	62,858	64,675	64,840	192,373			

関数を入力するには表作成も大事

関数の入力って面倒だと思ってたんですけど、全部入力しなくてもいいって分かって安心しました。これならいけそうです！

そうそう。最初は時間かかってもいいから、しっかり手順を覚えよう。体で覚えるつもりで何度も繰り返し練習するといいよ。

表の作成も今まであいまいだった書式やテーブル機能をしっかり押さえることができました！「関数かかってこい！」です。

準備万端なようだね。次の章からいろいろな関数を使っていくけど、もし関数の入力や表の作成に不安を感じたら、いつでもここに戻って再確認するようにしようね。

基本編

第3章

ビジネスに必須の関数をマスターしよう

この章では、SUM関数やAVERAGE関数といった基本関数に加え、いろいろな場面で応用がきく関数を紹介します。ただ関数を入力するだけでなく、どのような使い方をするのか確認しましょう。

レッスン

18 Introduction この章で学ぶこと よく使う関数を知ろう

Excel関数は全部で400以上ありますが、その中で、職種に関わらずよく使われる関数があります。まずはそれらを覚えて、日々の仕事を効率化しましょう。ここでは、第3章で解説する主な関数を紹介します。

よく使われる関数のさまざまな使い方をマスターしよう

よく使われる関数というと、SUM関数やAVERAGE関数ですかね? 売上報告書とかで使われているのをよく見ます!

また、SUM関数? 合計を出す方法ならもう分かってますってば〜。

SUM関数はシンプルで覚えやすい部類の関数だけど、侮ってはいけないよ! 一口に「合計」といっても、さまざま。SUM関数は目的に合わせて使う必要があるからね。

●累計を求める

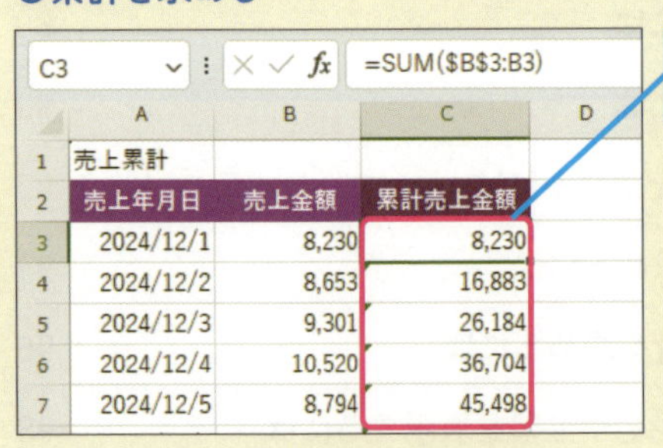

C3 =SUM($B$3:B3)

	A	B	C	D
1	売上累計			
2	売上年月日	売上金額	累計売上金額	
3	2024/12/1	8,230	8,230	
4	2024/12/2	8,653	16,883	
5	2024/12/3	9,301	26,184	
6	2024/12/4	10,520	36,704	
7	2024/12/5	8,794	45,498	

数値を1つずつ順に足して累計売り上げを求める

引数を絶対参照にするんですね。下の例はシート名が式に入力されているし、引数に何を指定するのかがポイントになりそう!

●支店ごとの売り上げを集計する

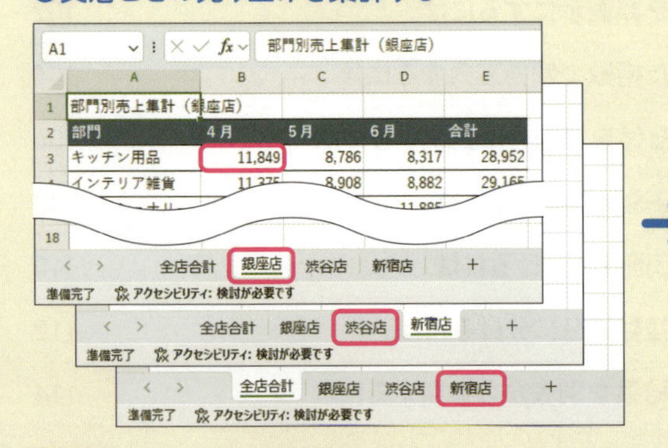

B3 =SUM(銀座店:新宿店!B3)

	A	B	C	D	E
1	部門別売上集計（銀座・渋谷・新宿合計）				
2	部門	4月	5月	6月	合計
3	キッチン用品	31,803	30,232	27,091	89,126
4	インテリア雑貨	31,745	30,834	29,204	91,783
5	ステーショナリー	30,407	27,742	32,921	91,070
6	ファッション	33,251	27,392	31,462	92,105
7					
8					

請求書や評価表によく使われる関数

そして、この章ではVLOOKUP関数やIF関数といった、とっても便利な関数を紹介するよ！　これらは正確なデータ入力に欠かせない関数なんだ。

●VLOOKUP関数

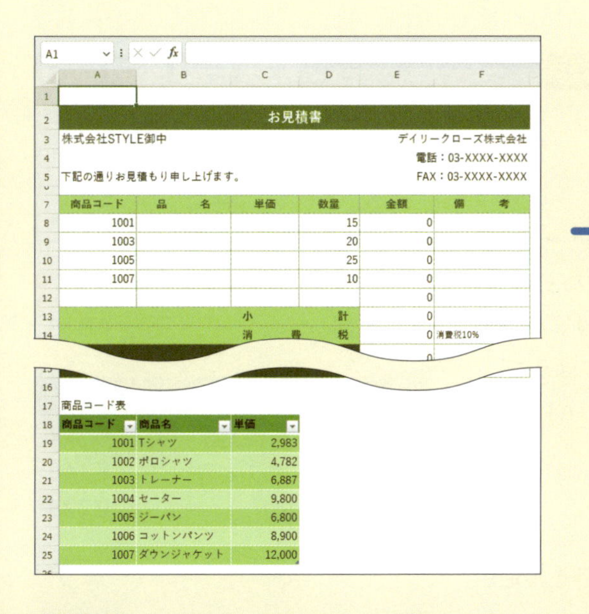

A1

	A	B	C	D	E	F
1						
2	お見積書					
3	株式会社STYLE御中					デイリークローズ株式会社
4						電話：03-XXXX-XXXX
5	下記の通りお見積もり申し上げます。					FAX：03-XXXX-XXXX
7	商品コード	品　名	単価	数量	金額	備　考
8	1001			15	0	
9	1003			20	0	
10	1005			25	0	
11	1007			10	0	
12					0	
13			小　計		0	
14			消　費　税		0	消費税10%
15					0	
16						
17	商品コード表					
18	商品コード	商品名	単価			
19	1001	Tシャツ	2,983			
20	1002	ポロシャツ	4,782			
21	1003	トレーナー	6,887			
22	1004	セーター	9,800			
23	1005	ジーパン	6,800			
24	1006	コットンパンツ	8,900			
25	1007	ダウンジャケット	12,000			

VLOOKUP関数を使うと、指定したコードに該当するデータを表示できる

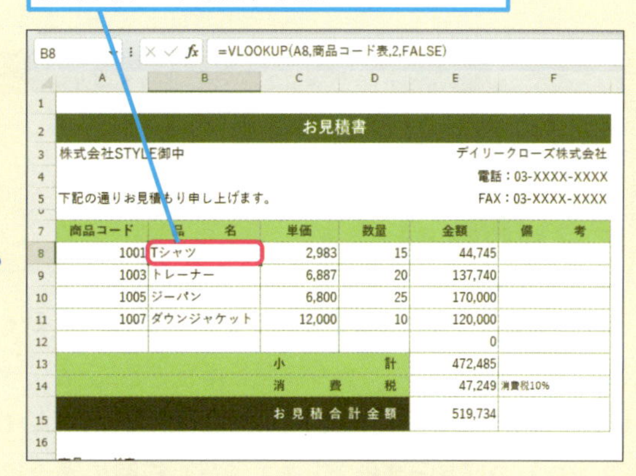

B8　=VLOOKUP(A8,商品コード表,2,FALSE)

	A	B	C	D	E	F
1						
2	お見積書					
3	株式会社STYLE御中					デイリークローズ株式会社
4						電話：03-XXXX-XXXX
5	下記の通りお見積もり申し上げます。					FAX：03-XXXX-XXXX
7	商品コード	品　名	単価	数量	金額	備　考
8	1001	Tシャツ	2,983	15	44,745	
9	1003	トレーナー	6,887	20	137,740	
10	1005	ジーパン	6,800	25	170,000	
11	1007	ダウンジャケット	12,000	10	120,000	
12					0	
13			小　計		472,485	
14			消　費　税		47,249	消費税10%
15			お見積合計金額		519,734	
16						

VLOOKUPはデータを「ルックアップする」（探す）ってことですね！

●IF関数

IF関数は条件に合うか合わないかを判定して、セルへの入力内容を変えられる

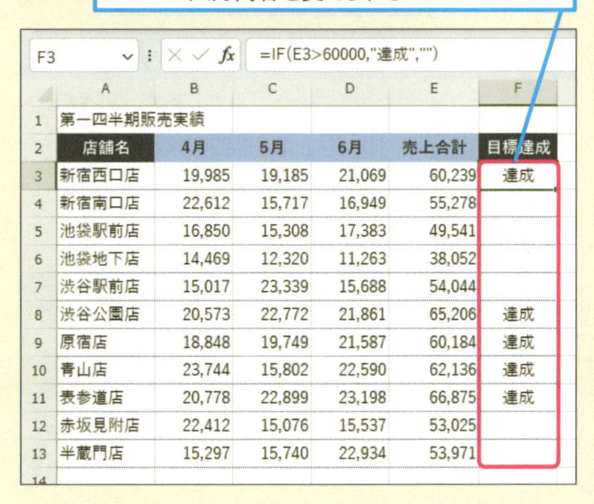

F3　=IF(E3>60000,"達成","")

	A	B	C	D	E	F
1	第一四半期販売実績					
2	店舗名	4月	5月	6月	売上合計	目標達成
3	新宿西口店	19,985	19,185	21,069	60,239	達成
4	新宿南口店	22,612	15,717	16,949	55,278	
5	池袋駅前店	16,850	15,308	17,383	49,541	
6	池袋地下店	14,469	12,320	11,263	38,052	
7	渋谷駅前店	15,017	23,339	15,688	54,044	
8	渋谷公園店	20,573	22,772	21,861	65,206	達成
9	原宿店	18,848	19,749	21,587	60,184	達成
10	青山店	23,744	15,802	22,590	62,136	達成
11	表参道店	20,778	22,899	23,198	66,875	達成
12	赤坂見附店	22,412	15,076	15,537	53,025	
13	半蔵門店	15,297	15,740	22,934	53,971	

じゃあ、IFは「もしも」ってこと？なんだか難しそうだなあ～。

仕組みを理解すれば大丈夫！　早速、次のページから関数を覚えていこう。この章で解説する関数はどれも汎用性の高いものばかりだから、すぐに仕事で活用できるよ！

レッスン

19 合計値を求めるには

SUM

複数の数値を足す合計は、SUM関数で求めます。SUM関数は、あらゆる表でよく使われる基本の関数です。ここでは、支店別の売上金額の合計を求めます。

数学／三角　対応バージョン 365 2024 2021 2019

数値の合計値を表示する

=SUM(数値)（サム）

SUM関数は、引数に指定された複数の数値の合計を求めます。引数には、数値、セル、セル範囲を指定することができます。数値の場合「10,20,30」のように、セルの場合「A1,A5,A10」のように「,」（カンマ）で区切って指定します。セル範囲の場合は、「A1:A10」のように「:」（コロン）でつなげて範囲を指定します。

引数

数値　合計を計算したい複数の数値、セル、セル範囲を指定します。

キーワード

セル範囲 P.313

関連する関数

SUMIF P.152
SUMIFS P.160
SUMPRODUCT P.278

使いこなしのヒント

セル範囲をドラッグして引数を指定してもいい

関数の引数にセル範囲を指定する場合は、そのセル範囲をドラッグします。すると数式に「B3:B7」と自動的に表示されます。

使いこなしのヒント

引数のセル範囲を色で確認する

引数にセルやセル範囲を指定すると、その場所に色と枠線が付きます。数式内の引数も同じ色になります。実際のセルと引数を色で確認できるわけです。数式の入力途中だけでなく、入力後の数式をダブルクリックしたときも、色枠で確認できることを覚えておきましょう。

練習用ファイル ▸ L019_SUM.xlsx

使用例 売上金額を合計する

セルB8の式

=SUM(B3:B7)

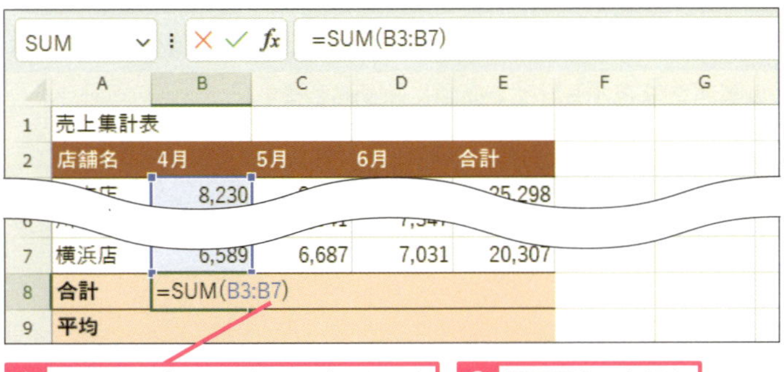

1 セルB8に「=SUM(B3:B7)」と入力
2 Enter キーを押す

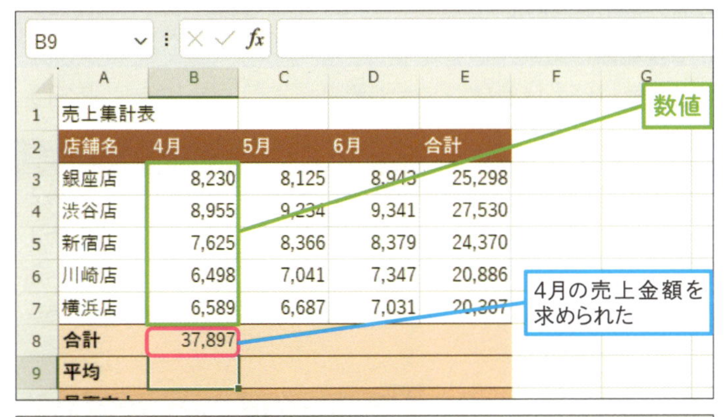

	A	B	C	D	E
1	売上集計表				
2	店舗名	4月	5月	6月	合計
3	銀座店	8,230	8,125	8,943	25,298
4	渋谷店	8,955	9,234	9,341	27,530
5	新宿店	7,625	8,366	8,379	24,370
6	川崎店	6,498	7,041	7,347	20,886
7	横浜店	6,589	6,687	7,031	20,307
8	合計	37,897			
9	平均				

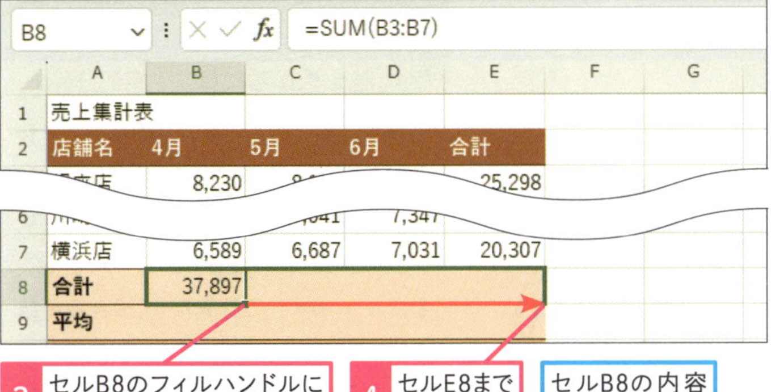

3 セルB8のフィルハンドルにマウスポインターを合わせる
4 セルE8までドラッグ

セルB8の内容が、セルC8～E8にコピーされる

ポイント

数値 ここでは、すべての店舗の売上合計を求めます。4月の売り上げを求めるので、各店舗の金額が含まれるセルB3～B7のセル範囲を指定します。

スキルアップ

[オートSUM] ボタンならまとめて合計値を求められる

合計したい数値と隣接する空白セルをドラッグして [オートSUM] ボタンをクリックすると空白セルに合計結果が表示されます。この方法で、以下のように縦横の合計を一度で求めることも可能です。

1 セルB3～E8をドラッグして選択

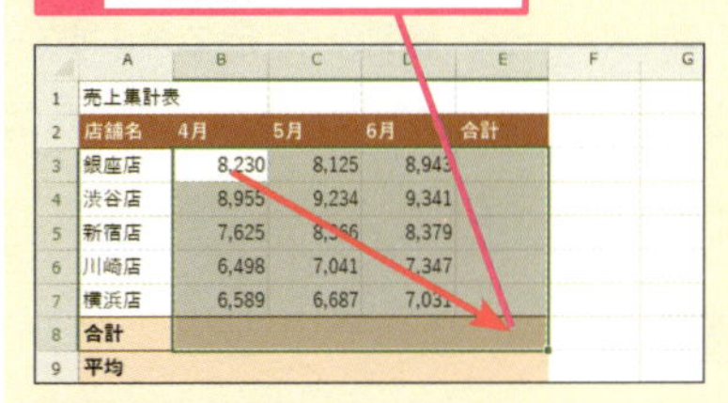

2 [ホーム] タブをクリック

3 [オートSUM] をクリック

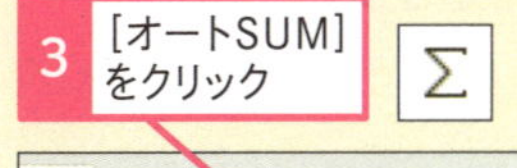

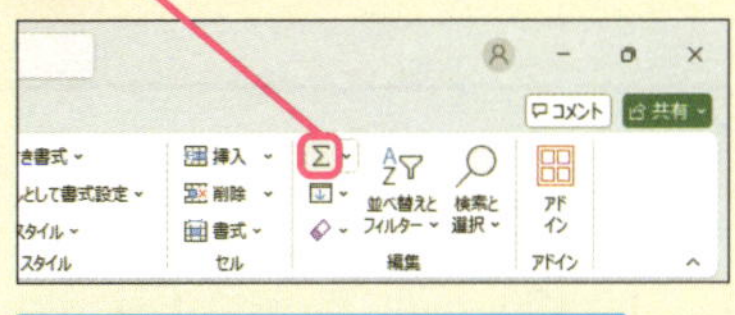

セルB8～D8とセルE3～E8に合計額がまとめて求められた

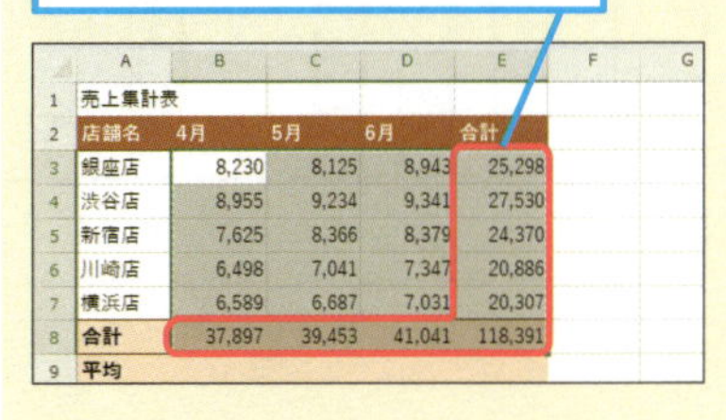

	A	B	C	D	E
1	売上集計表				
2	店舗名	4月	5月	6月	合計
3	銀座店	8,230	8,125	8,943	25,298
4	渋谷店	8,955	9,234	9,341	27,530
5	新宿店	7,625	8,366	8,379	24,370
6	川崎店	6,498	7,041	7,347	20,886
7	横浜店	6,589	6,687	7,031	20,307
8	合計	37,897	39,453	41,041	118,391
9	平均				

ここに注意

引数のセル範囲を手入力する場合、「:」の入力を忘れないようにしましょう。

レッスン

20 平均値を求めるには

YouTube 動画で見る
詳細は2ページへ

AVERAGE

平均値はAVERAGE関数で求めます。平均は、数値の合計を個数で割る計算ですが、関数では個数は気にする必要はありません。対象にしたい数値のセル範囲を指定するだけで簡単に求められます。

統計　対応バージョン 365 2024 2021 2019

数値の平均値を表示する

=AVERAGE(数値)

AVERAGE関数は、引数に指定した複数の数値の平均を求めます。引数には、セル範囲を指定できます。なお、セル範囲に文字列や空白セルが含まれている場合、それらは無視されます。「0」は数値として有効です。

引数

数値　平均の計算の対象にしたい複数の数値、セル、セル範囲を指定します。

キーワード

空白セル　P.311
セル範囲　P.313

関連する関数

GEOMEAN　P.252
HARMEAN　P.253
MEDIAN　P.242
TRIMMEAN　P.250

使いこなしのヒント

文字列も含めて平均値を求めるには

平均を求める関数には、AVERAGEA関数もあります。AVERAGEA関数は、文字列や論理値、空白セルを計算対象にします（文字列=0、論理値TRUE=1、FALSE=0、空白セル=0として計算）。成績表の点数に「欠席」などの文字が入力されているとき、これを0点として計算するときは、AVERAGEA関数を使いましょう。

	A	B
1	成績集計	
2	氏名	点数
3	向井	90
4	阿部	欠席
5	目黒	90
6	AVERAGE関数	90
7	AVERAGEA関数	60
8		
9		

文字列を「0」と見なして平均値が求められる

練習用ファイル ▸ L020_AVERAGE.xlsx

使用例 売上金額を平均する

セルB9の式

=AVERAGE(B3:B7)

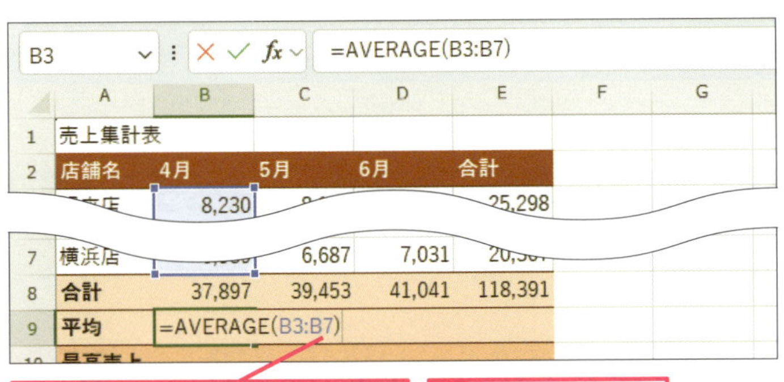

1 セルB9に「=AVERAGE(B3:B7)」と入力

2 Enter キーを押す

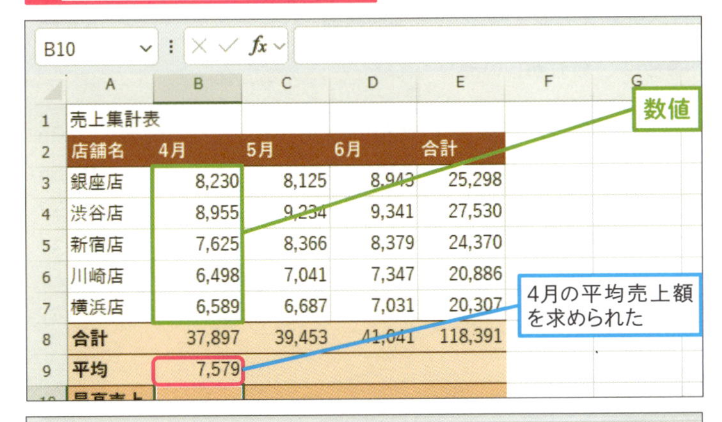

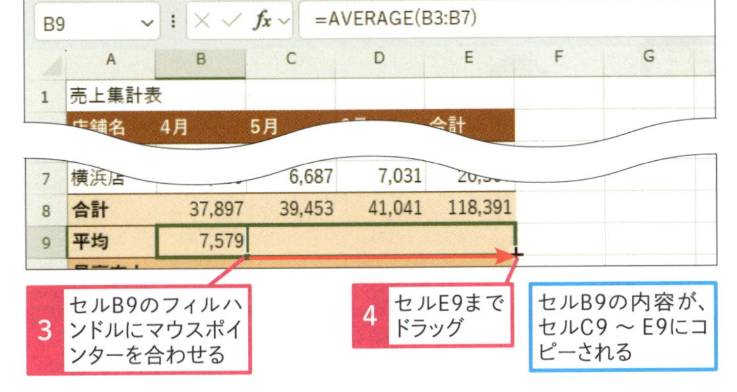

3 セルB9のフィルハンドルにマウスポインターを合わせる

4 セルE9までドラッグ

セルB9の内容が、セルC9 ～ E9にコピーされる

ポイント

数値 ここでは、各店舗の売上金額が含まれるセル範囲を指定します。セルB8の合計金額を含めないよう注意しましょう。

使いこなしのヒント
関数名の入力ミスを防ぐには

関数名を間違いなく入力するには、「=AV」のように「=」と先頭2 ～ 3文字を入力し、表示される関数の一覧から選びます（レッスン10参照）。

使いこなしのヒント
引数のセル範囲が間違っているときは

AVERAGE関数は、［オートSUM］ボタンからも入力でき、引数のセル範囲が自動的に指定されます。セル範囲が間違っているときは、以下の方法で指定し直します。

レッスン05の手順2を参考に、［オートSUM］ボタンでAVERAGE関数を入力しておく

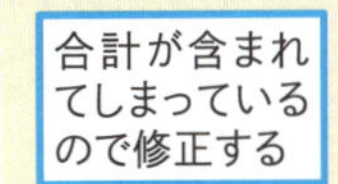

合計が含まれてしまっているので修正する

1 正しいセル範囲（セルB3 ～ B7）をドラッグ

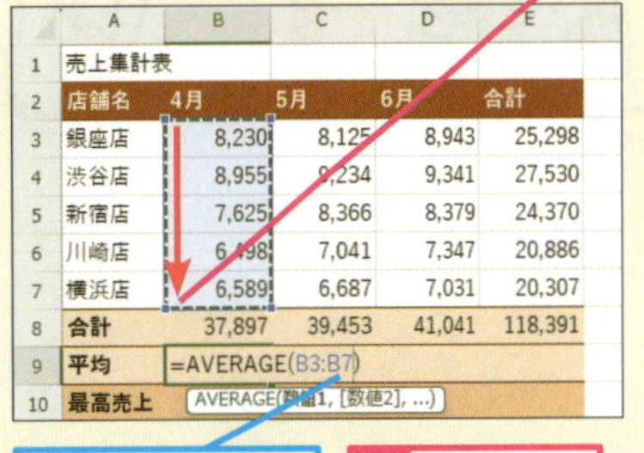

正しいセル範囲に修正できた

2 Enter キーを押す

レッスン

21 最大値や最小値を求めるには

MAX、MIN

複数の数値の中の最大値を調べるにはMAX関数を、最小値を調べるにはMIN関数を使います。最大値、最小値を取り出して表示する関数です。

統計　対応バージョン 365 2024 2021 2019

数値の最大値を表示する

=MAX(数値)

MAX関数は、最大値を求める関数です。引数に指定した数値の中から最大値を取り出して表示します。最高金額や最高点などを調べる場合に使いますが、引数に日付を指定した場合は、最も新しい日付を調べられます。

引数

数値　最大値を求めたい複数の数値、セル、セル範囲を指定します。

MAX

MAX

キーワード

セル範囲 P.313

関連する関数

LARGE P.136
MAXIFS P.156
MINIFS P.157
SMALL P.137

使いこなしのヒント

条件に合うデータの中で最大値、最小値を求めるには

条件を満たしているデータだけを対象に最大値、最小値を求めるにはMAXIFS関数、MINIFS関数を利用します（Excel 2016は利用不可）。詳しくはレッスン50で紹介します。

統計　対応バージョン 365 2024 2021 2019

数値の最小値を表示する

=MIN(数値)

MIN関数は、最小値を求めます。引数に指定した数値から最も小さい値を表示します。引数に日付を指定した場合は、最も古い日付が表示されます。

引数

数値　最小値を求めたい複数の数値、セル、セル範囲を指定します。

関連する関数

LARGE	P.136
MAXIFS	P.156
MINIFS	P.157
SMALL	P.137

練習用ファイル ▸ L021_MAX.xlsx

使用例 最高売上額を表示する

セルB10の式

=MAX(B3:B7)

数値

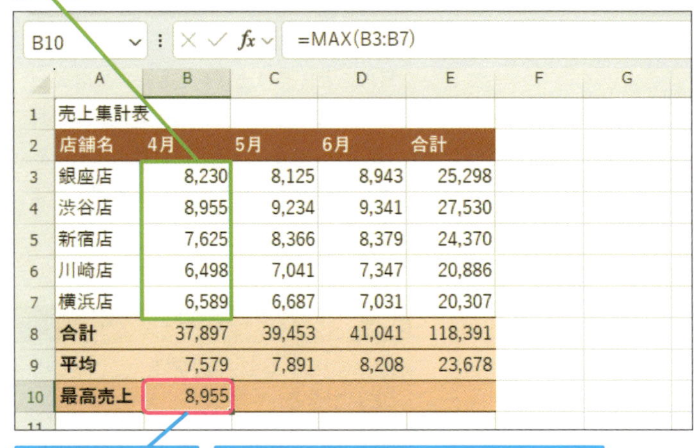

4月の最高売上額を求められる

レッスン07を参考に、セルB10の数式をセルC10～E10にコピーしておく

ポイント

数値　ここでは、4月中で売り上げの最高金額を求めるために、各店舗の売上金額が含まれるセルB3～B7のセル範囲を指定します。

使いこなしのヒント

最小値を求めるには

最小値を表示するMIN関数の使い方は、MAX関数と同じです。引数にセル範囲を指定すると、その範囲の中の最小値が表示されます。

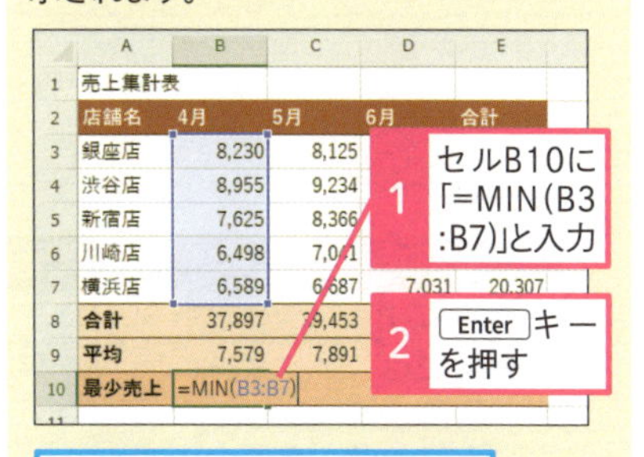

レッスン
22 累計売り上げを求めるには

数値の累計

累計売り上げとは、売上金額を1つずつ、ここでは行ごとに順次加えたものです。SUM関数で結果を求められますが、引数のセル範囲は行ごとに異なるため工夫が必要です。

練習用ファイル ▸ L022_数値の累計.xlsx

使用例 累計売り上げを求める　セルC3の式

=SUM($B$3:B3)

1 SUM関数で累計売り上げを求める

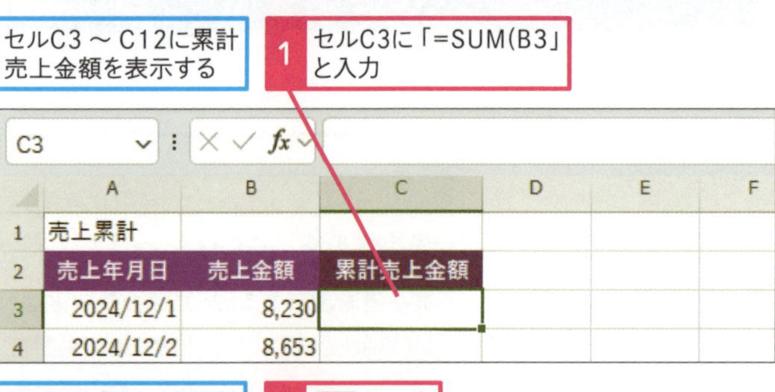

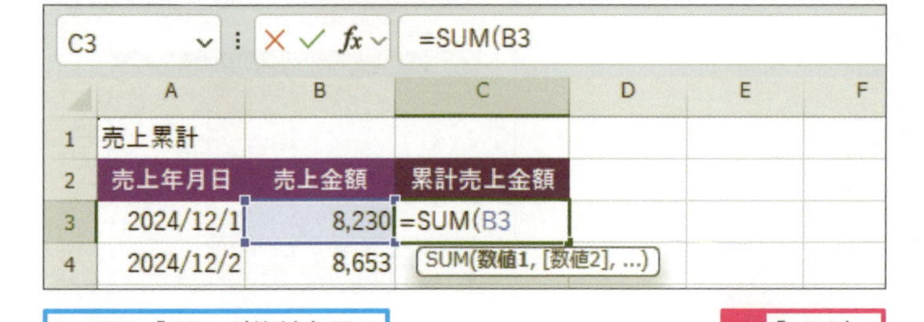

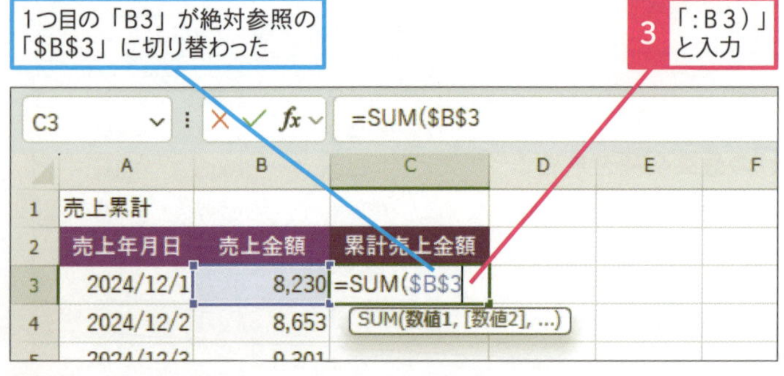

キーワード

エラーインジケーター	P.311
セル範囲	P.313

用語解説

累計売り上げ

日々の売り上げを管理する集計表では、日付ごとに売り上げを足した「累計売上金額」を表示することがあります。例えば、1週間や1カ月の売り上げ目標に対し、到達までの過程を日々の累計で確認できます。

使いこなしのヒント

徐々に広がるセル範囲を設定できる

日付ごとの累計は、引数が以下のように行ごとに異なります。
12/1は「=SUM(B3:B3)」
12/2は「=SUM(B3:B4)」
12/3は「=SUM(B3:B5)」
どの行でも引数のセル範囲の先頭は「B3」なので絶対参照の「$B$3」にします。先頭だけ固定することで徐々に広がるセル範囲にすることができます。

● SUM関数をコピーする

4 Enter キーを押す

C3 =SUM($B$3:B3)

	A	B	C	D	E	F
1	売上累計					
2	売上年月日	売上金額	累計売上金額			
3	2024/12/1	8,230	=SUM($B$3:B3)			
4	2024/12/2	8,653				

セルC3に入力した関数をコピーする

5 セルC3のフィルハンドルにマウスポインターを合わせる

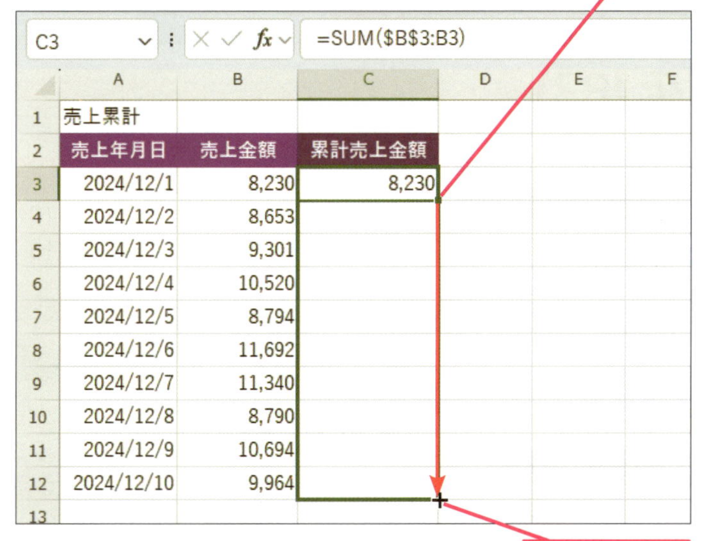

6 セルC12までドラッグ

累計売り上げが求められた

C3 =SUM($B$3:B3)

	A	B	C	D	E	F
1	売上累計					
2	売上年月日	売上金額	累計売上金額			
3	2024/12/1	8,230	8,230			
4	2024/12/2	8,653	16,883			
5	2024/12/3	9,301	26,184			
6	2024/12/4	10,520	36,704			
7	2024/12/5	8,794	45,498			
8	2024/12/6	11,692	57,190			
9	2024/12/7	11,340	68,530			
10	2024/12/8	8,790	77,320			
11	2024/12/9	10,694	88,014			
12	2024/12/10	9,964	97,978			
13						

使いこなしのヒント

セルの左上に表示される緑色の三角形は何?

操作6でセルC3の関数をコピーすると、セルC4～C11に「エラーインジケーター」と呼ばれる緑色のマークが表示されます。これは、関数や数式が隣接したセルを参照していない場合「引数のセル参照が間違っているのではないか」と警告するものです。参照は間違っていないので、そのままにしておいて問題はありません。しかし、エラーインジケーターが煩わしいときは、非表示にするといいでしょう。以下の手順はセルC4での操作ですが、セルC4～C11を選択して操作しても構いません。

1 セルC4をクリック

	A	B	C	D
1	売上累計			
2	売上年月日	売上金額	累計売上金額	
3	2024/12/1	8,230	8,230	
4	2024/12/2		16,883	
5	2024/12/3	9,301	26,184	

2 ここをクリック

ここでは、エラーインジケーターを非表示にする

3 [エラーを無視する]をクリック

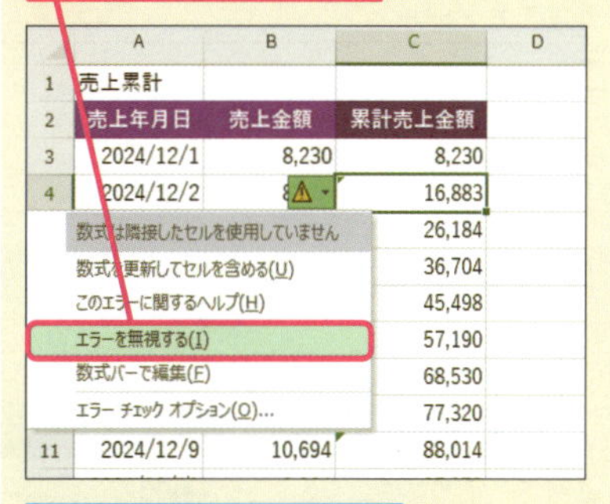

エラーインジケーターが非表示になった

	A	B	C	D
1	売上累計			
2	売上年月日	売上金額	累計売上金額	
3	2024/12/1	8,230	8,230	
4	2024/12/2	8,653	16,883	
5	2024/12/3	9,301	26,184	
6	2024/12/4	10,520	36,704	
7	2024/12/5	8,794	45,498	

レッスン
23 複数シートの合計を求めるには

3D集計

異なるワークシート間でも同じ位置のセルなら串刺し集計（3D集計）ができます。別々のワークシートに作成された支店ごとの表をSUM関数で3D集計し、全支店の合計表として1つのワークシートにまとめてみましょう。

練習用ファイル ▸ L023_3D集計.xlsx

使用例 3D集計で各店舗の売上合計を求める　セルB3の式

=SUM(銀座店：新宿店!B3)

1 複数のシートの同じセルを合計する

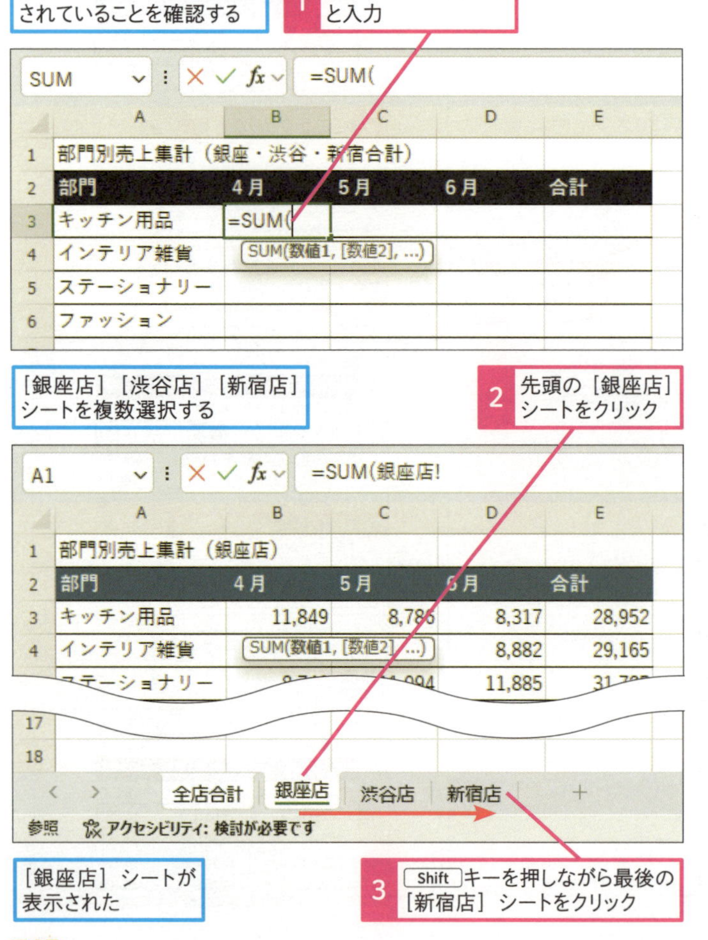

キーワード

数式	P.313
セル参照	P.313

使いこなしのヒント

別のワークシートにあるセルを参照できる

このレッスンで入力する「=SUM(銀座店:新宿店!B3)」は、［銀座店］シートから［新宿店］シートのセルB3を合計するという意味です。「:」は連続した複数のワークシートを指定する記号、「!」はワークシート名とセルを区切る記号です。

選択した各ワークシートのセルB3を合計する

●［銀座店］シート

部門	4月	5月
キッチン用品	11,849	8,786
インテリア雑貨	11,375	8,908

●［渋谷店］シート

部門	4月	5月
キッチン用品	11,776	10,878
インテリア雑貨	8,918	11,282

●［新宿店］シート

部門	4月	5月
キッチン用品	8,178	10,568
インテリア雑貨	11,452	10,644

● 選択したワークシートのセルを指定する

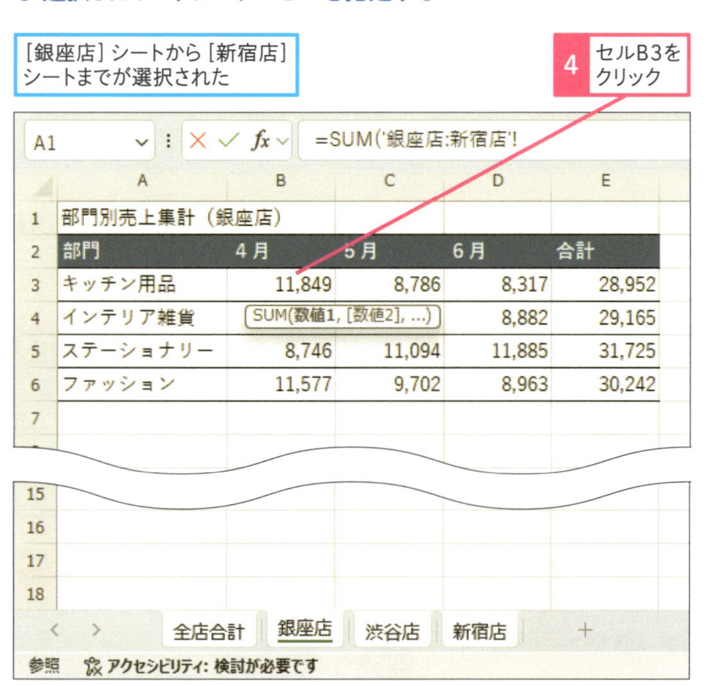

[銀座店] [渋谷店] [新宿店] シートのセルB3を指定できた

5 続けて「)」と入力

6 Enter キーを押す

A1 =SUM('銀座店:新宿店'!B3)

	A	B	C	D	E
1	部門別売上集計（銀座店）				
2	部門	4月	5月	6月	合計
3	キッチン用品	11,849	8,786	8,317	28,952
4	インテリア雑貨	11,375	8,908	8,882	29,165
5	ステーショナリー	8,746	11,094	11,885	31,725
6	ファッション	11,577	9,702	8,963	30,242
7					
8					

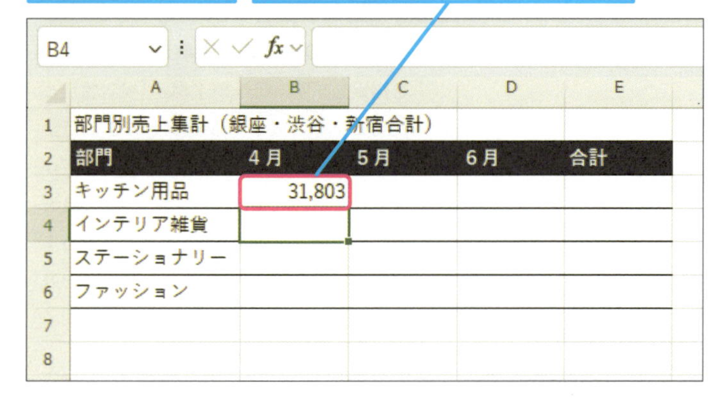

使いこなしのヒント

3D集計に必要な条件とは

3D集計は、同じ位置のセルを串で刺すように指定します。したがって、同じ位置に同じ項目のデータがあるワークシートを用意する必要があります。

使いこなしのヒント

3D集計で平均を求めるには

平均を求めるAVERAGE関数でも3D集計ができます。入力方法はSUM関数と同様です。

ここに注意

数式を入力した後で、ワークシートの名前を変更すると、数式に表示される名前も自動的に修正されます。

使いこなしのヒント

数式を横方向、縦方向にコピーする

集計表には、最終的にセルB3～E6に3D集計の式を埋めます。その方法は、入力した関数を右方向にコピーした後、下方向にコピーします。

1 セルB3のフィルハンドルにマウスポインターを合わせる

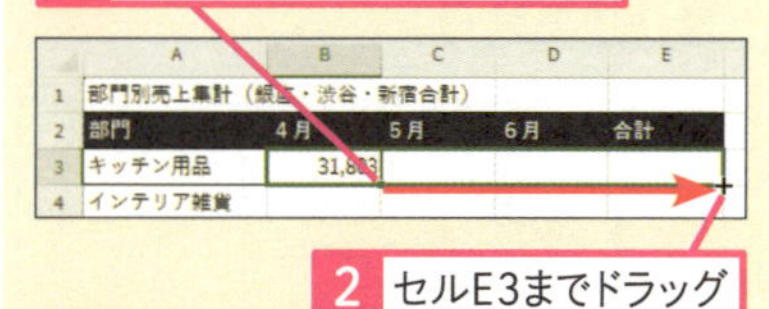

2 セルE3までドラッグ

3 セルE3のフィルハンドルにマウスポインターを合わせる

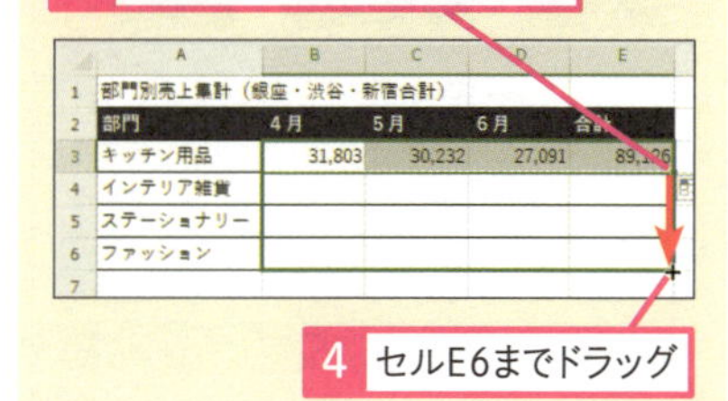

4 セルE6までドラッグ

レッスン

24 番号の入力で商品名や金額を表示するには

VLOOKUP

見積書の商品名や単価に間違いは許されません。VLOOKUP関数を使えば、商品コードを入力するだけで、該当する商品名や単価を表示することができ、入力や計算の間違いを減らすことができます。

検索／行列　対応バージョン 365 2024 2021 2019

データを検索して同じ行のデータを取り出す

=VLOOKUP（検索値, 範囲, 列番号, 検索方法）
（ブイルックアップ）

VLOOKUP関数は、別表のデータを検索して表示します。引数［検索値］を別表から探し、その同じ行にあるデータを取り出します。ここでは、見積書の「商品コード」と同じものを「商品コード表」から探し、「商品名」と「単価」を取り出します。

引数

- **検索値**　別表で検索したい値を指定します。
- **範囲**　別表のセル範囲を指定します。
- **列番号**　［範囲］の中で表示したい列を左から数えて何列目か指定します。
- **検索方法**　［検索値］を［範囲］から探すときの方法を「TRUE」（省略可）または「FALSE」で指定します。

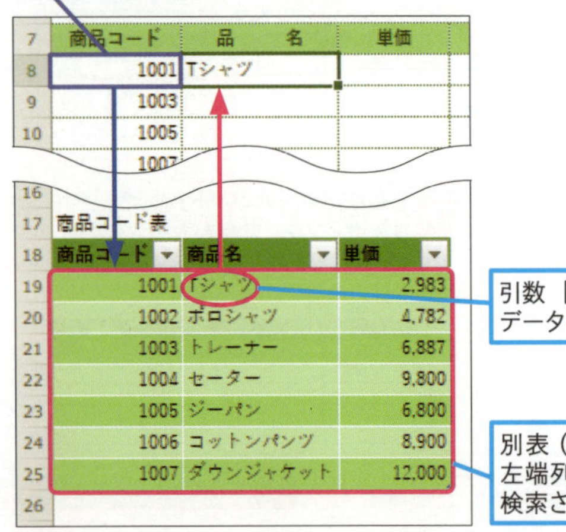

キーワード

テーブル P.314

関連する関数

INDEX P.128
OFFSET P.130
XLOOKUP P.124

使いこなしのヒント

［検索方法］って何？

引数［検索方法］には、「FALSE」か「TRUE」を指定します。「FALSE」は、［検索値］と完全に一致するデータを探します。完全一致のデータがない場合、エラー「#N/A」が表示されます。「TRUE」は、［検索値］と完全に一致するデータがなくてもエラーにはならず、［検索値］を超えない近似値を検索します。この使用例はレッスン31を参照してください。

練習用ファイル ▸ L024_VLOOKUP.xlsx

使用例1 別表の値を取り出す

セルB8の式

=VLOOKUP(A8, 商品コード表, 2, FALSE)

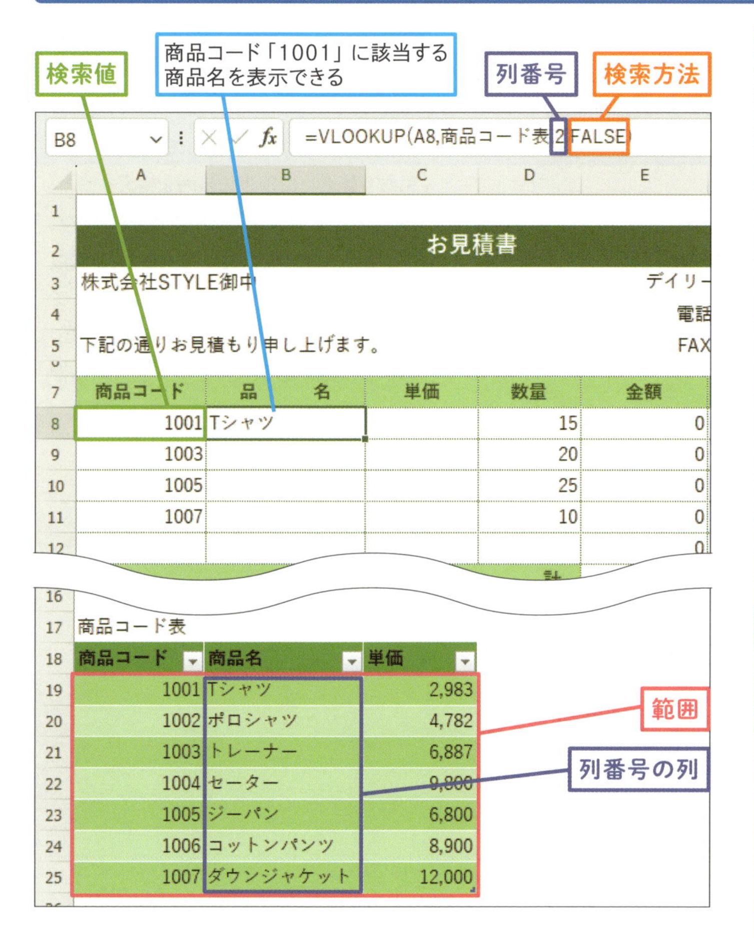

	A	B	C	D	E
2	お見積書				
3	株式会社STYLE御中				デイリー
4					電話
5	下記の通りお見積もり申し上げます。				FAX
7	商品コード	品名	単価	数量	金額
8	1001	Tシャツ		15	0
9	1003			20	0
10	1005			25	0
11	1007			10	0

17 商品コード表

	商品コード	商品名	単価
19	1001	Tシャツ	2,983
20	1002	ポロシャツ	4,782
21	1003	トレーナー	6,887
22	1004	セーター	9,800
23	1005	ジーパン	6,800
24	1006	コットンパンツ	8,900
25	1007	ダウンジャケット	12,000

ポイント

- **検索値** 商品コードが入力されるセルA8を指定します。
- **範囲** 別表として用意した「商品コード表」の先頭行（列見出し）を除く範囲を指定します。別表がテーブルの場合、範囲をドラッグして選択するとテーブル名が表示されます。セル番号で指定する場合は、「$A$19:$C$25」のように絶対参照にします。
- **列番号** ここでは、「商品コード表」の左から2列目の「商品名」を取り出したいので「2」を指定します。
- **検索方法** 商品コードと完全に一致するものを「商品コード表」から探すために「FALSE」を指定します。

使いこなしのヒント

表をテーブルに変換してテーブル名を付けるには

使用例の練習用ファイルでは、セルA18～C25をテーブルに変換してテーブル名「商品コード表」を付けています。引数［範囲］でセルA19～C25をドラッグして指定すると自動的にテーブル名が指定されます。なお、テーブルの変換、テーブル名についてはレッスン15を参照してください。

使いこなしのヒント

VLOOKUP関数に必要な表のルールを知ろう

VLOOKUP関数は、引数［範囲］に指定した別表の左端（1列目）から［検索値］を探します。したがって、別表には左端に［検索値］が含まれていなくてはなりません。なお、別表は別シート、別ファイルであっても構いません。

次のページに続く ➡

練習用ファイル ▸ L024_VLOOKUP.xlsx

使用例2 商品コードから単価を取り出す

セルC8の式

=VLOOKUP(A8, 商品コード表, 3, FALSE)

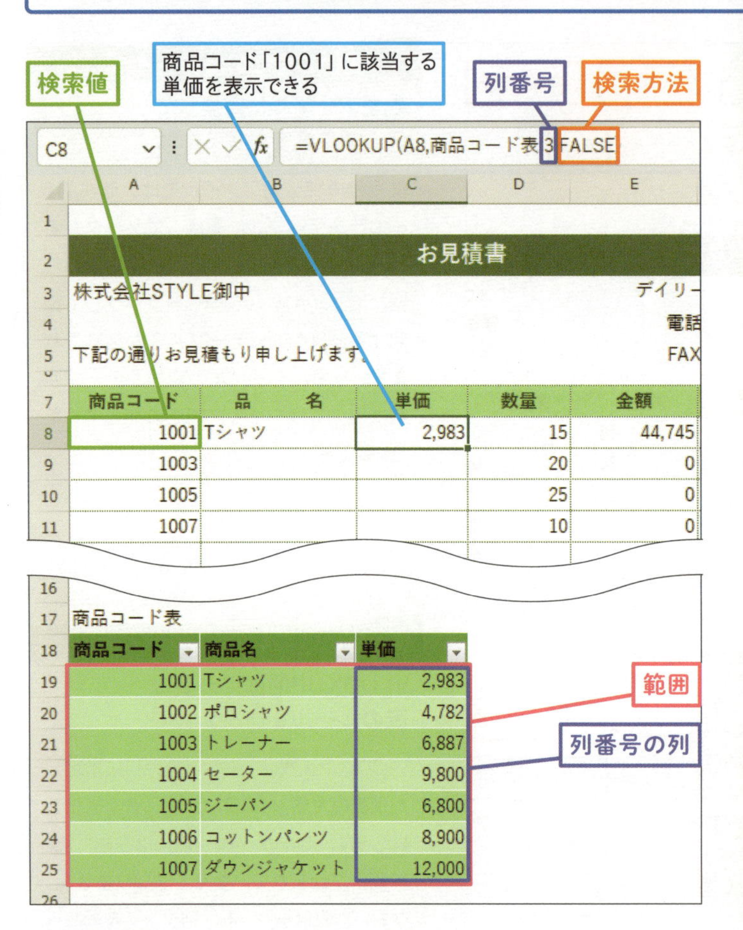

ポイント

検索値	商品コードが入力されるセルA8を指定します。
範囲	別表として用意した「商品コード表」の先頭行（列見出し）を除く範囲を指定します。別表がテーブルの場合、範囲をドラッグして選択するとテーブル名が表示されます。セル番号で指定する場合は、「$A$19:$C$25」のように絶対参照にします。
列番号	「商品コード表」の左から3列目の「単価」を取り出したいので「3」を指定します。
検索方法	商品コードと完全に一致するものを探すために「FALSE」を指定します。

使いこなしのヒント

別表がテーブルではない場合は?

別表をテーブルに変換していない場合、引数［範囲］に別表の範囲を指定すると、「A19:C25」のようにセル番号で表示されます。ここでは、入力したVLOOKUP関数を下方向にコピーしたいので、コピーしても範囲がずれないように「$A$19:$C$25」のように絶対参照の指定（レッスン13参照）にします。

使いこなしのヒント

［検索値］が属するグループを調べることもできる

VLOOKUP関数は、番号やコードに対応するデータを取り出すときによく利用されますが、特定の数値がどのグループに属しているかを調べることもできます。詳しくは、レッスン31を参照してください。

● 数式をコピーする

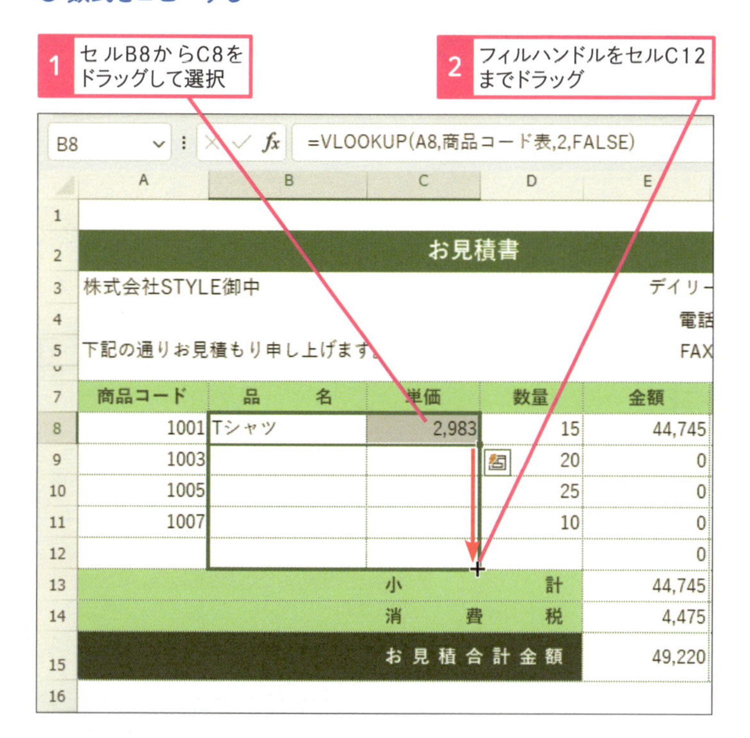

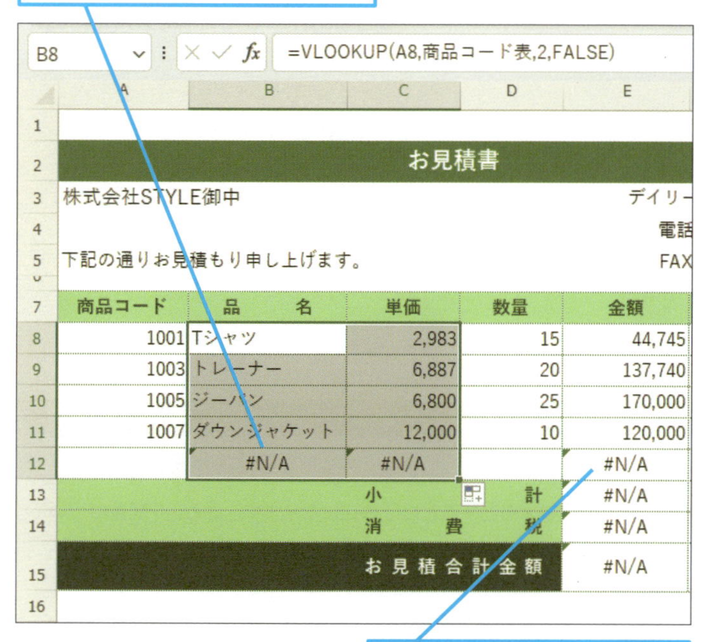

使いこなしのヒント

見積書のエラーを出さないようにするには

ここでは、見積書の明細行に余分があるため、「商品コード」が空欄の行にエラーが表示されてしまいます。エラーを出さないようにする簡単な方法は、空白行を削除することですが、見積書ごとに行数を増減していたのでは効率が悪くなってしまいます。そこで、IFERROR関数やIF関数を使ってエラーを表示させせないように処理しておきましょう。次のレッスン25で紹介します。

使いこなしのヒント

商品コード表が別のシートにある場合は

引数［範囲］に指定する別表（ここでは、商品コード表）は、別のシートにあっても、別のファイルにあっても指定することができます。VLOOKUP関数の式を入力する際、別シートや別ファイルに切り替えて範囲を指定するだけです。すると、自動的にシート名やファイル名が引数に指定されます。

レッスン

25 エラーを非表示にするには

IFERROR

VLOOKUP関数の引数［検索値］にデータが入力されていないと、エラーが表示されます。エラーを表示させないようここでは、商品コードが入力されていない場合、空白を表示させます。

論理　対応バージョン 365 2024 2021 2019

値がエラーの場合に指定した値を返す

=IFERROR(値, エラーの場合の値)

IFERROR関数は、数式の結果がもしもエラーだったとき、そのときに行う処理を指定できます。

レッスン24で入力したVLOOKUP関数は、商品コードが入力されれば、商品名や単価を検索しますが、商品コードが未入力の行ではエラーが表示されます。IFERROR関数の引数［値］にVLOOKUP関数を指定し、その結果がエラーのときだけ、セルが空白になるように空白文字列を表示します。

キーワード

空白セル	P.311
空白文字列	P.312

関連する関数

IF	P.108
IFNA	P.103
VLOOKUP	P.98,P114,P.120
XLOOKUP	P.124

引数

値	エラーかどうかを判定する値、もしくは数式を指定します。
エラーの場合の値	［値］がエラーのとき表示する値を指定します。

スキルアップ

IF関数でもエラーを非表示にできる

エラーを表示させない別の方法としてIF関数の利用があります。IF関数は「もし～なら～する。そうでなければ～する。」という処理を行うものです。見積書のセルB8をIF関数に置き換えるとすると以下の式になります。なお、IF関数についてはレッスン28で詳しく説明します。

商品コードが空白セルなら空白文字列を表示
そうでなければVLOOKUP関数を実行する

=IF(A8="","",VLOOKUP(A8, 商品コード表 ,2, FALSE))

練習用ファイル ▸ L025_IFERROR.xlsx

使用例 エラーを非表示にする

セルB8の式

=IFERROR(VLOOKUP(A8, 商品コード表 ,2, FALSE),"")

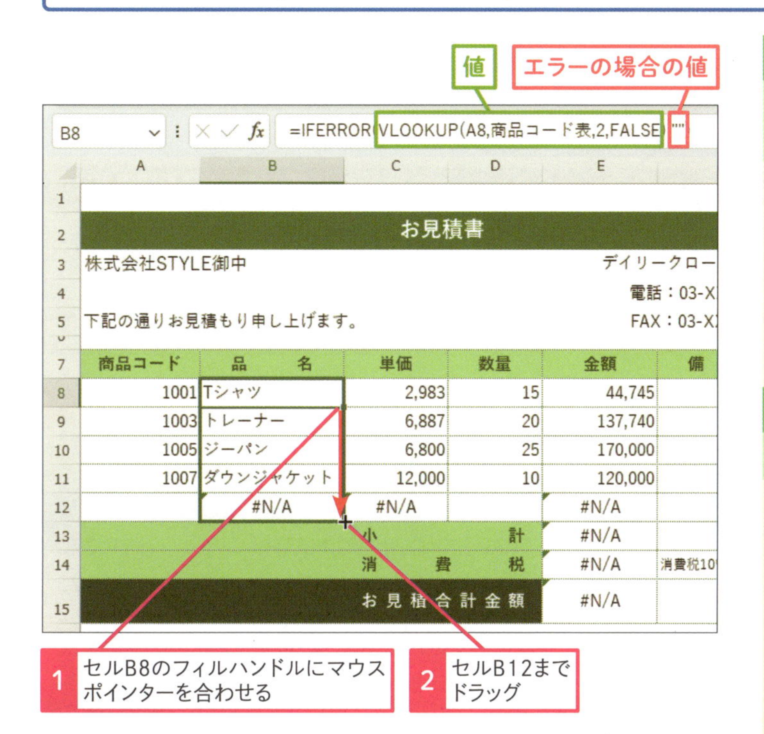

ポイント

値 エラーを判定する値としてVLOOKUP関数を指定します。

エラーの場合の値 VLOOKUP関数の結果がエラーだったときには空白を表示したいので、空白を表す空白文字列「""」を指定します。

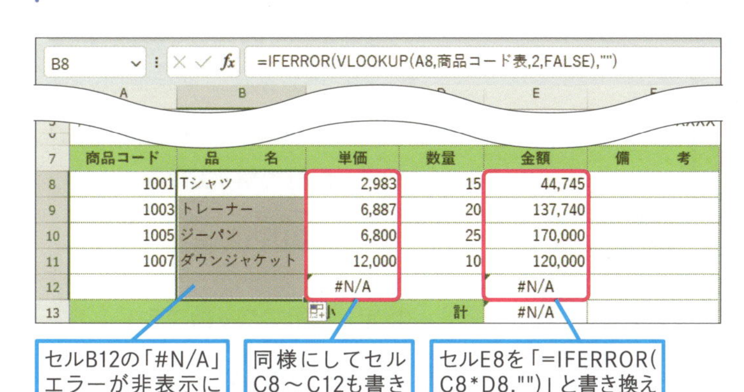

使いこなしのヒント

VLOOKUP関数にIFERROR関数を組み合わせる

練習用ファイルでは、レッスン24で入力したVLOOKUP関数の式があります。この式にIFERROR関数を組み合わせてみましょう。その場合、セルB8をクリックし、数式バーの式を修正します。

使いこなしのヒント

IFNA関数を利用してもいい

IFERROR関数はエラーの種類を問いませんが、IFNA関数は、「#N/A」エラーに限って処理を指定できます。「#N/A」以外のエラーはそのまま表示されます。VLOOKUP関数では、「商品コード」が未入力のとき「#N/A」が表示されることが分かっているので、IFNA関数を利用できます。

値が［#N/A］エラーの場合に指定した値を返す

=IFNA(値,エラーの場合の値)（イフノンアプリカブル）

使いこなしのヒント

金額のエラーを非表示にする

金額は、単価が表示されない場合エラーになります。セルE8の「単価*金額」の数式もIFERROR関数でエラーを非表示にします。

単価*数量がエラーの場合に空白を表示する

=IFERROR(C8*D8,"")（イフエラー）

レッスン

26 指定した桁数で四捨五入するには

ROUND

数値を四捨五入するにはROUND関数を使います。どの位置で四捨五入するかを指定することができるのが特徴で、ここでは小数点以下を四捨五入します。

数学／三角　対応バージョン 365 2024 2021 2019

指定した桁で四捨五入する

=ROUND(数値, 桁数)

ROUND関数の引数［数値］には、対象にしたい数値を指定します。［桁数］には、どの位（くらい）で四捨五入するかを指定しますが、指定方法にはルールがあります（表参照）。小数点以下を四捨五入して整数にする場合は、「0」を指定します。

引数

- **数値**　四捨五入する数値を指定します。
- **桁数**　四捨五入する桁を指定します。

引数［桁数］の指定	対象になる位（くらい）	1234.567を四捨五入した例
-3	100の位	1000
-2	10の位	1200
-1	1の位	1230
0	小数点以下1位	1235
1	小数点以下2位	1234.6
2	小数点以下3位	1234.57

キーワード

表示形式　P.314

関連する関数

CEILING.MATH　P.273
FLOOR.MATH　P.272
INT　P.105

使いこなしのヒント

数値の切り上げや切り捨てをするには

切り上げる場合はROUNDUP関数、切り捨てる場合は、ROUNDDOWN関数を使います。引数の指定方法は、ROUND関数と同じです。

指定した桁で切り上げる

=ROUNDUP(数値, 桁数)

指定した桁で切り捨てる

=ROUNDDOWN(数値, 桁数)

練習用ファイル ▸ L026_ROUND.xlsx

使用例 消費税を四捨五入する

セルE14の式

=ROUND(E13*10%,0)

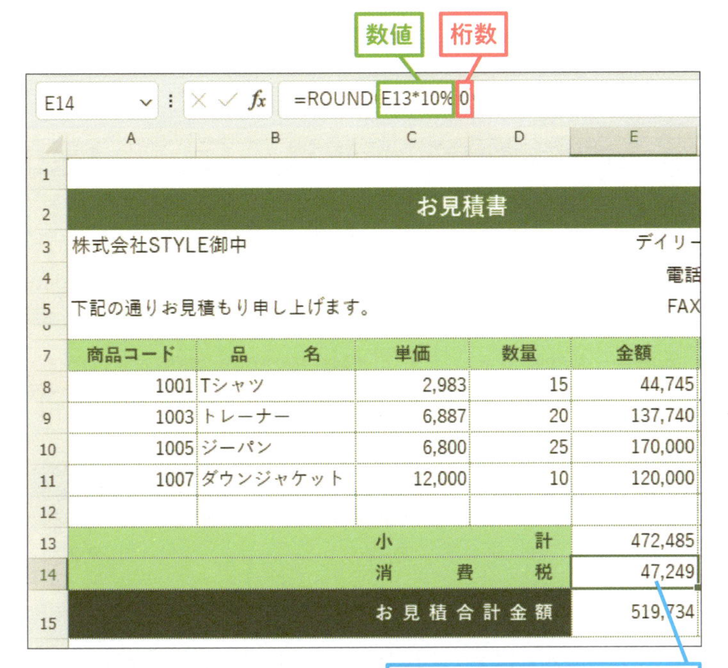

消費税を四捨五入して表示できる

ポイント

数値 消費税を計算する式を指定します。

桁数 小数点以下1位を四捨五入して整数にしたいので「0」を指定します。

使いこなしのヒント
表示形式による四捨五入との違い

セルに［桁区切りスタイル］や［通貨表示形式］などの表示形式を設定すると、小数点以下は自動的に四捨五入され、小数点以下の値がないように見えます。しかし、四捨五入されるのは表示だけで、セルの数値そのものは変わりません。それに対し、ROUND関数では数値そのものを四捨五入します。両者は後に続く計算で違いが出てくる可能性があります。

使いこなしのヒント
消費税の端数処理について

消費税の端数処理として、四捨五入ではなく切り捨て処理も多く見られます。社内のルールや取引先との契約内容を確認して、間違いのないように処理しましょう。

スキルアップ
小数点以下を切り捨てたい

数値を切り捨てる関数には、ROUNDDOWN関数がありますが、小数点以下を切り捨てて整数にするならINT関数が利用できます。引数は［数値］だけなので、ROUNDDOWN関数を使うより簡単です。

小数点以下を切り捨てる

インテジャー
=INT(数値)

小数点以下を切り捨てて整数を表示するときは、INT関数を利用してもいい

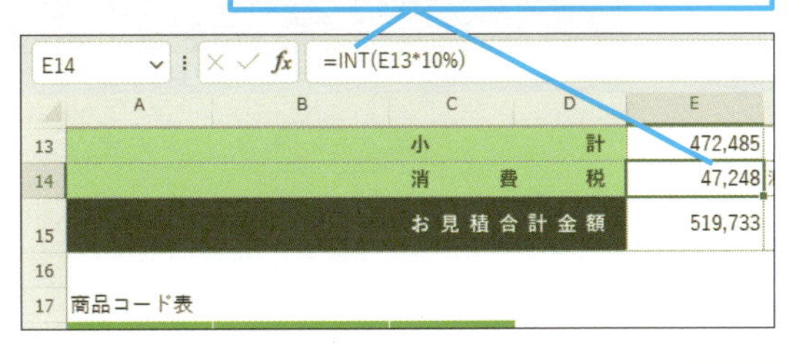

レッスン
27 今日の日付を自動的に表示するには

TODAY

定型書類には作成日を入力するのが普通です。今日の日付を表示するTODAY関数を書類に入力しておけば、自動的に日付を表示させることができます。

日付／時刻　対応バージョン 365 2024 2021 2019

今日の日付を求める

=TODAY()（トゥデイ）

TODAY関数は、その名の通り「今日の日付」を表示する関数です。表示されるのは、Windowsで管理されている今日の日付です。TODAY関数の日付は、ブックを開いたり、何らかの機能を実行するたびに更新されます。特定の日付は残せないので、保存が必要な日付には使えません。

引数

TODAY関数には引数がありません。ただし、「()」の入力は必要です。

キーワード

表示形式　P.314

関連する関数

DATE　P.220

DAY　P.221

ショートカットキー

[セルの書式設定] ダイアログボックスの表示　Ctrl+1

日付の入力　Ctrl+;

使いこなしのヒント

TODAY関数に表示される日付とは

TODAY関数で表示されるのは、Windowsに設定されている今日の日付です。日付は、Windowsの通知領域で確認できます。

ここに注意

TODAY関数の日付は、常に更新されます。ファイルを開いたときや何らかの処理を実行するたびに更新されるので特定の日付は残せません。

練習用ファイル ▸ L027_TODAY.xlsx

使用例 見積書に今日の日付を記入する

セルF1の式

=TODAY()

今日の日付が求められる

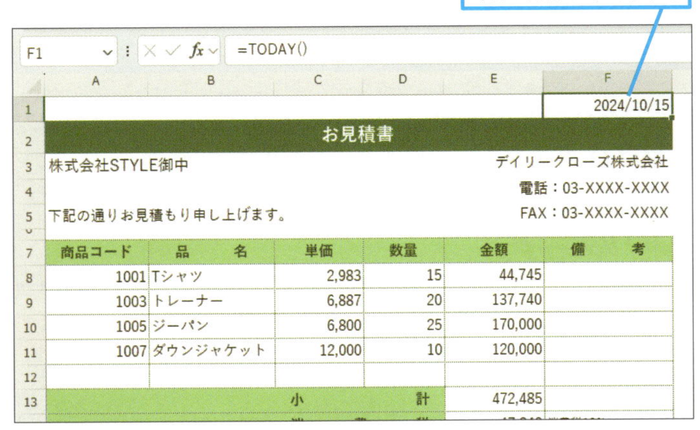

ポイント

TODAY関数には、引数がありません。しかし、関数名TODAYに続けて「()」は必須です。

スキルアップ
現在の日付と時刻をまとめて入力する

TODAY関数では今日の日付だけが表示されますが、NOW関数では、今日の日付と一緒に現在の時刻も表示できます。NOW関数もTODAY関数と同様に、ブックを開いたときなどに自動更新されますが、F9キーを押せば手動でも更新できます。

なお、NOW関数は書式が何も設定されていないセルに入力します。日付の書式が設定してあるセルに入力すると、日付しか表示されません。

現在の日付と時刻を求める

=NOW()（ナウ）

現在の日付と時刻が求められる

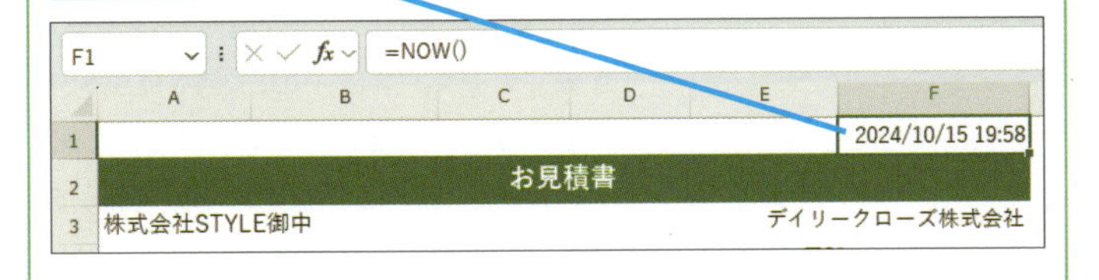

時短ワザ
更新されない日付を入力するには

「年/月/日」の形式で手入力した日付は、更新されません。なお、Ctrl＋;キーを押すと、今日の日付を素早く入力できます。

使いこなしのヒント
日付を和暦の表示にするには

書式が何も設定されていないセルにTODAY関数を入力すると、日付は西暦で表示されます。これを和暦にするには、[セルの書式設定] ダイアログボックスで設定します。

Ctrl＋1キーを押して［セルの書式設定］ダイアログボックスの［表示形式］タブを表示しておく

1 ［日付］をクリック

2 ここをクリックして［和暦］を選択

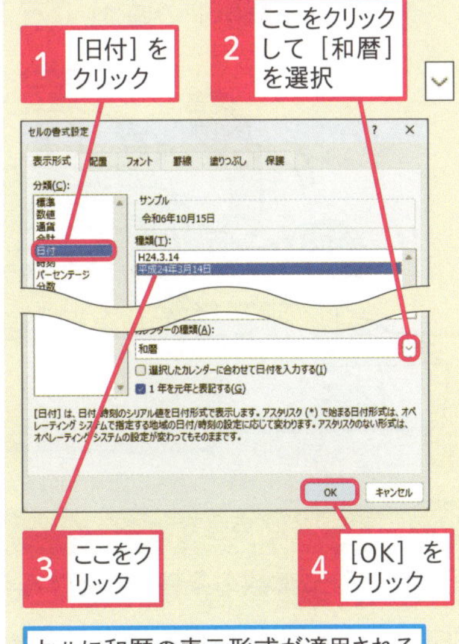

3 ここをクリック

4 ［OK］をクリック

セルに和暦の表示形式が適用される

レッスン

28 結果を2通りに分けるには

IF

場合によって結果を2通りに分けるにはIF関数を使います。条件を変えることでいろいろな場面に利用できる汎用性の高い関数です。

論理　対応バージョン 365 2024 2021 2019

論理式に当てはまれば真の場合、当てはまらなければ偽の場合を表示する

=IF(イフ)(論理式, 真の場合, 偽の場合)

IF関数は、［論理式］に指定した条件を満たしているか、満たしていないかを判別します。引数の［真の場合］に条件を満たしているときに行う処理を、［偽の場合］に条件を満たしていないときに行う処理を指定することで、2通りの結果に振り分けられます。

引数

- **論理式**　条件を式で指定します。
- **真の場合**　［論理式］を満たしている場合（論理式の結果が「TRUE」の場合）に行う処理を指定します。
- **偽の場合**　［論理式］を満たしていない場合（論理式の結果が「FALSE」の場合）に行う処理を指定します。

使いこなしのヒント

［論理式］に複数の条件を指定するには

IF関数の引数［論理式］に複数の条件を指定する場合は、引数［論理式］にAND関数、OR関数を組み込みます。詳しくは、レッスン56を参照してください。

キーワード

空白文字列	P.312
比較演算子	P.314

関連する関数

関数	ページ
AND	P.168
AVERAGEIF	P.154
COUNTIF	P.150
IFS	P.112
OR	P.168
SUMIF	P.152

用語解説

論理式

「論理式」は、「A1>10」のようにセルや値を比較演算子でつないだ式です。IF関数などの条件として使用します。論理式の結果は「TRUE」（真）か「FALSE」（偽）のどちらかになります。

用語解説

論理値

「論理値」は、真（正しい）か偽（正しくない）を表す値です。真を「TRUE」、偽を「FALSE」で表します。論理式やAND関数などで正しいか正しくないかを判定した結果として表示されます。

練習用ファイル ▸ L028_IF.xlsx

使用例 60000円を超える場合「達成」を表示する

セルF3の式

=IF(E3>60000," 達成 ","")

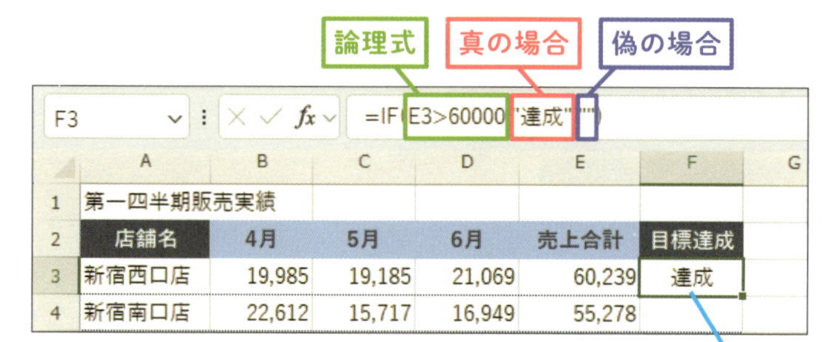

売り上げ目標を達成しているかどうかを調べられる

ポイント

論理式 条件となる「売上金額（E3）が60000より大きい」を論理式「E3>60000」として入力します。

真の場合 ［論理式］を満たしている場合に「達成」の文字が表示されるように「"達成"」を入力します。

偽の場合 ［論理式］を満たしていない場合に空白が表示されるように「""」を入力します。

1 セルF3をクリック

2 フィルハンドルをセルF13までドラッグ

F3 =IF(E3>60000,"達成","")

	A	B	C	D	E	F
1	第一四半期販売実績					
2	店舗名	4月	5月	6月	売上合計	目標達成
3	新宿西口店	19,985	19,185	21,069	60,239	達成
4	新宿南口店	22,612	15,717	16,949	55,278	
5	池袋駅前店	16,850	15,308	17,383	49,541	
6	池袋地下店	14,469	12,320	11,263	38,052	
7	渋谷駅前店	15,017	23,339	15,688	54,044	
8	渋谷公園店	20,573	22,772	21,861	65,206	達成
9	原宿店	18,848	19,749	21,587	60,184	達成
10	青山店	23,744	15,802	22,590	62,136	達成
11	表参道店	20,778	22,899	23,198	66,875	達成
12	赤坂見附店	22,412	15,076	15,537	53,025	
13	半蔵門店	15,297	15,740	22,934	53,971	
14						

ほかの店舗が目標を達成しているかどうかを調べられた

使いこなしのヒント

比較演算子を確認しよう

引数［論理式］には、「～以上」や「～と等しい」などの条件を数式で表します。その際に使うのが以下の比較演算子です。

●比較演算子の種類

比較演算子	比較演算子の意味	条件式の例
=	100に等しい	A1=100
>	100より大きい	A1>100
<	100より小さい（未満）	A1<100
>=	100以上	A1>=100
<=	100以下	A1<=100
<>	100に等しくない	A1<>100

使いこなしのヒント

結果に文字や空白を表示させるには

IF関数の［真の場合］には「達成」の文字を表示する処理、［偽の場合］には何も表示せず空白にする処理を指定していますが、特定の文字をセルに表示させる場合は、文字を「"達成"」のように「"」でくくって指定します。空白にする場合は、何も表示しないことを表す「""」（空白文字列）を指定します。

使いこなしのヒント

論理式を確認するには

引数［論理式］は、セルに直接入力して確認ができます。例えば、セルF3に「=E3>60000」と入力すると「TRUE」が表示されます。これは、セルE3が60000より大きい、つまり論理式を満たしていることを表しています。満たしていない場合は「FALSE」が表示されます。

レッスン

29 結果を3通りに分けるには

ネスト

IF関数は、2通りの結果に振り分けますが、3通りにするにはIF関数を2つ組み合わせます。関数を組み合わせることを「ネスト」といいます。その方法を見てみましょう。

IF関数の引数にIF関数を組み込む

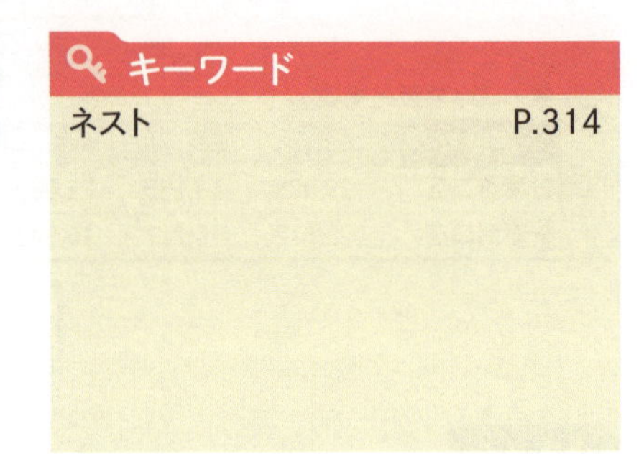

結果を3通りにするには、条件を2つ指定して、条件1に合う場合、条件2に合う場合、どちらにも合わない場合の3通りにします。これを可能にするには、IF関数の引数に、さらにIF関数を指定します。このように関数の引数に関数を組み込むことを「ネスト」といいます。ここでは引数［偽の場合］にIF関数をネストしてみましょう。

●IF関数で2通りの処理を行う場合

=IF（条件1,条件1に合う場合,条件1に合わない場合）

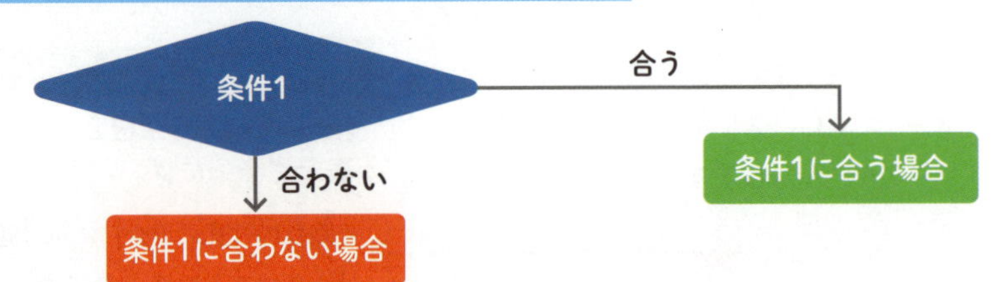

●IF関数にIF関数をネストして、3通りの処理を行う場合

=IF（条件1,条件1に合う場合,条件1に合わない場合）

ネストする関数 =IF（条件2,条件2に合う場合,条件2に合わない場合）

➜ =IF（条件1,条件1に合う場合, IF（条件2,条件2に合う場合,条件2に合わない場合））

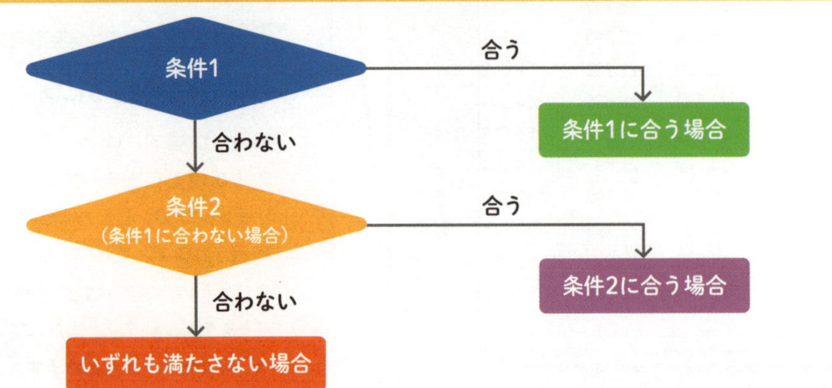

練習用ファイル ▶ L029_ネスト.xlsx

使用例 売上金額により「A」「B」「C」の3通りの結果を表示する

セルF3の式

=IF(E3>60000,"A",IF(E3>50000,"B","C"))

論理式　真の場合　偽の場合

F3　=IF(E3>60000,"A",IF(E3>50000,"B","C"))

	A	B	C	D	E	F
1	第一四半期販売実績					
2	店舗名	4月	5月	6月	売上合計	売上評価
3	新宿西口店	19,985	19,185	21,069	60,239	A
4	新宿南口店	22,612	15,717	16,949	55,278	
5	池袋駅前店	16,850	15,308	17,383	49,541	
6	池袋地下店	14,469	12,320	11,263	38,052	
7	渋谷駅前店	15,017	23,339	15,688	54,044	
8	渋谷公園店	20,573	22,772	21,861	65,206	
9	原宿店	18,848	19,749	21,587	60,184	
10	青山店	23,744	15,802	22,590	62,136	
11	表参道店	20,778	22,899	23,198	66,875	
12	赤坂見附店	22,412	15,076	15,537	53,025	
13	半蔵門店	15,297	15,740	22,934	53,971	
14						

売上金額が6万円より大きいとき「A」、5万円より大きいとき「B」、いずれも満たしていないとき「C」を表示する

セルE3の売上金額に対する評価「A」が表示された

1 セルF3をクリック

2 フィルハンドルをセルF13までドラッグ

F3　=IF(E3>60000,"A",IF(E3>50000,"B","C"))

	A	B	C	D	E	F
1	第一四半期販売実績					
2	店舗名	4月	5月	6月	売上合計	売上評価
3	新宿西口店	19,985	19,185	21,069	60,239	A
4	新宿南口店	22,612	15,717	16,949	55,278	B
5	池袋駅前店	16,850	15,308	17,383	49,541	C
6	池袋地下店	14,469	12,320	11,263	38,052	C
7	渋谷駅前店	15,017	23,339	15,688	54,044	B
8	渋谷公園店	20,573	22,772	21,861	65,206	A
9	原宿店	18,848	19,749	21,587	60,184	A
10	青山店	23,744	15,802	22,590	62,136	A
11	表参道店	20,778	22,899	23,198	66,875	A
12	赤坂見附店	22,412	15,076	15,537	53,025	B
13	半蔵門店	15,297	15,740	22,934	53,971	B
14						

ほかの店舗の評価が調べられた

使いこなしのヒント
［真の場合］にネストするとしたら

練習用ファイルと同じ結果にする式はほかにも考えられます。［真の場合］にIF関数をネストする構造にするなら、「=IF(E3>50000,IF(E3>60000,"A","B"),"C")」でもいいでしょう。5万円より大きいとき、その中で6万円より大きいものを「A」、そうでないものを「B」、どちらにも当てはまらないものを「C」とします。

使いこなしのヒント
IFS関数で同じ処理ができる

このレッスンと同じ処理はIFS関数でも行うことができます（レッスン30参照）。ただし、Excel 2016ではIFS関数を利用できません。Excel 2016との互換をはかるためにはIF関数を利用します。

使いこなしのヒント
別表を使ってランク分けをするには

IF関数にIF関数をネストすると3通りになりますが、さらにIF関数のネストを増やせば、4通り、5通りの結果にすることも可能です。しかし、数式が長く、分かりにくくなってしまいます。この章では、レッスン31でVLOOKUP関数を使い、基準となる別表と照らし合わせたランク分けを紹介します。

レッスン

30 結果を複数通りに分けるには

IFS

レッスン29と同じことはIFS関数でもできます。評価結果を何通りにも場合分けするときに、IF関数をネストするよりも式を短く、効率的に記述できます。

論理　対応バージョン 365 2024 2021 2019

論理式に当てはまれば、対応する真の場合を表示する

イフエス
=IFS(論理式1,真の場合1,論理式2,真の場合2,…,論理式127,真の場合127)

IFS関数は、複数の条件による場合分けを行う関数です。条件は［論理式1］～［論理式127］まで指定することができ、それぞれの条件を満たしたときに実行したい処理を［真の場合1］～［真の場合127］に指定します。ここでは、レッスン29と同じように、「売上合計」が6万円より大きい場合にA、5万円より大きい場合にB、0円以上にCを表示します。

引数

論理式1～127　条件を式で指定します。

真の場合1～127　［論理式1～127］を満たしている場合に行う処理をそれぞれ指定します。

キーワード

論理式　P.315

関連する関数

IF　P.108

INDEX　P.128

OFFSET　P.130

VLOOKUP　P.98,P114,P.120

スキルアップ

どの条件も満たしていないときの処理を指定するには

どの［論理式］も満たしていないときの処理を指定したいときは、最後の［論理式］に「TRUE」を指定し、そのすぐ後に実行したい処理を指定します。

「売上金額>60000」「売上金額>50000」のいずれも満たしていないとき評価「C」を表示する

	A	B	C	D	E	F	G
1	第一四半期販売実績						
2	店舗名	4月	5月	6月	売上合計	目標達成	
3	新宿西口店	19,985	19,185	21,069	60,239	A	
4	新宿南口店	22,612	15,717	16,949	55,278	B	
5	池袋駅前店	16,850	15,308	17,383	49,541	C	

「売上金額>60000」はA、「売上金額>50000」はB、いずれも満たしていないときCを表示する（セルF3の式）

イフエス
=IFS(E3>60000,"A",E3>50000,"B",TRUE,"C")

練習用ファイル ▸ L030_IFS.xlsx

使用例 売上金額により「A」「B」「C」の3通りの結果を表示する

セルF3の式

=IFS(E3>60000,"A",E3>50000,"B",E3>=0,"C")

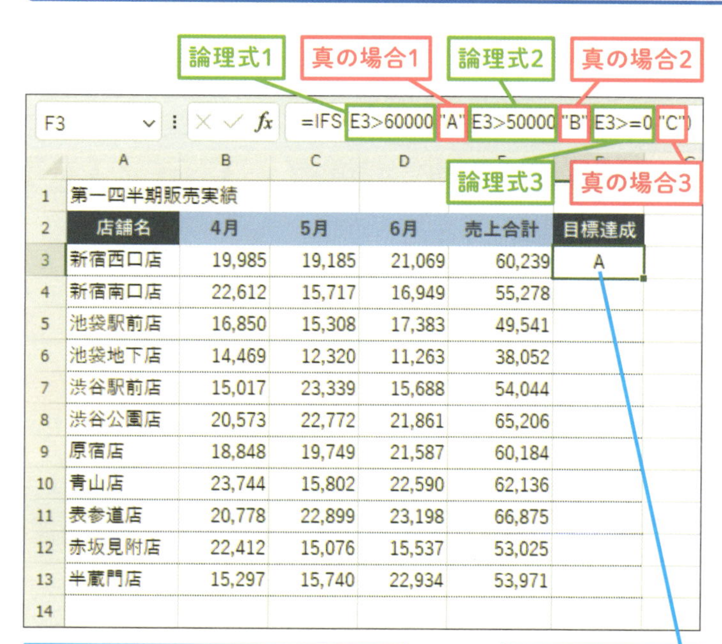

	A	B	C	D	E	F
1	第一四半期販売実績					
2	店舗名	4月	5月	6月	売上合計	目標達成
3	新宿西口店	19,985	19,185	21,069	60,239	A
4	新宿南口店	22,612	15,717	16,949	55,278	
5	池袋駅前店	16,850	15,308	17,383	49,541	
6	池袋地下店	14,469	12,320	11,263	38,052	
7	渋谷駅前店	15,017	23,339	15,688	54,044	
8	渋谷公園店	20,573	22,772	21,861	65,206	
9	原宿店	18,848	19,749	21,587	60,184	
10	青山店	23,744	15,802	22,590	62,136	
11	表参道店	20,778	22,899	23,198	66,875	
12	赤坂見附店	22,412	15,076	15,537	53,025	
13	半蔵門店	15,297	15,740	22,934	53,971	
14						

売上金額が6万円より大きいとき「A」、5万円より大きいとき「B」、0円以上のとき「C」を表示する

セルF3の売上金額に対する評価「A」が表示された

1 セルF3をクリック

2 フィルハンドルをセルF13までドラッグ

F3 =IFS(E3>60000,"A",E3>50000,"B",E3>=0,"C")

	A	B	C	D	E	F
1	第一四半期販売実績					
2	店舗名	4月	5月	6月	売上合計	目標達成
3	新宿西口店	19,985	19,185	21,069	60,239	A
4	新宿南口店	22,612	15,717	16,949	55,278	B
5	池袋駅前店	16,850	15,308	17,383	49,541	C
6	池袋地下店	14,469	12,320	11,263	38,052	C
7	渋谷駅前店	15,017	23,339	15,688	54,044	B
8	渋谷公園店	20,573	22,772	21,861	65,206	A
9	原宿店	18,848	19,749	21,587	60,184	A
10	青山店	23,744	15,802	22,590	62,136	A
11	表参道店	20,778	22,899	23,198	66,875	A
12	赤坂見附店	22,412	15,076	15,537	53,025	B
13	半蔵門店	15,297	15,740	22,934	53,971	B
14						

ほかの店舗の評価が表示された

使いこなしのヒント

条件が多く式が長くなる場合は

[論理式]、[真の場合]は127個まで指定できますが、あまり式が長くなると、入力ミスが多くなり、後で修正するのも大変です。条件が多い場合に分かりやすい式にするには、レッスン31のVLOOKUP関数を使う方法も考えてみましょう。

使いこなしのヒント

論理式に合わない場合には

複数の[論理式]のいずれにも合わない値がある場合、結果にはエラー「#N/A」が表示されます。

エラーが表示された

5月	6月	売上合計	目標達成
19,185	21,069	60,239	A
		-10,000	#N/A
15,308	17,383	49,541	C
12,320	11,263	38,052	C
23,339	15,688	54,044	B
22,772	21,861	65,206	A

レッスン
31 複数の結果を別表から参照するには

VLOOKUP

複数通りの場合分けには、IF関数やIFS関数を利用することができますが、場合分けの数が多い場合は、別の表から条件に合うデータを取り出すVLOOKUP関数を利用する方が簡単です。

検索／行列　対応バージョン 365 2024 2021 2019

データを検索して同じ行のデータを取り出す

=VLOOKUP（検索値,範囲,列番号,検索方法）（ブイルックアップ）

VLOOKUP関数は、別表からデータを取り出して表示できます。引数［検索値］を別表で探し、その同じ行にあるデータを取り出します。ここでは、「売上金額」を別表の4通りの「基準値」から探し、「ランク」を取り出して表示します。例えば、「売上金額」が「55,278」の場合、該当するのは「50000以上」を基準とした「B」のランクとなります。このように数値がどの範囲にあるかを検索するには、VLOOKUP関数の引数［検索方法］を「TRUE」にするのがポイントです。なお、［検索方法］に「FALSE」を指定するVLOOKUP関数の使い方は、レッスン24を参照してください。

基準値	（説明）	ランク
0	40000未満	D
40000	40000以上	C
50000	50000以上	B
60000	60000以上	A

売上金額「55,278」が該当する値

取り出して表示する値

引数

- **検索値**　別表で検索したい値を指定します。
- **範囲**　別表のセル範囲。範囲の一番左の列から「検索値」が検索されます。
- **列番号**　［範囲］の中の表示したい列を指定します。
- **検索方法**　［検索値］を［範囲］から探すときの方法を「TRUE」（省略可）または「FALSE」で指定します。なお、「TRUE」を指定する場合、引数［範囲］の検索値は昇順に並べておく必要があります。

キーワード

絶対参照	P.313

関連する関数

INDEX	P.128
OFFSET	P.130
XLOOKUP	P.124

使いこなしのヒント

［検索方法］が「TRUE」の場合は検索値を昇順で並べる

VLOOKUP関数は、引数［検索値］を別表の範囲の左端の列から探します。ここでは「売上金額」の値が基準値のどこに当てはまるかを探します。正確には「売上金額」より小さい近似値を探します。このように検索するには、引数［検索方法］を「TRUE」に指定します。「TRUE」にした場合、範囲の左端の列は小さい順（昇順）に並べておくのが決まりです。

練習用ファイル ▸ L031_VLOOKUP.xlsx

使用例 売上金額により「A」「B」「C」「D」の4通りの結果を表示する　セルF3の式

=VLOOKUP(E3, $H$3:$J$6, 3, TRUE)

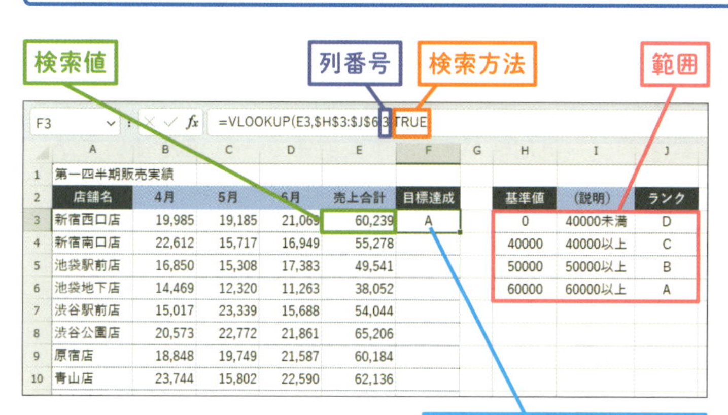

セルE3の売上金額に対する評価「A」が表示された

ポイント

- **検索値**　「売上金額」が別表のどのランク当てはまるかを調べるためにセルE3を指定します。
- **範囲**　別表に用意した「基準値」とそれに対応する「ランク」の範囲「H3:J6」を絶対参照で指定します。
- **列番号**　別表の左端の列から数えて取り出したい「ランク」は3列目に当たるので「3」を指定します。
- **検索方法**　［検索値］を超えない近似値を検索するために「TRUE」を指定します。

1 セルF3をクリック

2 フィルハンドルをセルF13までドラッグ

F3　=VLOOKUP(E3,$H$3:$J$6,3,TRUE)

	A	B	C	D	E	F	G	H	I	J
1	第一四半期販売実績									
2	店舗名	4月	5月	6月	売上合計	目標達成		基準値	(説明)	ランク
3	新宿西口店	19,985	19,185	21,069	60,239	A		0	40000未満	D
4	新宿南口店	22,612	15,717	16,949	55,278	B		40000	40000以上	C
5	池袋駅前店	16,850	15,308	17,383	49,541	C		50000	50000以上	B
6	池袋地下店	14,469	12,320	11,263	38,052	D		60000	60000以上	A
7	渋谷駅前店	15,017	23,339	15,688	54,044	B				
8	渋谷公園店	20,573	22,772	21,861	65,206	A				
9	原宿店	18,848	19,749	21,587	60,184	A				
10	青山店	23,744	15,802	22,590	62,136	A				
11	表参道店	20,778	22,899	23,198	66,875	A				
12	赤坂見附店	22,412	15,076	15,537	53,025	B				
13	半蔵門店	15,297	15,740	22,934	53,971	B				
14										

ほかの店舗の評価が表示された

使いこなしのヒント

［検索方法］を「FALSE」にしたときは

商品番号を商品リストから探したいなど、［検索値］と完全に一致するデータを別表から探すときは引数［検索方法］に「FALSE」を指定します（レッスン24参照）。このレッスンで誤って「FALSE」を指定しても、完全一致する値が別表にないので、「#N/A」のエラーが表示されます。

使いこなしのヒント

ランクの基準値を表す別表を作るには

別表に用意するランクの基準値は、一番左の列に基準値を小さい順に入力します。それに該当するランクを右の列に入力します。練習用ファイルでは基準値の範囲が分かるように［(説明)］列を入れていますが、VLOOKUP関数の利用に必須ではありません。

［(説明)］列がなくても結果を求められる

基準値	(説明)	ランク
0	40000未満	D
40000	40000以上	C
50000	50000以上	B
60000	60000以上	A

この章のまとめ

基本関数+汎用性の高い関数をマスターしよう

この章では、基本の関数を紹介しました。基本の関数というとSUM関数やAVERAGE関数をすぐに思いうかべますが、さらに一歩踏み込んで、VLOOKUP関数、IF関数、IFS関数の使い方まで解説しています。これらの関数は、場面に応じて条件や検索値を設定することができるので汎用性が高く、工夫次第でいろいろな使い方が考えられます。それぞれの関数の引数には細かい注意点がありますので、慣れるまでは使う度に確認するようにしましょう。

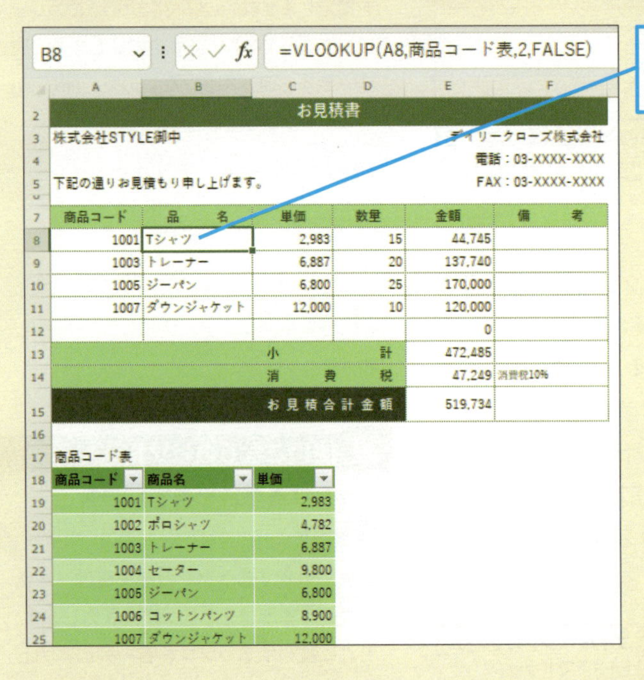

B8 =VLOOKUP(A8,商品コード表,2,FALSE)

	A	B	C	D	E	F
2	お見積書					
3	株式会社STYLE御中					デイリークローズ株式会社
4						電話：03-XXXX-XXXX
5	下記の通りお見積もり申し上げます。					FAX：03-XXXX-XXXX
7	商品コード	品名	単価	数量	金額	備考
8	1001	Tシャツ	2,983	15	44,745	
9	1003	トレーナー	6,887	20	137,740	
10	1005	ジーパン	6,800	25	170,000	
11	1007	ダウンジャケット	12,000	10	120,000	
12					0	
13			小計		472,485	
14			消費税		47,249	消費税10%
15			お見積合計金額		519,734	
17	商品コード表					
18	商品コード	商品名	単価			
19	1001	Tシャツ	2,983			
20	1002	ポロシャツ	4,782			
21	1003	トレーナー	6,887			
22	1004	セーター	9,800			
23	1005	ジーパン	6,800			
24	1006	コットンパンツ	8,900			
25	1007	ダウンジャケット	12,000			

関数を利用すれば、入力の手間を減らして正確な内容の書類を作成できる

さて、ここまできたら、苦手と思っていた関数の壁は超えたようなもんですよ。

ほんとですか!? 確かにVLOOKUP関数とかはちょっと複雑でした。

でもVLOOKUP関数って便利だよね。番号を入れるだけでほかのデータ出してくれるなんて助かる。

特定のデータをどこかから持ってきたいときは、VLOOKUP関数って覚えておこう!

IF関数やIFS関数も表の作成には欠かせないから忘れないで。ここで学んだ条件の設定は、まだまだほかの関数でも使うからね。早いとこ慣れてしまおう!

活用編

第4章

データを参照・抽出する

この章では、用意された表からデータを取り出すなどの「参照する関数」、条件を指定して条件に一致するデータを取り出す「抽出する関数」を紹介します。目的のデータを取り出すために必要な関数です。

レッスン

32 Introduction この章で学ぶこと データを自動的に表示させよう

本章では、別の表に入力されたデータを表示する関数を紹介します。このような関数は、請求書や見積書、精算書など体裁や入力内容が決まっている書類を作成する際に役立つため、意外に使う場面が多いものです。ここでは、本章で登場する主な関数について紹介します。

入力ミスを徹底ブロック！　データを自動表示する関数

自動表示ってことは第3章で学んだVLOOKUP関数かな？

VLOOKUP関数はこのジャンルでは、最も使われている関数と言っても過言ではないぐらいメジャーな関数だね。でも！　VLOOKUP関数以外でデータを自動表示する関数は、以下のようにいろいろあるんだ。

●INDEX関数

指定した行番号と列番号が交差する位置にあるデータを取り出す

C5　=INDEX(D9:F12,D3,D4)

	A	B	C	D	E	F	G
1							
2		オーダー価格		No.			
3		アイテム	ブレスレット	2	行		
4		素材	プラチナ	3	列		
5		価格	¥50,000				
6							
7		価格表		素材			
8				シルバー	ゴールド	プラチナ	
9		アイテム	リング	9,800	20,000	40,000	
10			ブレスレット	12,000	25,000	50,000	

●MATCH関数

検索したい値が指定した範囲のどこにあるのか表示する

C5　=MATCH(B5,F3:F12,0)

	A	B	C	D	E	F	G	H	I
1						参加者得点表			
2		順位検索システム				氏名	得点		
3		↓氏名を入力してください				池本　祐世	732		
4		氏名	順位			青木　大智	721		
5		浅野　莉乃	6	位		佐々木　聡美	684		
6						松本　勇気	670		
7						鈴木　拓斗	669		
8						浅野　莉乃	567		
9						金井　里佳子	554		
10						大橋　直紀	516		

●UNIQUE関数

	A	B	C	D	E	F	G
1	1月売上						
2	日付	商品名	売上		商品種類		
3	2025/1/1	ストロベリー	19,700		ストロベリー		
4	2025/1/1	チョコミント	15,000		チョコミント		
5	2025/1/1	バニラ	21,000		バニラ		
6	2025/1/2	アーモンド	21,000		アーモンド		
7	2025/1/2	チョコミント	18,700		ココナッツ		
8	2025/1/2	バニラ	24,800		チーズケーキ		
9	2025/1/2	ストロベリー	22,000				
10	2025/1/3	ストロベリー	18,900				

範囲の中の重複を除いてデータを表示する

●LARGE関数

G3　=LARGE($D$3:$D$11,F3)

	A	B	C	D	E	F	G
1	店舗別売上						
2	店舗	雑貨部門	インテリア部門	売上合計		ランキング	売上金額
3	横浜店	13,837	39,488	53,325		1	89,710
4	御殿場店	9,355	37,148	46,503		2	63,998
5	名古屋店	21,794	67,916	89,710		3	54,176
6	京都店	18,342	35,834	54,176		4	53,325
7	大阪店	11,407	35,676	47,083		5	48,002
8	岡山店	11,804	24,290	36,094			
9	広島店	13,015	34,987	48,002			
10	福岡店	11,987	31,813	43,800			

指定した範囲の中で○番目に大きい数値を取り出す

データの抽出もアッという間！　最新のExcelで使える新関数

自動で正しいデータを入力してくれるなんて、頼もしいですね。請求書とか見積書とか、商品名や金額にミスがあったら大変な資料のときにすごく役立ちそう！

うん、とっても便利で使う場面が多いものではあるんだけど……なんとExcel 2024とMicrosoft 365では、従来の関数を進化させた、さらに便利な関数が使えるんだ！

●CHOOSEROWS関数

表から特定の行を取り出す

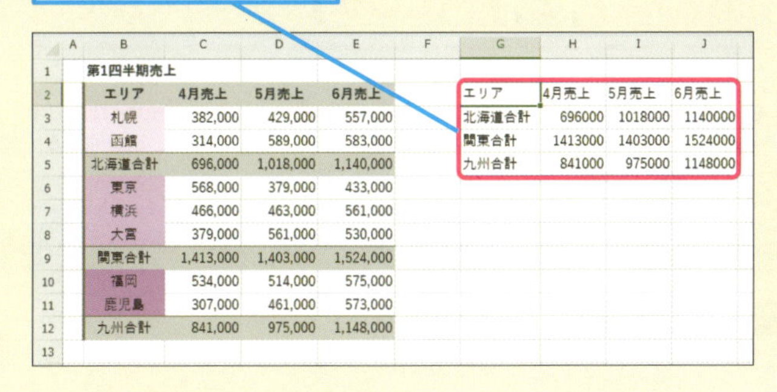

第1四半期売上

エリア	4月売上	5月売上	6月売上
札幌	382,000	429,000	557,000
函館	314,000	589,000	583,000
北海道合計	696,000	1,018,000	1,140,000
東京	568,000	379,000	433,000
横浜	466,000	463,000	561,000
大宮	379,000	561,000	530,000
関東合計	1,413,000	1,403,000	1,524,000
福岡	534,000	514,000	575,000
鹿児島	307,000	461,000	573,000
九州合計	841,000	975,000	1,148,000

エリア	4月売上	5月売上	6月売上
北海道合計	696000	1018000	1140000
関東合計	1413000	1403000	1524000
九州合計	841000	975000	1148000

左の表から必要な行を右に取り出しているみたいだけど、どこが便利なんだろう？

これ、実は1つのセルに1つの式を入力しただけでできているんだよ。このように新しい関数は、結果として表になるものが多いんだ。

●TAKE関数

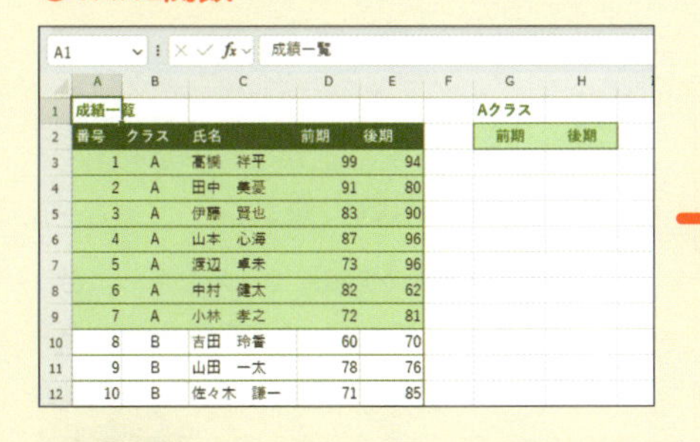

成績一覧

番号	クラス	氏名	前期	後期
1	A	髙橋　祥平	99	94
2	A	田中　美憂	91	80
3	A	伊藤　賢也	83	90
4	A	山本　心海	87	96
5	A	渡辺　卓未	73	96
6	A	中村　健太	82	62
7	A	小林　孝之	72	81
8	B	吉田　玲香	60	70
9	B	山田　一太	78	76
10	B	佐々木　謙一	71	85

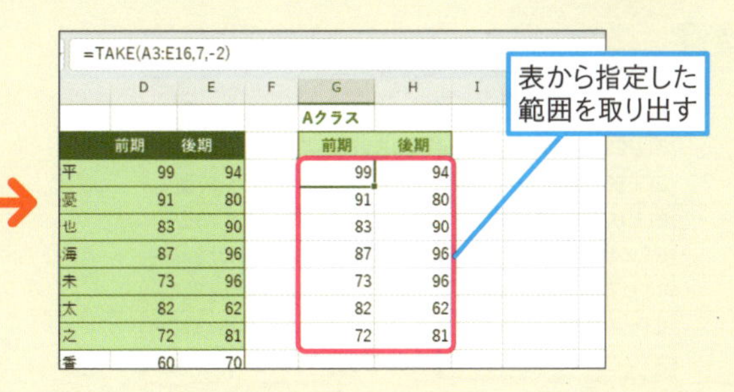

=TAKE(A3:E16,7,-2)

Aクラス

前期	後期
99	94
91	80
83	90
87	96
73	96
82	62
72	81

表から指定した範囲を取り出す

ほんとだ。式を1つ入力しただけなのに、複雑な表から欲しいデータだけ集めて別の表になりました。どうなってるんですか？

ふふ、初めて使うときには、ちょっと不思議な感じがするよね。Excel 2021以降、こういった関数がどんどん追加されているんだ。新感覚の新関数をぜひ一緒に試してみよう。

レッスン
33 別表のデータを参照表示するには

VLOOKUP

決められたデータを入力する場合は、入力を簡単にするために、また、入力ミスを防ぐために参照表示するのが基本です。VLOOKUP関数は、あらかじめ用意した表からデータを取り出すことができます。

練習用ファイル ▸ L033_VLOOKUP.xlsx

使用例 No.に対応する「商品コード」を取り出す　セルC3の式

=VLOOKUP(B3,$B$14:$D$21,2,FALSE)

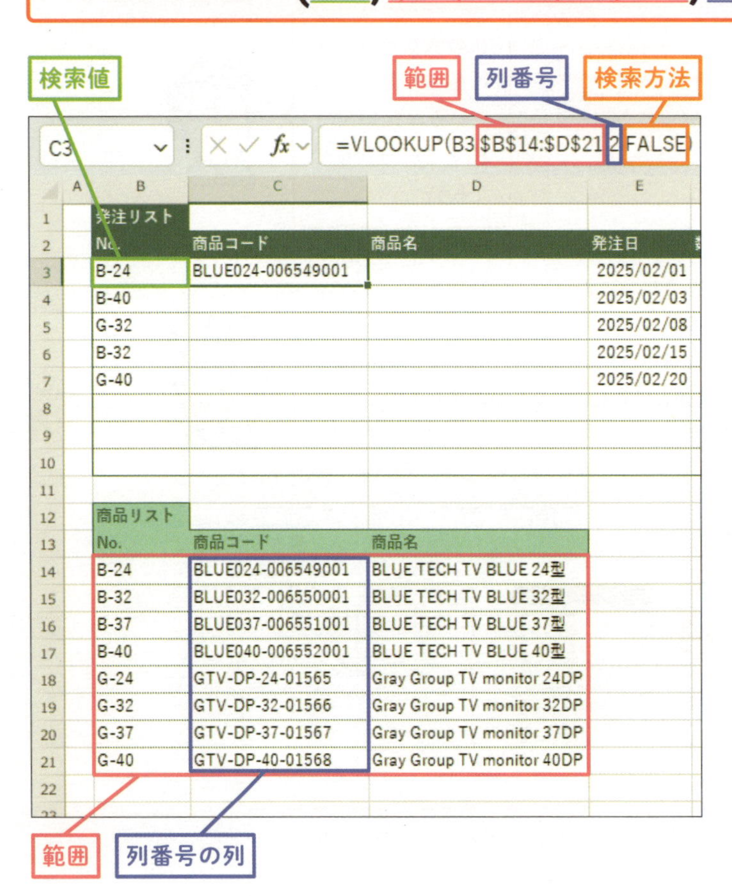

キーワード

テーブル　P.314

関連する関数

INDEX　P.128
MATCH　P.126
OFFSET　P.130
XLOOKUP　P.124

使いこなしのヒント

VLOOKUP関数の書式

VLOOKUP関数の引数には、何をキーにどこから検索しどのデータを取り出すかを指定します。関数を入力する以前に取り出したいデータをまとめた表を用意しておく必要があります。詳しくはレッスン24を確認してください。

データを検索して同じ行のデータを取り出す

=VLOOKUP(ブイルックアップ)(検索値,範囲,列番号,検索方法)

ポイント

検索値　「発注リスト」の「No.」が入力されるセルB3を指定します。

範囲　別表として用意した「商品リスト」の先頭行（列見出し）を除く範囲を指定します。別表がテーブルの場合、範囲をドラッグして選択するとテーブルの名前が表示されます。セル番号で範囲を指定する場合は、「$B$14:$D$21」のように絶対参照にします。

列番号　ここでは､｢商品リスト｣の左から2列目の｢商品コード｣を取り出したいので「2」を指定します。

検索方法　検索値のNo.と完全に一致するものを「商品リスト」から探すために「FALSE」を指定します。

1 セルD3に「=VLOOKUP(B3,$B$14:$D$21,3,FALSE)」と入力

D3　=VLOOKUP(B3,$B$14:$D$21,3,FALSE)

	A	B	C	D
1		発注リスト		
2		No.	商品コード	商品名
3		B-24	BLUE024-006549001	BLUE TECH TV BLUE 24型
4		B-40		
5		G-32		
6		B-32		
7		G-40		
8				
9				

レッスン07を参考に関数式をコピーしておく

C3　=VLOOKUP(B3,$B$14:$D$21,2,FALSE)

	A	B	C	D
1		発注リスト		
2		No.	商品コード	商品名
3		B-24	BLUE024-006549001	BLUE TECH TV BLUE 24型
4		B-40	BLUE040-006552001	BLUE TECH TV BLUE 40型
5		G-32	GTV-DP-32-01566	Gray Group TV monitor 32DP
6		B-32	BLUE032-006550001	BLUE TECH TV BLUE 32型
7		G-40	GTV-DP-40-01568	Gray Group TV monitor 40DP
8			#N/A	#N/A
9			#N/A	#N/A
10			#N/A	#N/A
11				

［検索値］であるセルB8～セルB10に何も入力されていないため、エラーが表示される

使いこなしのヒント

発注リストの「No.」を商品リストから探す

発注リストの「No.」を入力すると「商品コード」が表示されます。VLOOKUP関数は、発注リストの「No.」を商品リストから探し2列目を取り出します。

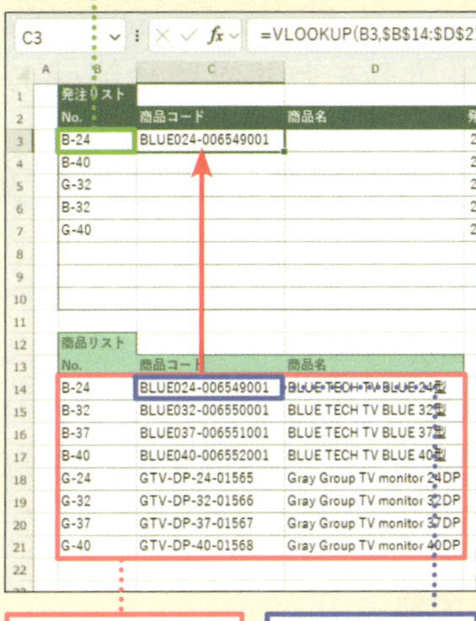

使いこなしのヒント

［範囲］にテーブル名を指定する

「商品リスト」はテーブルに変換することもできます（レッスン15参照）。その場合、引数［範囲］にテーブル名を指定します（レッスン24参照）。

使いこなしのヒント

エラーを非表示にするには

発注リストの「No.」が未入力の行はエラーになります。これを回避するにはIFERROR関数と組み合わせます（レッスン25参照）。

レッスン

34 複数の表を切り替えて参照表示するには

INDIRECT

表から目的のデータを探すのはVLOOKUP関数です。複数の表から用途に応じてデータを探したいときは、INDIRECT関数を組み合わせましょう。

検索／行列　対応バージョン 365 2024 2021 2019

文字列をセル参照や範囲の代わりにする

=INDIRECT(参照文字列, 参照形式)

（インダイレクト）

INDIRECT関数は、文字列をセル参照や範囲名に変換して、数式に利用できるようにします。INDIRECT関数を使うと、特定のセル範囲を文字列で指定できるようになりますが、ほかの関数と組み合わせて使うことで機能を発揮します。ここでは、別表からデータを探すVLOOKUP関数と組み合わせます。

引数

参照文字列　文字列が入力されたセルを指定します。

参照形式　[参照文字列] に指定したセルの表記が「A1形式」のとき「TRUE」を指定（省略可）し、「R1C1形式」のとき「FALSE」を指定します。

VLOOKUP関数は、引数 [範囲] にデータを検索するセル範囲を指定しますが、セル範囲に「名前」が付いていれば、その名前を指定することができます。ここでは、A列に入力された文字をINDIRECT関数で変換し、セル範囲の「名前」として利用します。

[シリーズ] 列に「Fシリーズ」が入力されたときは [Fシリーズ] のセル範囲、「Xシリーズ」が入力されたときは [Xシリーズ] のセル範囲から探す

	A	B	C	D	E	F
1	請求書					
2	株式会社パワーエクセル御中				ルックアップ株式会社	
3					東京都渋谷区渋谷X-X-X	
4	下記の通りご請求申し上げます。				03（1234）XXXX	
5	シリーズ	商品コード	商品名	単価	数量	金額
6	Fシリーズ	1001			10	0
7	Xシリーズ	1001			5	0
8	Fシリーズ	1002			5	0
9	Xシリーズ	1002			5	0

キーワード

セル参照	P.313
セル範囲	P.313

関連する関数

IFERROR	P.102
VLOOKUP	P.98,P114,P.120

使いこなしのヒント

セル範囲に設定されている名前

練習用ファイルでは、2つある商品コード表に「Fシリーズ」、「Xシリーズ」の名前を付けています。請求書A列の「シリーズ」に入力する文字と同じにするのがポイントです。

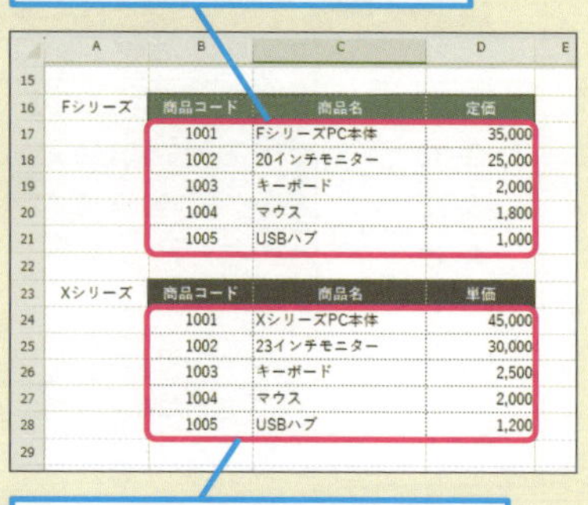

	A	B	C	D
15				
16	Fシリーズ	商品コード	商品名	定価
17		1001	FシリーズPC本体	35,000
18		1002	20インチモニター	25,000
19		1003	キーボード	2,000
20		1004	マウス	1,800
21		1005	USBハブ	1,000
22				
23	Xシリーズ	商品コード	商品名	単価
24		1001	XシリーズPC本体	45,000
25		1002	23インチモニター	30,000
26		1003	キーボード	2,500
27		1004	マウス	2,000
28		1005	USBハブ	1,200
29				

練習用ファイル ▸ L034_INDIRECT.xlsx

使用例 セル参照に応じて検索範囲を切り替える

セルC6の式

=VLOOKUP(B6,INDIRECT(A6),2,FALSE)

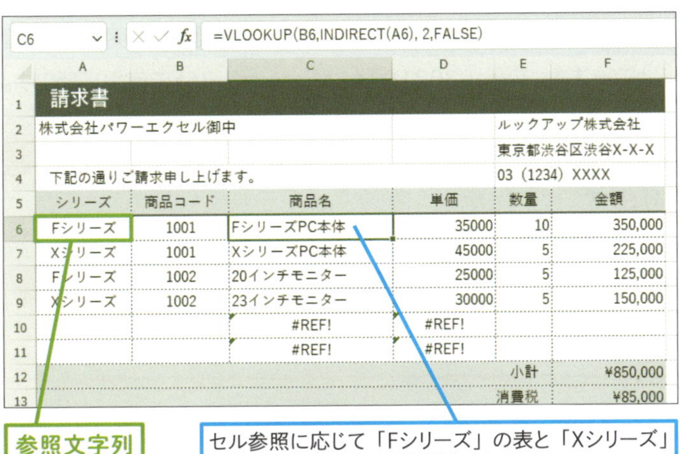

参照文字列

セル参照に応じて「Fシリーズ」の表と「Xシリーズ」の表とで参照範囲を切り替えられる

ポイント

参照文字列 請求書の［シリーズ］列のセルA6を指定します。［シリーズ］列に入力した文字列（FシリーズまたはXシリーズ）と同じ名前の表がVLOOKUP関数の引数［範囲］となります。

参照形式 省略します。

「#N/A」エラーが出た場合などに空白が表示されるようにしておく

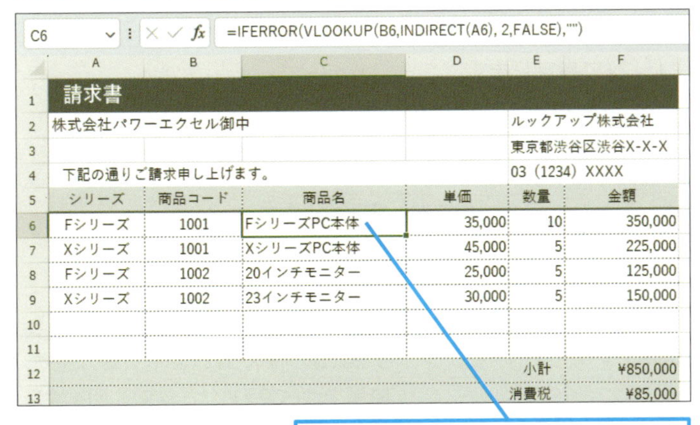

入力した数式を「=IFERROR(VLOOKUP(B6,INDIRECT(A6),2,FALSE),"")」に修正してセルC7～C11にコピーする

使いこなしのヒント

セル範囲に名前を付けるには

範囲に「名前」を付けるには、セル範囲を選択した後、名前ボックスに名前を入力し、Enterキーを押します。ここでは、VLOOKUP関数でデータを探す表に、請求書の「シリーズ」と同じ「Fシリーズ」、「Xシリーズ」の名前を付けてあります。

1 セルB17～D21をドラッグして選択

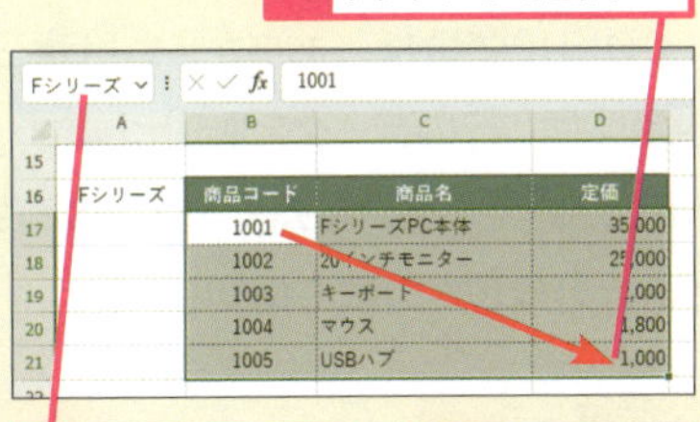

2 名前ボックスに「Fシリーズ」と入力

3 Enterキーを押す

使いこなしのヒント

設定済みの名前を確認するには

名前の付いたセル範囲を選択すると［名前ボックス］に名前が表示されます。セル範囲が分からない場合は、以下の手順で［名前の管理］ダイアログボックスで確認します。

1 ［数式］タブをクリック

2 ［名前の管理］をクリック

設定済みの名前の一覧が表示される

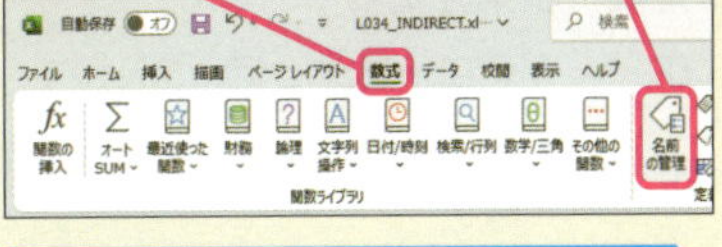

レッスン
35 指定した範囲のデータを参照表示するには

XLOOKUP

XLOOKUP関数は、VLOOKUP関数と同じく別の表からデータを参照します。VLOOKUP関数に比べ引数の指定が分かりやすく、検索方法を細かく指定することができます。Excel 2021以降とMicrosoft 365で使用可能です。

検索/行列　対応バージョン 365 2024 2021 2019

指定したセル範囲からデータを取り出す

=XLOOKUP(検索値,検索範囲,戻り範囲,見つからない場合,一致モード,検索モード)

XLOOKUP関数は、あらかじめ用意したデータから引数［検索値］を探し、同じ行のデータを取り出します。検索値を「探す範囲」と「取り出したいデータの範囲」の2つの範囲を指定します。検索値がない場合の処理も引数に指定します。

引数

検索値	別表で検索したい値を指定します。
検索範囲	別表の「検索値」を探す列の範囲を指定します。
戻り範囲	別表の取り出したい列の範囲を指定します。
見つからない場合	「検索値」が「検索範囲」にない場合の処理を指定します。
一致モード	「検索値」を「検索範囲」から探すときの方法を「0」「-1」「1」「2」で指定します。
検索モード	検索する方向を「1」「-1」「2」「-2」で指定します。

キーワード

ワイルドカード P.315

関連する関数

IFERROR P.102
VLOOKUP P.98,P114,P.120

●［一致モード］の指定値

指定値	検索方法
0	完全に一致するデータを探す
-1	完全に一致するデータがない場合、次に小さいデータを探す
1	完全に一致するデータがない場合、次に大きいデータを探す
2	文字列を代用するワイルドカード(?や*)でデータを探す 例:「検索値」を「B*」として先頭にBの付く最初のデータを探す場合に指定

●［検索モード］の指定値

指定値	検索する方向
1	先頭からデータを検索する
-1	末尾からデータを検索する
2	昇順で並べ替えられた検索範囲を検索する。並べ替えられていない場合無効
-2	降順で並べ替えられた検索範囲を検索する。並べ替えられていない場合無効

練習用ファイル ▸ L035_XLOOKUP.xlsx

使用例 商品名から商品コードを取り出す

セルC5の式

=XLOOKUP(B5,$C$14:$C$20,$B$14:$B$20,"")

検索値
見つからない場合

C5 =XLOOKUP(B5,$C$14:$C$20,$B$14:$B$20,"")

	A	B	C	D	E	F
1		お買い上げ伝票				
2				お買い上げ金額		¥26,300
3						
4		商品名	商品コード	数量	単価(税込み)	金額
5		猫フード900	animalfoodcat00900	2	1,600	3,200
6		犬フード1500	animalfooddog01500	5	3,420	17,100
7		犬フード3000	animalfooddog03000	1	6,000	6,000
8						
9						
10						
11						
12		取扱商品一覧				
13		商品コード	商品名	単価(税込み)		
14		animalfoodcat00300	猫フード300	980		
15		animalfoodcat00900	猫フード900	1,600		
16		animalfoodcat01500	猫フード1500	3,420		
17		animalfooddog00300	犬フード300	980		
18		animalfooddog00900	犬フード900	1,600		
19		animalfooddog01500	犬フード1500	3,420		
20		animalfooddog03000	犬フード3000	6,000		

戻り範囲
検索範囲

ポイント

検索値　「お買い上げ伝票」の「商品名」が入力されるセルB5を指定します。

検索範囲　引数「検索値」の商品名を探す範囲を指定します。ここでは、別表として用意した「取扱商品一覧」の「商品名」の列の範囲（先頭の項目名を除く）を指定します。

戻り範囲　「お買い上げ伝票」に表示したい「商品コード」の列の範囲（先頭の項目名を除く）を指定します。

見つからない場合　「取扱商品一覧」に一致する商品名がない場合は、空白を表示させるため空白を表す「""」を入力します。

使いこなしのヒント

［検索範囲］と［戻り範囲］のセル範囲に注意！

検索値を探す［検索範囲］と取り出したいデータが含まれる［戻り範囲］は、同じ行数でなくてはなりません。行数が違う場合、エラーになります。なお、2つの範囲は隣接する必要はなく、異なる行であってもかまいません。

使いこなしのヒント

VLOOKUP関数との違いって？

VLOOKUP関数の場合、検索値を探す列より右の列からしかデータを取り出すことができませんが、XLOOKUP関数には、この制約がありません。
もう1つ大きな違いは、XLOOKUP関数にはエラー処理の引数が用意されていることです。VLOOKUP関数のようにわざわざ別の関数と組み合わせてエラー処理をする必要がありません。

使いこなしのヒント

［見つからない場合］に文字を表示する

検索値が見つからない場合に何らかの文字を表示する場合、文字列を「"」でくくって指定します。例えば「該当なし」と表示するなら、引数［見つからない場合］に「"該当なし"」と指定します。

レッスン

36 データが何番目にあるかを調べるには

MATCH

順番にデータが並んでいて、目的のデータが何番目にあるかを調べるときにMATCH関数を使います。何番目かを調べるだけなので、よくほかの関数と組み合わせて使われます（レッスン37のスキルアップ参照）。

検索／行列　対応バージョン 365 2024 2021 2019

検査範囲内での検査値の位置を求める

=MATCH(検査値, 検査範囲, 照合の種類)

MATCH関数は、指定した［検査値］が［検査範囲］の何番目のセルにあるかを表示します。例えば、列や行に10、20、30、40の値があるとき、「20」の位置をMATCH関数で調べると結果は「2」となり、2番目にあることが分かります。
ここでは、検査値（氏名）が得点順に並んだデータの何番目に位置するかを調べます。

引数

検査値	位置を調べたい値を指定します。
検査範囲	何番目にあるか調べたいセル範囲を指定します。
照合の種類	「0」、「1」（省略可）、「-1」のいずれかを指定します。

●［照合の種類］の指定値

入力する値	検索方法
1または省略	［検査値］以下の最大値を検索する
0	［検査値］に一致する値のみを検索する
-1	［検査値］以上の最小値を検索する

キーワード

数値　P.313
表示形式　P.314

関連する関数

OFFSET　P.130
VLOOKUP　P.98,P114,P.120
XLOOKUP　P.124

使いこなしのヒント

完全一致以外での照合はデータを並べ替える

引数［照合の種類］に、「1」を指定する場合は［検査範囲］の値を昇順に並べておく必要があります。「-1」を指定する場合は、降順に並べます。

スキルアップ

［検索範囲］に行も指定できる

MATCH関数が［検査値］を探す［検索範囲］は、練習用ファイルでは列の範囲ですが、行の範囲であってもかまいません。MATCH関数は、並んでいるデータなら横でも縦でも何番目かを調べることができます。

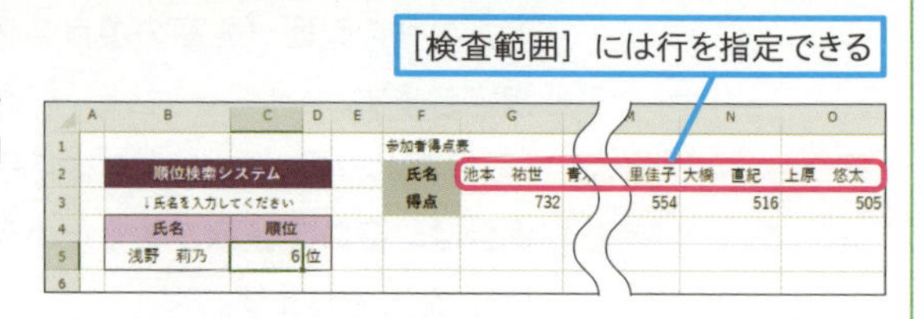

練習用ファイル ▸ L036_MATCH.xlsx

使用例 氏名を基に順位が何番目かを調べる

セルC5の式

=MATCH(B5,F3:F12,0)

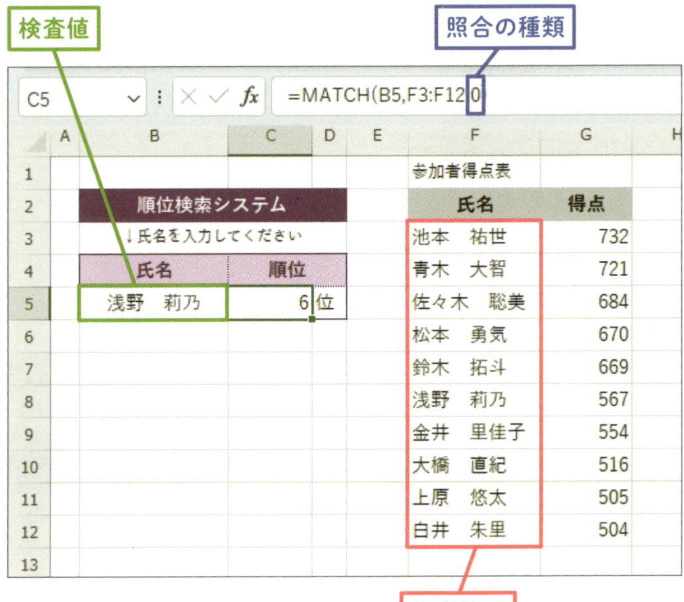

ポイント

検査値　順位を検索したい氏名が入力されるセルB5を指定します。

検査範囲　得点表の氏名が入力してある範囲を指定します。

照合の種類　セルB5に入力した氏名と完全に一致するものが何番目にあるか探すため「0」を指定します。

リストから別の氏名を選択できる

順位検索システム			参加者得点表	
↓氏名を入力してください			氏名	得点
氏名	順位		池本　祐世	732
浅野　莉乃		位	青木　大智	721
池本　祐世			佐々木　聡美	684
青木　大智			松本　勇気	670
佐々木　聡美			鈴木　拓斗	669
松本　勇気			浅野　莉乃	567
鈴木　拓斗			金井　里佳子	554
浅野　莉乃			大橋　直紀	516
金井　里佳子			上原　悠太	505
大橋　直紀			白井　朱里	504
上原　悠太				
白井　朱里				

使いこなしのヒント

リストから値を入力できるようにするには

使用例では、セルB5にF列の氏名のいずれかを正しく入力する必要があります。手入力によるミスを防ぐために「データの入力規則」のリストが設定されています。以下の手順で設定すると、セルB5は氏名（F3:F12）のリストから選択することが可能になります。

リストを設定したいセルを選択し、［データ］タブの［データの入力規則］（）をクリックして［データの入力規則］ダイアログボックスを表示しておく

1 ここをクリックして［リスト］を選択

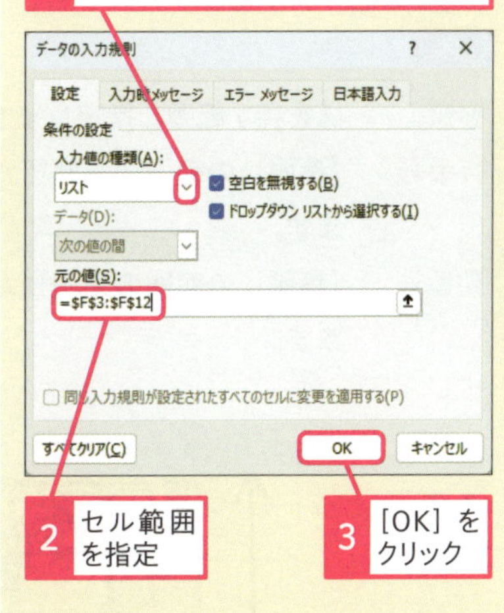

2 セル範囲を指定

3 ［OK］をクリック

レッスン
37 行と列を指定してデータを探すには

INDEX

データが縦横に並ぶ範囲の中で何行目、何列目と指定して取り出したい場合にINDEX関数を使います。ここでは、MATCH関数（レッスン36参照）の結果をINDEX関数に利用します。

検索／行列　対応バージョン 365 2024 2021 2019

参照の中で行と列で指定した位置の値を求める

=INDEX（参照,行番号,列番号）

INDEX関数は、［参照］の中から指定した［行番号］と［列番号］が交差するセルの値を取り出します。例えば、セル範囲の2行目、3列目のセルを取り出すといったことができます。ここでは、あらかじめMATCH関数により求めた行番号、列番号をINDEX関数の引数に利用します。

引数

参照	値を探す範囲を指定します。
行番号	［参照］の範囲の先頭行から数えた行番号を指定します。
列番号	［参照］の範囲の先頭列から数えた列番号を指定します。

キーワード

セル範囲 P.313

関連する関数

OFFSET	P.130
VLOOKUP	P.98,P114,P.120
XLOOKUP	P.124

使いこなしのヒント

あらかじめ［行番号］と［列番号］を調べておく

練習用ファイルは、アイテム（セルC3）と素材（セルC4）を入力すると、該当する金額が取り出されるようになっています。そのため、入力されたデータが価格表の何番目に当たるかをMATCH関数で調べています。なお、MATCH関数とINDEX関数を組み合わせた例は右ページのスキルアップを参考にしてください。

練習用ファイル ▸ L037_INDEX.xlsx

使用例 アイテムと素材から価格を取り出す

セルC5の式

=INDEX(D9:F12, D3, D4)

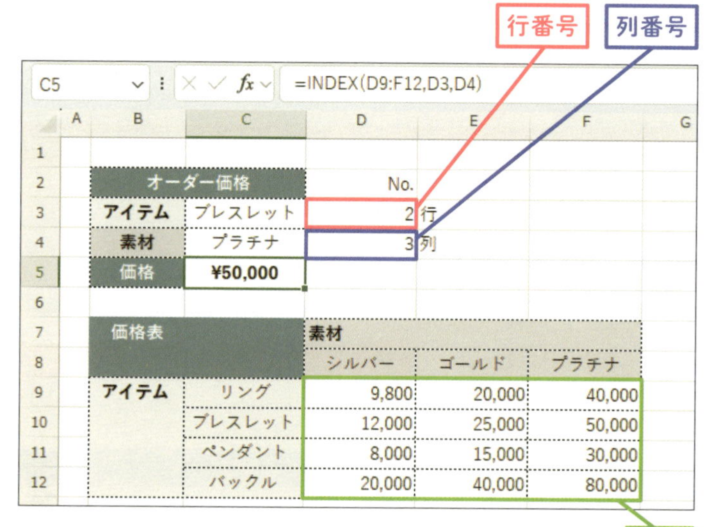

ポイント

参照 価格表の金額が入力されているセル範囲（D9:F12）を指定します。

行番号 価格表の範囲の上から数えて何行目に当たるかを示すセルD3（ここではMATCH関数で求めています）を指定します。

列番号 価格表の範囲の左から数えて何列目に当たるかを示すセルD4（ここではMATCH関数で求めています）を指定します。

使いこなしのヒント

MATCH関数で行番号と列番号を調べるには

セルC3、C4の入力でセルD3、D4に価格表の行番号、列番号が表示されるのは、MATCH関数によるものです。MATCH関数は、指定したデータが範囲の中で何番目かを調べる関数です（レッスン36参照）。ここでは、以下の式が入力済みです。

セルD3の式

=MATCH(C3, C9:C12, 0)

セルD4の式

=MATCH(C4, D8:F8, 0)

スキルアップ

INDEX関数とMATCH関数を組み合わせる

使用例では、INDEX関数の引数[行番号][列番号]を別の場所でMATCH関数で求めていますが、INDEX関数の引数に直接MATCH関数を指定すれば、1つの式で完結します。このようにINDEX関数とMATCH関数はよく組み合わせて使われます。

INDEX関数の引数にMATCH関数を指定する

=INDEX(D9:F12,MATCH(C3,C9:C12),MATCH(C4,D8:F8))

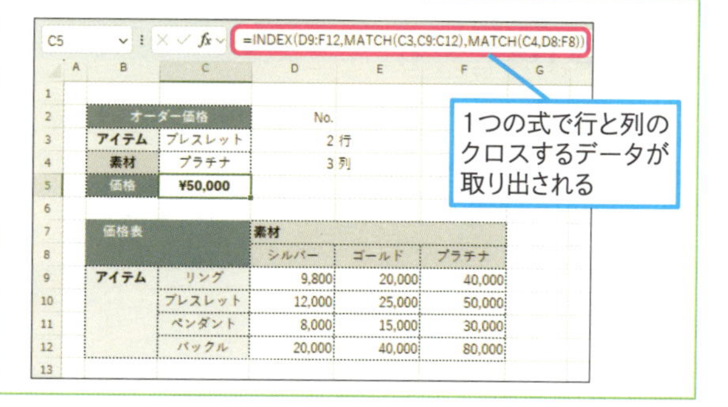

レッスン 38

行数と列数で指定してデータを取り出すには

OFFSET

OFFSET関数は、基準となるセルから上下左右に移動したところのデータを取り出すことができます。移動する行数や列数が場合によって変化する事例に利用します。

検索／行列　対応バージョン 365 2024 2021 2019

行と列で指定したセルのセル参照を求める

=OFFSET（参照, 行数, 列数, 高さ, 幅）

（オフセット）

OFFSET関数では、基準となるセルを指定し、そこから○行目、○列目のセルの内容を表示できます。引数は［参照］［行数］［列数］を使います。また、引数［参照］［高さ］［幅］を使えばセル範囲の大きさを指定できますが、範囲を指定するだけなので、通常はほかの関数と組み合わせて利用します。

キーワード

セル範囲 P.313

関連する関数

INDEX P.128
MATCH P.126

引数

- **参照** 基準にするセルかセル範囲を指定します。
- **行数** ［参照］に指定したセルから上下に移動する行数を指定します。正の整数で下方向を、負の整数で上方向を指定できます。
- **列数** ［参照］に指定したセルから左右に移動する列数を指定します。正の整数で右方向を、負の整数で左方向を指定できます。
- **高さ** セル範囲を指定する場合の行数を指定します。
- **幅** セル範囲を指定する場合の列数を指定します。

● OFFSET関数で指定する引数の例

=OFFSET(A1,2,3)

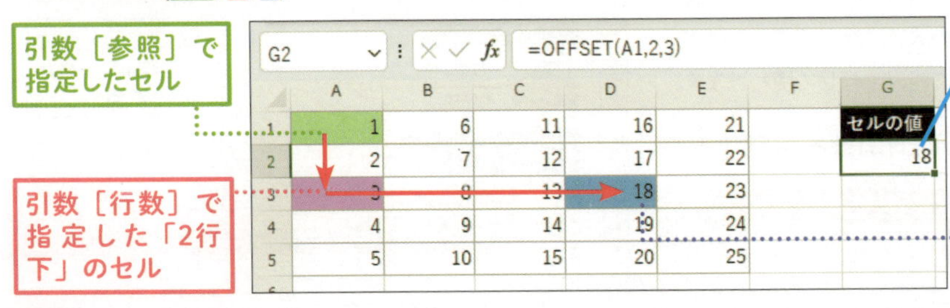

練習用ファイル ▸ L038_OFFSET.xlsx

使用例 データの最終入力日を求める

セルB3の式

=OFFSET(A5,B2,0)

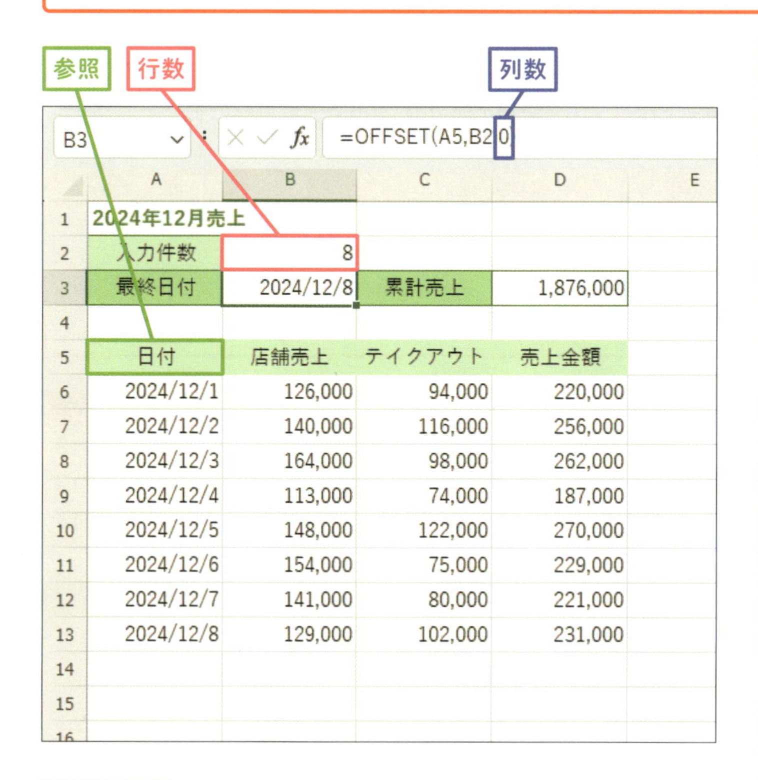

ポイント

- **参照** 「日付」列の最下行を表示するために「日付」列の列見出しのセルA5を基準のセルに指定します。
- **行数** 基準のセルから移動する行数は、COUNT関数で数えたデータ件数セルB2を指定します。
- **列数** 基準のセルから移動する列数は、ここでは移動しないので「0」を指定します。
- **高さ** 省略します。
- **幅** 省略します。

使いこなしのヒント

移動する行数を日付の入力件数とするには

練習用ファイルでは、A列に新しい日付が入力されると、セルB2（COUNT関数）の入力件数が増えます。この入力件数をOFFSET関数の行数にしています。なお、COUNT関数の範囲はデータが増えること（最大31日分）を想定してA6:A36に指定しています。

スキルアップ

OFFSET関数でセル範囲を指定するときは

OFFSET関数の引数［高さ］と［幅］を指定すると、セル範囲を表せます。単独で使用しても結果には意味がないので、ほかの関数の引数に利用します。練習用ファイルのセルD3の数式は、SUM関数の範囲をOFFSET関数で指定した例です。セルD6を始点にしてセルB2の件数分の範囲が合計されます。

OFFSET関数で指定した範囲の合計を求める（セルD3の式）

サム オフセット
=SUM(OFFSET(D6,0,0,B2,1))

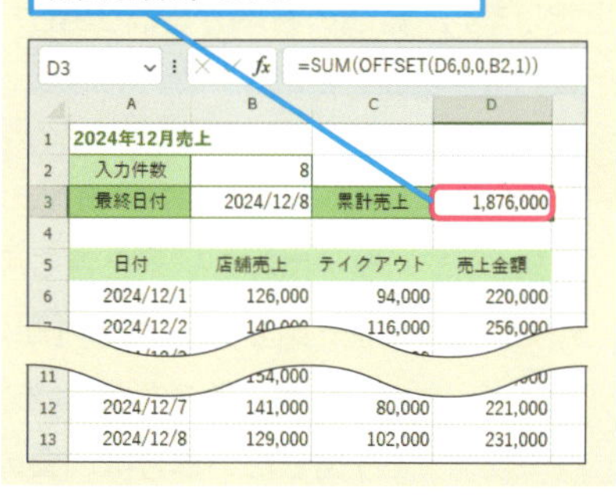

レッスン

39 範囲の中から指定した行や列を取り出すには

CHOOSEROWS、CHOOSECOLS

CHOOSEROWS（CHOOSECOLS）関数は、指定した範囲の中から特定の行（列）を取り出すことができます。行単位（列単位）で取り出せる点が特徴です。Excel 2024、Microsoft 365で使用可能です。

検索／行列　対応バージョン 365 2024 2021 2019

配列の指定した行を取り出す

チューズロウズ

=CHOOSEROWS(配列,行番号1,行番号2,…)

CHOOSEROWS関数では、引数［配列］に対象となる範囲を指定し、引数［行番号］に範囲の先頭から数えて何行目を取り出したいかを指定します。範囲の最終行から取り出したい場合は、引数［行番号］に負の値を指定します。

引数

- **配列**　取り出したい行を含む範囲を指定します。
- **行番号**　取り出したい行を［配列］に指定した範囲の上から数えた値で指定します。範囲の下から数えて取り出したい場合は、負の値を指定します。

キーワード

スピル	P.313
セル参照	P.313
配列	P.314

検索／行列　対応バージョン 365 2024 2021 2019

配列の指定した列を取り出す

チューズコルズ

=CHOOSECOLS(配列,列番号1,列番号2,…)

CHOOSECOLS関数では、引数［配列］に対象となる範囲を指定し、引数［列番号］に範囲の左端から数えて何列目を取り出したいかを指定します。範囲の右端から取り出したい場合は、引数［列番号］に負の値を指定します。

引数

- **配列**　取り出したい列を含む範囲を指定します。
- **列番号**　取り出したい列を［配列］に指定した範囲の左から数えた値で指定します。範囲の右から数えて取り出したい場合は、負の値を指定します。

関連する関数

OFFSET	P.130
DROP	P.134
TAKE	P.134

練習用ファイル ▸ L039_CHOOSEROWS.xlsx

使用例 表に含まれる合計行を取り出す

セルG2の式

=CHOOSEROWS(B2:E12,1,4,8,11)

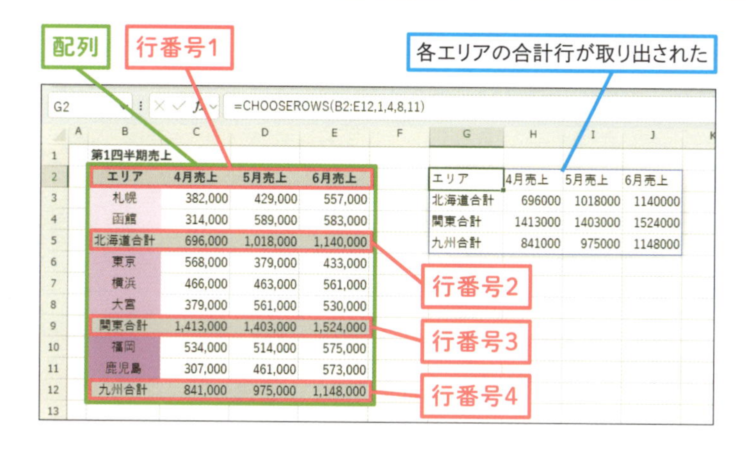

引数

配列	取り出したい行がすべて含まれるように表全体を指定します。
行番号	取り出したい1、4、8、11行目を指定します。

使いこなしのヒント

数式を入力していないセルにも取り出される

CHOOSEROWS関数の式を入力するのは、1つのセルですが、結果は［配列］で指定した範囲と同じ列数分が表示されます。このように式を入力したセルだけでなく、必要に応じて結果の範囲が自動的に広がる機能を「スピル」といいます。

練習用ファイル ▸ L039_CHOOSECOLS.xlsx

使用例 表に含まれる四半期合計を取り出す

セルL2の式

=CHOOSECOLS(B2:J12,1,5,9)

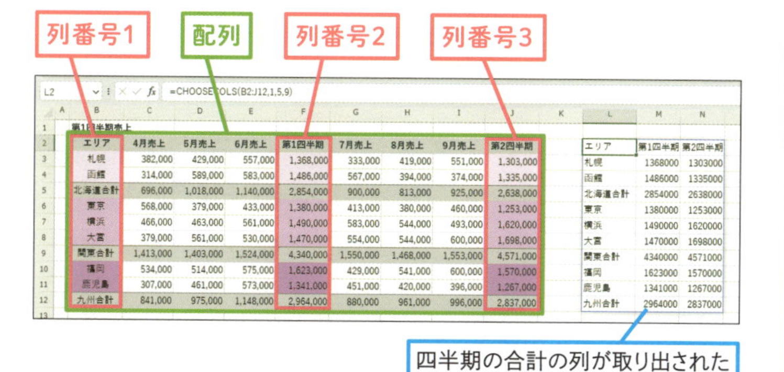

引数

配列	取り出したい列がすべて含まれるように表全体を指定します。
列番号	取り出したい1、5、9列目を指定します。

使いこなしのヒント

スピル機能で表示された結果を消すには

結果が複数あったとしても式が入力されているセルは1つです。そのセルを削除するだけで、スピル機能で表示された複数の結果もすべて消すことができます。

レッスン

40 行数と列数で指定して範囲を取り出すには

TAKE、DROP

範囲の中から指定した範囲を取り出して表示するには、取り出す範囲を指定するTAKE関数、取り除く範囲を指定するDROP関数が利用できます。Excel 2024、Microsoft 365で使用可能です。

検索／行列　対応バージョン 365 2024 2021 2019

配列の指定した範囲を取り出す

=TAKE（配列,行数,列数）

TAKE関数は、指定した範囲を取り出します。引数［配列］に範囲を指定し、この範囲の上から何行分、左から何列分を取り出したいかを引数［行数］、［列数］に正の値で指定します。

引数

- **配列** 取り出したい範囲を含む、基準となる範囲を指定します。
- **行数** ［配列］に指定した範囲の上から取り出したい行数を指定します。範囲の下から取り出したい場合は、負の値を指定します。
- **列数** ［配列］に指定した範囲の左から取り出したい列数を指定します。範囲の右から取り出したい場合は、負の値を指定します。

キーワード

関連する関数

検索／行列　対応バージョン 365 2024 2021 2019

配列の指定した範囲を取り除いて取り出す

=DROP（配列,行数,列数）

DROP関数は、指定した範囲を取り除き、結果的に残りの範囲を取り出します。引数［配列］に範囲を指定し、上から何行分、左から何列分を取り除くかを引数［行数］、［列数］に正の値で指定します。

引数

- **配列** 取り出したい範囲を含む、基準となる範囲を指定します。
- **行数** ［配列］に指定した範囲の上から取り除きたい行数を指定します。範囲の下から取り除きたい場合は、負の値を指定します。
- **列数** ［配列］に指定した範囲の左から取り除きたい列数を指定します。範囲の右から取り除きたい場合は、負の値を指定します。

使いこなしのヒント

［配列］に指定する範囲に注意

TAKE関数、DROP関数では、引数［配列］に指定した範囲の先頭行、または最終行から取り出したり、取り除いたりします。列に対しては左端列、または右端列から取り出したり、取り除いたりします。このことを考慮し、取り出したい範囲が引数［配列］の上下、左右のいずれかの端になるように決める必要があります。

練習用ファイル ▸ L040_TAKE.xlsx

使用例 Aクラスの点数を取り出す

セルG3の式

=TAKE(A3:E16,7,-2)

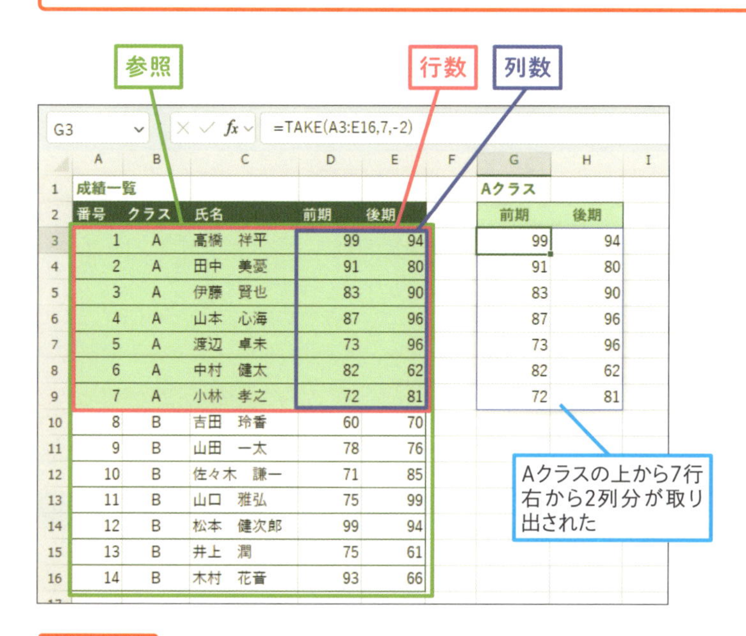

ポイント

配列	取り出したい範囲が上下、左右のいずれかの端にくるように指定します。
行数	上から7行を取り出すため「7」を指定します。
列数	右から2列を取り出すため「-2」を指定します。

使いこなしのヒント

ほかの関数と組み合わせて使う

単純に範囲の上から何行、左から何列のコピーが欲しいという場合は、範囲をコピーして貼り付ければいいので、わざわざ関数を使う必要はありません。TAKE関数、DROP関数は、ほかの配列を扱う関数と組み合わせることで威力を発揮します(スキルアップ参照)。

使いこなしのヒント

DROP関数で取り出すには

使用例ではTAKE関数でAクラスの点数を取り出しています。同じ結果をDROP関数で得るには、不要な範囲（下から7行、左から3列）を取り除く指定をします。

=DROP(A3:E16,-7,3)

スキルアップ

SORT関数と組み合わせる

成績一覧の表がA、Bクラス混在で作成されていた場合は、TAKE関数やDROP関数だけでは取り出すことができません。そこで、配列を並べ替えるSORT関数（レッスン44参照）と組み合わせます。図のようにA、Bクラスが混在していても、SORT関数によりクラスごとに並べ替え、その結果からTAKE関数でAクラスだけを取り出すことができます。

クラス別に並べ替えた結果からAクラスの点数だけを取り出す（セルG3の式）

=TAKE(SORT(A3:E16,2,1),7,-2)

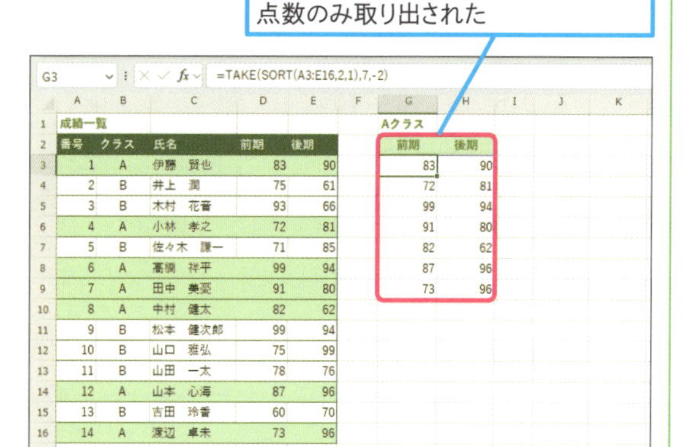

レッスン

41 指定した順位の値を取り出すには

LARGE

LARGE関数を使えば、1番目に多い値、2番目に多い値……というように指定の順位で数値を取り出せます。1位から5位までの売上金額を求めてみましょう。

統計　対応バージョン 365 2024 2021 2019

○番目に大きい値を求める

=LARGE(配列, 順位)

（ラージ）

LARGE関数は、範囲内の大きい方から数えた○番目の値を表示します。引数［順位］には、表示したい順位を指定しますが、「1」と指定した場合は、1番目に大きい値が表示されます。ここでは、引数[順位]に順位が入力されたセルを指定します。そうすることで、同じ数式をコピーできます。

引数

- **配列** 順位を調べる数値のセル範囲か配列を指定します。
- **順位** 表示したい順位を指定します。

ここに入力した数字を引数［順位］に利用する

=LARGE($D$3:$D$11,F3)

インテリア部門	売上合計		ランキング	売上金額
39,488	53,325		1	89,710
37,148	46,503		2	63,998
67,916	89,710		3	54,176
35,834	54,176		4	53,325
35,676	47,083		5	48,002
24,290	36,094			
34,987	48,002			
31,813	43,800			
49,887	63,998			

キーワード

空白セル P.311

関連する関数

MAX P.92

RANK.AVG P.233

RANK.EQ P.232

使いこなしのヒント

順位を求めるRANK.EQ関数との違いとは

順位を調べる関数として用意されているRANK.EQ関数は、ある値が何位になるか、結果として順位の数字が表示されます。LARGE関数は、1位になる値を調べます。結果として値そのものが取り出されるので、その値が表の中のどこにあるかは分かりません。

ここに注意

引数［配列］に指定した範囲に文字や空白セルが含まれている場合、それらは無視されます。

練習用ファイル ▸ L040_LARGE.xlsx

使用例 各店舗の売上合計からトップ5の金額を取り出す

セルG3の式

=LARGE($D$3:$D$11, F3)

配列 順位 順位に応じた売上合計が取り出される

G3 =LARGE($D$3:$D$11,F3)

	A	B	C	D	E	F	G
1	店舗別売上						
2	店舗	雑貨部門	インテリア部門	売上合計		ランキング	売上金額
3	横浜店	13,837	39,488	53,325		1	89,710
4	御殿場店	9,355	37,148	46,503		2	63,998
5	名古屋店	21,794	67,916	89,710		3	54,176
6	京都店	18,342	35,834	54,176		4	53,325
7	大阪店	11,407	35,676	47,083		5	48,002
8	岡山店	11,804	24,290	36,094			
9	広島店	13,015	34,987	48,002			
10	福岡店	11,987	31,813	43,800			
11	沖縄点	14,111	49,887	63,998			
12							

ポイント

配列 すべての店舗から売り上げトップ5の金額を取り出すので、[売上合計] 列のセル範囲（D3:D11）を指定します。絶対参照にすることで、セルG3に入力した式を下方向にコピーできます。

順位 表示したい順位が入力してあるセルF3を指定します。「F3」は相対参照のままにしておきます。コピーしたときコピー先の行に合わせて変化します。

使いこなしのヒント

引数［順位］に数値を入力するときは

引数［順位］に順位を表す数値を直接指定してもトップ5の売上金額を取り出せます。ただし、このレッスンの例では、求める順位の分だけ引数［順位］に数値を入力した数式が必要になります。

セルG3の式

ラージ
=LARGE(D3:D11, 1)

セルG4の式

ラージ
=LARGE(D3:D11, 2)

⋮

スキルアップ

ワースト5の金額を取り出す

LARGE関数は大きい方から数えた値を表示しますが、逆に小さい方から数えた値を表示する場合は、SMALL関数を使いましょう。トップ5の表に入力したLARGE関数をSMALL関数に変えれば、ワースト5の表になります。

○番目に小さい値を求める

スモール
=SMALL(配列, 順位)

ポイント

配列	順位を調べる数値のセル範囲、または配列を指定します。
順位	表示したい順位を指定します。

トップ5と同じ要領でワースト5を求められる

F	G
ワーストランキング	売上金額
1	36,094
2	43,800
3	46,503
4	47,083
5	48,002

レッスン

42 出現するデータを重複なしで取り出すには

UNIQUE

UNIQUE関数は、指定した範囲の中に何種類のデータがあるかを調べることができます。範囲に同じデータがあったとしても1つだけを取り出します。Excel 2021、Excel 2024、Microsoft 365で利用可能です。

検索/行列　対応バージョン 365 2024 2021 2019

重複データを除いて一意のデータを取り出す

=UNIQUE(配列,列の比較,回数指定)

UNIQUE関数は、範囲内に何種類のデータがあるか、出現するデータを重複は除いて取り出します。例えば、日々の売り上げデータが100件あったとし、100件中、商品は何種類あるかを調べることができます。

引数

配列　データが何種類あるか調べたい範囲を指定します。

列の比較　縦方向にデータを探す場合「FALSE」(省略可)を指定します。横方向にデータを探す場合「TRUE」を指定します。

回数指定　1回だけ出現するデータを探す場合「TRUE」を指定します。それ以外は「FALSE」(省略可)を指定します。

キーワード

FALSE P.311
TRUE P.311
スピル P.313

関連する関数

FILTER P.140
SORT P.142
VLOOKUP P.98,P114,P.120
XLOOKUP P.124

使いこなしのヒント

「スピル」によって結果が自動的に表示される

Excelの式をセルに入力すると、通常はそのセルだけに結果が表示されます。しかし、UNIQUE関数の結果は何個になるか分かりません。このような式に対しては、結果を表示するセル範囲が自動的に広がる「スピル機能」が働き、何もしなくても複数の結果を表示することができます。

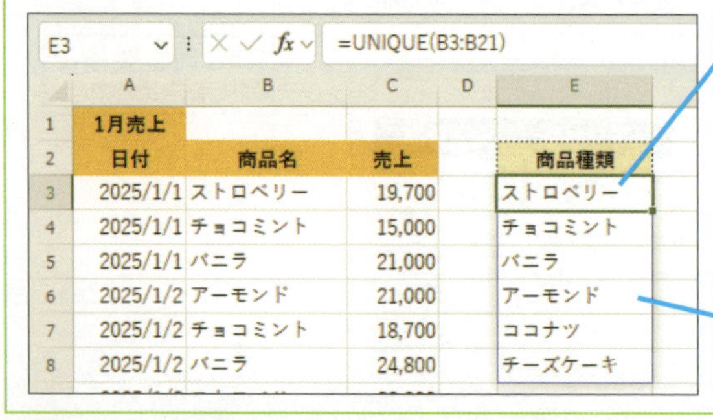

練習用ファイル ▶ L042_UNIQUE.xlsx

使用例 列から重複なしで商品名を取り出す　セルE3の式

=UNIQUE(B3:B21)

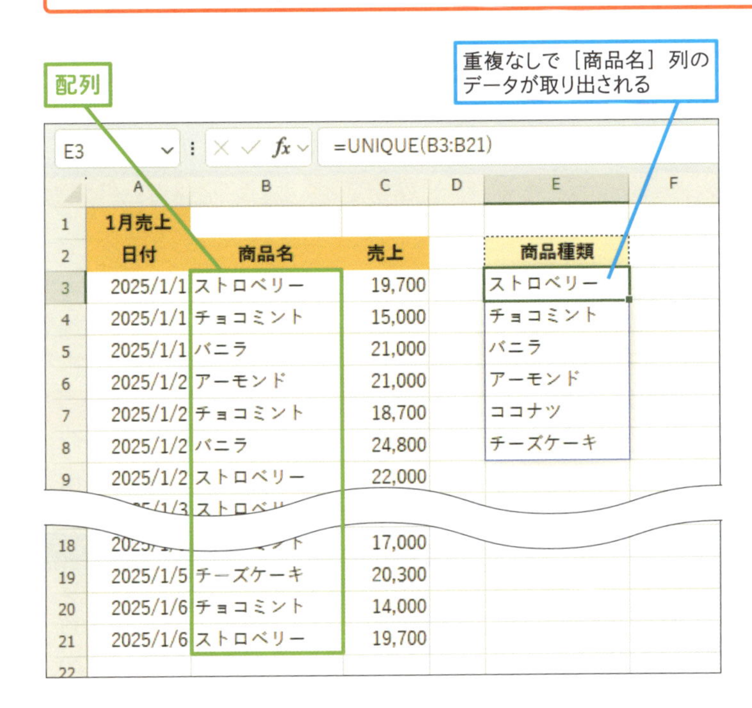

ポイント

配列	商品名を探す範囲（B3:B21）を指定します。
列の比較	縦方向にデータを探すので、省略します。
回数指定	何回重複していても関係なくデータを探すので、省略します。

ここに注意

結果が何個になるか分からないため、結果表示が想定されるセルは空欄にしておく必要があります。もし空欄でない場合は、エラーが表示されます。

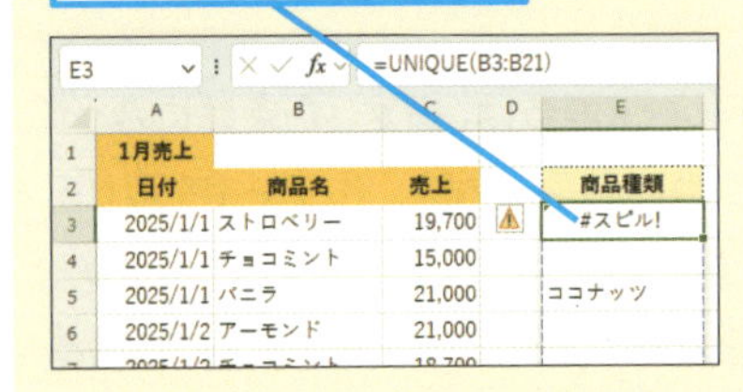

使いこなしのヒント

スピル機能で表示された結果を消すには

結果が複数あったとしても式が入力されているセルは1つです。そのセルを削除するだけで、スピル機能で表示された複数の結果もすべて消すことができます。

スキルアップ

1回だけ出現するデータを表示する

UNIQUE関数の引数［回数指定］に「TRUE」を指定すると、1回だけ出現するデータが表示されます。重複するデータは表示されません。練習用ファイルでは、「アーモンド」と「チーズケーキ」は範囲内にそれぞれ1つしかないことが分かります。

1回だけ出現するデータを表示する（セルE3の式）

=UNIQUE(B3:B21,,TRUE)

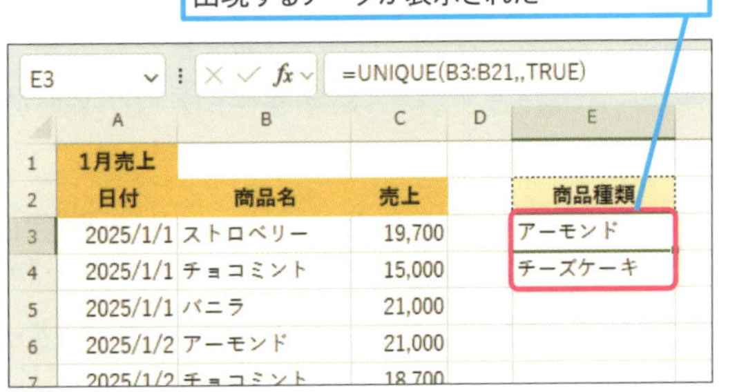

レッスン
43 条件に合うデータを取り出すには

FILTER

FILTER関数は、条件に合うデータを抽出します。1つのFILTER関数を入力するだけで、複数の結果を表示することができます。Excel 2021、Excel 2024、Microsoft 365で利用可能です。

検索／行列　対応バージョン 365 2024 2021 2019

条件に一致するデータを取り出す

=FILTER(配列, 含む, 空の場合)

FILTER関数は、指定した条件に合うデータを取り出して表示します。引数に必須なのは、①データを取り出す対象、②条件を探す範囲、③条件ですが、②と③は、②=③のように式にして1つの引数（引数名は［含む］）に指定するのが特徴です。

引数

- **配列**　データを取り出す対象範囲を指定します。
- **含む**　データを取り出す条件となる範囲と条件を条件式で指定します。
- **空の場合**　条件に一致するものがない場合の処理を指定します（省略可）。省略した場合、一致するものがないとき、エラーが表示されます。

キーワード

配列	P.314
比較演算子	P.314

関連する関数

SORT	P.142
UNIQUE	P.138
VLOOKUP	P.98,P114,P.120
XLOOKUP	P.124

使いこなしのヒント

［含む］に指定する条件式とは

引数［含む］に指定する式は、「セル範囲＝条件」のようにセル範囲と条件を「=」「>=」などの比較演算子（レッスン28参照）でつなぎます。「セル範囲=条件」は「セル範囲が条件と等しい」という意味ではなく「範囲内のセルひとつひとつと条件が等しいか判定する」という意味です。その結果条件に合うものを表示します。

●条件式の例

セル範囲B3:B15の各セルとセルF2が同じか判定する
B3:B15=F2

セル範囲D3:D15の各セルが5以上か判定する
D3:D15>=5

練習用ファイル ▸ L043_FILTER.xlsx

使用例 デスクの受注日付を抽出する

セルF3の式

=FILTER(A3:A15,B3:B15=F2)

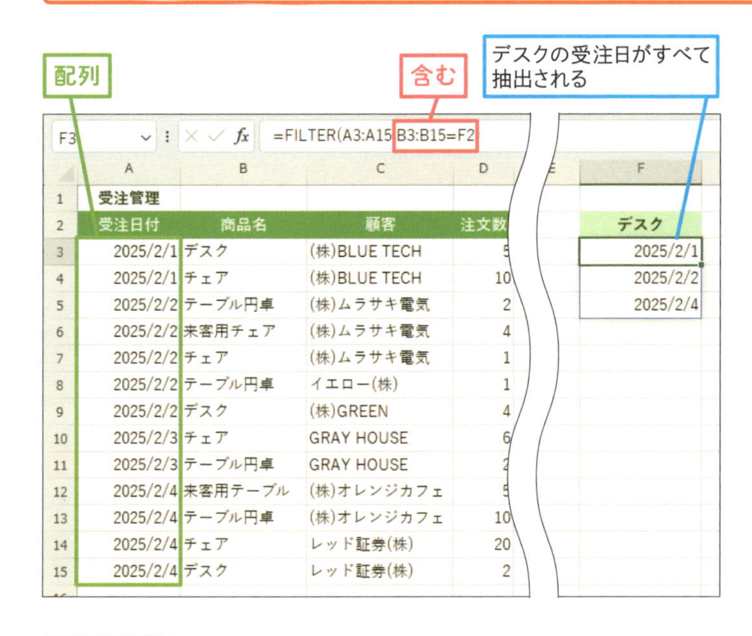

	A	B	C	D
1	受注管理			
2	受注日付	商品名	顧客	注文数
3	2025/2/1	デスク	(株)BLUE TECH	5
4	2025/2/1	チェア	(株)BLUE TECH	10
5	2025/2/2	テーブル円卓	(株)ムラサキ電気	2
6	2025/2/2	来客用チェア	(株)ムラサキ電気	4
7	2025/2/2	チェア	(株)ムラサキ電気	1
8	2025/2/2	テーブル円卓	イエロー(株)	1
9	2025/2/2	デスク	(株)GREEN	4
10	2025/2/3	チェア	GRAY HOUSE	6
11	2025/2/3	テーブル円卓	GRAY HOUSE	2
12	2025/2/4	来客用テーブル	(株)オレンジカフェ	5
13	2025/2/4	テーブル円卓	(株)オレンジカフェ	10
14	2025/2/4	チェア	レッド証券(株)	20
15	2025/2/4	デスク	レッド証券(株)	2

ポイント

配列	抽出したい「受注日付」のセル範囲（A3:A15）を指定します。
含む	「商品名」のセル範囲（B3:B15）の中でセルF2の「デスク」探すため「B3:B15=F2」を指定します。
空の場合	省略します。

使いこなしのヒント

自動的に複数行結果が表示される

FILTER関数の結果が複数ある場合、式を入力したセルだけでなく隣接するセルにも結果が表示されます。FILTER関数では、結果を表示する範囲が自動的に広がるスピル機能（レッスン42参照）が働きます。

ここに注意

引数［空の場合］が省略のとき、条件に一致するものがない場合、「#CALC!」のエラーが表示されます。引数［空の場合］に、空白（""）や文字列（"該当なし"など）を指定しておくと、エラーを回避することができます。

スキルアップ

抽出したデータの行をすべて表示させる

条件に該当するデータだけでなく、同じ行のほかの項目も取り出したい場合は、引数［配列］に取り出したい項目を含めたセル範囲を指定します。

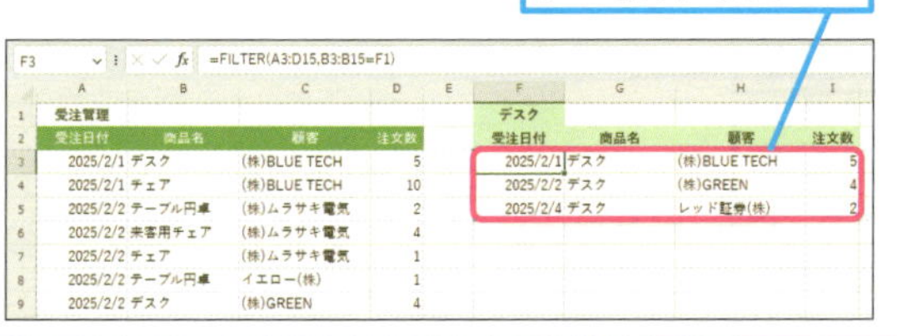

抽出したデータの行をすべて表示する（セルF3の式）

フィルター
=FILTER(A3:D15,B3:B15=F1)

ポイント

配列	抽出したいA列からD列の範囲（A3:D15）を指定します。
含む	「商品名」の範囲（B3:B15）の中でセルF1の「デスク」を探すため「B3:B15=F1」を指定します。
空の場合	省略します。

レッスン

44 データを並べ替えて取り出すには

SORT

SORT関数は、並べ替えができる関数です。元のデータ表はそのままに別の場所にデータを並べ替えて取り出すことができます。Excel 2021、Excel 2024、Microsoft 365で利用可能です。

検索／行列　　対応バージョン 365 2024 2021 2019

データを並べ替えて取り出す

ソート

=SORT(配列,並べ替えインデックス,並べ替え順序,並べ替え基準)

SORT関数は、指定した範囲のデータを指定したルールで並べ替えて取り出します。Excelの「並べ替え」機能では、元の表そのものを並べ替えますが、SORT関数は別の場所に並べ替え後の結果を取り出します。

引数

配列	並べ替えたいデータの範囲を指定します。
並べ替えインデックス	並べ替えの条件となる列を［配列］の範囲の左から数えた番号で指定します。
並べ替え順序	降順（大きい順）に並べ替える場合は「-1」、昇順（小さい順）に並べ替える場合は「1」（省略可）を指定します。
並べ替え基準	並べ替えを行方向で行う（行を入れ替える）場合は「FALSE」（省略可）、列方向で行う（列を入れ替える）場合は「TRUE」を指定します。

キーワード

FALSE	P.311
TRUE	P.311
配列	P.314

関連する関数

FILTER	P.140
UNIQUE	P.138
VLOOKUP	P.98,P114,P.120
XLOOKUP	P.124

使いこなしのヒント

自動的に複数行の結果が表示される

SORT関数を入力するのは1つのセルですが、結果は複数行になります。このように1つの式に対し結果が複数ある場合、スピル機能（レッスン42参照）が働き、隣接するセルに自動的に表示されます。

練習用ファイル ▸ L044_SORT.xlsx

使用例 販売日順に並んだ表を商品区分順に並べ替える

セルF3の式

=SORT(A3:D21,2)

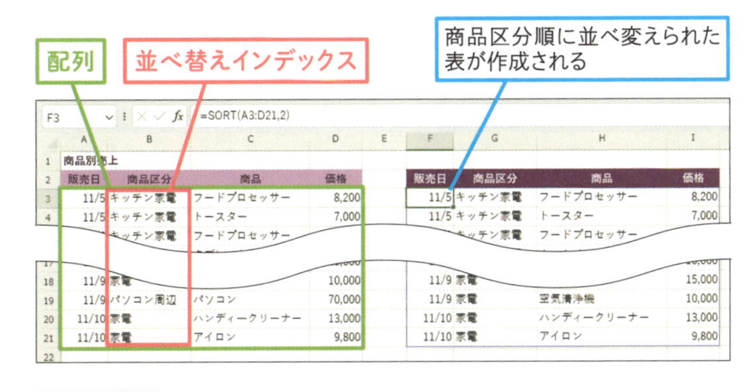

ポイント

配列	並べ替えたいA列からE列の範囲（A3:D21）を指定します。
並べ替えインデックス	［配列］に指定した範囲の左から2列目の「商品区分」ごとに並べ替えたいので「2」を指定します。
並べ替え順序	昇順（ここでは50音順）に並べ替えるので省略します。
並べ替え基準	行方向で並べ替えるので省略します。

使いこなしのヒント

降順で並べ替えるには

並べ替える順序を降順（大きい順）にするには、引数［並べ替え順序］に「-1」を指定します。対象が文字列の場合、降順の指定で50音順の逆順になります。

スキルアップ

FILTER関数と組み合わせて抽出したデータを並べ替える

FILTER関数は、指定した条件に合うものを取り出す関数です（レッスン43参照）。これとSORT関数を組み合わせることで、条件に合うものを並べ替えて取り出すことができます。

キッチン家電のみ取り出して価格順に並べ替える（セルF3の式）

=SORT(FILTER(A3:D21,B3:B21=F1),4)

ポイント

配列	並べ替えの対象をFILTER関数で取り出す（B列がキッチン家電）
並べ替えインデックス	FILTER関数で取り出した範囲の左から4列目（価格）を並べ替えの条件にする
並べ替え順序	価格を昇順に並べ替えるので省略します。
並べ替え基準	行方向で並べ替えるので省略します。

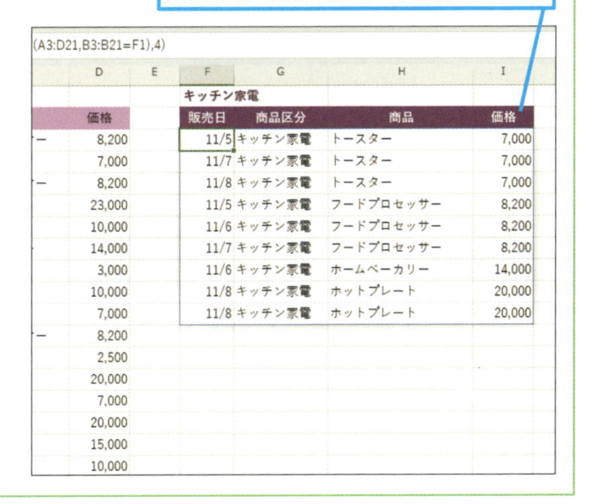

この章のまとめ

参照・抽出の関数をいろいろ試してみよう

この章では、データを参照する（別の場所から取り出す）関数、データを抽出する（条件に合わせて取り出す）関数を紹介しました。データを参照したり、抽出したりするのは、Excelを使う仕事の中ではよく行います。というのも、仕事に必要なデータや表は新たに作るより、すでに用意されていることが多く、実際はそこから必要なデータを取り出すことが求められます。そうした場面で役に立つのがこの章で紹介した関数です。使い方や目的は異なるため、それぞれの関数を試して確認してみましょう。

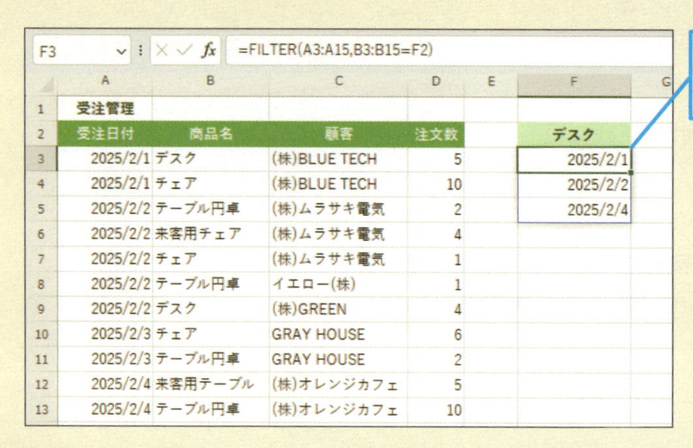

F3 =FILTER(A3:A15,B3:B15=F2)

	A	B	C	D	E	F
1	受注管理					
2	受注日付	商品名	顧客	注文数		デスク
3	2025/2/1	デスク	(株)BLUE TECH	5		2025/2/1
4	2025/2/1	チェア	(株)BLUE TECH	10		2025/2/2
5	2025/2/2	テーブル円卓	(株)ムラサキ電気	2		2025/2/4
6	2025/2/2	来客用チェア	(株)ムラサキ電気	4		
7	2025/2/2	チェア	(株)ムラサキ電気	1		
8	2025/2/2	テーブル円卓	イエロー(株)	1		
9	2025/2/2	デスク	(株)GREEN	4		
10	2025/2/3	チェア	GRAY HOUSE	6		
11	2025/2/3	テーブル円卓	GRAY HOUSE	2		
12	2025/2/4	来客用テーブル	(株)オレンジカフェ	5		
13	2025/2/4	テーブル円卓	(株)オレンジカフェ	10		

関数を使えばデータが入力された表から正確に必要なデータを取り出せる

仕事では、ほかの人が作った表や、会社で管理している膨大なデータを扱うことが多いよね。必要なデータを取り出して活用するためにVLOOKUP関数やINDEX関数が欠かせないんだ！

なるほど。「Excelができる」っていうと、グラフや表が作れることって思いがちだけど、この章で覚えた関数を使えなければ「Excel使えます！」って言えないわけか～。

そうそう。それからVLOOKUP関数はあと何年も使われないかもね。後継のXLOOKUP関数のほうが断然便利。これからどんどん関数も新しくなっていくはずだよ！

関数も進化してるんですね。見逃さないようにしないと！

活用編

第5章

条件に合わせてデータを集計する

この章では、データを選別して集計する関数を紹介します。大量のデータを活用するには、条件に合うデータの集計が欠かせません。条件を付けることができるいろいろな関数を使ってみましょう。

レッスン
45 Introduction この章で学ぶこと
条件に合うデータだけ計算しよう

大量のデータを目的に合わせて計算するとき、ひとつひとつ手作業で集計すると膨大な時間がかかります。このようなときも条件に合わせてデータを集計する関数を使えば、ミスなく瞬時に計算が可能です。ここでは、本章で解説する主な関数を紹介します。

目的に合わせて自在にデータを集計する

日々の売上データを蓄積した表があるとしよう。この表からは、商品Aの売り上げ、X支店の売り上げ、7月の売り上げなど、集計対象を変えて、いろんな集計ができるよね。

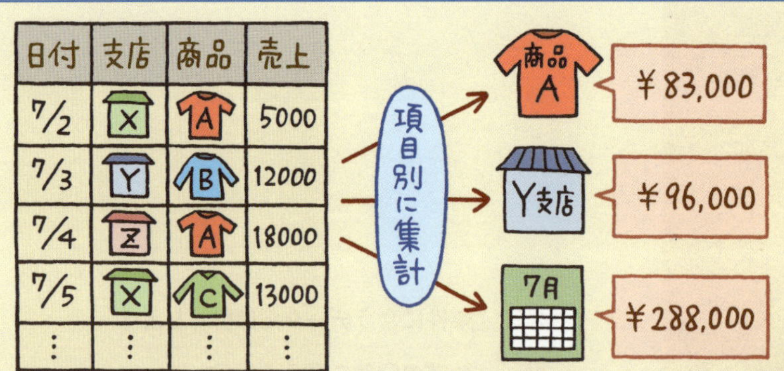

ふむふむ、それぞれの条件に合うデータを抜き出して計算するってことですね。

うん。データの件数が多い場合は、いちいち該当するデータを探して集計するとってても手間になるよね。しかし関数を使えば、瞬時に集計してくれるんだ！

えーと、じゃあ条件を設定するってことだから、第3章でやったIF関数を使うんでしょうか？

おしい！　この章では、条件を指定できる「IF」が付く関数や、いろいろな条件でデータを集計できるデータベース関数を紹介していくよ。

条件を指定できる関数はいろいろある！

本章で紹介する関数の一部がこちら！

●COUNTIF関数

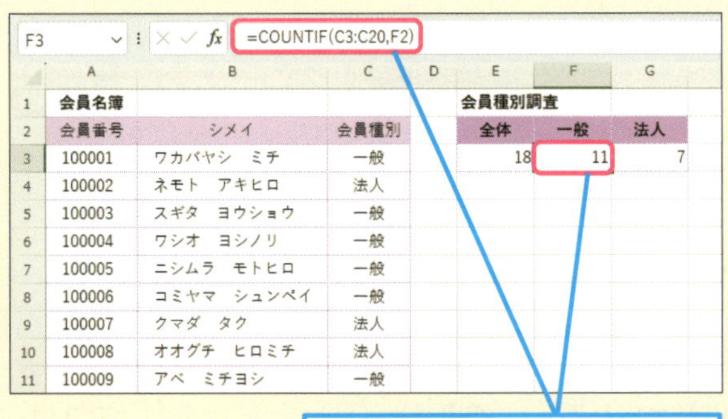

F3 =COUNTIF(C3:C20,F2)

	A	B	C	D	E	F	G
1	会員名簿				会員種別調査		
2	会員番号	シメイ	会員種別		全体	一般	法人
3	100001	ワカバヤシ　ミチ	一般		18	11	7
4	100002	ネモト　アキヒロ	法人				
5	100003	スギタ　ヨウショウ	一般				
6	100004	ワシオ　ヨシノリ	一般				
7	100005	ニシムラ　モトヒロ	一般				
8	100006	コミヤマ　シュンペイ	一般				
9	100007	クマダ　タク	法人				
10	100008	オオグチ　ヒロミチ	法人				
11	100009	アベ　ミチヨシ	一般				

条件を満たすデータの件数を数える

●SUMIF関数

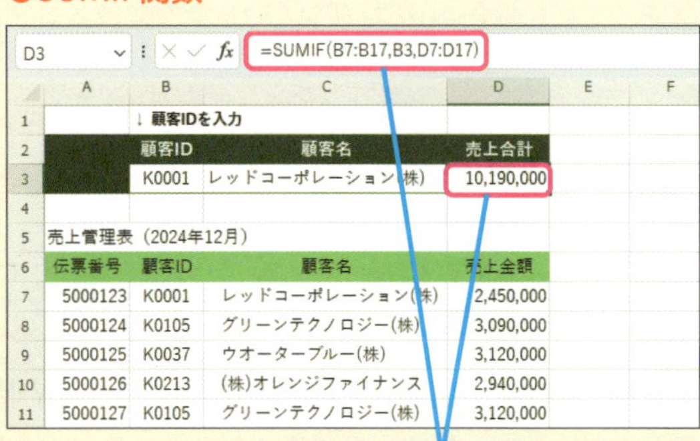

D3 =SUMIF(B7:B17,B3,D7:D17)

	A	B	C	D	E	F
1		↓顧客IDを入力				
2		顧客ID	顧客名	売上合計		
3		K0001	レッドコーポレーション(株)	10,190,000		
4						
5	売上管理表（2024年12月）					
6	伝票番号	顧客ID	顧客名	売上金額		
7	5000123	K0001	レッドコーポレーション(株)	2,450,000		
8	5000124	K0105	グリーンテクノロジー(株)	3,090,000		
9	5000125	K0037	ウオーターブルー(株)	3,120,000		
10	5000126	K0213	(株)オレンジファイナンス	2,940,000		
11	5000127	K0105	グリーンテクノロジー(株)	3,120,000		

条件を満たすデータの合計を求める

●MAXIFS関数

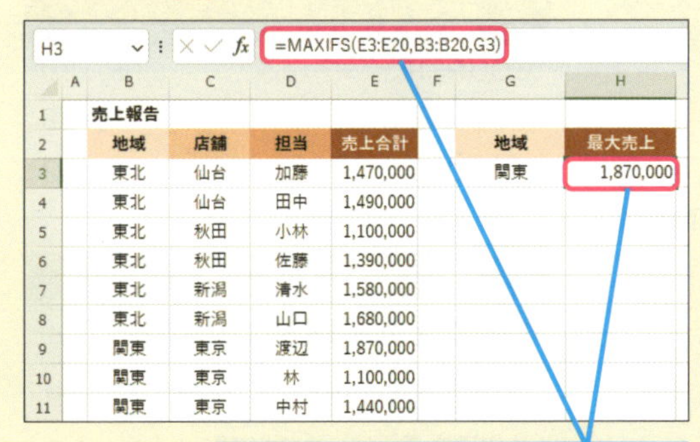

H3 =MAXIFS(E3:E20,B3:B20,G3)

	A	B	C	D	E	F	G	H
1		売上報告						
2		地域	店舗	担当	売上合計		地域	最大売上
3		東北	仙台	加藤	1,470,000		関東	1,870,000
4		東北	仙台	田中	1,490,000			
5		東北	秋田	小林	1,100,000			
6		東北	秋田	佐藤	1,390,000			
7		東北	新潟	清水	1,580,000			
8		東北	新潟	山口	1,680,000			
9		関東	東京	渡辺	1,870,000			
10		関東	東京	林	1,100,000			
11		関東	東京	中村	1,440,000			

条件を満たすデータの最大値を求める

「IF」が付く関数と、「IFS」が付く関数があるけど、何が違うんですか？

設定できる条件の数が違うんだ。「IF」は1つの条件、「IFS」は複数の条件が設定できるよ。

●SUMIFS関数

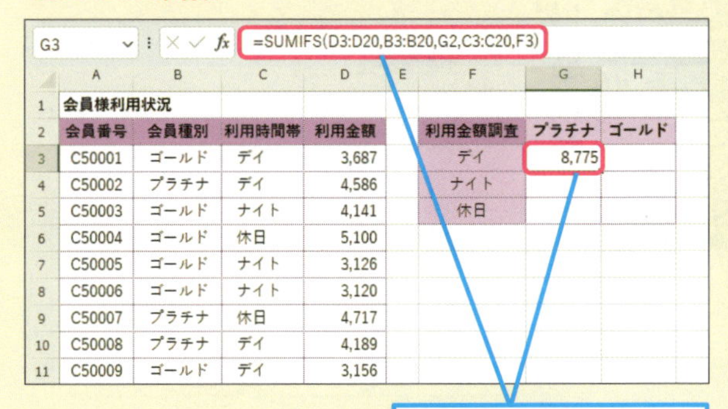

G3 =SUMIFS(D3:D20,B3:B20,G2,C3:C20,F3)

	A	B	C	D	E	F	G	H
1	会員様利用状況							
2	会員番号	会員種別	利用時間帯	利用金額		利用金額調査	プラチナ	ゴールド
3	C50001	ゴールド	デイ	3,687		デイ	8,775	
4	C50002	プラチナ	デイ	4,586		ナイト		
5	C50003	ゴールド	ナイト	4,141		休日		
6	C50004	ゴールド	休日	5,100				
7	C50005	ゴールド	ナイト	3,126				
8	C50006	ゴールド	ナイト	3,120				
9	C50007	プラチナ	休日	4,717				
10	C50008	プラチナ	デイ	4,189				
11	C50009	ゴールド	デイ	3,156				

検索条件を満たすデータの合計を求める

●DSUM関数

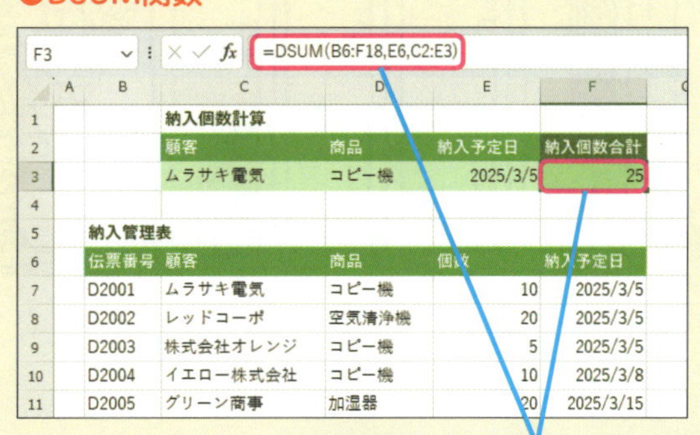

F3 =DSUM(B6:F18,E6,C2:E3)

	A	B	C	D	E	F
1			納入個数計算			
2			顧客	商品	納入予定日	納入個数合計
3			ムラサキ電気	コピー機	2025/3/5	25
4						
5		納入管理表				
6		伝票番号	顧客	商品	個数	納入予定日
7		D2001	ムラサキ電気	コピー機	10	2025/3/5
8		D2002	レッドコーポ	空気清浄機	20	2025/3/5
9		D2003	株式会社オレンジ	コピー機	5	2025/3/5
10		D2004	イエロー株式会社	コピー機	10	2025/3/8
11		D2005	グリーン商事	加湿器	20	2025/3/15

入力条件をすべて満たすデータの合計を求める

レッスン

46 数値の個数を数えるには

COUNT

集計表では、データ件数の把握が重要です。データが数値や日付なら、COUNT関数で調べます。ここでは、数値データであることが分かっている番号を数え、データの総件数にします。

統計　対応バージョン 365 2024 2021 2019

数値の個数を数える

=COUNT(値1, 値2, …, 値255)

COUNT関数は、指定した範囲内の数値（日付や時刻を含む）の個数を数えます。数値の数は数えられますが、文字列は数えられません。表のデータ件数を数える場合、必ず数値が入力される列を対象にします。
なお、数値や文字といった種類に関係なくデータの個数を数える場合は、COUNTA関数を使います。

引数

値　数値の個数を数えたいセルやセル範囲を指定します。数値も直接指定できます。

キーワード

空白セル	P.311
数値	P.313
セル範囲	P.313

関連する関数

COUNTIF	P.150
COUNTIFS	P.158
DCOUNT	P.162

使いこなしのヒント

複数のセル範囲も指定できる

COUNT関数の引数には、複数のセルやセル範囲を最大255まで指定できます。その場合、「,」で区切ってセルやセル範囲を引数に指定します。

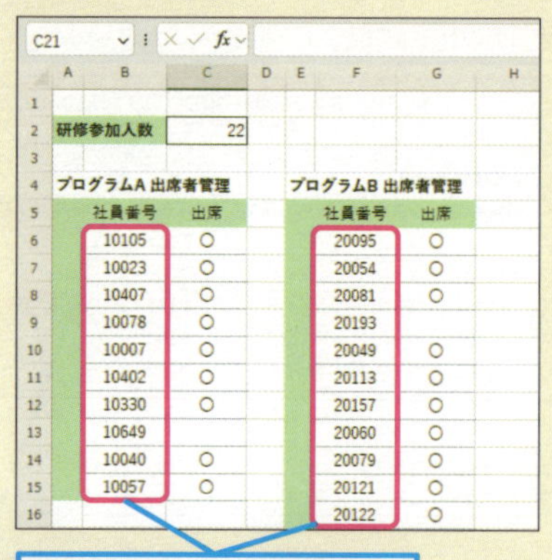

	A	B	C	D	E	F	G	H
1								
2	研修参加人数		22					
3								
4	プログラムA 出席者管理				プログラムB 出席者管理			
5		社員番号	出席			社員番号	出席	
6		10105	○			20095	○	
7		10023	○			20054	○	
8		10407	○			20081	○	
9		10078	○			20193		
10		10007	○			20049	○	
11		10402	○			20113	○	
12		10330	○			20157	○	
13		10649				20060	○	
14		10040	○			20079	○	
15		10057	○			20121	○	
16						20122	○	

複数のセル範囲を選択できる

練習用ファイル ▸ L046_COUNT.xlsx

使用例 社員番号（数値）の数を数えて人数を表示する　セルB16の式

=COUNT(B3:B15)

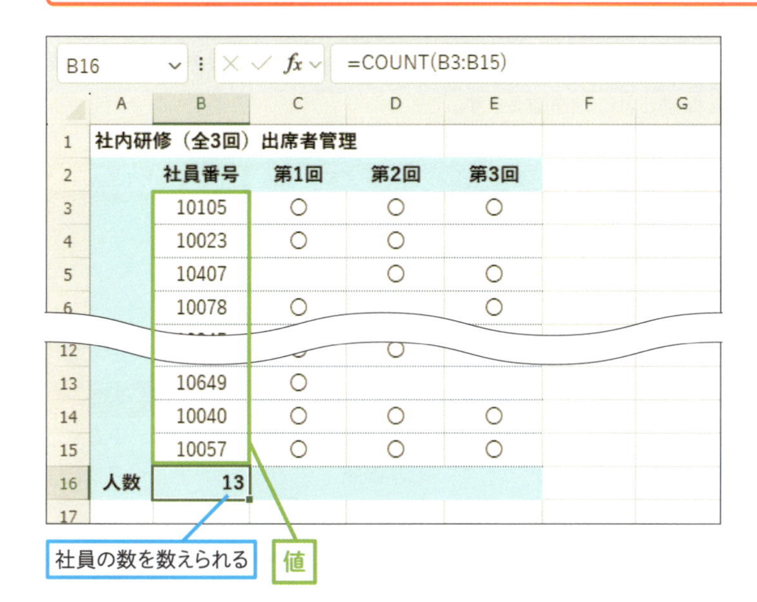

ポイント

値　社員番号の個数を出席予定人数とします。社員番号が入力されているセル範囲（B3:B15）を指定します。

スキルアップ

データ種類に関係なく数えるには

COUNTA関数は、数値、文字、論理値（「TRUE」や「FALSE」）を数えます。データ件数として数えたい列に文字が入力してある場合、あるいは数値と文字が混在している場合は、COUNTA関数を使います。

データの個数を数える

=COUNTA(値1, 値2,…, 値255)（カウントエー）

ポイント

値　出欠を表す「〇」または、空白のセル範囲（C3:C15）を指定します。

13		10649	〇		
14		10040	〇	〇	〇
15		10057	〇	〇	〇
16	人数	13	11	11	10
17					

「=COUNTA(C3:C15)」と入力する

使いこなしのヒント

後からデータを追加する可能性があるときは

後からデータを追加、または削除した場合、COUNT関数の引数［値］の範囲も変更する必要がありますが、テーブルを利用すればその必要はありません。表をテーブルに設定しておけば、引数[値]にはテーブルの範囲が指定され、データの増減に合わせて自動的に範囲が変わります。

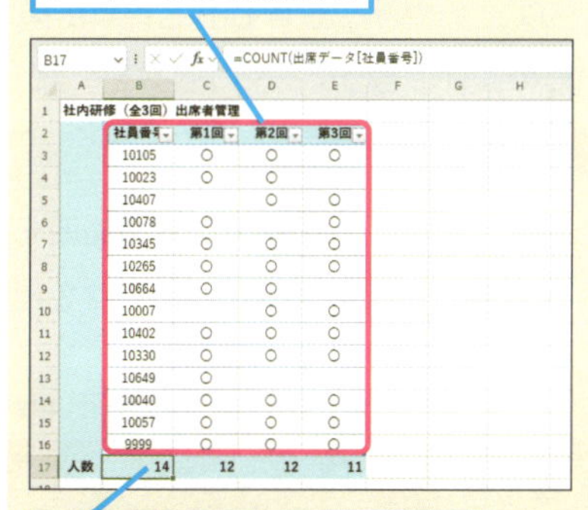

使いこなしのヒント

データが入力されていない空白セルを数えるには

何もデータが入力されていない空白セルは、COUNTBLANK関数で数えられます。出欠表で欠席を空欄としておけば、空白セルの数=欠席者の人数として集計することができます。ただし、スペースが入力されているセルは空白セルと見みなされずカウントされないので注意が必要です。

空白セルの個数を数える

=COUNTBLANK(範囲)（カウントブランク）

レッスン
47 条件を満たすデータを数えるには

COUNTIF

ある範囲の中で同じデータだけを数えたいときにはCOUNTIF関数を使います。COUNTIF関数の引数には、条件を指定することができます。ここでは、会員種別ごとに数を数えます。

統計　対応バージョン 365 2024 2021 2019

条件を満たすデータの個数を数える

=COUNTIF(範囲, 検索条件)

条件に合うデータだけを数えたいときは、COUNTIF関数を利用します。引数［検索条件］には数えるデータそのものを指定するほか、「～以上」や「～を含む」といった条件式の指定も可能です。これらの条件に合うデータの個数を引数［範囲］の中で数えます。

引数

範囲	数を数えるセル範囲を指定します。
検索条件	数えるセルの条件を指定します。

キーワード

絶対参照	P.313
セル参照	P.313

関連する関数

COUNT	P.148
COUNTIFS	P.158
DCOUNT	P.162

練習用ファイル ▸ L047_COUNTIF.xlsx

使用例 一般会員の人数を数える　セルF3の式

=COUNTIF(C3:C20, F2)

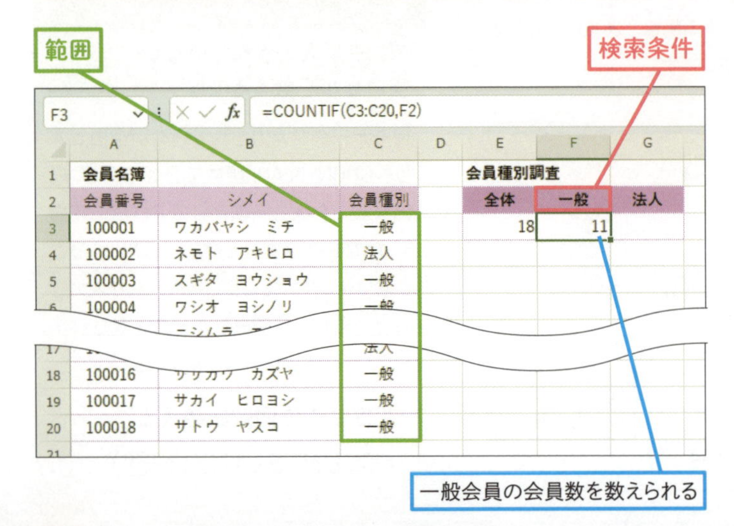

使いこなしのヒント

［検索条件］の指定方法は?

COUNTIF関数の引数［検索条件］には、文字列や条件式も指定できます。それらは、「"」でくくって指定します（表参照）。

●引数［検索条件］の指定例

［検索条件］の例	条件の意味
1	「1」のデータを数える
"一般"	「一般」のデータを数える
">=10"	「10以上」のデータを数える
"*ABC*"	「ABC」を含むデータを数える

ポイント

範囲 「会員種別」の「一般」か「法人」が入力されたセル範囲（C3:C20）を指定します。

検索条件 セルF3の式では「一般」を数えるので「一般」の文字が入力されたセルF2を指定します。

スキルアップ

引数のセル参照を絶対参照にして再利用する

セルF3に入力したCOUNTIF関数をセルG3にコピーして利用したい場合は、セルF3のCOUNTIF関数の引数［範囲］を絶対参照（レッスン14参照）にしておきましょう。絶対参照に指定した範囲が、セルG3にそのままコピーされます。

引数[範囲]を絶対参照にする(セルF3の式)

カウントイフ
=COUNTIF($C$3:$C$20,F2)

引数［範囲］を絶対参照にしてコピーする

F3 =COUNTIF($C$3:$C$20,F2)

	A	B	C	D	E	F	G
1	会員名簿				会員種別調査		
2	会員番号	シメイ	会員種別		全体	一般	法人
3	100001	ワカバヤシ　ミチ	一般		18	11	7
4	100002	ネモト　アキヒロ	法人				
5	100003	スギタ　ヨウショウ	一般				
6	100004	ワシオ　ヨシノリ	一般				
7	100005	ニシムラ　モトヒロ	一般				
8	100006	コミヤマ　シュンペイ	一般				

スキルアップ

COUNTIF関数でデータの重複を調べる

COUNTIF関数を利用して重複データの有無を調べることができます。例えば、氏名の重複を調べる場合、氏名を条件にしてCOUNTIF関数で数を数えます。結果が「1」なら重複なし、「2」以上なら重複ありと判断することができます。

会員の氏名の重複を調べる(セルD3の式)

カウントイフ
=COUNTIF($B$3:$B$20,B3)

各行の会員の氏名の個数を数えている

「2」以上なら会員の氏名が重複していると分かる

D3 =COUNTIF($B$3:$B$20,B3)

	A	B	C	D
1	会員名簿			
2	会員番号	シメイ	会員種別	重複チェック
3	100001	ワカバヤシ　ミチ	一般	1
4	100002	ネモト　アキヒロ	法人	2
5	100003	スギタ　ヨウショウ	一般	1
6	100004	ワシオ　ヨシノリ	一般	1

スキルアップ

複数の表で条件を満たすデータを数えたい

COUNTIF関数は、1つの範囲から条件に合うものを数えます。複数の範囲から条件に合うものを数えたいときは、COUNTIF関数を2回使うといいでしょう。それぞれに異なる範囲を指定して、その結果を足します。

複数の範囲から条件に合うデータの個数を数える(セルJ3の式)

カウントイフ　カウントイフ
=COUNTIF(C3:C12,J2)+COUNTIF(G3:G10,J2)

2つのCOUNTIFの結果を足せば離れた範囲を集計できる

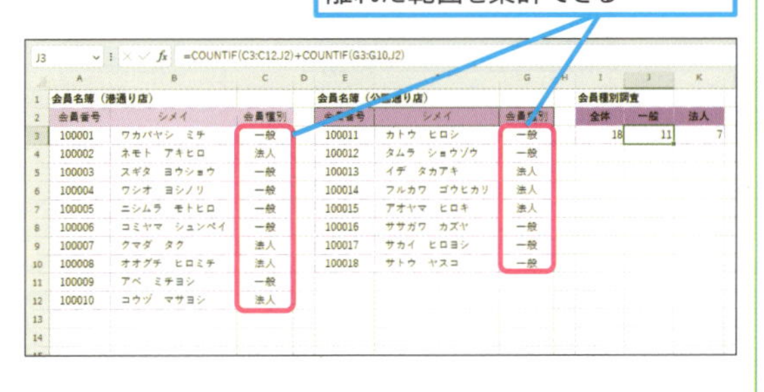

レッスン

48 条件を満たすデータの合計を求めるには

SUMIF

集計表などで、同じデータを持つ行だけ合計を計算したいという場合は、SUMIF関数を使います。SUM関数は合計を求める関数ですが、SUMIF関数は条件付きで合計を求めます。

数学/三角　対応バージョン 365 2024 2021 2019

条件を満たすデータの合計を求める

=SUMIF(範囲,検索条件,合計範囲)

(サムイフ)

SUMIF関数は、条件に一致したデータと同じ行にある値を合計します。引数［検索条件］に合うものを引数［範囲］から探します。合計するのは、引数［合計範囲］のデータです。検索する範囲と合計する範囲を間違えないよう注意が必要です。

引数

- **範囲**　［検索条件］を検索するセル範囲を指定します。
- **検索条件**　検索する値や条件が入力されたセルを指定するほか、数値や文字列を直接指定できます。
- **合計範囲**　合計の対象にするセル範囲を指定します。

ここでは、［顧客ID］列の「K0001」(レッドコーポレーション(株))を探して売上金額の欄を合計する

	A	B	C	D	E	F	
4							
5	売上管理表 (2024年12月)						顧客
6	伝票番号	顧客ID	顧客名	売上金額			顧客
7	5000123	K0001	レッドコーポレーション(株)	2,450,000			K00
8	5000124	K0105	グリーンテクノロジー(株)	3,090,000			K01
9	5000125	K0037	ウオーターブルー(株)	3,120,000			K00
10	5000126	K0213	(株)オレンジファイナンス	2,940,000			K02
11	5000127	K0105	グリーンテクノロジー(株)	3,120,000			K00
12	5000128	K0077	グレイグループ(株)	2,940,000			
13	5000129	K0001	レッドコーポレーション(株)	3,380,000			
14	5000130	K0213	(株)オレンジファイナンス	3,240,000			
15	5000131	K0001	レッドコーポレーション(株)	4,360,000			
16	5000132	K0077	グレイグループ(株)	3,010,000			
17	5000133	K0037	ウオーターブルー(株)	2,220,000			

◆引数［範囲］
［顧客ID］列から引数［検索条件］の「K0001」を探す

◆引数［合計範囲］
［顧客ID］列が「K0001」の行の［売上金額］列の数値を合計する

キーワード

ワイルドカード　P.315

関連する関数

SUM　P.88
SUMIFS　P.160
DSUM　P.164

使いこなしのヒント

検索条件にデータを直接指定するには

ここでは、検索条件を書き換えられるように、セルB3を検索条件にしています。しかし、条件が決まっているときは、引数［検索条件］に直接文字列を指定します。その場合「"」でくくって指定します。

引数［範囲］に「"K0001"」と条件の文字列を直接指定する

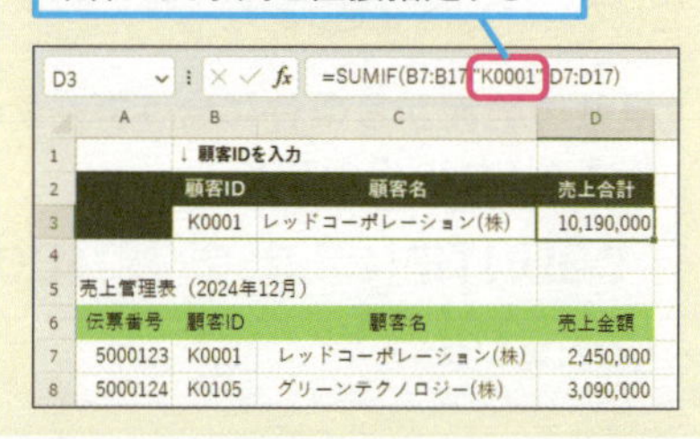

練習用ファイル ▸ L048_SUMIF.xlsx

使用例 特定の顧客の売上金額を合計する

セルD3の式

=SUMIF(B7:B17,B3,D7:D17)

検索条件

顧客IDが「K0001」の顧客の売上金額が求められる

D3 =SUMIF(B7:B17,B3,D7:D17)

	A	B	C	D
1		↓ 顧客IDを入力		
2		顧客ID	顧客名	売上合計
3		K0001	レッドコーポレーション(株)	10,190,000
4				
5	売上管理表（2024年12月）			
6	伝票番号	顧客ID	顧客名	売上金額
7	5000123	K0001	レッドコーポレーション(株)	2,450,000
8	5000124	K0105	グリーンテクノロジー(株)	3,090,000
9	5000125	K0037	ウオーターブルー(株)	3,120,000
10	5000126	K0213	(株)オレンジファイナンス	2,940,000
11	5000127	K0105	グリーンテクノロジー(株)	3,120,000
12	5000128	K0077	グレイグループ(株)	2,940,000
13	5000129	K0001	レッドコーポレーション(株)	3,380,000
14	5000130	K0213	(株)オレンジファイナンス	3,240,000
15	5000131	K0001	レッドコーポレーション(株)	4,360,000
16	5000132	K0077	グレイグループ(株)	3,010,000
17	5000133	K0037	ウオーターブルー(株)	2,220,000

範囲　　合計範囲

ポイント

- **範囲** セルB3の顧客IDを検索するので「売上管理表」の「顧客ID」のセル範囲（B7:B17）を指定します。
- **検索条件** セルB3に入力された顧客IDを検索の条件とするのでセルB3を指定します。
- **合計範囲** 「売上金額」の合計を求めるので「売上管理表」の「売上金額」のセル範囲（D7:D17）を指定します。

使いこなしのヒント

［範囲］と［合計範囲］の違いとは

引数［範囲］と引数［合計範囲］には、どちらにもセル範囲を指定するため混同しがちです。［範囲］は条件に合うかどうかを判定するためのセル範囲、［合計範囲］は合計する数値が入力されたセル範囲を指定します。

スキルアップ

ワイルドカードで文字列の条件を柔軟に指定できる

文字列を検索条件にする場合、ワイルドカードと呼ばれる「*」や「?」の記号を使用することができます。「*」は複数文字を「?」は1文字を代用します。

●ワイルドカードの使用例

引数［検索条件］の例	検索されるデータ
"*レッド*"	「レッド」の文字を含むデータ
"レッド*"	先頭の文字が「レッド」のデータ
"??レッド*"	3文字目以降が「レッド」で、それ以降は任意の文字列のデータ

顧客名が「レッド」で始まる顧客の売上金額を合計する（セルD3の式）

=SUMIF(C7:C17,C3,D7:D17)

セルC3の検索条件に「レッド*」と入力する

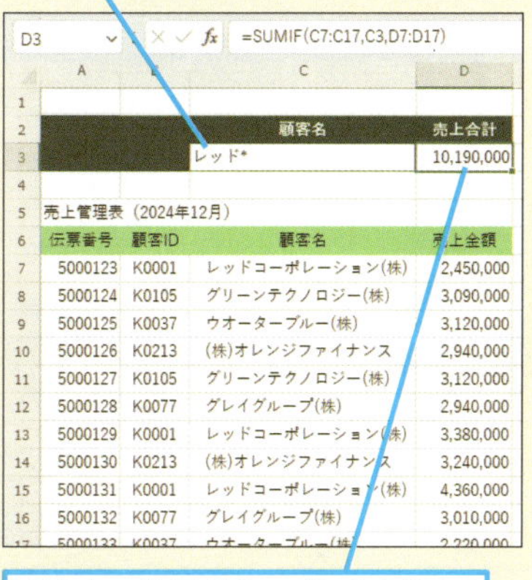

顧客名の先頭が「レッド」から始まる顧客の売上金額を求められる

レッスン

49 条件を満たすデータの平均を求めるには

AVERAGEIF

AVERAGEIF関数は、指定した条件に合うデータを探し、それらのデータが持つ数値データの平均を求めます。条件は1つだけ指定することができます。

統計　対応バージョン 365 2024 2021 2019

条件を満たすデータの平均を求める

=AVERAGEIF(範囲, 条件, 平均対象範囲)

(アベレージイフ)

AVERAGEIF関数は、引数［条件］に合うデータを［範囲］から探し、［平均対象範囲］のデータを平均します。条件に合うデータの合計を求めるSUMIF関数と使い方は同じです。

引数

- **範囲**　［条件］を検索するセル範囲を指定します。
- **条件**　検索する値や条件が入力されたセルを指定条件に指定するほか、数値や文字列を直接指定できます。
- **平均対象範囲**　平均を計算するセル範囲を指定します。

ここでは［年代］列の「20」(20代)を探してお買い上げ金額の平均額を求める

	A	B	C	D	E	F
1	売上データ				年代別売上分析	
2	商品分類	年代	お買い上げ金額		年代	平均金額
3	ホビー	20	8,000		20	11,250
4	ホビー	30	12,000			
5	文具	20	11,000			
6	ホビー	20	15,000			
7	文具	50	18,000			
8	ホビー	60	22,000			
9	文具	50	23,000			
10	文具	30	6,000			
11	ホビー	50	20,000			
12	ホビー	40	11,000			

◆引数［範囲］
［年代］列から引数［条件］の「20」を探す

◆引数［平均対象範囲］
［年代］列が「20」の行の［お買い上げ金額］列の数値を平均する

キーワード

絶対参照　P.313

関連する関数

AVERAGEA　P.90
AVERAGEIFS　P.155
DAVERAGE　P.165
TRIMMEAN　P.250

使いこなしのヒント

20～60代の平均金額を求めるには

条件となる「20」、「30」…「60」をあらかじめセルに入力し、それを引数［条件］に指定します。セルF3に入力する式は、「=AVERAGEIF($B$3:$B$17,E3,$C$3:$C$17)」のように引数［範囲］と［平均対象範囲］を絶対参照にします。

=AVERAGEIF($B$3:$B$17,E3,$C$3:$C$17)

C	D	E	F
		年代別売上分析	
お買い上げ金額		年代	平均金額
8,000		20	11,250
12,000		30	9,000
11,000		40	10,500
15,000		50	17,500
18,000		60	20,500

セルE3からE7に年代の数字を入力しておく

練習用ファイル ▸ L049_AVERAGEIF.xlsx

使用例 20代のお買い上げ金額の平均を求める

セルF3の式

=AVERAGEIF(B3:B17,E3,C3:C17)

20代の平均売り上げが求められる

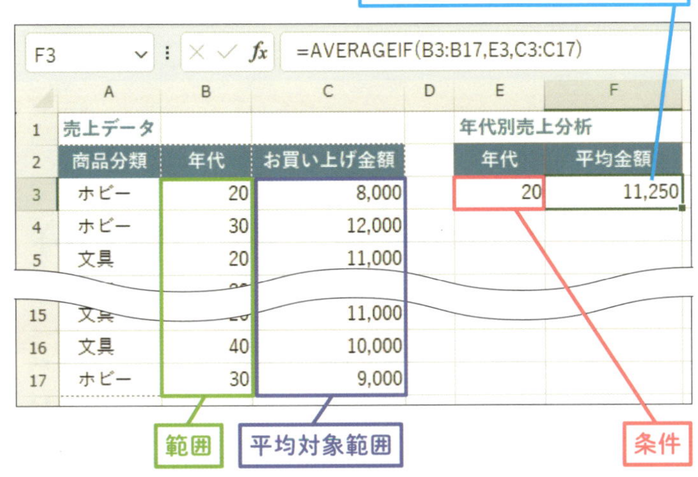

ポイント

範囲	年代が「20」を検索するので「売上データ」の「年代」のセル範囲（B3:B17）を指定します。
条件	年代が「20」を条件とするので「20」が入力されているセルE3を指定します。
平均対象範囲	「お買い上げ金額」の平均を求めたいので「売上データ」の「お買い上げ金額」のセル範囲（C3:C17）を指定します。

使いこなしのヒント

平均値を求めるさまざまな関数を知りたい

平均値は、数値全体を表す代表値です。単純にすべての数値の平均を求めるAVERAGE関数のほかに、用途に応じた以下の関数が用意されています。

- **AVERAGE関数**（レッスン20）
  すべての数値の平均を求める
- **AVERAGEIF関数**（本レッスン）
  条件に合うデータから取り出した数値の平均を求める
- **AVERAGEIFS関数**（本レッスン）
  複数の条件に合うデータから取り出した数値の平均を求める
- **DAVERAGE関数**（レッスン54）
  平均を求めるデータベース関数
- **TRIMMEAN関数**（レッスン94）
  データ全体の上限と下限からデータを切り落とし、残りの数値の平均を求める

スキルアップ

複数の条件に合う平均値を求めるには

複数の条件に合うデータの数値から平均を求めるには、AVERAGEIFS関数を使います。AVERAGEIF関数と似ていますが、指定する引数の順番が違うので注意が必要です。複数の条件が指定できるAVERAGEIFS関数では、最初の引数に計算対象になる数値の範囲を指定します。続けて、条件範囲と条件をセットにして指定します。下の例では、A列の商品分類が「ホビー」、B列の年代が「20」の平均金額を「=AVERAGEIFS(C3:C17,A3:A17,"ホビー",B3:B17,20)」の式で求めています。

複数の条件を満たすデータの平均を求める

=AVERAGEIFS（アベレージイフエス）(平均対象範囲,条件範囲1,条件1,条件範囲2,条件2,…)

複数条件を指定して平均を求められる

F3 =AVERAGEIFS(C3:C17,A3:A17,"ホビー",B3:B17,20)

	A	B	C	D	E	F	G	H
1	売上データ				年代別売上分析			
2	商品分類	年代	お買い上げ金額		年代	平均金額		
3	ホビー	20	8,000		20	11,500		
4	ホビー	30	12,000					
5	文具	20	11,000					
6	ホビー	20	15,000					
7	文具	50	18,000					
8	ホビー	60	22,000					

レッスン
50 条件を満たすデータの最大値を求めるには

MAXIFS

条件に合うデータの中から最大値を取り出して表示するには、MAXIFS関数を使います。なお、MAXIFS関数は、Excel 2016以前のバージョンでは使用することができません。

統計　対応バージョン 365 2024 2021 2019

条件を満たすデータの最大値を求める

=MAXIFS(最大範囲, 条件範囲1, 条件1, 条件範囲2, 条件2, …)
（マックスイフエス）

MAXIFS関数は、[条件1] や [条件2] などの条件に合うデータを [条件範囲1]、[条件範囲2] から探し、その中から最大値を表示します。表示するのは [最大範囲] の値です。複数の条件を指定できますが、[条件範囲1]、[条件1] しか指定しなければ、1つの条件に合うデータから最大値を求めることができます。

引数

- **最大範囲**　最大値を求めたいセル範囲を指定します。
- **条件範囲**　[条件] を探す範囲を指定します。
- **条件**　検索する値や条件が入力されたセルを条件に指定するほか、数値や文字列を直接指定できます。

キーワード

セル範囲	P.313
配列数式	P.314

関連する関数

AVERAGEIFS	P.155
MAX	P.92
SUMIFS	P.160

使いこなしのヒント

条件が複数の場合は

MAXIFS関数の引数を増やします。[条件範囲1] に対する [条件1] の後、続けて [条件範囲2] に対する [条件2] を指定します。このように条件範囲と条件をセットにして最大126個まで増やしていくことができます。

地域と店舗の条件で最大値を求める（セルI3の式）

=MAXIFS(E3:E20, B3:B20, G3, C3:C20, H3)
（マックスイフエス）

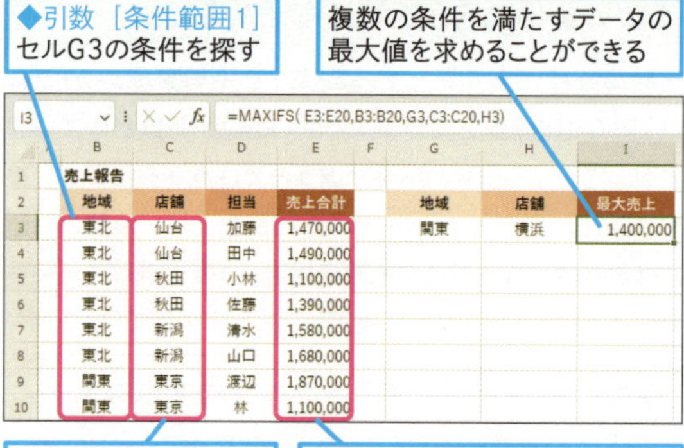

練習用ファイル ▸ L050_MAXIFS.xlsx

使用例 地域が「関東」の最大売上金額を求める　セルH3の式

=MAXIFS(E3:E20, B3:B20, G3)

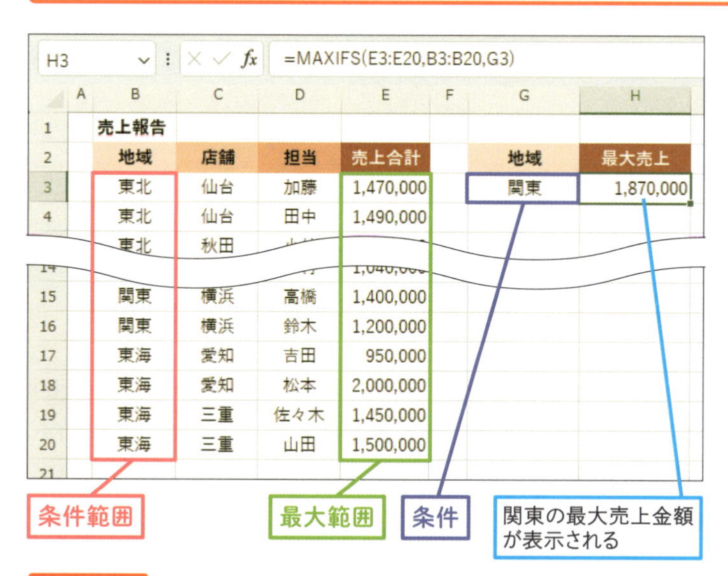

ポイント

- **最大範囲**　「売上合計」の中で最大値を求めるので「売上合計」の列のセル範囲（E3:E20）を指定します。
- **条件範囲**　セルG3の地域を検索するので表の「地域」のセル範囲（B3:B20）を指定します。
- **条件**　セルG3に入力された地域を検索するのでセルG3を指定します。

使いこなしのヒント

条件に合う最小値を取り出すには

最小値はMINIFS関数で取り出すことができます。使い方はMAXIFS関数と同じで、最小値を取り出したい範囲を［最小範囲］に指定し、条件を［条件範囲1～126］、［条件1～126］に指定します。なお、MINIFS関数はExcel 2016以前のバージョンでは使用できません。

条件を満たすデータの最小値を求める

ミニマムイフエス
=MINIFS(最小範囲, 条件範囲1, 条件1, 条件範囲2, 条件2, …)

スキルアップ

MAXIFS関数が使えないときには

MAXIFS関数は、Excelのバージョンによっては利用できません。MAXIFS関数を使わずに同じ結果を求めるには、配列数式を利用します。配列数式は、セルのまとまり（配列）を計算の対象にすることができ、配列の各セルの計算結果を集計して結果を求めます。

条件に合うデータの中から最大値を求めるには、以下の配列数式を入力します。「=」から始まる式を入力し、最後にCtrl＋Shift＋Enterキーを押すことで{}でくくられる配列数式になります。配列数式については、用語集を参照してください。

地域が「関東」の行の最大売り上げを求める（セルH3の式）

マックス
{=MAX(IF(B3:B20=G3, E3:E20))}

●配列数式が行う計算の例

地域	IF関数の結果	売上合計
東北	FALSE	50
関東	TRUE	100
東海	FALSE	50
関東	TRUE	200
関東	TRUE	300

関東の最大値

レッスン
51 複数条件を満たすデータを数えるには

COUNTIFS

数を数える関数はいくつかありますが、その中でCOUNTIFS関数は複数の条件を設定することができます。複数の条件を満たすデータを数えたいとき利用します。

統計　対応バージョン 365 2024 2021 2019

複数条件を満たすデータの個数を数える

=COUNTIFS（範囲1, 検索条件1, 範囲2, 検索条件2, …）

COUNTIFS関数は、複数の条件をすべて満たすデータの個数を数えます。引数には、複数の条件と、各条件に対応するセル範囲を指定します。［検索条件1］の条件は［範囲1］から検索され、［検索条件2］の条件は［範囲2］から検索されます。

引数

- 範囲　［検索条件］を検索するセル範囲を指定します。
- 検索条件　個数を数えるデータの条件を指定します。

条件に一致するデータの個数を数える

キーワード

比較演算子 P.314
文字列 P.315

関連する関数

COUNT P.148
COUNTIF P.150
DCOUNT P.162

ここに注意

COUNTIFS関数には、複数の条件を設定できます。条件を探す範囲は、条件ごとに設定しなくてはなりませんが、どの範囲も同じ行数、列数である必要があります。

使いこなしのヒント

複数条件のいずれかを満たすデータを数えるには

COUNTIFS関数は、複数の条件をすべて満たすものを数えます。複数の条件のいずれかを満たすものを数えるには、DCOUNT関数を利用します（レッスン53参照）。DCOUNT関数では、指定方法により、「すべてを満たす」、もしくは「いずれかを満たす」という条件を設定できます。

練習用ファイル ▸ L051_COUNTIFS.xlsx

使用例 2つの条件に合うデータの件数を数える

セルI3の式

=COUNTIFS(B3:B17, G3, C3:C17, H3)

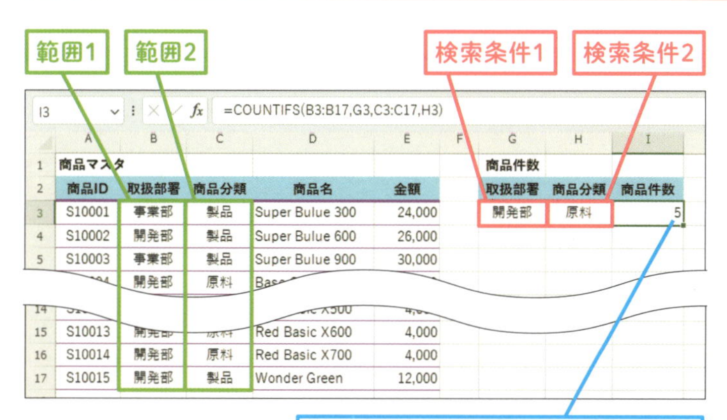

［取扱部署］が「開発部」で、［商品分類］が「原料」の商品の数が数えられる

ポイント

- **範囲 1** セルG3の部署を検索するので「商品マスタ」の「取扱部署」のセル範囲（B3:B17）を指定します。
- **検索条件 1** セルG3の部署を検索の条件とするのでセルG3を指定します。
- **範囲 2** セルH3の商品分類を検索するので「商品マスタ」の「商品分類」のセル範囲（C3:C17）を指定します。
- **検索条件 2** セルH3の商品分類を検索の条件とするのでセルH3を指定します。

使いこなしのヒント
条件をさらに増やすには

引数に指定できる条件の数は127個です。このレッスンでは2つの条件を設定していますが、さらに条件を増やす場合は、引数を「[範囲3]，[検索条件3]，[範囲4]，[検索条件4]……」と追加しましょう。

使いこなしのヒント
条件に文字列を直接指定するには

ここでは、引数［検索条件］にセルを指定していますが、条件の文字を直接指定することもできます。その場合は、「"開発部"」のように「"」でくくります。

スキルアップ
「～以上」や「～以下」を条件にするには

数値に対して「～以上」などの条件を設定するには、比較演算子（レッスン28参照）を使います。例えば、金額が10000以上とする場合、検索条件に「">=10000"」を指定します。式は「"」でくくる必要があります。

数値（～以上）を条件にしてデータの件数を数える（セルH3の式）

=COUNTIFS(B3:B17, G3, E3:E17, ">=10000")

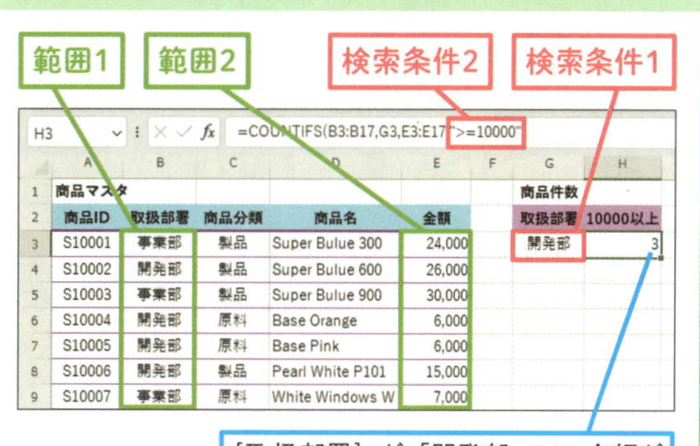

［取扱部署］が「開発部」で、金額が10,000以上の商品の数を数えられる

レッスン
52 複数条件を満たすデータの合計を求めるには

SUMIFS

複数の条件に合うデータを探して合計を求めるには、SUMIFS関数を使います。複数条件のほかに、合計の対象となる数値の範囲を指定します。

数学／三角　対応バージョン 365 2024 2021 2019

検索条件を満たすデータの合計を求める

サムイフエス
=SUMIFS(合計対象範囲,条件範囲1,条件1,条件範囲2,条件2,…)

SUMIFS関数は、複数の条件をすべて満たすデータの合計を求めます。合計するのは、最初に指定する引数［合計対象範囲］のデータです。その後に続く引数は、条件とそれを検索する範囲です。［条件1］は［条件範囲1］から検索され、［条件2］は［条件範囲2］から検索されます。なお、条件範囲と条件のセットは、最大127組指定できます。

引数

合計対象範囲	合計対象のデータが含まれるセル範囲を指定します。
条件範囲	［条件］を検索するセル範囲を指定します。
条件	合計を求めるデータの条件を指定します。

キーワード

クロス集計表	P.312
絶対参照	P.313

関連する関数

SUM	P.88
SUMIF	P.152
DSUM	P.164

使いこなしのヒント

クロス集計表に役立つ

クロス集計表は、表の上端と左端に項目を配置し、縦横の項目に合う値を表示する表です。ここでは、上端の行に配置した「会員種別」、左端の列に配置した「利用時間帯」の項目がクロスするところに、利用金額の合計を表示します。このようなクロス集計表の作成は、複数の条件を設定できるSUMIFS関数で可能です。

練習用ファイル ▸ L052_SUMIFS.xlsx

使用例 縦横の条件に合う金額を合計する

セルG3の式

=SUMIFS(D3:D20, B3:B20, G2, C3:C20, F3)

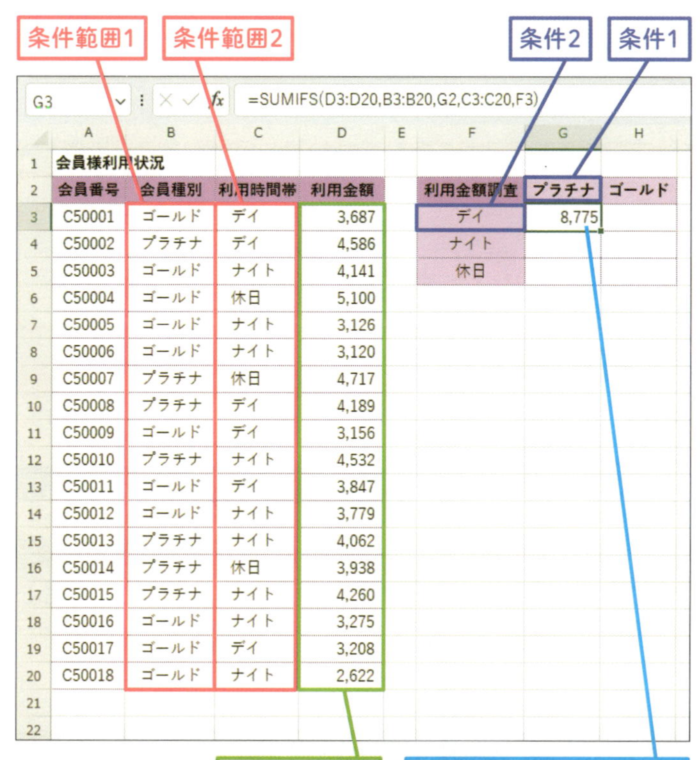

	A	B	C	D	E	F	G	H
1	会員様利用状況							
2	会員番号	会員種別	利用時間帯	利用金額		利用金額調査	プラチナ	ゴールド
3	C50001	ゴールド	デイ	3,687		デイ	8,775	
4	C50002	プラチナ	デイ	4,586		ナイト		
5	C50003	ゴールド	ナイト	4,141		休日		
6	C50004	ゴールド	休日	5,100				
7	C50005	ゴールド	ナイト	3,126				
8	C50006	ゴールド	ナイト	3,120				
9	C50007	プラチナ	休日	4,717				
10	C50008	プラチナ	デイ	4,189				
11	C50009	ゴールド	デイ	3,156				
12	C50010	プラチナ	ナイト	4,532				
13	C50011	ゴールド	デイ	3,847				
14	C50012	ゴールド	ナイト	3,779				
15	C50013	プラチナ	ナイト	4,062				
16	C50014	プラチナ	休日	3,938				
17	C50015	プラチナ	ナイト	4,260				
18	C50016	ゴールド	ナイト	3,275				
19	C50017	ゴールド	デイ	3,208				
20	C50018	ゴールド	ナイト	2,622				
21								
22								

ポイント

合計対象範囲 合計を求める「利用金額」のセル範囲（D3:D20）を指定します。

条件範囲1 セルG2の「プラチナ」を検索する「会員種別」のセル範囲（B3:B20）を指定します。

条件1 セルG2の「プラチナ」を条件とするのでセルG2を指定します。

条件範囲2 セルF3の「デイ」を検索する「利用時間帯」のセル範囲（C3:C20）を指定します。

条件2 セルF3の「デイ」を条件とするのでセルF3を指定します。

使いこなしのヒント

「～以上～未満」の条件を設定するには

練習用ファイルでは条件は文字ですが数値を指定することも可能です。例えば、条件を利用金額が4000以上とする場合、引数に「">=4000"」と指定します。利用金額が4000以上5000未満とする場合は、「">=4000"」と「"<5000"」の2つの条件を引数［条件1］、［条件2］に別々に指定します。これらの条件は「"」でくくる必要があります。

4000以上5000未満の金額を合計する

サムイフエス
=SUMIFS(D3:D20, D3:D20, ">=4000", D3:D20, "<5000")

使いこなしのヒント

式をコピーしてクロス集計表を完成させるには

セルG3に入力した式を右方向、下方向にコピーして利用する場合、引数を絶対参照にします。［条件1］のG2はコピーしても行がずれないように行のみ絶対参照(G$2)、［条件2］のF3は列がずれないように列のみ絶対参照($F3)にするのがポイントです。

引数を絶対参照にする（セルG3の式）

サムイフエス
=SUMIFS($D$3:$D$20, $B$3:$B$20, G$2, $C$3:$C$20, $F3)

レッスン

53 複雑な条件を満たす数値の件数を求めるには

DCOUNT

DCOUNT関数を使えば、複数条件に合うデータの個数を数えられます。COUNTIFS関数との違いは、OR条件（～、または～を満たす）を設定できることです。

データベース　対応バージョン 365 2024 2021 2019

複雑な条件を満たす数値の個数を求める

=DCOUNT（データベース, フィールド, 条件）

DCOUNT関数は、データベース関数の1つです。引数［条件］のセル範囲に複数の条件を入力します。その条件に合うデータの件数を数えます。

引数

データベース	列見出しを含むデータの範囲を指定します。
フィールド	データの個数を数える列の見出しを指定します。
条件	条件を入力したセル範囲を指定します。

キーワード

ワイルドカード P.315

関連する関数

COUNT P.148
COUNTIF P.150
COUNTIFS P.158

使いこなしのヒント

データベース関数とは

データベース関数には、DCOUNT関数のほか、DSUM関数やDAVERAGE関数などがあります。引数は共通で［データベース］［フィールド］［条件］を下図のように指定します。条件をセルに入力するので簡単に書き換えができ、いろいろな条件でデータを集計するのに適しています。

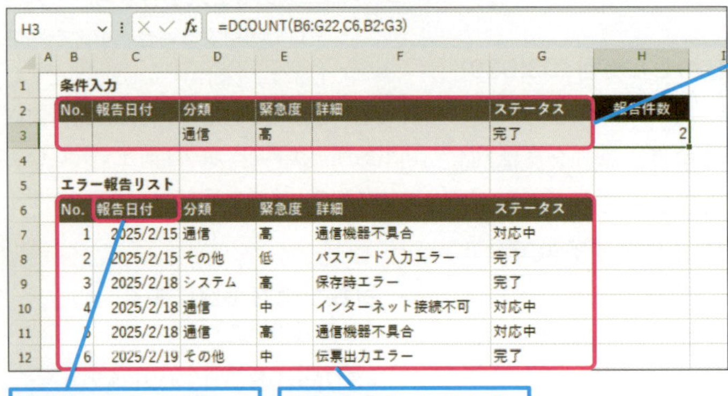

練習用ファイル ▸ L053_DCOUNT.xlsx

使用例 入力条件をすべて満たすデータの数を数える

セルH3の式

=DCOUNT(B6:G22, C6, B2:G3)

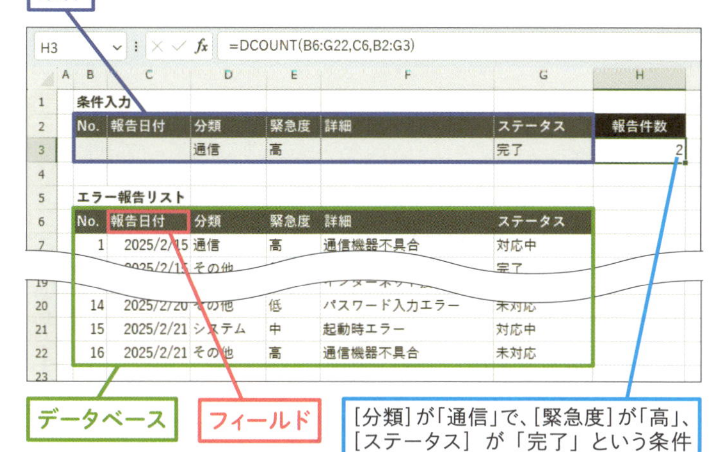

ポイント

データベース	「エラー報告リスト」の列見出しを含むセル範囲（B6:G22）を指定します。
フィールド	件数を数えたい日付が入力してある「報告日付」の列見出しのセルC6を指定します。
条件	条件が入力されるセルの列見出しを含むセル範囲（B2:G3）を指定します。

スキルアップ

特定の文字を含むデータを探すには

DCOUNT関数の条件に文字を指定する場合、ただ文字列だけを入力すると完全一致の検索となります。ワイルドカード（153ページ参照）と併せて指定することで特定の文字列を含むという条件にすることができます。

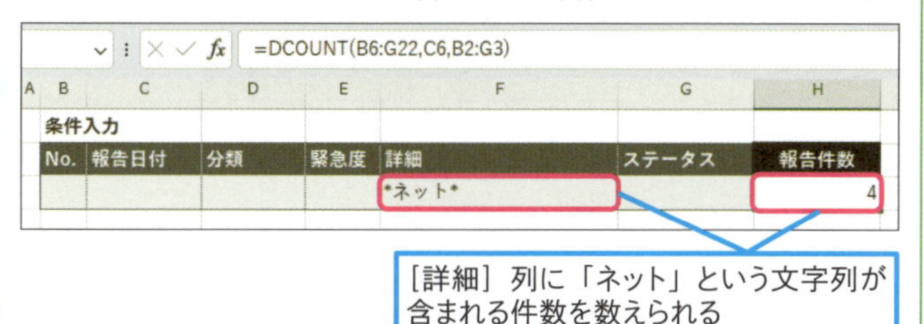

⚠ ここに注意

データベース関数は、[数式] タブの [関数ライブラリ] グループから入力ができません。なお、「=DC」と関数名の先頭数文字を入力すると、関数候補の一覧にはDCOUNT関数が表示されます。ここから選ぶのが簡単です。

使いこなしのヒント

同じ行への入力でAND条件になる

ここでは、「通信」「高」「完了」の3つの条件を同じ行に入力しています。同じ行にすることで、すべてを満たすAND条件になります。いずれかを満たすOR条件にする場合は、行を変えて入力します。（レッスン54の164ページのスキルアップ参照）

使いこなしのヒント

文字データの個数を求める

文字データが入力された列を対象に、条件に合うデータの個数を数える場合は、DCOUNTA関数を使います。DCOUNTA関数は、空白でないセルを対象にします。引数［条件］のセルに文字列を入力するとそれと同じデータを探します。ワイルドカード（レッスン48の153ページ参照）を使うことも可能です。

複雑な条件を満たす空白以外のデータの個数を求める

ディーカウントエー
=DCOUNTA(データベース, フィールド, 条件)

レッスン

54 複雑な条件を満たすデータの合計を求めるには

DSUM

データベース関数では、ANDやORといった複雑な条件を設定できます。複雑な条件に合うデータのみを合計するには、DSUM関数を利用します。

データベース　対応バージョン 365 2024 2021 2019

複雑な条件を満たすデータの合計を求める

=DSUM(データベース,フィールド,条件)

（ディーサム）

DSUM関数は、引数［データベース］から［条件］の範囲に入力した複雑な条件に合うデータを探し、［フィールド］の列を対象に合計値を求めます。
同じような働きをする関数にSUMIFS関数がありますが、異なるのはDSUM関数は複数の条件をOR条件として指定できる点です。

引数

- **データベース**　列見出しを含むデータの範囲を指定します。
- **フィールド**　データを合計する列の列見出しを指定します。
- **条件**　条件を入力したセル範囲を指定します。

キーワード

セル範囲	P.313

関連する関数

SUM	P.88
SUMIF	P.152
SUMIFS	P.160

スキルアップ

AND条件とOR条件の指定方法を覚えよう

データベース関数の引数［条件］には、複数の条件を入力できますが、入力する行によりAND条件かOR条件を指定できます。同じ行ならAND条件、違う行ならOR条件となることを覚えておきましょう。

●AND条件（すべての条件を満たす）の設定例

同じ行で「コピー機」かつ「2025/3/5」を満たす条件となる

顧客	商品	納入予定日
	コピー機	2025/3/5

●OR条件（いずれかの条件を満たす）の設定例

違う行で「コピー機」または「2025/3/5」を満たす条件となる

顧客	商品	納入予定日
	コピー機	
		2025/3/5

●AND条件とOR条件の設定例

2行に渡って、「コピー機」で「2025/3/5」、または「コピー機」で「2025/3/8」を満たす条件となる

顧客	商品	納入予定日
	コピー機	2025/3/5
	コピー機	2025/3/8

練習用ファイル ▸ L054_DSUM.xlsx

使用例 入力条件をすべて満たすデータの合計を求める

セルF3の式

=DSUM(B6:F18, E6, C2:E3)

条件

［顧客］［商品］［納品予定日］に指定した条件をすべて満たすデータを合計できる

F3 =DSUM(B6:F18,E6,C2:E3)

	A	B	C	D	E	F
1		納入個数計算				
2		顧客		商品	納入予定日	納入個数合計
3		ムラサキ電気		コピー機	2025/3/5	25
4						
5	納入管理表					
6	伝票番号	顧客		商品	個数	納入予定日
7	D2001	ムラサキ電気		コピー機	10	2025/3/5
8	D2002	レッドコーポ		空気清浄機	20	2025/3/5
9	D2003	株式会社オレン…			5	2025/3/5
15	D20…			コピー機		
16	D2010	レッド証券株		コピー機	20	2025/3/10
17	D2011	グリーンテック(株)		空気清浄機	10	2025/3/10
18	D2012	GRAY HOUSE(株)		コピー機	30	2025/3/15
19						

データベース

フィールド

ポイント

データベース　「納入管理表」の列見出しを含むセル範囲（B6:F18）を指定します。

フィールド　合計を求めたい「個数」の列見出しのセルE6を指定します。

条件　条件が入力されるセルの列見出しを含むセル範囲（C2:E3）を指定します。

使いこなしのヒント

引数［条件］の範囲に注意

引数［条件］に指定する範囲には、条件が入力されていない空白行を含めることはできません。ということは、AND条件のときとOR条件のときとで範囲は異なります。条件ごとに範囲が正しく設定されているか確認しましょう。

使いこなしのヒント

複雑な条件を満たすデータの平均を求める

条件に合うデータの平均値を求めるには、DAVERAGE関数を使います。使い方は、合計を求めるDSUM関数と同じです。

複雑な条件を満たすデータの平均を求める

ディーアベレージ
=DAVERAGE(データベース, フィールド, 条件)

スキルアップ

「～以上～以下」の条件を指定するには

数値や日付データに対しては、「～以上～以下」という範囲を条件にしたいことがあります。「～以上～以下」という条件は、「～以上」と「～以下」という2つの条件からなり両方を満たす必要があります。つまりAND条件です。AND条件の指定は、同じ行に入力する決まりなので、数値や日付の列見出しを2つ用意し、条件が同じ行になるようにします。なお、以上、以下、未満を表す記号は、レッスン28の109ページのヒントを参照してください。

同じ列見出しを用意し「～以上」と「～以下」の条件が同じ行になるようにする

納入個数計算			
商品	納入予定日	納入予定日	納入個数合計
コピー機	>=2025/3/1	<=2025/3/10	65

レッスン

55 複雑な条件を満たすデータの最大値を求めるには

DMAX

条件に合うデータの中の最大値を求めるには、データベース関数のDMAX関数を使います。あらかじめ入力した条件でデータを検索します。

データベース　対応バージョン 365 2024 2021 2019

複雑な条件を満たすデータの最大値を求める

ディーマックス

=DMAX(データベース,フィールド,条件)

DMAX関数は、データベース関数の1つです。DCOUNT関数やDSUM関数と同様に、引数［データベース］から［条件］の範囲に入力した複雑な条件に合うデータを探します。DMAX関数は、［フィールド］の列から最大値を求めて表示します。

引数

データベース	列見出しを含むデータの範囲を指定します。
フィールド	最大値を探す列の列見出しを指定します。
条件	条件を入力したセル範囲を指定します。

キーワード

セル範囲　P.313

関連する関数

DCOUNT　P.162
DSUM　P.164
MAX　P.92

スキルアップ

複雑な条件を満たすデータの最小値を求めるには

条件に合うデータの最大値はDMAX関数で求めますが、最小値はDMIN関数で求められます。DMIN関数の使い方は、DMAX関数と同じです。

複雑な条件を満たすデータの最小値を求める

ディーミニマム

=DMIN(データベース,フィールド,条件)

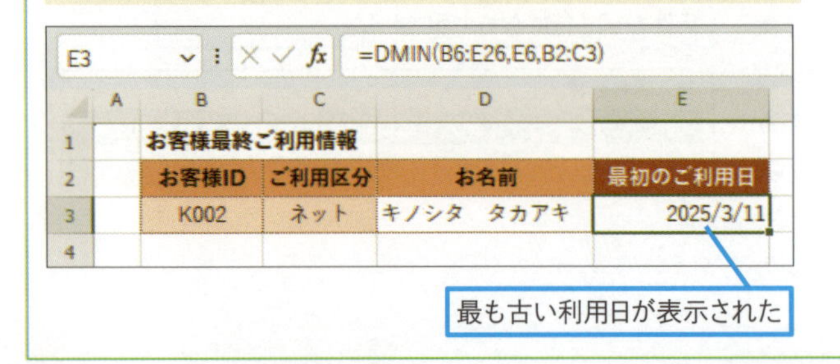

使いこなしのヒント

［フィールド］は列見出しで直接指定できる

データベース関数の引数［フィールド］には、計算の対象となる列の列見出しを指定しますが、セル番号のほか、文字列も指定できます。その場合、列見出しの文字列を「"ご利用区分"」のように「"」でくくります。

練習用ファイル ▸ L055_DMAX.xlsx

使用例 入力条件をすべて満たすデータの最大値を求める

セルE3の式

=DMAX(B6:E26, E6, B2:C3)

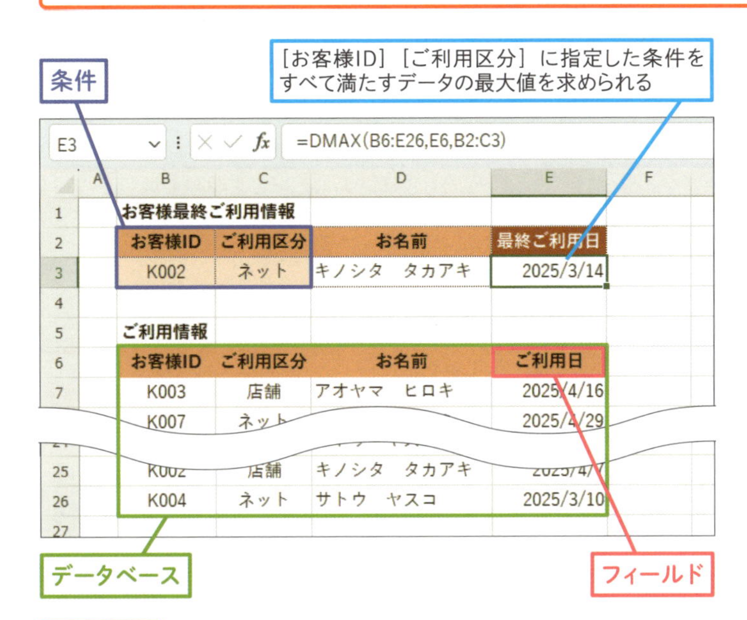

ポイント

データベース	「ご利用情報」の列見出しを含むセル範囲（B6:E26）を指定します。
フィールド	最大値（一番新しい日付）を求めたい「ご利用日」の列見出しのセルE6を指定します。
条件	条件が入力されるセルの列見出しを含むセル範囲（B2:C3）を指定します。

使いこなしのヒント

条件が設定されていない場合

データベース関数は、引数［条件］の範囲に入力された条件に合うデータを集計します。条件をすべて削除した状態にすると、全データが対象になります。ということは、DMAX関数の結果はMAX関数を使った場合と同じです。DSUM関数ならSUM関数の結果と一致します。データベース関数を使うメリットは、さまざまな条件を簡単に設定できる点です。条件が何もないときは、全データが集計されることを覚えておきましょう。

条件が何も入力されていない

お客様ID	ご利用区分	お名前	最終ご利用日
		#N/A	2025/4/29

すべてのデータを対象に集計される

スキルアップ

条件を満たすデータが1つもない場合は

条件を満たすデータがない場合、DMAX関数の結果には「0」が表示されます。条件を満たしていても集計の結果として「0」が表示される可能性（最大値が0の場合）もあるので注意しましょう。練習用ファイルでは、日付が「0」となってしまうので、IF関数と組み合わせて「データなし」の文字を表示するなどの工夫が必要です。

条件を満たす日付がない場合のエラー処理（セルE3の式）

=IF(イフ)(DMAX(B6:E26, E6, B2:C3)=0, "データなし", DMAX(B6:E26, E6, B2:C3))

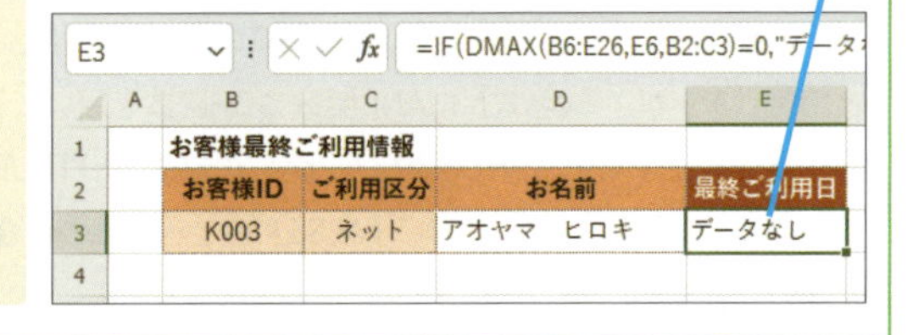

レッスン

56 条件に合うかどうかを調べるには

AND、OR

複数の条件がある場合、すべての条件を満たしているかを確認するにはAND関数、いずれか1つでも条件を満たしているかを確認するにはOR関数を使用します。

論理　対応バージョン 365 2024 2021 2019

複数の条件がすべて満たされているか判断する

=AND(アンド)(論理式1, 論理式2, …, 論理式255)

複数の条件［論理式］を指定し、それらをすべて満たしているかどうかを判定するのがAND関数です。結果は条件のすべてが満たされているとき「TRUE」、それ以外は「FALSE」になります。

引数

論理式1～255　条件を式で指定します。

キーワード

FALSE	P.311
TRUE	P.311
論理式	P.315

関連する関数

IF	P.108

論理　対応バージョン 365 2024 2021 2019

複数の条件のいずれかが満たされているか判断する

=OR(オア)(論理式1, 論理式2, …, 論理式255)

OR関数は、複数の条件［論理式］のいずれか1つでも満たしていれば「TRUE」、どの条件も満たしていないとき「FALSE」になります。

引数

論理式1～255　条件を式で指定します。

スキルアップ

IF関数に複数条件の組み合わせを指定する

AND関数やOR関数は、IF関数（レッスン28参照）の引数によく使われます。IF関数は「=IF(論理式,真の場合,偽の場合)」と指定しますが、［論理式］にAND関数やOR関数を用いて複数条件を指定すると、AND関数、OR関数の結果が「TRUE」のとき、［真の場合］が実行され、「FALSE」のとき［偽の場合］が実行されます。

IF関数の論理式にAND関数を使う（セルE3の式）

=IF(イフ)(AND(B3>=10000, C3>=10000, D3>=10000),"達成","")

練習用ファイル ▸ L056_AND.xlsx

使用例1 7、8、9月がすべて10000以上か判定する　セルE3の式

=AND(B3>=10000,C3>=10000,D3>=10000)

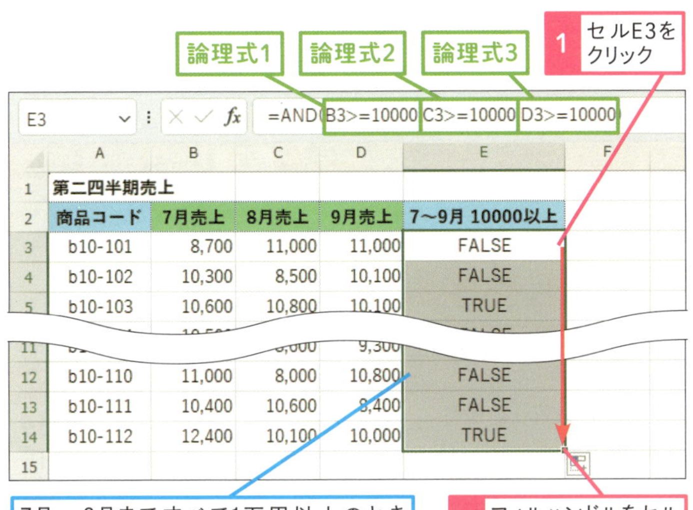

使いこなしのヒント

論理式の作り方は?

[論理式] は、2つのもの（値や文字、セル参照など）を比較演算子（レッスン28の109ページ参照）でつなぐ形で入力します。

使いこなしのヒント

条件が1つなら関数は不要

条件が1つの場合、関数は必要ありません。例えば「7月売り上げが10000以上」を判定したいときは、セルE3に「=B3>=10000」と入力します。この場合も結果は、条件が満たされているとき「TRUE」、満たされていないとき「FALSE」になります。

練習用ファイル ▸ L056_OR.xlsx

使用例2 7、8、9月のいずれかが10000以上か判定する　セルE3の式

=OR(B3>=10000,C3>=10000,D3>=10000)

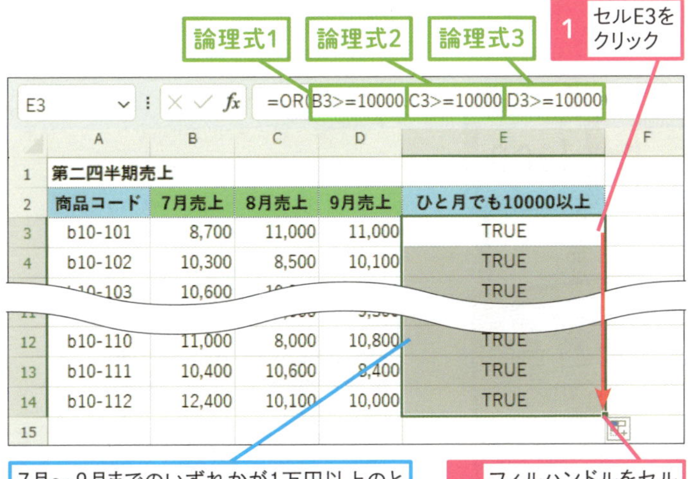

使いこなしのヒント

条件に合わないことを確かめるには

論理式は、条件に合う場合に「TRUE」が表示されますが、反対に条件に合わないときに「TRUE」を表示したい場合は、NOT関数を使います。なお、NOT関数に複数の条件を指定する場合は、引数にAND関数やOR関数を組み込みます。

論理式の結果のTRUEとFALSEを逆にする

=NOT(ノット)(論理式)

レッスン

57 表示データのみ集計するには

SUBTOTAL

SUBTOTAL関数は、合計や平均など集計方法を選択できる関数です。表示されていない行は集計の対象にならないのが特徴です。

数学／三角　対応バージョン 365 2024 2021 2019

さまざまな集計値を求める

サブトータル
=SUBTOTAL(集計方法, 参照1, 参照2, …, 参照254)

SUBTOTAL関数は、引数［集計方法］で指定した番号（1～11、または101～111）に対応する集計を行います。引数［参照］には、集計対象のセル範囲を指定しますが、フィルター機能により表示されていない行は対象になりません。

引数

集計方法　171ページの使いこなしのヒントを参考に、1～11、101～111の集計方法の番号を指定します。フィルター機能による非表示の行は集計対象から除かれます。フィルターの機能を使わず、任意に非表示にした行を除く場合は、101～111を指定します。

参照　集計対象にする範囲を指定します。

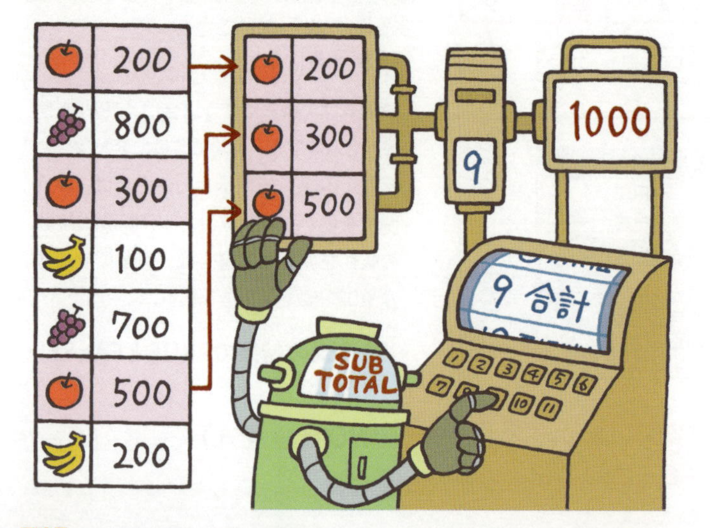

キーワード

テーブル	P.314
フィルター	P.315

関連する関数

AVERAGEA	P.90
COUNT	P.148
SUM	P.88

使いこなしのヒント

テーブルのデータ範囲を指定するには

引数［参照］にテーブルの列を指定する場合、列見出しの上部にマウスポインターを合わせ、黒い矢印の状態でクリックします。指定した列は、「テーブル名[列見出し]」のように列見出しの項目で表されます。

マウスポインターがこの形になったらクリックする

科目	金額
交通費	980
出張旅費	18,000
消耗品費	2,000
交際費	12,500

練習用ファイル ▸ L057_SUBTOTAL.xlsx

使用例 抽出されたデータの合計を求める

セルE2の式

=SUBTOTAL(9, 経費一覧[金額])

集計方法

フィルター機能で抽出された経費の合計金額が求められる

E2 =SUBTOTAL(9,経費一覧[金額])

	A	B	C	D	E
1			総件数	抽出件数	金額合計
2		経費集計	17	17	244,030
3					
4	日付	部署	社員番号	科目	金額
5	2025/2/1	宣伝部	S00142	交通費	980
6	2025/2/1	営業部		出張旅費	18,000
19			S00156		36,000
20	2025/2/13	営業部	S00460	出張旅費	12,000
21	2025/2/14	宣伝部	S00131	消耗品費	600

参照

ポイント

集計方法 フィルター機能により抽出されたデータの合計を求めるので「9」を指定します。

参照 合計計算の対象とする「金額」のデータ範囲を指定します。ここではテーブル名「経費一覧」の「金額」を表す「経費一覧［金額］」が指定されます。

使いこなしのヒント

集計方法にはどんなものがあるの？

引数［集計方法］に指定する1～11（101～111）には、以下の集計内容が割り当ててあります。

●引数［集計方法］に指定する番号

集計方法の番号	集計内容（相当する関数）
1（101）	平均（AVERAGE）
2（102）	数値の個数（COUNT）
3（103）	空白以外のデータの個数（COUNTA）
4（104）	最大値（MAX）
5（105）	最小値（MIN）
6（106）	積（PRODUCT）
7（107）	標本標準偏差（STDEV.S）
8（108）	標準偏差（STDEV.P）
9（109）	合計（SUM）
10（110）	不偏分散（VAR.S）
11（111）	標本分散（VAR.P）

スキルアップ

非表示の行を含まず表示しているデータのみを集計する

任意の行を非表示にするには、行番号を右クリックして「非表示」を選びます。この方法で行を非表示にした場合、SUBTOTAL関数の引数［集計方法］に注意が必要です。非表示の行を集計の対象にしたくないなら、［集計方法］に101～111を指定します。

表示している行のデータの件数を表示する（セルD2の式）

=SUBTOTAL(102, A5:A21)

表示している行の合計を表示する（セルE2の式）

=SUBTOTAL(109, E5:E21)

5行目～8行目を非表示にして、表示した行のデータだけを集計する

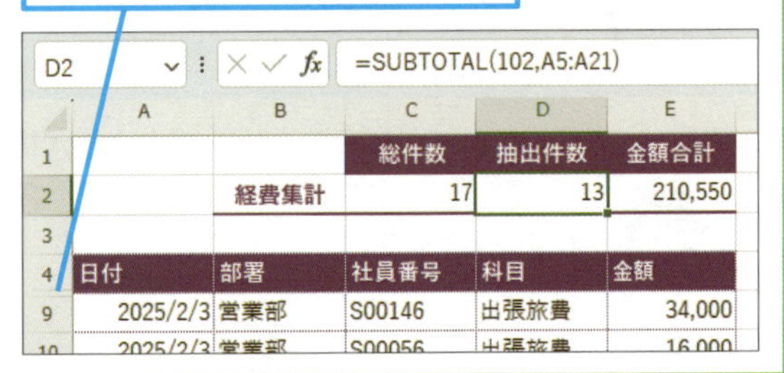

この章のまとめ

引数に間違いがないか必ず確認！

この章では、主に条件を付けて集計するいろいろな関数を紹介しました。「○○だけに絞って計算したい」を可能にする関数です。扱うデータ件数が多い場合、細分化して集計する必要が出てきますが、そんなときにここで紹介した関数を思い出してください。ただ、使う際には注意が必要です。条件を付けて集計した場合、結果が合っているかどうか、データ件数が100件、1000件と多い場合、答え合わせはなかなかできません。だからこそ、引数の理解はとても重要です。間違いなく入力するために、引数の確認を心がけるようにしましょう。

I3 =COUNTIFS(B3:B17,G3,C3:C17,H3)

	A	B	C	D	E	F	G	H	I
1	商品マスタ						商品件数		
2	商品ID	取扱部署	商品分類	商品名	金額		取扱部署	商品分類	商品件数
3	S10001	事業部	製品	Super Bulue 300	24,000		開発部	原料	5
4	S10002	開発部	製品	Super Bulue 600	26,000				
5	S10003	事業部	製品	Super Bulue 900	30,000				
6	S10004	開発部	原料	Base Orange	6,000				
7	S10005	開発部	原料	Base Pink	6,000				
8	S10006	開発部	製品	Pearl White P101	15,000				
9	S10007	事業部	原料	White Windows W	7,000				
10	S10008	事業部	原料	White Windows X	7,000				
11	S10009	事業部	製品	Ultra Black B10	8,000				

計算内容や条件の数などから目的に合った関数を選ぶ

先生、似たような関数ばかりで混乱中です！

ここで紹介した関数は、次のように大きく3つに分類して覚えるといいよ。
①末尾に「IF」が付く関数―1つの条件を設定できる
②末尾に「IFS」が付く関数―複数の条件を設定できる
③頭に「D」が付く関数―ANDやORなど複雑な条件を設定できる

なるほど。合計ならSUMをつないで、SUMIF、SUMIFS、DSUMになるわけですね。

その通り！ ちなみに「IFS」は「IF」の複数形って覚えておこう。

おー！ 条件も複数ってことですね！

活用編

第6章

データを変換・整形する

この章では、文字列を操作する関数を紹介します。すでにあるデータを用途に合わせて作り直したいというときに欠かせない関数です。文字種を変換したり、特定の文字を取り出したりして、データを整えます。

レッスン

58 Introduction この章で学ぶこと データを処理しやすい形に変えよう

この章では、入力済みの文字列を関数で整える方法を紹介します。社内のデータベースにあるデータは、必ずしも使いやすい体裁になっているとは限りません。そのようなときに、本章で解説する関数が役立ちます。ここでは本章で解説する主な関数を紹介します。

関数を使って既存のデータを整える

関数を使ってデータを整える？　どんなときにそんな関数が役立つのか、あんまりイメージが湧かないなあ……。

実際の業務を思い浮かべると、分かりやすいよ。実務では大量のデータを、いちから入力することはあまりなく、社内のデータベースなどから取り込むことが多いはず。

確かに。必要なデータは社内で使っているWebシステムからダウンロードしたりします。

うんうん、でも取り込んだデータが必ずしも、使いやすい形になっているとは限らないよね。例えば、以下のように、思った通りの形じゃなかったりする。そんなときに、この章で学ぶ関数が役立つのさ！

「-」を削除し、先頭4文字と残りの2桁を別々の列に表示したい

不要な改行を削除したい

	A	B	C	D
1		担当者名簿		
2		社員番号	所属部署 担当者名	住所
3		D001-01	総務部人事課 坂井　悠人	神奈川県鎌倉市稲村ガ崎X-X-X
4		D001-02	総務部広報課 西村　浩司	神奈川県鎌倉市大船X-X-X
5		D001-03	財務部経理課 小山　俊平	神奈川県鎌倉市材木座X-X-X
6		D001-04	財務部会計課 猫田　拓	神奈川県川崎市川崎区池田X-X-X

名前のふりがなだけが入力された列を用意したい

県名のみと、県名を除いた住所をそれぞれ別の列に表示したい

文字列を操作する関数を覚えよう

100件以上のデータがある表を、目的に合わせて作り直す必要があるとき、手作業で1つ1つ入力し直すのは、現実的じゃないよね。これらの関数を使えば、データの整形・変換作業がグンと楽になるよ。

LEFT関数で［個人基本情報］列のIDのみを取り出す

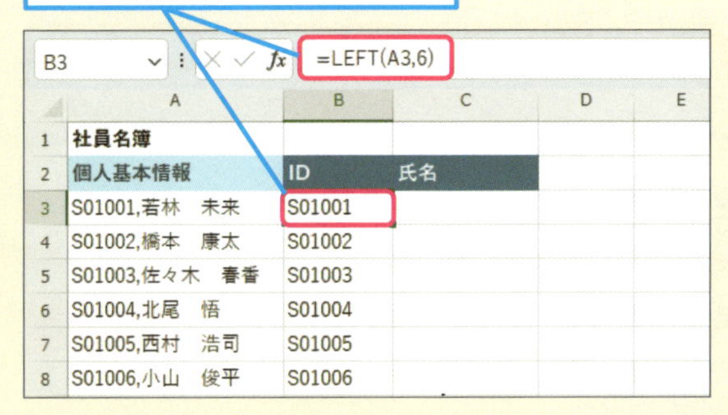

=LEFT(A3,6)

	A	B	C
1	社員名簿		
2	個人基本情報	ID	氏名
3	S01001,若林　未来	S01001	
4	S01002,橋本　康太	S01002	
5	S01003,佐々木　春香	S01003	
6	S01004,北尾　悟	S01004	
7	S01005,西村　浩司	S01005	
8	S01006,小山　俊平	S01006	

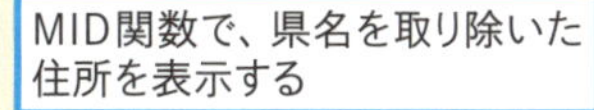

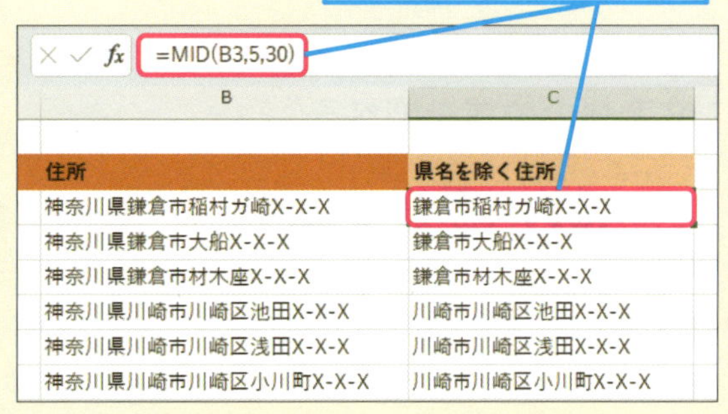

=MID(B3,5,30)

住所	県名を除く住所
神奈川県鎌倉市稲村ガ崎X-X-X	鎌倉市稲村ガ崎X-X-X
神奈川県鎌倉市大船X-X-X	鎌倉市大船X-X-X
神奈川県鎌倉市材木座X-X-X	鎌倉市材木座X-X-X
神奈川県川崎市川崎区池田X-X-X	川崎市川崎区池田X-X-X
神奈川県川崎市川崎区浅田X-X-X	川崎市川崎区浅田X-X-X
神奈川県川崎市川崎区小川町X-X-X	川崎市川崎区小川町X-X-X

TEXTJOIN関数で文字列を「-」で連結する

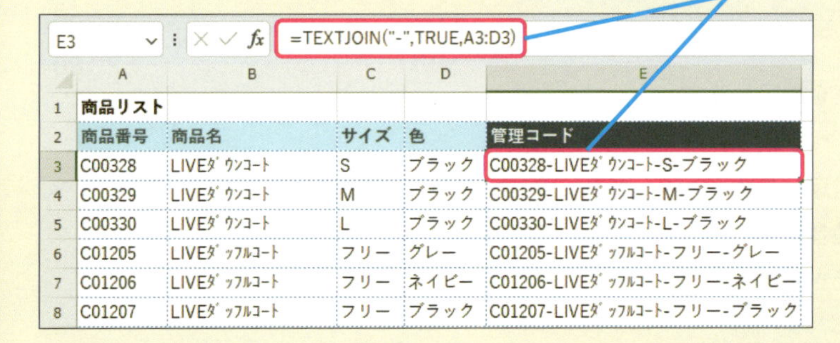

=TEXTJOIN("-",TRUE,A3:D3)

	A	B	C	D	E
1	商品リスト				
2	商品番号	商品名	サイズ	色	管理コード
3	C00328	LIVEﾀﾞｳﾝｺｰﾄ	S	ブラック	C00328-LIVEﾀﾞｳﾝｺｰﾄ-S-ブラック
4	C00329	LIVEﾀﾞｳﾝｺｰﾄ	M	ブラック	C00329-LIVEﾀﾞｳﾝｺｰﾄ-M-ブラック
5	C00330	LIVEﾀﾞｳﾝｺｰﾄ	L	ブラック	C00330-LIVEﾀﾞｳﾝｺｰﾄ-L-ブラック
6	C01205	LIVEﾀﾞｯﾌﾙｺｰﾄ	フリー	グレー	C01205-LIVEﾀﾞｯﾌﾙｺｰﾄ-フリー-グレー
7	C01206	LIVEﾀﾞｯﾌﾙｺｰﾄ	フリー	ネイビー	C01206-LIVEﾀﾞｯﾌﾙｺｰﾄ-フリー-ネイビー
8	C01207	LIVEﾀﾞｯﾌﾙｺｰﾄ	フリー	ブラック	C01207-LIVEﾀﾞｯﾌﾙｺｰﾄ-フリー-ブラック

データを取り出すだけじゃなくて、連結することもできるんですね！

PHONETIC関数で［氏名］列からふりがなを取り出す

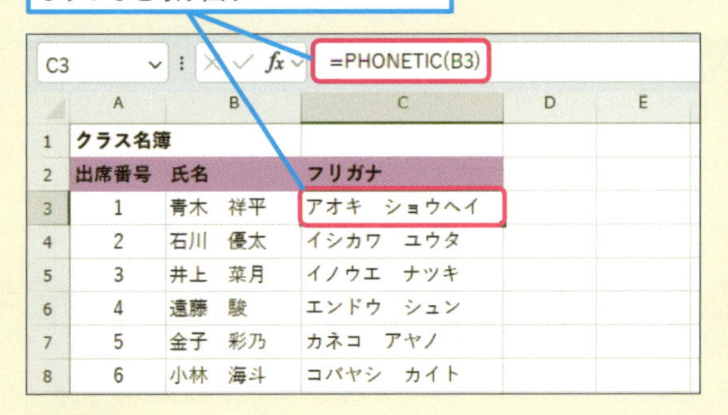

=PHONETIC(B3)

	A	B	C
1	クラス名簿		
2	出席番号	氏名	フリガナ
3	1	青木　祥平	アオキ　ショウヘイ
4	2	石川　優太	イシカワ　ユウタ
5	3	井上　菜月	イノウエ　ナツキ
6	4	遠藤　駿	エンドウ　シュン
7	5	金子　彩乃	カネコ　アヤノ
8	6	小林　海斗	コバヤシ　カイト

CLEAN関数で改行を取り除いて表示する

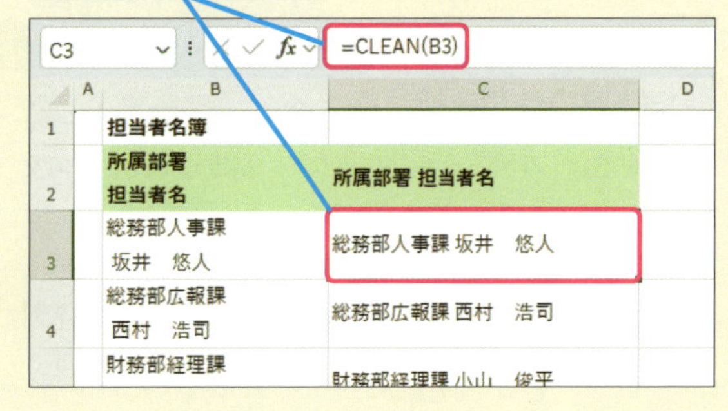

=CLEAN(B3)

	B	C
1	担当者名簿	
2	所属部署 担当者名	所属部署 担当者名
3	総務部人事課 坂井　悠人	総務部人事課 坂井　悠人
4	総務部広報課 西村　浩司	総務部広報課 西村　浩司
	財務部経理課	財務部経理課 小山　俊平

どれもとっても便利そう！　今まで苦労していたデータの作り直し作業も、関数で楽になりそうです。

レッスン

59 特定の文字の位置を調べるには

FIND

FIND関数は、文字列に含まれる特定の文字の位置を調べます。特定の文字が何文字目にあるかが分かれば、その文字まで取り出したり、その文字以降を消したりといったことが可能になります。

文字列操作　対応バージョン 365 2024 2021 2019

文字列の位置を調べる

ファインド
=FIND(検索文字列, 対象, 開始位置)

FIND関数は、指定した文字が何文字目かを調べます。結果は整数です。対象となる文字列に半角、全角の区別はありません。「あいうABC」という文字列があったとして「A」の文字位置は、FIND関数では「4」となります。

引数

検索文字列	検索したい特定の文字を指定します。
対象	［検索文字列］が含まれる文字列が入力されたセル、または文字列を指定します。
開始位置	文字の検索を始める位置を指定します。先頭文字から探す場合は省略できます。

キーワード
文字列 P.315

関連する関数
LEFT P.178
LEN P.200
MID P.180

スキルアップ

バイト数の位置を調べる

FIND関数は、半角と全角の区別なく、指定した文字が何文字目かを調べますが、半角文字を1バイト、全角文字を2バイトとし、何バイト目にあるかを調べる場合は、FINDB関数を使います。全角文字を使用する日本語、中国語、韓国語を対象にしたとき、FIND関数とFINDB関数の結果が異なります。

文字列のバイト位置を調べる

ファインドビー
=FINDB(検索文字列, 対象, 開始位置)

	A	B	C
1	部課名	FIND関数	FINDB関数
2	総務部人事課	3	5
3	CS広報部営業課	5	7
4	Service部第一課	8	8
5			

全角文字はFIND関数とFINDB関数の結果が異なる

練習用ファイル ▸ L059_FIND.xlsx

使用例 「部」の文字の位置を調べる

セルB3の式

=FIND("部",A3)

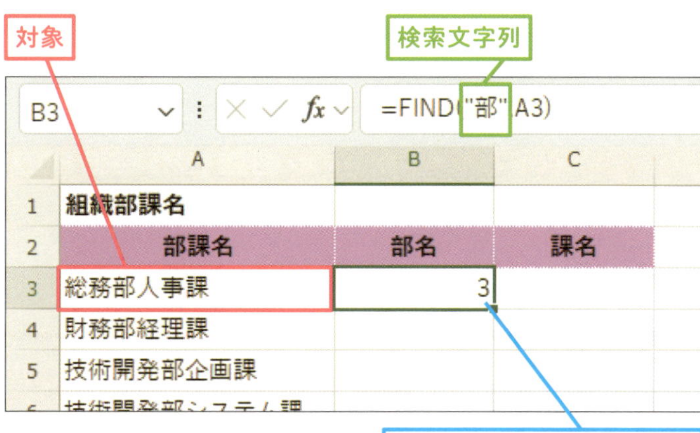

ポイント

検索文字列	「部」の文字を検索するので「"」でくくって指定します。
対象	部課名が入力されているセルA3を指定します。
開始位置	先頭文字から検索するので省略します。

使いこなしのヒント
LEFT関数で先頭から「部」まで取り出す

「部」の位置が判明したことで、部名と課名を別々のセルに分けることができます。FIND関数の結果が「3」とすると、先頭から3文字を取り出せば部名になります。先頭から文字を取り出すLEFT関数（レッスン60参照）と組み合わせます。

先頭から「部」の文字まで取り出す（セルB3の式）

=LEFT(A3,FIND("部",A3))（LEFT＝レフト）

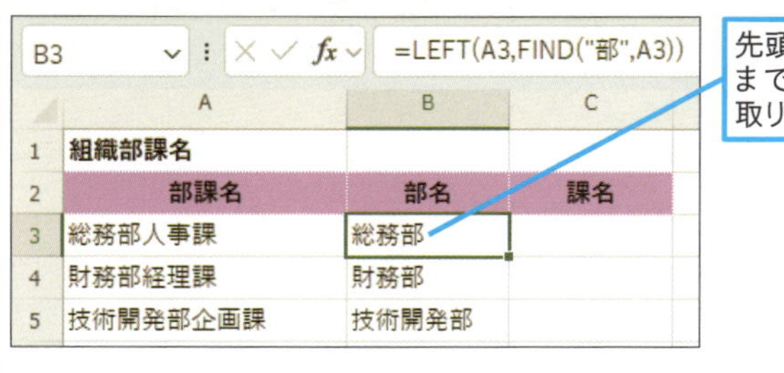

先頭から「部」まで3文字を取り出せた

使いこなしのヒント
空白の位置を調べるには

文字列に含まれる空白の位置を知りたい場合は、引数［検索文字列］に空白を指定します。空白は文字列と同じく「"　"」のように「"」でくくって指定します。

使いこなしのヒント
ほかの関数と組み合わせて使う

FIND関数の結果は、文字位置の数字が表示されるだけなので、単独で使うことはあまりありません。多くの場合、文字を取り出すLEFT関数（レッスン60）やMID関数（レッスン61）などのほかの文字列関数と組み合わせて使います。

使いこなしのヒント
SUBSTITUTE関数で課名を表示する

課名の取り出しは、取り出し済みの部名を利用します。部課名の部名を空白に置き換えて結果的に課名のみの表示にします。置き換えはSUBSTITUTE関数（レッスン66参照）で行います。

部課名の部名を空白に置き換える（セルC3の式）

=SUBSTITUTE(A3,B3,"")（SUBSTITUTE＝サブスティテュート）

部課名の部名を空白に置き換えることで、課名だけを取り出せた

レッスン

60 文字列の一部を先頭から取り出すには

LEFT

文字を取り出す関数はいくつか種類がありますが、LEFT関数は、文字列の先頭から文字を取り出します。引数には何文字を取り出すか文字数の指定が必要です。

文字列操作　対応バージョン 365 2024 2021 2019

先頭から何文字かを取り出す

=LEFT(文字列, 文字数)

（レフト）

LEFT関数は、文字列の左から、つまり先頭から文字を取り出します。引数には、対象となる文字列と取り出す文字数を指定します。使用例のように、先頭の6文字を取り出すことが決まっている場合は、引数［文字数］に「6」と指定できますが、取り出す文字数が不確定の場合は、何らかの方法で検出する必要があります。例えば、特定の文字まで取り出すなら、FIND関数で文字位置を調べ、それをLEFT関数の文字数にします（177ページの使いこなしのヒント参照）。

キーワード

文字列 P.315

関連する関数

FIND P.176
LEN P.200
MID P.180

引数

文字列　文字列か文字列が入力されたセルを指定します。
文字数　取り出す文字数を数値で指定するか、セルを指定します。

スキルアップ

バイト数を指定して文字を取り出せる

取り出すのを文字数ではなく、バイト数で指定する場合は、LEFTB関数を使います。この関数を使うと全角文字は1文字につき2バイト、半角文字は1文字につき1バイトで数えます。半角と全角の文字が混在するデータから決まったバイト数で文字を取り出すときに利用します。

先頭から何バイトかを取り出す

=LEFTB(文字列, バイト数)

（レフトビー）

練習用ファイル ▸ L060_LEFT.xlsx

使用例 先頭から6文字を取り出す

セルB3の式

=LEFT(A3,6)

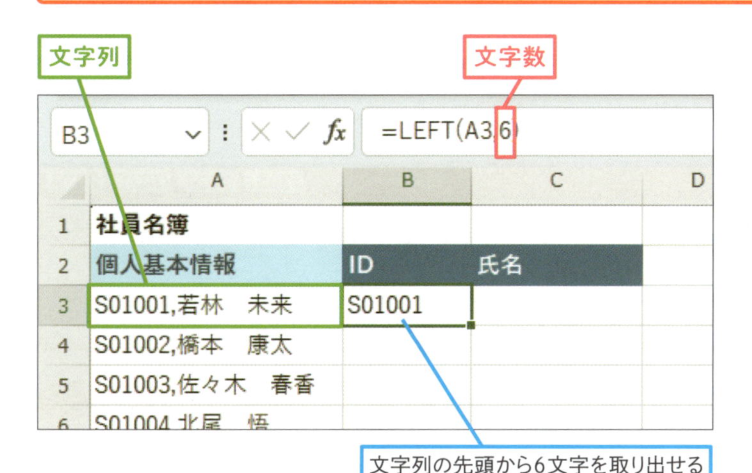

ポイント

文字列	元の文字列が入力されているセルA3を指定します。
文字数	先頭のIDの6文字を取り出したいので「6」を指定します。

スキルアップ

TEXTBEFORE/TEXTAFTER関数で取り出す

Excel 2024、Microsoft 365では、区切り文字の前後を取り出すTEXTBEFORE/TEXTAFTER関数を利用して、IDと氏名を取り出すことができます。どちらの関数も引数に対象となる文字列、区切りとなる文字列を（文字列,区切り文字）の順に指定します。

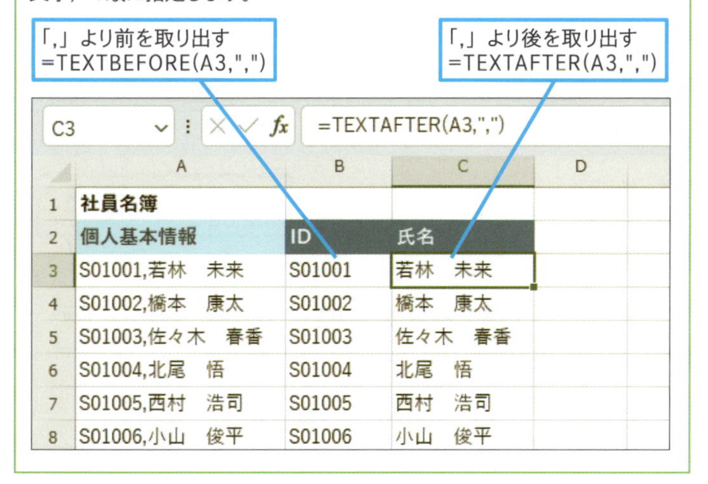

スキルアップ

文字列を末尾から取り出す

文字列を末尾から、つまり右から取り出すには、RIGHT関数、またはRIGHTB関数を使います。末尾から取り出す場合も、引数［文字数］で何文字分を取り出すかを指定します。

末尾から何文字かを取り出す

=RIGHT（文字列, 文字数）（ライト）

末尾から何バイトかを取り出す

=RIGHTB（文字列, バイト数）（ライトビー）

文字列を末尾から取り出せる

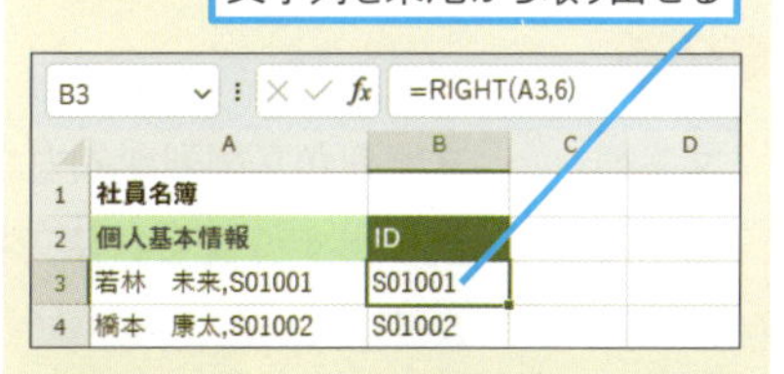

使いこなしのヒント

MID関数で氏名を取り出す

使用例では、氏名は8文字目からと分かっていますので、位置と文字数を指定して文字列を取り出すMID関数（レッスン61参照）を利用して氏名を取り出すことができます。

MID関数で氏名を取り出せる

C3 =MID(A3,8,10)

	A	B	C
1	社員名簿		
2	個人基本情報	ID	氏名
3	S01001,若林　未来	S01001	若林　未来
4	S01002,橋本　康太	S01002	橋本　康太
5	S01003,佐々木　春香	S01003	佐々木　春香
6	S01004,北尾　悟	S01004	北尾　悟
7	S01005,西村　浩司	S01005	西村　浩司
8	S01006,小山　俊平	S01006	小山　俊平

レッスン
61 文字列の一部を指定した位置から取り出すには

MID

文字列の一部を取り出すとき、取り出し位置と取り出す文字数が分かっている場合、MID関数を利用できます。「○文字目から○文字分」の指定が必要です。

文字列操作　対応バージョン 365 2024 2021 2019

指定した位置から何文字かを取り出す

=MID（文字列,開始位置,文字数）

MID関数は、文字列の一部を取り出す関数です。LEFT関数（レッスン60）は先頭から取り出すと決まっていますが、MID関数では取り出す位置の指定が可能です。
ここでは、「神奈川県」の住所から県名を除くために、神奈川県に続く5文字目以降を取り出します。

引数

文字列	文字列か文字列が入力されたセルを指定します。
開始位置	取り出す位置を数値で指定するか、セルを指定します。
文字数	取り出す文字数を数値で指定するか、セルを指定します。

キーワード

文字列 P.315

関連する関数

FIND P.176
LEN P.200
TEXTAFTER P.179
TEXTBEFORE P.179

スキルアップ

指定した位置から何バイトかを取り出す

取り出す位置や文字数をバイト数で指定する場合は、MIDB関数を使います。半角と全角の文字が混在するデータから文字数に関係なく、同じ位置から文字を取り出すときに利用します。

指定した位置から何バイトかを取り出す

=MIDB(文字列,開始位置,バイト数)

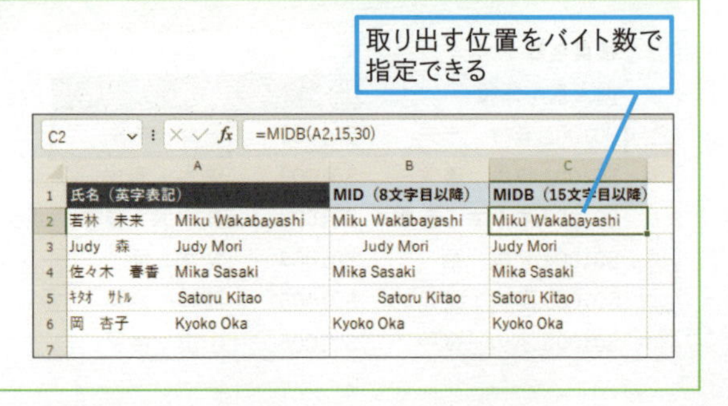

練習用ファイル ▸ L061_MID.xlsx

使用例 住所の5文字目以降を取り出す

セルC3の式

=MID(B3,5,30)

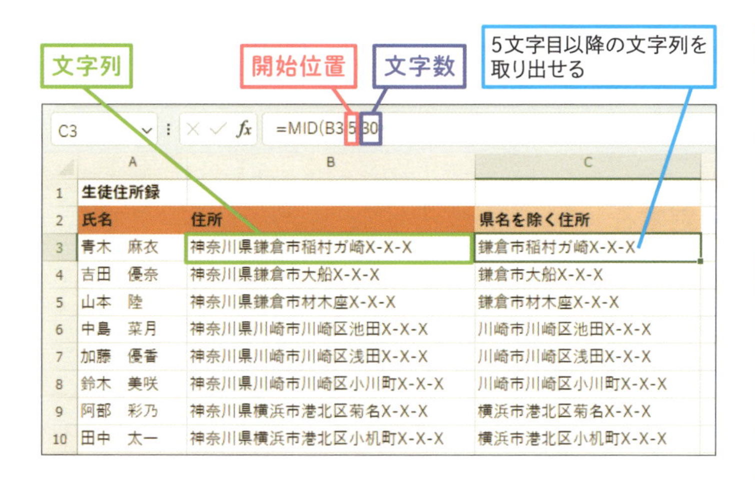

	A	B	C
1	生徒住所録		
2	氏名	住所	県名を除く住所
3	青木 麻衣	神奈川県鎌倉市稲村ガ崎X-X-X	鎌倉市稲村ガ崎X-X-X
4	吉田 優奈	神奈川県鎌倉市大船X-X-X	鎌倉市大船X-X-X
5	山本 陸	神奈川県鎌倉市材木座X-X-X	鎌倉市材木座X-X-X
6	中島 菜月	神奈川県川崎市川崎区池田X-X-X	川崎市川崎区池田X-X-X
7	加藤 優香	神奈川県川崎市川崎区浅田X-X-X	川崎市川崎区浅田X-X-X
8	鈴木 美咲	神奈川県川崎市川崎区小川町X-X-X	川崎市川崎区小川町X-X-X
9	阿部 彩乃	神奈川県横浜市港北区菊名X-X-X	横浜市港北区菊名X-X-X
10	田中 太一	神奈川県横浜市港北区小机町X-X-X	横浜市港北区小机町X-X-X

ポイント

文字列	元の文字列が入力されているセルB3を指定します。
開始位置	先頭から5文字目以降を取り出したいので「5」を指定します。
文字数	取り出す文字数は行により異なるため、想定される最大文字数「30」を指定します。

使いこなしのヒント

文字列の後半を取り出すには

引数［文字数］にすべてが取り出せる文字数を指定します。取り出す文字数がそれぞれ違う場合、最大文字数を指定します。

使いこなしのヒント

TEXTAFTER関数で都道府県名以降を取り出す

Excel 2024、Microsoft 365では、TEXTAFTER関数で指定した文字より後を取り出すことができます（179ページ参照）。練習用ファイルの例では「県」より後を取り出すために以下の式が利用できます。

=TEXTAFTER(A2,"県")（テキストアフター）

また、都道府県が混在している場合は、都、道、府、県の4つの文字を{}でくくり以下のようにします。

=TEXTAFTER(A2,{"都","道","府","県"})

スキルアップ

混在する都道府県名を取り除くには

都道府県名は、神奈川県、和歌山県、鹿児島県のみ4文字で、それ以外は3文字です。そこで、MID関数で4文字目を取り出して「県」かどうかを調べます。これをIF関数の条件にし、4文字目が「県」なら5文字目以降を取り出し、4文字目が「県」でなければ、4文字目以降を取り出します。

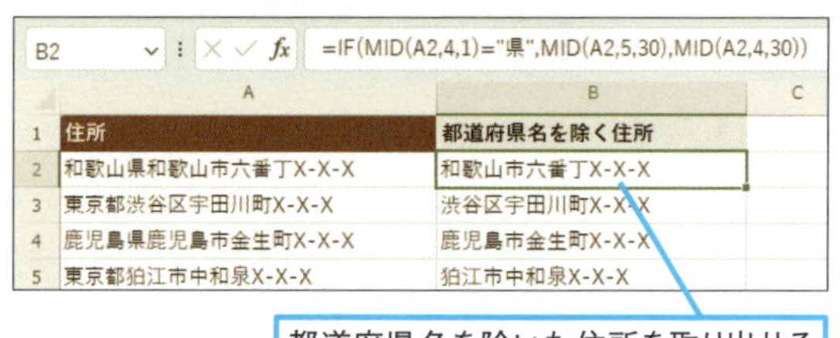

	A	B
1	住所	都道府県名を除く住所
2	和歌山県和歌山市六番丁X-X-X	和歌山市六番丁X-X-X
3	東京都渋谷区宇田川町X-X-X	渋谷区宇田川町X-X-X
4	鹿児島県鹿児島市金生町X-X-X	鹿児島市金生町X-X-X
5	東京都狛江市中和泉X-X-X	狛江市中和泉X-X-X

都道府県名を除いた住所を取り出せる

都道府県名を除いて取り出す(セルB2の式)

=IF(MID(A2,4,1)="県",MID(A2,5,30),MID(A2,4,30))（イフ）

ポイント

論理式	条件として「住所の4文字目=県」を指定します。
真の場合	住所の4文字目が県の場合（神奈川県、和歌山県、鹿児島県）、5文字目以降を取り出す「MID(A2,5,30)」を指定します。
偽の場合	住所の4文字目が県ではない場合（神奈川県、和歌山県、鹿児島県以外の都道府県）、4文字目以降を取り出す「MID(A2,4,30)」を指定します。

レッスン
62 文字列を区切り文字により複数セルに分割する

TEXTSPLIT

TEXTSPLIT関数は、文字列をセルごとに分けることができます。文字列に含まれる区切り文字ごとに、セルの横方向や縦方向に分割します。区切り文字を含む文字列データを複数セルに分けたいとき使用します。

文字列操作　対応バージョン 365 2024 2021 2019

文字列を指定した区切り文字で分割する

=TEXTSPLIT(文字列,列区切り文字,行区切り文字,空白処理,一致モード,補完値)

TEXTSPLIT関数は、文字列を特定の文字により、複数のセルに分割する関数です。結果として横方向（列ごと）、縦方向（行ごと）の複数セルに分割させることができます。また、引数によって空白セルの処理方法や区切り文字の大文字小文字の区別なども決めることができます。

引数

文字列	複数セルに分割したい文字列を指定します。
列区切り文字	横方向（列ごと）に分割する場合の区切り文字を指定します。
行区切り文字	縦方向（行ごと）に分割する場合の区切り文字を指定します。
空白処理	セルに分割するものがなく空白になる場合の処理をTRUE（空白セルを無視)、またはFALSE（空白セルを含む）（省略可）で指定します。
一致モード	区切り文字の大文字小文字を区別するかどうかを0(区別する)(省略可)、または1(区別しない)で指定します。
補完値	列区切り文字、行区切り文字を同時に指定した場合（次ページスキルアップ参照）に発生する可能性のある不足部分に表示する値を指定します（省略可)。省略した場合、不足部分に#N/Aが表示されます。

キーワード

スピル　P.313

文字列　P.315

関連する関数

LEFT　P.178

MID　P.180

SUBSTITUTE　P.190

使いこなしのヒント

自動的に必要な複数セルに分割される

TEXTSPLIT関数の結果は、スピル機能が働き、式を入力したセルから必要なだけの複数セルに分割されます。なお、結果を表示するためのセルが空欄でない場合、エラーを示す「#スピル!」が表示されます。

練習用ファイル ▸ L062_TEXTSPLIT.xlsx

使用例 「-」ごとに文字列を横方向（列ごと）に分割する

セルC3の式

=TEXTSPLIT(B3,"-")

文字列

列区切り文字

C3 =TEXTSPLIT(B3,"-")

	A	B	C	D	E	F
1		商品管理				
2		管理コード	商品番号	商品名	サイズ	色
3		C00328-ダウンコート-S-ブラック	C00328	ダウンコート	S	ブラック
4		C00329-ダウンコート-M-ブラック	C00329	ダウンコート	M	ブラック
5		C00330-ダウンコート-L-ブラック	C00330	ダウンコート	L	ブラック
6		C01205-ダッフルコート--グレー	C01205	ダッフルコート		グレー
7		C01206-ダッフルコート--ネイビー	C01206	ダッフルコート		ネイビー

「-」を区切り文字として文字列が分割される

ポイント

文字列	分割したい文字列が入力されたセルB3を指定します。
列区切り文字	横方向（列ごと）に分割するための区切り文字「-」を""でくくって指定します。
行区切り文字	縦方向（行ごと）の分割はないため省略します。
空白処理	セルに入れる文字列がない場合、空白セルにしたいので省略します。
一致モード	区切り文字の大文字小文字を区別するので省略します。
補完値	列区切り文字、行区切り文字を同時に指定していないので省略します。

使いこなしのヒント

引数[補完値]が必要な場合

列区切り文字、行区切り文字を同時に指定した場合、行ごとに分割される列数が違う例では、表示する文字列がないセルにエラーが表示されます。これを回避するには引数［補完値］を指定します。

総務部-3名-1名/開発部-4名/営業部-2名
3列に分割　2列に分割　2列に分割

表示する文字列がないため
エラーになる

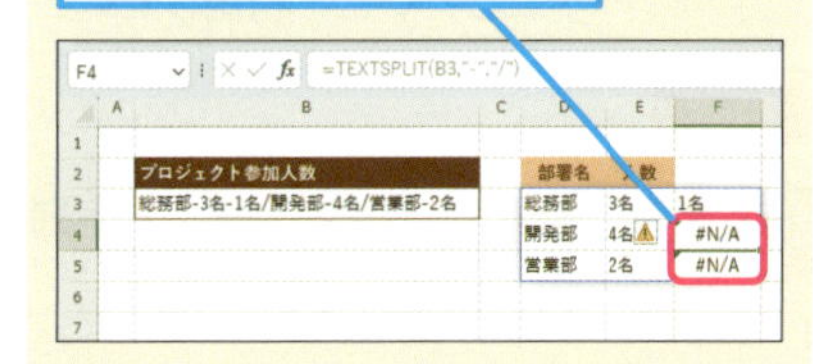

スキルアップ

異なる区切り文字により縦横に分割する

引数［列区切り文字］、［行区切り文字］にそれぞれ異なる区切り文字を指定し、横方向（列ごと）にも縦方向（行ごと）にも同時に分割することができます。例では、「総務部-3名/開発部-4名/営業部-2名」に含まれる「-」により横方向に、「/」により縦方向に分割しています。

列方向、行方向同時に分割される

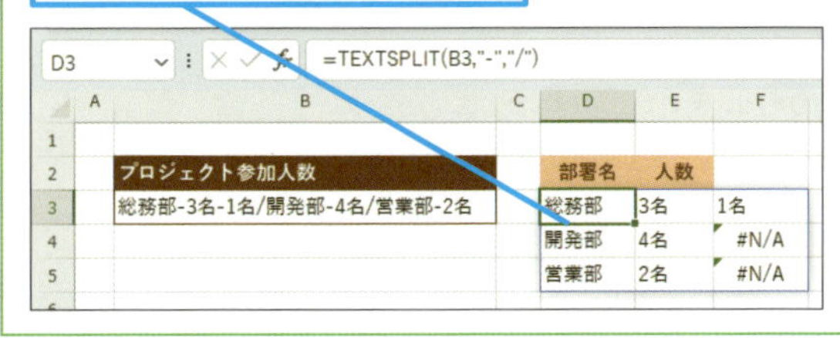

「-」と「/」で列行に分割する（セルD3の式）

=TEXTSPLIT(B3,"-","/")

レッスン

63 異なるセルの文字列を連結するには

CONCAT、TEXTJOIN

セル同士を連結して新しいデータを作りたいとき、いくつかの方法があります。単純にセルの内容を連結するか、あるいは、区切り文字で内容をつなぐか、関数によりできることが違うため注意が必要です。

文字列操作　対応バージョン 365 2024 2021 2019

指定した文字列を結合する

=CONCAT(文字列1, 文字列2, …, 文字列253)

（CONCAT：コンカット）

CONCAT関数は、引数に指定した文字列やセル、セル範囲の文字列をつなぎます。別々のセルに入力した文字列を結合して1つの文字列データにしたいとき利用します。

引数

文字列　結合したい文字列、文字列が入力されたセルやセル範囲を指定します。

キーワード

&	P.311
互換性	P.312
文字列	P.315

関連する関数

FIND	P.176
LEFT	P.178
LEN	P.200

文字列操作　対応バージョン 365 2024 2021 2019

指定した文字列を区切り文字や空のセルを挿入して結合する

=TEXTJOIN(区切り文字, 空のセル, 文字列1, 文字列2, …, 文字列252)

（TEXTJOIN：テキストジョイン）

TEXTJOIN関数も引数に指定した文字列やセル、セル範囲の文字列をつなぐことができます。CONCAT関数と異なるのは、区切り文字や空のセルの処理を指定できる点です。

引数

区切り文字　つないだ文字列と文字列の間に挿入する区切り文字を指定します。

空のセル　空のセルを無視する場合は「TRUE」、空のセルを含める場合は「FALSE」を指定します。

文字列　結合したい文字列、文字列が入力されたセルやセル範囲を指定します。

関連する関数

FIND	P.176
LEFT	P.178
LEN	P.200

練習用ファイル ▸ L063_CONCAT.xlsx

使用例1 セル範囲にある文字列を連結する

セルE3の式

=CONCAT(A3:D3)

文字列

4つのセルの文字列が1つに連結できる

E3 =CONCAT(A3:D3)

	A	B	C	D	E
1	商品リスト				
2	商品番号	商品名	サイズ	色	管理コード
3	C00328	LIVEﾀﾞｳﾝｺｰﾄ	S	ブラック	C00328LIVEﾀﾞｳﾝｺｰﾄSブラック
4	C00329	LIVEﾀﾞｳﾝｺｰﾄ	M	ブラック	C00329LIVEﾀﾞｳﾝｺｰﾄMブラック
5	C00330	LIVEﾀﾞｳﾝｺｰﾄ	L	ブラック	C00330LIVEﾀﾞｳﾝｺｰﾄLブラック
6	C01205	LIVEﾀﾞｯﾌﾙｺｰﾄ	フリー	グレー	C01205LIVEﾀﾞｯﾌﾙｺｰﾄフリーグレー
7	C01206	LIVEﾀﾞｯﾌﾙｺｰﾄ	フリー	ネイビー	C01206LIVEﾀﾞｯﾌﾙｺｰﾄフリーネイビー

ポイント

文字列 「商品番号」、「商品名」、「サイズ」、「色」のセル範囲を指定します。

使いこなしのヒント

「&」でも連結できる

「&」は、演算子の1つで文字列やセルをつなぎます。例えば、セルA1とセルB2、文字列「御中」をつないでセルC1に表示したいとき、セルC1に「=A1&B2&"御中"」の式を入力します。なお、セル範囲を指定することはできません。CONCAT関数、TEXTJOIN関数は、セル範囲の指定が可能です。

練習用ファイル ▸ L063_TEXTJOIN.xlsx

使用例2 セル範囲にある文字列を「-」でつなぐ

セルE3の式

=TEXTJOIN("-",TRUE,A3:D3)

区切り文字　空のセル

E3 =TEXTJOIN("-",TRUE,A3:D3)

	A	B	C	D	E
1	商品リスト				
2	商品番号	商品名	サイズ	色	管理コード
3	C00328	LIVEﾀﾞｳﾝｺｰﾄ	S	ブラック	C00328-LIVEﾀﾞｳﾝｺｰﾄ-S-ブラック
4	C00329	LIVEﾀﾞｳﾝｺｰﾄ	M	ブラック	C00329-LIVEﾀﾞｳﾝｺｰﾄ-M-ブラック
5	C00330	LIVEﾀﾞｳﾝｺｰﾄ	L	ブラック	C00330-LIVEﾀﾞｳﾝｺｰﾄ-L-ブラック
6	C01205	LIVEﾀﾞｯﾌﾙｺｰﾄ	フリー	グレー	C01205-LIVEﾀﾞｯﾌﾙｺｰﾄ-フリー-グレー
7	C01206	LIVEﾀﾞｯﾌﾙｺｰﾄ	フリー	ネイビー	C01206-LIVEﾀﾞｯﾌﾙｺｰﾄ-フリー-ネイビー

文字列

4つのセルの文字列が「-」でつながり1つに連結できる

ポイント

区切り文字 文字列と文字列の間に挿入する「-」を指定します。

空のセル 空のセルを無視する「TRUE」を指定します。

文字列 「商品番号」、「商品名」、「サイズ」、「色」のセル範囲を指定します。

スキルアップ

古いバージョンのExcelで文字列をつなぐには

古いバージョンのExcelでは、CONCATENATE関数を使います。ただし、引数にセル範囲の指定はできません。区切り文字の指定もできません。使用例と同じ「-」でつなぐには「=CONCATENATE(A3,"-",B3,"-",C3,"-",D3)」と指定します。

文字列を連結する(互換性関数)

=CONCATENATE(コンカティネート)(文字列1, 文字列2, …, 文字列255)

レッスン

64 ふりがなを表示するには

PHONETIC

Excelに入力した氏名のふりがなはPHONETIC関数で取り出して表示します。間違った読みで漢字に変換した場合にふりがなを修正する方法も紹介します。

情報　対応バージョン 365 2024 2021 2019

ふりがなを取り出す

=PHONETIC(参照)（フォネティック）

PHONETIC関数は、セルに漢字を入力したときの「ひらがなの読み」を表示します。
セルには、日本語を入力したときの読みがなが情報として保存されています。そのため、別の読み方で入力した漢字は、その間違った読みのままふりがなが表示されます。
ここでは、「氏名」列からふりがなを取り出し、「フリガナ」列に表示します。

引数

参照	ふりがなを表示する文字列が入力されたセルを指定します。

キーワード

文字列 P.315

関連する関数

ASC P.196
JIS P.196

使いこなしのヒント

ふりがなを修正するには

ふりがなの情報は、漢字を入力したセルを選択し、Alt+Shift+↑キーを押すと表示され、修正できるようになります。[ホーム]タブの[ふりがなの表示/非表示]ボタンの⌄をクリックして、[ふりがなの編集]を選んで修正することもできます。

名前を入力したセルをクリックしておく

1 Alt+Shift+↑キーを押す

ふりがなの候補が表示された

8	6	
9	7	斎藤　香奈
10	8	

正しいふりがなを入力し直す

練習用ファイル ▸ L064_PHONETIC.xlsx

使用例 氏名からふりがなを取り出す　セルC3の式

=PHONETIC(B3)

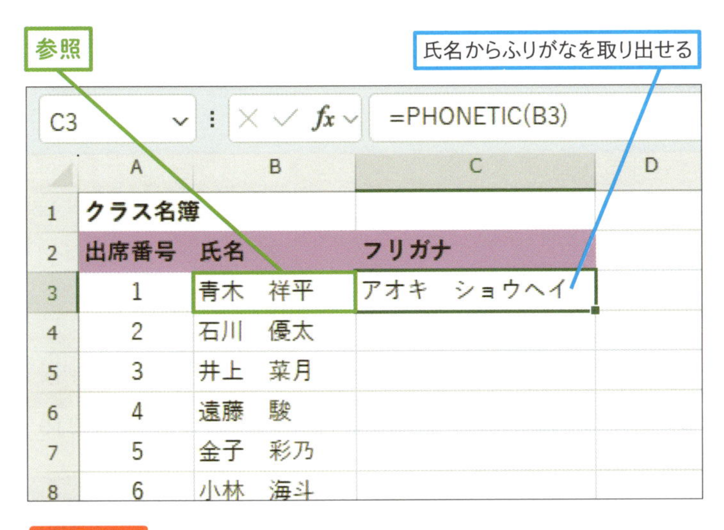

ポイント

参照	「氏名」列のセルを指定します。

使いこなしのヒント

［ふりがなの表示/非表示］ボタンで文字にふりがなが付く

［ホーム］タブの［ふりがなの表示/非表示］ボタンを利用すると、セルの文字に直接ふりがなを表示できます。PHONETIC関数はこのふりがなを取り出しています。

ここに注意

ほかのソフトウェアやWebページからコピーした文字列は、ふりがな情報がないため、漢字がそのまま表示されてしまいます。漢字を入力し直すか、ふりがなの修正が必要です。

スキルアップ

ふりがなをひらがなや半角カタカナにするには

［ふりがなの設定］ダイアログボックスを利用すれば、PHONETIC関数で取り出したふりがなの文字種を変更できます。以下の手順で［ふりがなの設定］ダイアログボックスを表示し、［種類］から［半角カタカナ］や［ひらがな］を選びます。なお、［ふりがなの設定］ダイアログボックスの［ふりがな］タブにある［配置］や［フォント］タブにある設定項目は、PHONETIC関数の表示内容には影響しません。［ふりがなの表示/非表示］ボタンを利用して、文字の上に表示したふりがなの配置やフォントを変更するときに設定します。

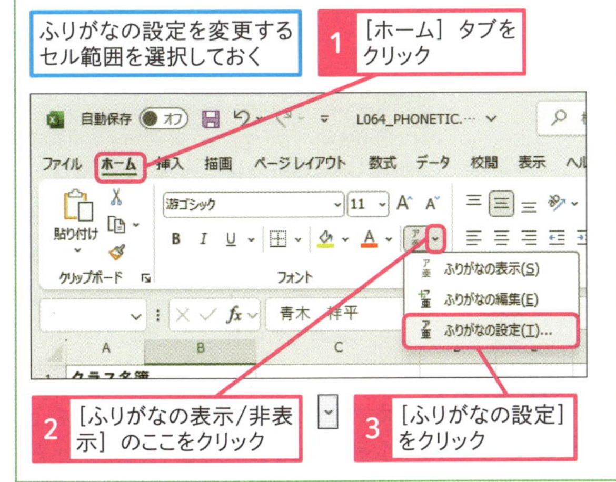

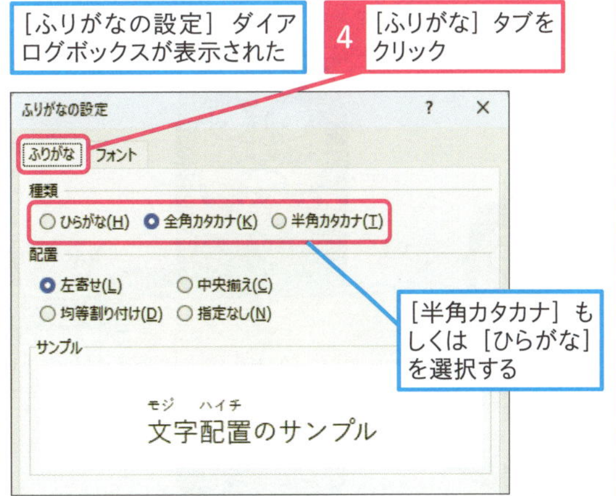

レッスン
65 位置と文字数を指定して文字列を置き換えるには

REPLACE

位置と文字数を指定して文字を置換するには、REPLACE関数を使うといいでしょう。桁がそろった数字や文字列での置換や削除、挿入に威力を発揮します。

文字列操作　対応バージョン 365 2024 2021 2019

指定した位置の文字列を置き換える

=REPLACE（リプレース）(文字列, 開始位置, 文字数, 置換文字列)

REPLACE関数は、指定した位置の文字を置き換える関数です。引数［開始位置］［文字数］で何文字目から何文字分を置き換えるかを指定します。最後の引数［置換文字列］に置き換え後の文字列を指定します。

なお、特定の文字を探して置き換える場合は、レッスン66で紹介するSUBSTITUTE関数を利用します。

引数

文字列	置き換える対象の文字列かセルを指定します。
開始位置	置き換える文字の開始位置を指定します。
文字数	置き換える文字数を指定します。
置換文字列	置き換え後の文字列か文字列が入力されたセルを指定します。文字列を指定するときは「"」でくくります。

キーワード

文字列 P.315

関連する関数

SUBSTITUTE P.190

使いこなしのヒント

REPLACE関数はどんな文字でも置き換わる

REPLACE関数は、文字位置を指定して置き換えるため、置き換える文字がどんな文字であっても関係なく、新しい文字に置き換わります。特定の文字だけを置き換えたいならSUBSTITUTE関数（レッスン66）を使います。

練習用ファイル ▸ L065_REPLACE.xlsx

使用例 商品名の7文字目から4文字分を置き換える

セルE3

=REPLACE(B3,7,4,"basic")

文字列　開始位置　文字数　置換文字列

E3　=REPLACE(B3,7,4,"basic")

	A	B	C	D	E	F
1	商品リスト			商品リスト（商品名改訂版）		
2	商品ID	商品名		商品ID	商品名	
3	b10-101	bread home 010		b10-101	bread basic 010	
4	b10-102	bread home 020		b10-102		
5	b10-103	bread home 030		b10-103		
6	b10-104	bread home 040		b10-104		
7	b10-105	bread home 050		b10-105		
8	b10-106	bread home 060		b10-106		
9	b10-107	bread home 070		b10-107		
10	b10-108	bread home 080		b10-108		
11	b10-109	bread home 090		b10-109		
12	b10-110	bread home 100		b10-110		

商品名に含まれる「home」を「basic」に置き換えられる

ポイント

文字列　元の文字列があるセルB3を指定します。

開始位置　7文字目からの「home」を置き換えるので「7」を指定します。

文字数　「home」の4文字を置き換えるので「4」を指定します。

置換文字列　「home」を「basic」に置き換えるので「"basic"」を指定します。

使いこなしのヒント

指定したバイト数の文字列を置き換えるには

REPLACE関数は、半角と全角の区別なく、何文字目から何文字分置き換えるかを指定しますが、半角文字を1バイト、全角文字を2バイトと数えて、バイト数で指定する場合は、REPLACEB関数を利用しましょう。

指定したバイト数の文字列を置き換える

=REPLACEB(文字列,開始位置,バイト数,置換文字列)（リプレースビー）

スキルアップ

指定した位置の文字列を削除できる

REPLACE関数は、指定した位置の文字を削除する場合にも利用できます。その場合、引数［置換文字列］に「""」を指定します。「""」は、文字が何もない状態を表すので、結果的に指定した位置の文字が削除されます。

7文字目から4文字削除する（セルE3の式）

=REPLACE(B3,7,4,"")

引数［置換文字列］に「""」を指定すると文字が削除できる

レッスン
66 文字列を検索して置き換えるには

SUBSTITUTE

特定の文字を探して別の文字に置き換えるときは、SUBSTITUTE関数を利用します。文字列に含まれる特定の文字を探して置き換えてくれるので、さまざまな処理に役立ちます。

文字列操作 対応バージョン 365 2024 2021 2019

文字列を検索して置き換える

サブスティテュート
=SUBSTITUTE(文字列,検索文字列,置換文字列,置換対象)

SUBSTITUTE関数は、指定した文字を探して、ほかの文字に置き換えます。検索する文字が複数あるとき、何番目の文字列を置換するかを選ぶこともできます。

引数

文字列	置き換える対象の文字列かセルを指定します。引数に文字を指定するときは「"」でくくります。
検索文字列	引数［文字列］の中で検索する文字を指定します。
置換文字列	置き換え後の文字列を指定します。
置換対象	引数［検索文字列］に合致する文字が複数あるとき、何番目を置換するかを指定します。省略した場合はすべて置換されます。

キーワード

文字列 P.315

関連する関数

REPLACE P.188
LEFT P.178
LEN P.200

スキルアップ

Excelの機能でも置換を実行できる

関数を利用しなくても、Excelの機能だけで文字を置換できます。［検索と置換］ダイアログボックスの［置換］タブにある［検索する文字列］と［置換後の文字列］にそれぞれ文字列を入力して置換を実行します。ただし、［検索と置換］ダイアログボックスを利用した場合は、文字データがすべて置き換わり、置換前の文字は残りません。元の文字列を残して別のセルに置換結果を取り出すときはSUBSTITUTE関数を使うようにしましょう。

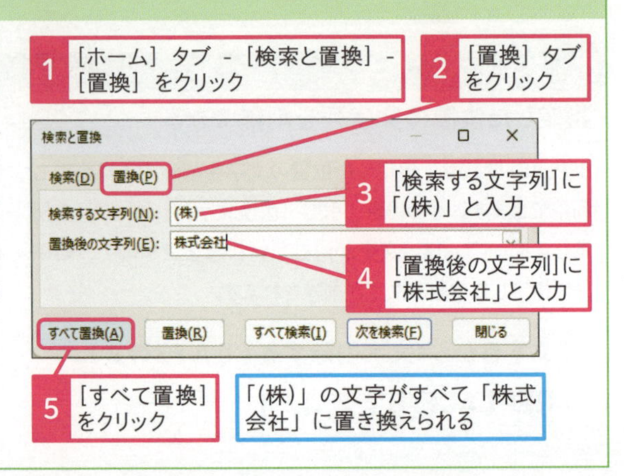

練習用ファイル ▸ L066_SUBSTITUTE.xlsx

使用例 「(株)」を「株式会社」に置き換える

セルC3の式

=SUBSTITUTE(B3,"(株)","株式会社")

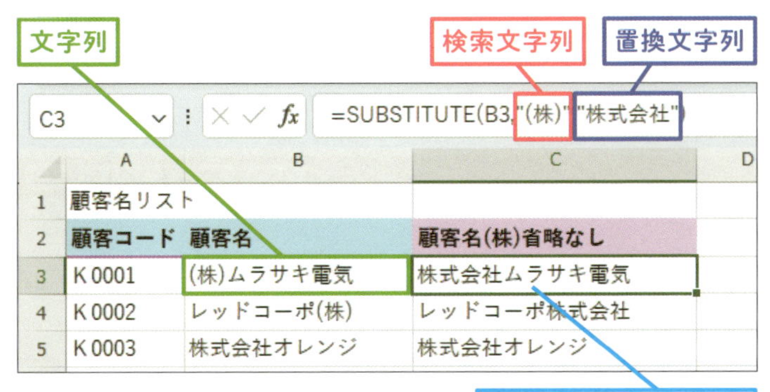

ポイント

- 文字列　元の文字列が入力されているセルB3を指定します。
- 検索文字列　置き換え前の文字「(株)」を「"」でくくって指定します。
- 置換文字列　置き換え後の文字「株式会社」を「"」でくくって指定します。
- 置換対象　「(株)」が複数含まれることはないものとし省略します。

使いこなしのヒント
文字位置を指定して置き換えるには

SUBSTITUTE関数は、指定した文字を探して置き換えますが、○文字目から○文字分を置き換えたい、のように文字位置と文字数で置換する場合は、REPLACE関数（レッスン65参照）を使います。

ここに注意

SUBSTITUTE関数は、大文字と小文字、全角と半角を区別します。引数［検索文字列］に指定した文字が大文字なら大文字を検索します。完全に一致する文字を探して置き換えることを覚えておきましょう。

スキルアップ
特定の文字を探して削除できる

SUBSTITUTE関数は文字を置き換える関数ですが、文字を削除する関数としても使えます。削除したい文字を引数［文字列］に指定し、置換後の文字として［置換文字列］に「""」を指定します。「""」は何もないことを表すので、結果的に文字を削除することができます。

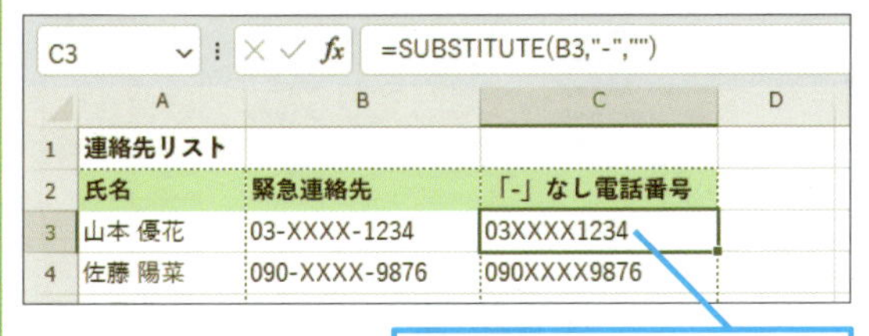

電話番号の「-」を削除する（セルC3の式）

サブスティテュート
=SUBSTITUTE(B3,"-","")

ポイント

文字列	元の文字列が入力されているセルB3を指定します。
検索文字列	置き換え前の文字「-」を「"」でくくって指定します。
置換文字列	置き換え前の文字を削除したいので文字が何もないことを表す「""」を指定します。
置換対象	電話番号に含まれるすべての「-」を対象にしたいので省略します。

レッスン

67 文字列が同じかどうか調べるには

EXACT

同じでなくてはならない2つの文字列があるとき、同じかどうかは見ただけでは分からないことがあります。EXACT関数で2つを比較して確認します。

文字列操作　　対応バージョン 365 2024 2021 2019

2つの文字列を比較する

=EXACT(文字列1, 文字列2)
（イグザクト）

引数に指定する2つの文字列を比較し、同じ場合は「TRUE」、同じでない場合は「FALSE」を表示します。大文字と小文字、全角と半角は区別されます。なお、書式の違いは無視されます。

引数

- **文字列1**　比較する一方の文字列を指定します。
- **文字列2**　比較するもう一方の文字列を指定します。

キーワード

FALSE	P.311
TRUE	P.311
条件付き書式	P.312

関連する関数

IF	P.108
NOT	P.297

スキルアップ

EXACT関数の結果を分かりやすくする

EXACT関数の結果はTRUE（真）かFALSE（偽）です。これは条件式が導き出すものと同じですから、そのままIF関数（レッスン28）や条件付き書式（レッスン09）の条件に利用できます。例では、IF関数を使ってH列が条件に合う（TRUE）とき空白を表示し、条件に合わないとき（FALSE）「NG」を表示しています。条件付き書式は、TRUEのとき書式が変わるので、ここではFALSEのとき書式が変わるようにNOT関数で結果を逆にしています。

セルH3がTRUEのとき空白をFALSEのときNGを表示する（セルI3の式）

=IF(H3,"","NG")
（イフ）

セルH3がFALSEのとき色を付ける（条件付き書式の条件に指定）

=NOT($H3)

IF関数でEXACT関数の結果がFALSEのとき「NG」を表示する

	A	B	C	D	E	F	G	H	I
1	PC備品管理表（3月棚卸）				PC備品管理表（6月棚卸）				
2	管理番号	型番	管理部署		管理番号	型番	管理部署	前回比較	結果
3	10-59001	PCV981547	営業部		10-59001	PCV981547	営業部	TRUE	
4	10-59002	PCV981562	営業部		10-59002	PCV981562	営業部	TRUE	
5	10-59003	PCV981591	営業部		10-59003	PCV981592	営業部	FALSE	NG
6	10-59004	PCV981581	営業部		10-59004	PCV981581	営業部	TRUE	
7	10-59005	PCN991594	営業部		10-59005	PCN991594	営業部	FALSE	NG
8	10-59006	PCN991592	開発事業部		10-59006	PCN-951592	開発事業部	FALSE	NG
9	10-59007	PCN991593	開発事業部		10-59007	PCN991593	開発部	TRUE	
10	10-59008	PCN991594	開発事業部		10-59008	PCN991594	開発事業部	TRUE	
11	10-59009	PCN991595	開発事業部		10-59009			FALSE	NG
12	10-59010	PCN991578	人事部		10-59010	PCN991578	人事部	TRUE	
13	10-59011	PCN991552	人事部		10-59011	PCN991552	人事部	TRUE	
14	10-59012	PCN991592	人事部		10-59012	PCN991592	人事部	TRUE	
15	10-59013	PCN991598	人事部		10-59013	PCN991598	人事部	TRUE	

条件付き書式でEXACT関数の結果がFALSEのときE列～H列に色を付ける

練習用ファイル ▸ L067_EXACT.xlsx

使用例 2つの表の文字列の違いを見つける

セルH3の式

=EXACT(B3,F3)

文字列1　文字列2

2つの文字列に違いがある場合は「FALSE」と表示される

H3　=EXACT(B3,F3)

	A	B	C	D	E	F	G	H
1	PC備品管理表（3月棚卸）				PC備品管理表（6月棚卸）			
2	管理番号	型番	管理部署		管理番号	型番	管理部署	前回比較
3	10-59001	PCV981547	営業部		10-59001	PCV981547	営業部	TRUE
4	10-59002	PCV981562	営業部		10-59002	PCV981562	営業部	TRUE
5	10-59003	PCV981591	営業部		10-59003	PCV981592	営業部	FALSE
6	10-59004	PCV981581	営業部		10-59004	PCV981581	営業部	TRUE
7	10-59005	PCN991594	営業部		10-59005	PCN991594	営業部	FALSE
8	10-59006	PCN991592	開発事業部		10-59006	PCN-951592	開発事業部	FALSE
9	10-59007	PCN991593	開発事業部		10-59007	PCN991593	開発部	TRUE
10	10-59008	PCN991594	開発事業部		10-59008	PCN991594	開発事業部	TRUE
11	10-59009	PCN991595	開発事業部		10-59009			FALSE
12	10-59010	PCN991578	人事部		10-59010	PCN991578	人事部	TRUE
13	10-59011	PCN991552	人事部		10-59011	PCN991552	人事部	TRUE
14	10-59012	PCN991592	人事部		10-59012	PCN991592	人事部	TRUE
15	10-59013	PCN991598	人事部		10-59013	PCN991598	人事部	TRUE

ポイント

文字列1　「PC備品管理表（3月棚卸）」の「型番」のセルB3を指定します。

文字列2　「PC備品管理表（6月棚卸）」の「型番」のセルF3を指定します。

使いこなしのヒント

どんなときに使う?

EXACT関数は、2つの表を突き合わせて、同じかどうか、違いはどこかを調べるときに利用します。例では、文字列を対象に調べていますが、数値を対象にすることもできます。EXACT関数なら見ても分からないような違いも見つけ出すことができます。

スキルアップ

引数に範囲を指定して比較できる

スピル機能が利用できるExcel（Excel 2021以降、Microsoft 365のExcel）では、同じ体裁の2つの表を比べる場合、EXACT関数の引数に範囲を指定することができます。引数［文字列1］［文字列2］のそれぞれに比較したい表の範囲を指定すると、スピル機能により自動的に各セルを比較した結果が表示されます。

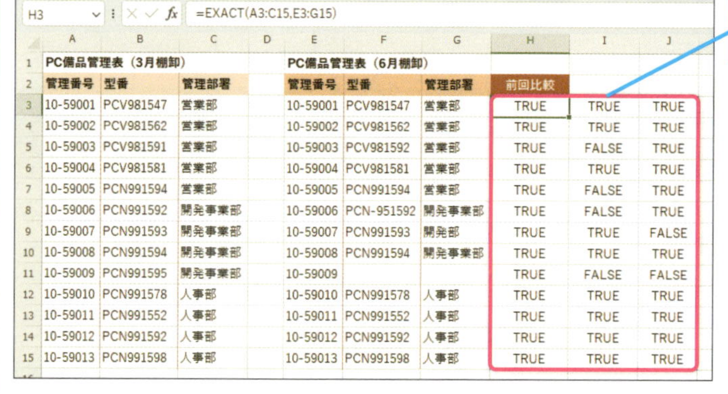

H3　=EXACT(A3:C15,E3:G15)

	A	B	C	D	E	F	G	H	I	J
1	PC備品管理表（3月棚卸）				PC備品管理表（6月棚卸）					
2	管理番号	型番	管理部署		管理番号	型番	管理部署	前回比較		
3	10-59001	PCV981547	営業部		10-59001	PCV981547	営業部	TRUE	TRUE	TRUE
4	10-59002	PCV981562	営業部		10-59002	PCV981562	営業部	TRUE	TRUE	TRUE
5	10-59003	PCV981591	営業部		10-59003	PCV981592	営業部	TRUE	FALSE	TRUE
6	10-59004	PCV981581	営業部		10-59004	PCV981581	営業部	TRUE	TRUE	TRUE
7	10-59005	PCN991594	営業部		10-59005	PCN991594	営業部	TRUE	FALSE	TRUE
8	10-59006	PCN991592	開発事業部		10-59006	PCN-951592	開発事業部	TRUE	FALSE	TRUE
9	10-59007	PCN991593	開発事業部		10-59007	PCN991593	開発部	TRUE	TRUE	FALSE
10	10-59008	PCN991594	開発事業部		10-59008	PCN991594	開発事業部	TRUE	TRUE	TRUE
11	10-59009	PCN991595	開発事業部		10-59009			TRUE	FALSE	FALSE
12	10-59010	PCN991578	人事部		10-59010	PCN991578	人事部	TRUE	TRUE	TRUE
13	10-59011	PCN991552	人事部		10-59011	PCN991552	人事部	TRUE	TRUE	TRUE
14	10-59012	PCN991592	人事部		10-59012	PCN991592	人事部	TRUE	TRUE	TRUE
15	10-59013	PCN991598	人事部		10-59013	PCN991598	人事部	TRUE	TRUE	TRUE

範囲のすべてのセルの比較結果が表示される

範囲A3:C15とE3:G15の各セルを比較する（セルH3の式）

=EXACT(A3:C15,E3:G15)

レッスン

68 セル内の改行を取り除くには

CLEAN

文字列が複数行入力されているセルには、見えない改行コードが挿入されています。CLEAN関数を使えば、改行コードを削除して1行の文字列に変更できます。

文字列操作　対応バージョン 365 2024 2021 2019

特殊な文字を削除する

=CLEAN(文字列)

CLEAN関数は、制御文字などの目に見えない特殊な文字を削除します。セル内の改行を取り消したいときによく利用します。また、別のソフトウェアやWebページなどからコピーしたデータには、Excelでは認識できない制御文字が含まれていることがあります。CLEAN関数は、これらを削除できる可能性があります。

引数

文字列　特殊な文字を削除したいセルを指定します。

キーワード

改行コード	P.311
制御文字	P.313
文字列	P.315

関連する関数

TRIM　P.194

使いこなしのヒント

改行コードの有無を確認するには

改行コードは、Excelの検索機能を使って検索できます。[検索と置換] ダイアログボックスの [検索する文字列] に改行コードを表すCtrl+Jキーを入力します。詳しくは、次ページのテクニックを参照してください。

スキルアップ

不要な空白はまとめて削除しよう

ほかのソフトウェアやWebページなどからコピーしたデータには、不要な空白が含まれている場合があります。しかし、空白を1つ1つ削除するのは骨の折れる作業です。そんなときはTRIM関数を使いましょう。TRIM関数は、単語間の空白は1つずつ残し、それ以外の不要な空白を削除します。

余計な空白文字を削除する

=TRIM(文字列)

練習用ファイル ▸ L068_CLEAN.xlsx

使用例 改行を取り除く　　セルC3の式

=CLEAN(B3)

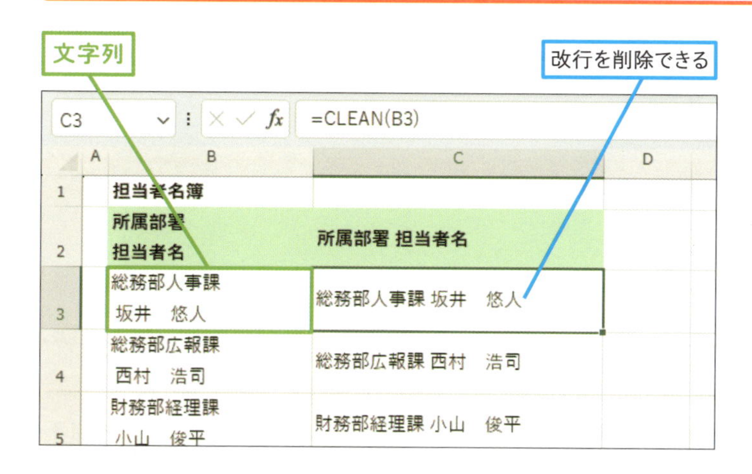

ポイント

文字列　改行が含まれる「所属部署担当者名」のセルB3を指定します。

スキルアップ

関数を使わずに改行コードを削除するには

改行コードは、Excelの機能により検索や置換が可能です。まず、190ページのスキルアップを参考に［検索と置換］ダイアログボックスを表示しましょう。ダイアログボックスの［検索する文字列］をクリックして、一度だけCtrl+Jキーを押します。何も表示されませんが、これで改行コードが指定されます。改行コードを削除するので、［置換後の文字列］には何も入力せずに置換を実行しましょう。

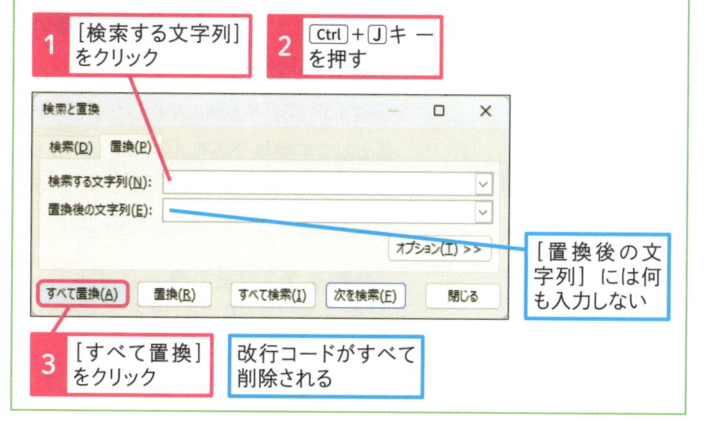

使いこなしのヒント

特殊な文字って何？

コンピュータで使用する文字にはコード番号が割り当てられています。改行や改ページなどの編集用、あるいは、機器を制御するために必要な記号などにも番号が割り当てられていますが、通常は目視で確認できず印刷もされません。異なるOSやソフトウェアからコピーしたデータに含まれることがあります。

使いこなしのヒント

なぜ特殊文字を削除するの？

制御文字などが含まれていると、検索や並べ替え、抽出などが意図した結果にならない場合があります。目には見えないため原因を追究することもかないません。そうしたときには、CLEAN関数が役立ちます。

使いこなしのヒント

セルの配置を変えても改行コードは消えない

改行コードが含まれるセルは、［ホーム］タブの［折り返して全体を表示する］ボタンが有効なときに複数行で表示されます。［折り返して全体を表示する］ボタンを無効にすると、改行されず1行の表示になります。しかし、改行コードが削除されたわけではありません。再度ボタンを有効にすると、改行された状態で表示されます。

レッスン

69 半角や全角の文字に統一するには

ASC、JIS

「同じ商品名なのに全角と半角のデータがある」という場合、正しくデータの検索や抽出ができません。ここでは、文字列を半角や全角に統一する方法を紹介します。

文字列操作　対応バージョン 365 2024 2021 2019

文字列を半角に変換する

=ASC(文字列)

アスキー

ASC関数は、半角に変換可能な文字を変換します。全角のカタカナやアルファベット、数字は半角に変換できますが、ひらがなや漢字は半角に変換できません。エラーは表示されませんが、結果は全角文字がそのまま表示されます。

引数

文字列　半角に変換する文字列が入力されているセルを指定します。

キーワード

数値	P.313
表示形式	P.314
文字列	P.315

関連する関数

LOWER	P.198
PROPER	P.199
UPPER	P.198

文字列操作　対応バージョン 365 2024 2021 2019

文字列を全角に変換する

=JIS(文字列)

ジス

JIS関数は、全角に変換可能な文字を変換します。半角のカタカナやアルファベット、数字を全角文字に変換できます。

引数

文字列　全角に変換する文字列が入力されているセルを指定します。

使いこなしのヒント

数値を全角で表示した場合

数値「38.20」を全角に変換した場合、数値としての実体である「３８．２」となります。「３８．２０」と表示するには、表示形式を指定するTEXT関数を利用します。

小数点第2位まで全角にする（セルA1に「38.20」がある場合）

=JIS(TEXT(A1,"0.00"))

練習用ファイル ▸ L069_ASC、JIS.xlsx

使用例 文字列を半角に統一する

セルC3の式

=ASC(B3)

文字列

文字列を半角に統一できる

C3 =ASC(B3)

	A	B	C	D
1	名簿			
2	氏名（漢字）	読み仮名	ﾌﾘｶﾞﾅ（半角）	フリガナ（全角）
3	青木　祥平	アオキ　ショウヘイ	ｱｵｷ ｼｮｳﾍｲ	アオキ　ショウヘイ
4	石川　優太	イシカワ　ユウタ	ｲｼｶﾜ ﾕｳﾀ	イシカワ　ユウタ
5	井上　菜月	ｲﾉｳｴ ﾅﾂｷ	ｲﾉｳｴ ﾅﾂｷ	イノウエ　ナツキ
6	遠藤　駿	エンドウ　ｼｭﾝ	ｴﾝﾄﾞｳ ｼｭﾝ	エンドウ　シュン
7	金子　彩乃	カネコ アヤノ	ｶﾈｺ ｱﾔﾉ	カネコ　アヤノ
8	小林　海斗	コバヤシ　カイト	ｺﾊﾞﾔｼ ｶｲﾄ	コバヤシ　カイト
9	斎藤　香奈	サイトウ　カナ	ｻｲﾄｳ ｶﾅ	サイトウ　カナ
10	佐々木　一輝	ササキ　カズテル	ｻｻｷ ｶｽﾞﾃﾙ	ササキ　カズテル
11	高橋　明日香	ﾀｶﾊｼ ｱｽｶ	ﾀｶﾊｼ ｱｽｶ	タカハシ　アスカ
12	田中　拓海	タナカ　タクミ	ﾀﾅｶ ﾀｸﾐ	タナカ　タクミ
13	中島　麻衣	ﾅｶｼﾞﾏﾏｲ	ﾅｶｼﾞﾏﾏｲ	ナカジマ　マイ
14	橋本　楓	ハシモト　カエデ	ﾊｼﾓﾄ ｶｴﾃﾞ	ハシモト　カエデ

セルD3に「=JIS(B3)」と入力する

ポイント

文字列　半角に統一したい文字列のセルB3を指定します。

使いこなしのヒント
カタカナ以外の文字も変換できる

ASC関数は、全角のカタカナ、アルファベット、数字を半角文字に変換します。また、全角の空白も半角の空白に変換します。

使いこなしのヒント
ASC関数で半角にできない文字がある

ASC関数は、カタカナを半角に変換できますが、一部半角にならない文字があります。以下のカタカナは半角文字が用意されていないため、変換できません。

● 半角にならないカタカナ

ヴ、ヰ、ヱ、ヵ、ヶ

スキルアップ
PHONETIC関数のふりがなを半角にする

文字の読みを表示するPHONETIC関数は、ふりがな機能を設定することで半角カタカナにできますが（レッスン64参照）、ASC関数と組み合わせると関数だけで半角にすることができます。

PHONETIC関数のふりがなを半角に変換する（セルC3の式）

=ASC(PHONETIC(B3))（アスキー）

ふりがなが半角カタカナになった

C3 =ASC(PHONETIC(B3))

	A	B	C	D	E	F
1	クラス名簿					
2	出席番号	氏名	ﾌﾘｶﾞﾅ(PHONETIC)			
3	1	青木　祥平	ｱｵｷ ｼｮｳﾍｲ			
4	2	石川　優太	ｲｼｶﾜ ﾕｳﾀ			
5	3	井上　菜月	ｲﾉｳｴ ﾅﾂｷ			
6	4	遠藤　駿	ｴﾝﾄﾞｳ ｼｭﾝ			
7	5	金子　彩乃	ｶﾈｺ ｱﾔﾉ			
8	6	小林　海斗	ｺﾊﾞﾔｼ ｶｲﾄ			

レッスン 70

英字を大文字や小文字に統一するには

UPPER、LOWER

英字の大文字と小文字をExcelは区別することができます。関数で英字の大文字や小文字をそろえるほか、先頭文字だけを大文字にする方法を紹介します。

文字列操作　対応バージョン 365 2024 2021 2019

英字を大文字に変換する

=UPPER(文字列)

アッパー

UPPER関数は、引数［文字列］に含まれるアルファベットをすべて大文字に変換します。対象になるのはアルファベットのみです。

引数

文字列　大文字に変換する文字列が入力されたセルを指定します。

キーワード

文字列　P.315

関連する関数

ASC　P.196
JIS　P.196

文字列操作　対応バージョン 365 2024 2021 2019

英字を小文字に変換する

=LOWER(文字列)

ロウアー

LOWER関数は、引数［文字列］に含まれるアルファベットをすべて小文字に変換します。アルファベット以外の文字に影響はありません。

引数

文字列　小文字に変換する文字列が入力されたセルを指定します。

使いこなしのヒント

全角や半角の変換はできない

UPPER関数やLOWER関数は、アルファベットを大文字か小文字に変換するのみで、全角と半角の変換は行いません。大文字と小文字の変換だけでなく、全角と半角の変換も行う場合は、JIS関数やASC関数を組み合わせます。

英字を半角の小文字に変換する

=ASC(LOWER(文字列))

アスキー

練習用ファイル ▸ L070_UPPER.xlsx

使用例　英字を大文字に統一する

セルD3の式

=UPPER(C3)

文字列

英字を大文字に統一できる

D3 =UPPER(C3)

	A	B	C	D	E
1		氏名表記			
2		氏名（漢字）	ｱﾙﾌｧﾍﾞｯﾄ小文字	ｱﾙﾌｧﾍﾞｯﾄ大文字	
3		坂本 舞	sakamoto mai	SAKAMOTO MAI	
4		木村 潤	kimura jun	KIMURA JUN	
5		山本 翼	yamamoto tsubasa	YAMAMOTO TSUBASA	
6		高橋 大輝	takahashi daiki	TAKAHASHI DAIKI	
7		永井 美咲	nagai misaki	NAGAI MISAKI	
8		長谷川　綾乃	hasegawa ayano	HASEGAWA AYANO	
9		三上 拓海	mikami takumi	MIKAMI TAKUMI	

ポイント

文字列　大文字にしたい英字が含まれるC列のセルを指定します。

スキルアップ

英単語の先頭文字だけを大文字にしたい

アルファベットの先頭文字を大文字に変換し、それ以外を小文字にするには、PROPER関数を使います。PROPER関数は、単語ごとに先頭文字を大文字に、2文字目以降を小文字にする働きがあります。空白や記号で区切られた複数の単語を変換した場合、それぞれの単語の先頭が大文字になります。

英単語の先頭文字だけを大文字にする

=PROPER（プロパー）(文字列)

先頭文字だけを大文字にできる

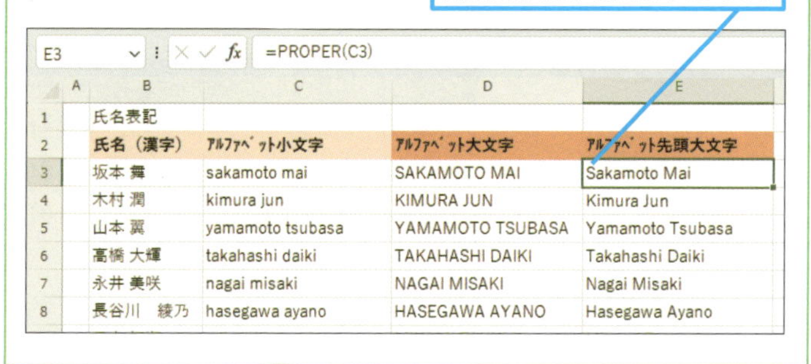

E3 =PROPER(C3)

	A	B	C	D	E
1		氏名表記			
2		氏名（漢字）	ｱﾙﾌｧﾍﾞｯﾄ小文字	ｱﾙﾌｧﾍﾞｯﾄ大文字	ｱﾙﾌｧﾍﾞｯﾄ先頭大文字
3		坂本 舞	sakamoto mai	SAKAMOTO MAI	Sakamoto Mai
4		木村 潤	kimura jun	KIMURA JUN	Kimura Jun
5		山本 翼	yamamoto tsubasa	YAMAMOTO TSUBASA	Yamamoto Tsubasa
6		高橋 大輝	takahashi daiki	TAKAHASHI DAIKI	Takahashi Daiki
7		永井 美咲	nagai misaki	NAGAI MISAKI	Nagai Misaki
8		長谷川　綾乃	hasegawa ayano	HASEGAWA AYANO	Hasegawa Ayano

使いこなしのヒント

元のデータを削除するには

関数により表示したD列の文字列は、C列を参照していますので、C列を削除するとエラーになります。C列が不要で削除する場合は、D列の数式の結果を値（数値や文字）として残す処理を行ってから削除します。値として残すには、数式が入力されたセルをコピーし、同じ場所に［値］として貼り付けます。

セルD3～セルD14に関数を入力してコピーしておく

1 セルD3をクリック

2 Ctrl＋Vキーを押す

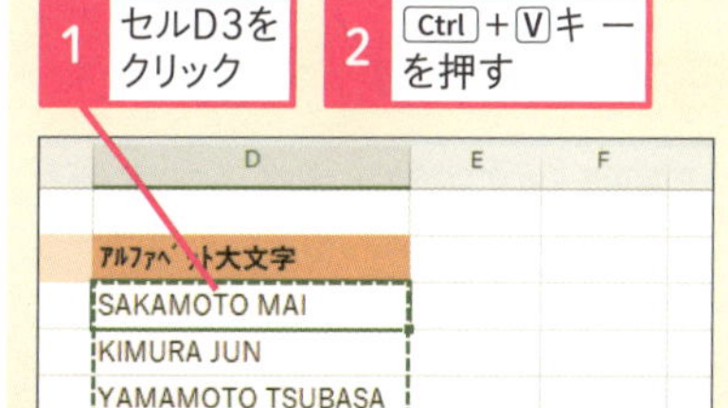

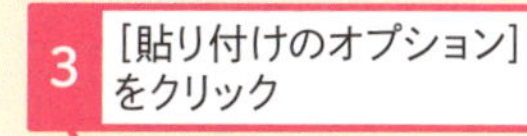

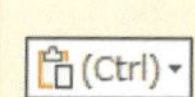

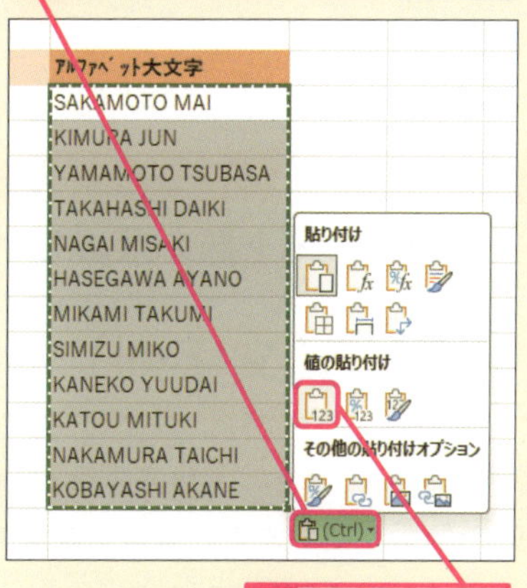

4 ［値］をクリック

数式の結果が値として貼り付けられる

レッスン

71 文字数や桁数を調べるには

LEN、LENB

文字列のデータを操作するとき、文字数や桁数が必要になることがあります。セル内の文字列の長さを調べるには、LEN関数を利用します。

文字列操作　対応バージョン 365 2024 2021 2019

文字列の文字数を求める

=LEN（レングス）(文字列)

LEN関数は、引数［文字列］の文字数を表示します。半角と全角は区別せず、どちらも1文字と換算します。
なお、引数［文字列］に数値を指定した場合、数値の桁数が分かります。表示形式による「,」や「¥」は、桁数に含まれません。

引数

文字列　文字数を調べる文字列が入力されているセルを指定します。

キーワード

文字列 P.315

関連する関数

FIND P.176
LEFT P.178
MID P.180

使いこなしのヒント

空白も数えられる

空白を含む文字列の場合、空白も1文字と数えます。特に半角の空白は、セルの表示を見ただけでは確認しにくいため注意が必要です。

文字列操作　対応バージョン 365 2024 2021 2019

文字列のバイト数を求める

=LENB（レングスビー）(文字列)

半角文字を1バイト、全角文字を2バイトと換算して数える場合は、LENB関数を使います。半角と全角の文字が混在する場合にも、正確に文字数を調べられます。

引数

文字列　バイト数を調べる文字列が入力されているセルを指定します。

関連する関数

FINDB P.176
LEFTB P.180
MIDB P.178

練習用ファイル ▸ L071_LEN.xlsx

使用例1 コード番号の文字数を調べる

セルC3の式

=LEN(B3)

文字列

コード番号の文字数を調べられる

C3 =LEN(B3)

	A	B	C	D	E	F
1		コード番号整理				
2		コード番号	文字数	(-)位置	枝番	
3		1072-184	8			
4		80-52	5			
5		1081-97	7			
6		243-75	6			
7		21298-126	9			
8		1440-81	7			
9		1475-1	6			

ポイント

文字列　コード番号の文字数を調べるのでセルB3を指定します。

使いこなしのヒント

RIGHT関数で枝番号を取り出す

コード番号の「-」に続く番号を取り出すには、文字を末尾から取り出すRIGHT関数（179ページ）を使います。取り出す文字数は、全体の文字数（LEN関数）から「-」の位置（FIND関数）を引いて求めます。

「-」より右の文字を取り出す

=RIGHT(B3,C3-D3)（ライト）

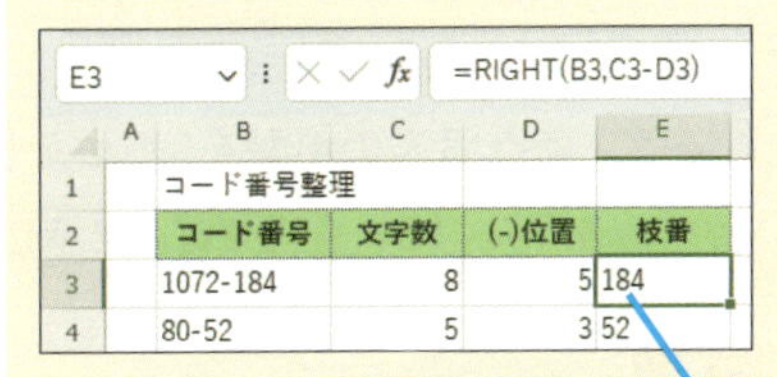

E3 =RIGHT(B3,C3-D3)

	A	B	C	D	E
1		コード番号整理			
2		コード番号	文字数	(-)位置	枝番
3		1072-184	8	5	184
4		80-52	5	3	52

「-」より後ろの番号が取り出せた

練習用ファイル ▸ L071_LENB.xlsx

使用例2 全角文字が含まれていないか調べる

セルD3の式

=LENB(C3)-LEN(C3)

文字列

半角文字以外が使われていると、結果が1以上になる

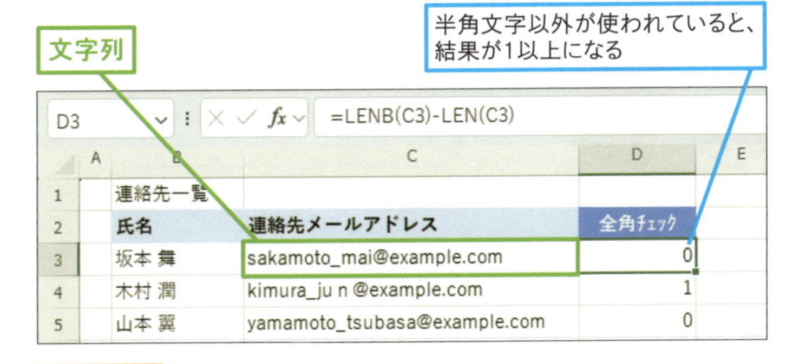

D3 =LENB(C3)-LEN(C3)

	A	B	C	D	E
1		連絡先一覧			
2		氏名	連絡先メールアドレス	全角チェック	
3		坂本 舞	sakamoto_mai@example.com	0	
4		木村 潤	kimura_ju ｎ@example.com	1	
5		山本 翼	yamamoto_tsubasa@example.com	0	

ポイント

文字列　メールアドレスの半角文字数を調べるのでセルC3を指定します。

使いこなしのヒント

半角文字を0.5文字と換算するには

全角文字を1文字、半角文字を0.5文字として換算する場合は、バイト数を数えるLENB関数の結果を2で割って求めます。

全角文字を1文字、半角文字を0.5文字として換算する

=LENB(文字列)/2（レングスビー）

レッスン

72 先頭に0を付けて桁数をそろえるには

REPT

文字列の桁数を同じにしたいとき、足りない桁に文字を追加する方法があります。任意の文字を繰り返し表示するREPT関数を使えば簡単です。

文字列操作　対応バージョン 365 2024 2021 2019

文字列を指定した回数だけ繰り返す

=REPT(文字列, 繰り返し回数)

REPT関数は文字列を指定した数だけ繰り返して表示する関数です。引数［文字列］に指定した任意の文字を引数［繰り返し回数］に指定した数だけ繰り返します。

ここでは、商品番号の桁数を5桁にそろえるために、5桁に満たない番号の先頭に「0」を繰り返し表示します。

引数

文字列	繰り返し表示する文字列を「"」でくくって指定します。
繰り返し回数	繰り返し表示する回数を指定します。

キーワード

文字列 P.315

関連する関数

LEN P.200
LENB P.200

使いこなしのヒント

異なる桁数を同じ桁数にするには

桁数がバラバラの数値の頭を0で埋めて同じ桁数にするには、各数値の桁数を調べる必要があります。LEN関数で数値の桁数を調べ、そろえたい桁数から引いた値が「0」を繰り返す回数になります。

桁数に合わせて0を付ける（セルC3の式）

=REPT("0",5-LEN(B3))&B3

B列に入力された1桁～3桁の数値が、すべて5桁になった

C3　=REPT("0",5-LEN(B3))&B3

	A	B	C	D	E
1		商品情報一覧			
2		商品番号	5桁商品番号	商品名	金額
3		1	00001	Pac 0001	4,007,000
4		2	00002	Pac 0002	4,115,000
5		30	00030	Pac 0003	2,624,000
6		40	00040	Pac 0004	4,492,000
7		50	00050	Pac 0005	1,918,000

練習用ファイル ▸ L072_REPT.xlsx

使用例 2桁の商品番号の先頭に0を付けて5桁にする

セルC3の式

=REPT("0",3)&B3

文字列　繰り返し回数

C3　=REPT("0",3)&B3

	A	B	C	D	E
1		商品情報一覧			
2		商品番号	5桁商品番号	商品名	金額
3		10	00010	Pac 0001	4,007,000
4		20	00020	Pac 0002	4,115,000
5		30	00030	Pac 0003	2,624,000
6		40	00040	Pac 0004	4,492,000
7		50	00050	Pac 0005	1,918,000
8		60	00060	Pac 0006	1,338,000

先頭に0を付けて桁数をそろえられる

ポイント

文字列　商品番号の先頭に0を付けたいので「"0"」を指定します。

繰り返し回数　商品番号の先頭に3桁の0を付けたいので「3」を指定します。

使いこなしのヒント
文字列をつなげて表示するには

セルの内容や計算結果に、指定した文字を追加したいとき、または、異なるセルの内容をつなげたいときには、「&」が利用できます。ここでは、REPT関数で表示した「"0"」に「商品番号」のデータをつなげるために、REPT関数に続けて「&B3」としています。

使いこなしのヒント
数値の先頭に0を付けると文字列になる

REPT関数により数値の先頭に「"0"」を付加した場合、結果は、数値ではなく文字データになります。

スキルアップ
記号を利用した簡易グラフを作成する

REPT関数を利用して、数値を「★」などの記号に置き換えて繰り返し表示すれば、数値の大小がひと目で分かる簡易グラフを作成できます。下の例では、1～5のランク表示を「★」に置き換えて表示し、「★」が5つに満たないときには、残りを「☆」で表しています。

ランクを星で表す（セルC2の式）

リピート
=REPT("★",B2)&REPT("☆",5-B2)

ランクを星印で表示できる

この章のまとめ

関数で整えられないか考えてみよう

この章では文字列を扱う関数を紹介しました。誰かが入力したデータやダウンロードしたデータは、そのままでは使いづらいということがよくあります。余計な文字が含まれていて計算の対象にならない、半角や全角が混在していて読みにくいなど、理由はさまざまです。そんなときは、関数で整えられないか考えてみましょう。それには文字列関数でどんなことができるのか知っておく必要があります。また、1つの関数でできない場合は、いくつかを組み合わせることも必要です。この章で紹介している事例を参考に工夫してみましょう。

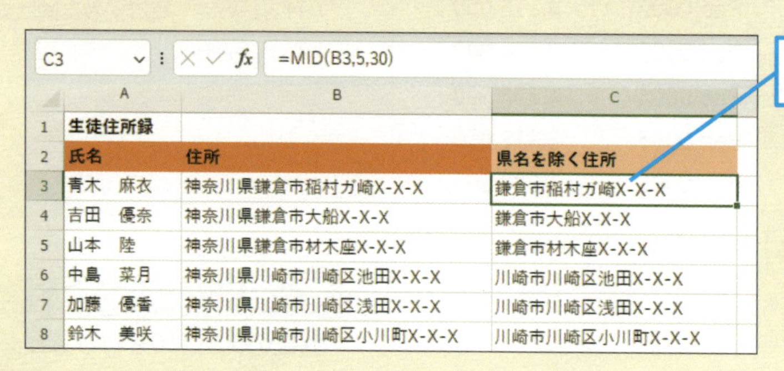
C3 =MID(B3,5,30)

	A	B	C
1	生徒住所録		
2	氏名	住所	県名を除く住所
3	青木　麻衣	神奈川県鎌倉市稲村ガ崎X-X-X	鎌倉市稲村ガ崎X-X-X
4	吉田　優奈	神奈川県鎌倉市大船X-X-X	鎌倉市大船X-X-X
5	山本　陸	神奈川県鎌倉市材木座X-X-X	鎌倉市材木座X-X-X
6	中島　菜月	神奈川県川崎市川崎区池田X-X-X	川崎市川崎区池田X-X-X
7	加藤　優香	神奈川県川崎市川崎区浅田X-X-X	川崎市川崎区浅田X-X-X
8	鈴木　美咲	神奈川県川崎市川崎区小川町X-X-X	川崎市川崎区小川町X-X-X

面倒な文字列の整形にも関数が役立つ

文字列を扱う関数って、あまり使ったことないです。データ件数が少ないときは手入力で直していました。

それはできるだけやめよう。手間がかかるだけじゃなくて、後から困る場合があるからね。

手入力で直したものがほんとに正しいか怪しいですもんね。

そういうこと。それに手入力だと、どこをどう直したかが分からなくなるよね。関数を使えば、元のデータをどういうルールで直したのか、関数の式が履歴になるから、後でトラブルになったとき原因を追究できるんだ。そこが大事なんだよ。

なるほど。証拠を残しておかないと忘れちゃいますもんね！

活用編

第7章

日付や時刻を自在に扱う

日付や時刻を扱うときは、月や日をまたぐため特別な配慮が必要ですが関数なら簡単です。この章では、日付や時刻の計算や処理を行う関数を紹介します。

レッスン

73 Introduction この章で学ぶこと 日付や時刻の特殊な計算をしよう

Excel内部では日付や時刻は「シリアル値」という数値で管理されています。第7章では、この仕組みを利用し、日付や時刻を計算する関数を紹介します。ここでは、この章で学ぶ主な関数について覚えましょう。

日付や時刻は扱うのが意外に大変！

53ページのスキルアップで日付や時刻の正体は、「シリアル値」という数値であることを紹介したよね。このシリアル値を使うことで日付や時刻も計算できてしまうんだ！

計算できるのはすごいけど、日付や時刻って計算することありますかね？　あんまり使わないような……。

そんなことはないよ！　特に日付は請求書をはじめとした伝票には必ず使われるくらい、欠かせない存在さ！　例えば以下の表で［請求日］の列に受注日の月末の日付を入力しておいてって言われたどうする？

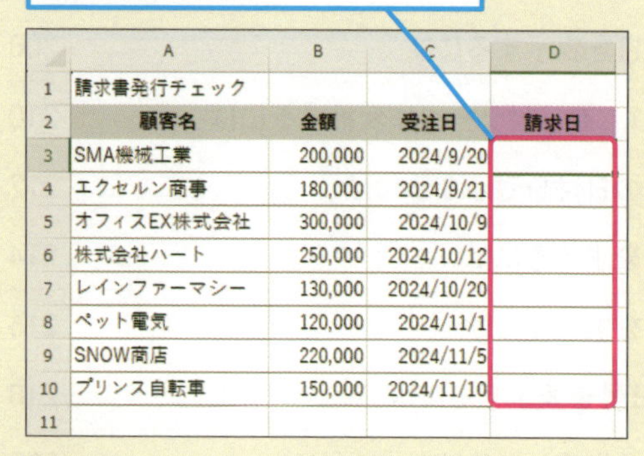

	A	B	C	D
1	請求書発行チェック			
2	顧客名	金額	受注日	請求日
3	SMA機械工業	200,000	2024/9/20	
4	エクセルン商事	180,000	2024/9/21	
5	オフィスEX株式会社	300,000	2024/10/9	
6	株式会社ハート	250,000	2024/10/12	
7	レインファーマシー	130,000	2024/10/20	
8	ペット電気	120,000	2024/11/1	
9	SNOW商店	220,000	2024/11/5	
10	プリンス自転車	150,000	2024/11/10	
11				

えーっと、9月末は確か30日で、10月は……31日だっけ？

うるう年もあるから、月末の日にちって混乱する～！！

月末の日にちは月ごとに違うし、毎回カレンダーを見比べるのは大変だよね。このように、意外に日付や時刻って扱いが面倒なんだ。こんなときに関数を使えばあっという間だよ！

日付や時刻を扱う主な関数

Excelには、日付や時刻を扱う関数が数多く用意されているんだ。その中から、この章では例えば以下の関数を紹介するよ。

TEXT関数で日付に該当する曜日を表示する

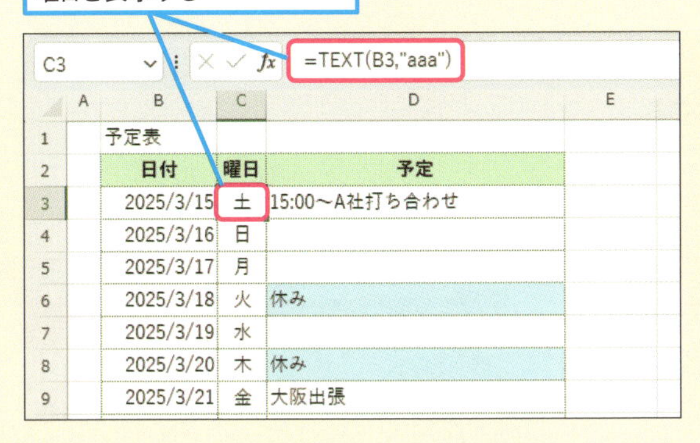

C3 =TEXT(B3,"aaa")

	A	B	C	D
1		予定表		
2		日付	曜日	予定
3		2025/3/15	土	15:00～A社打ち合わせ
4		2025/3/16	日	
5		2025/3/17	月	
6		2025/3/18	火	休み
7		2025/3/19	水	
8		2025/3/20	木	休み
9		2025/3/21	金	大阪出張

WORKDAY関数で翌営業日を表示する

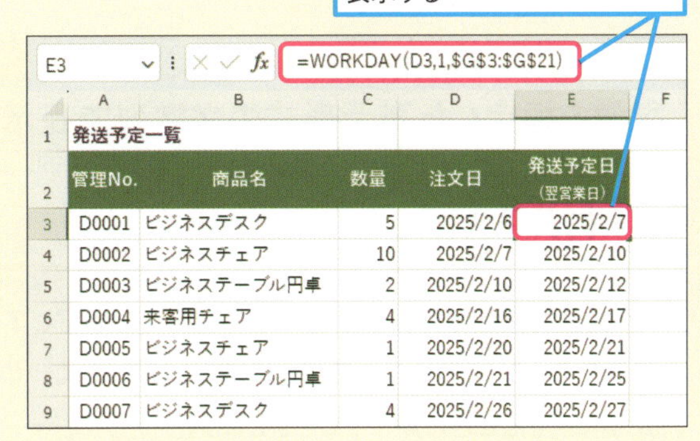

E3 =WORKDAY(D3,1,$G$3:$G$21)

	A	B	C	D	E
1	発送予定一覧				
2	管理No.	商品名	数量	注文日	発送予定日（翌営業日）
3	D0001	ビジネスデスク	5	2025/2/6	2025/2/7
4	D0002	ビジネスチェア	10	2025/2/7	2025/2/10
5	D0003	ビジネステーブル円卓	2	2025/2/10	2025/2/12
6	D0004	来客用チェア	4	2025/2/16	2025/2/17
7	D0005	ビジネスチェア	1	2025/2/20	2025/2/21
8	D0006	ビジネステーブル円卓	1	2025/2/21	2025/2/25
9	D0007	ビジネスデスク	4	2025/2/26	2025/2/27

EOMONTH関数で月末の日付を求める

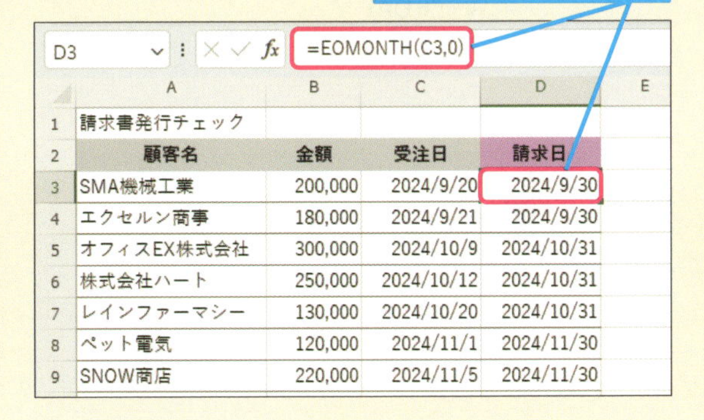

D3 =EOMONTH(C3,0)

	A	B	C	D
1	請求書発行チェック			
2	顧客名	金額	受注日	請求日
3	SMA機械工業	200,000	2024/9/20	2024/9/30
4	エクセルン商事	180,000	2024/9/21	2024/9/30
5	オフィスEX株式会社	300,000	2024/10/9	2024/10/31
6	株式会社ハート	250,000	2024/10/12	2024/10/31
7	レインファーマシー	130,000	2024/10/20	2024/10/31
8	ペット電気	120,000	2024/11/1	2024/11/30
9	SNOW商店	220,000	2024/11/5	2024/11/30

さっきの［請求日］の入力は、EOMONTH関数を使えばよかったってことか！

TIME関数で時刻を表示する

E4 =TIME(C4,D4,0)

	A	B	C	D	E	F	G	H	I
1	勤務表								
2	日付		出勤			退出			休憩
3			時	分	時刻	時	分	時刻	
4	2025/4/1	火	8	30	8:30	17	30	17:30	1:00
5	2025/4/2	水	12	30	12:30	21	30	21:30	0:30
6	2025/4/3	木	8	30	8:30	17	30	17:30	1:00
7	2025/4/4	金	8	30	8:30	17	30	17:30	1:00
8	2025/4/5	土			0:00			0:00	
9	2025/4/6	日	8	30	8:30	17	30	17:30	1:00
10	2025/4/7	月	8	30	8:30	17	30	17:30	1:00
11	2025/4/8	火			0:00			0:00	
12	2025/4/9	水	8	30	8:30	17	30	17:30	1:00
13	2025/4/10	木	8	30	8:30	17	30	17:30	0:30

WEEKDAY関数で日付から曜日を取り出して、平日と土日で金額を切り替える

C3 =IF(WEEKDAY(A3,2)>=6,1500,1200)

	A	B	C	D	E
1	ご利用金額明細				
2	日付	曜日	金額	ご利用人数	合計
3	2025/5/1	木	1,200	1	1,200
4	2025/5/2	金	1,200	1	1,200
5	2025/5/3	土	1,500	2	3,000
6	2025/5/4	日	1,500	3	4,500
7	2025/5/5	月	1,200	1	1,200
8	2025/5/6	火	1,200	1	1,200
9	2025/5/7	水	1,200	2	2,400
10	2025/5/8	木	1,200	3	3,600
11	2025/5/9	金	1,200	1	1,200
12				ご請求金額	¥19,500

レッスン
74 日付から曜日を表示するには

TEXT

日付が入力されていれば、わざわざカレンダーを見ながら曜日を手入力する必要はありません。表示形式を指定して曜日を表示する方法を紹介します。

文字列操作　対応バージョン 365 2024 2021 2019

数値を指定した表示形式の文字列で表示する

=TEXT(値,表示形式)
（TEXT：テキスト）

TEXT関数を利用すれば、数値を表示形式を指定して文字列に変更できます。日付データの場合、引数［表示形式］の設定で曜日の表示にできることを覚えておきましょう。

引数

- **値**　文字列にする値やセルを指定します。
- **表示形式**　書式記号を「"」でくくって指定します。

キーワード

表示形式　P.314
文字列　P.315

関連する関数

WEEKDAY　P.224

●TEXT関数で指定する主な書式記号

分類	書式記号	意味	表示形式の指定	表示
数値	#	#の数だけ桁数が指定される。余分な桁は表示されない	####.#	123.45→123.5
	0	指定した0の桁数だけ0が表示される	0000.000	123.45→0123.450
	?	指定した?の桁数に満たないとき、空白が表示される	????.???	123.45→ 123.45
日付	y	西暦の年を表す	yy yyyy	2025/3/1→25 2025/3/1→2025
	m	月を表す	m mm mmm mmmm	2025/3/1→3 2025/3/1→03 2025/3/1→Mar 2025/3/1→March
	d	日付を表す	d dd	2025/3/1→1 2025/3/1→01
	a	曜日を表す	aaa	2025/3/1→土
時刻	h	時刻を表す	h hh	09:08:05→9 09:08:05→09
	m	分を表す（hやsと組み合わせて使う）	h:m h:mm	09:08:05→9:8 09:08:05→9:08
	s	秒を表す	s ss	09:08:05→5 09:08:05→05

練習用ファイル ▸ L074_TEXT.xlsx

使用例 日付に対する曜日を表示する

セルC3の式

=TEXT(B3,"aaa")

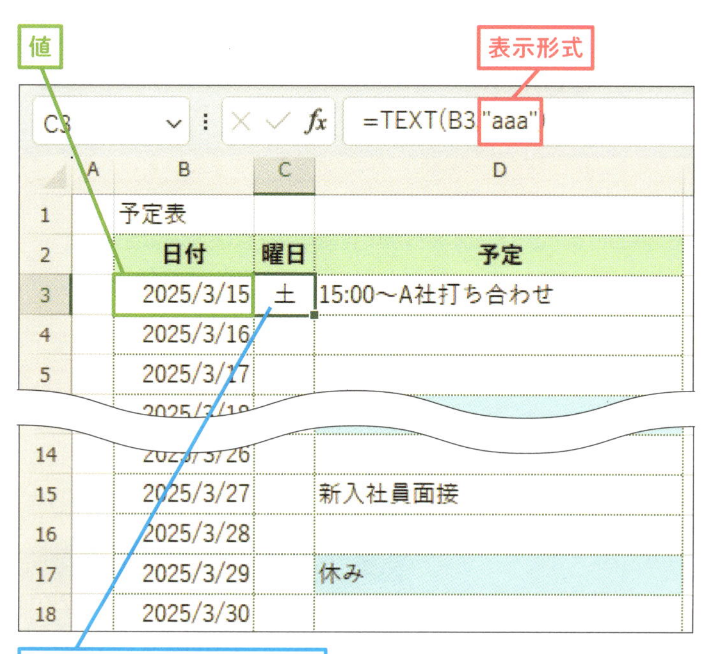

予定表の日付の曜日が求められる

ポイント

- **値**　日付データが入力されているセルB3を指定します。
- **表示形式**　曜日を「月」のように1文字で表す表示形式「"aaa"」を指定します。

使いこなしのヒント

曜日の表示形式の種類を知ろう

引数［表示形式］に指定する書式記号によって曜日の表示が変わります。下の表を参照してください。

●曜日の書式記号

表示形式の指定	表示
"aaa"	月
"aaaa"	月曜日
"ddd"	Mon
"dddd"	Monday

ここに注意

TEXT関数は文字列に変換するため、数値を対象にした場合、後の計算に利用できなくなります。数値のまま表示形式を変える場合は「表示形式」（レッスン08）を設定します。

スキルアップ

数値に文字を付けて表示するには

TEXT関数の引数［表示形式］に書式記号と一緒に「円」などの数値に付けたい文字を指定します。なお、この方法で円を付けた金額は文字列となるため、この後の計算（合計計算など）には利用できません。

金額に円を付けて表示する（セルD3の式）

=TEXT(B3*C3,"##,### 円")

計算結果を3桁区切りにして、自動的に「円」を付けて表示できた

D3　=TEXT(B3*C3,"##,### 円")

	A	B	C	D	E	F
1	請求金額					
2	商品番号	数量	単価	金額		
3	X001	5	500	2,500 円		
4	X002	2	800	1,600 円		
5	X003	10	400	4,000 円		
6						

レッスン
75 「20250401」を日付データに変換するには

DATEVALUE

日付が8桁の数字で入力してある場合は、日付データとして利用できません。8桁の数字をTEXT関数でExcelが認める形式に整え、DATEVALUE関数で日付データに変換します。

日付／時刻　対応バージョン 365 2024 2021 2019

日付を表す文字列からシリアル値を求める

=DATEVALUE(日付文字列)（デートバリュー）

DATEVALUE関数は文字列として入力してある日付を正しく日付データとして扱えるように「シリアル値」に変換する関数です。シリアル値は、1900年1月1日を「1」として1日に1ずつ増える値です（53ページ参照）。

引数

日付文字列　「2025/04/01」や「R7.4.1」「2025年4月1日」など、Excelが日付データと認識する文字列を指定します。

●数値をシリアル値にする

◆数値
「20250401」という数値として管理されている

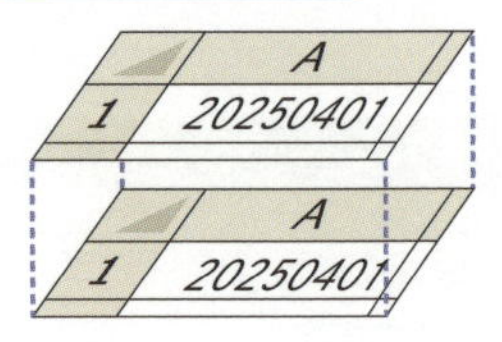

◆シリアル値
表示は「2025/04/01」だが、「45748」というシリアル値で管理されている

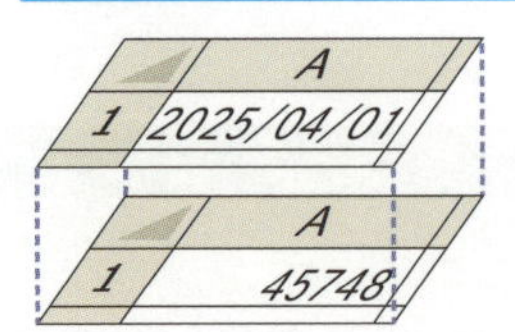

TEXT 

数値に書式を与えて文字列に変換する

DATEVALUE

日付の文字列をシリアル値に変換する

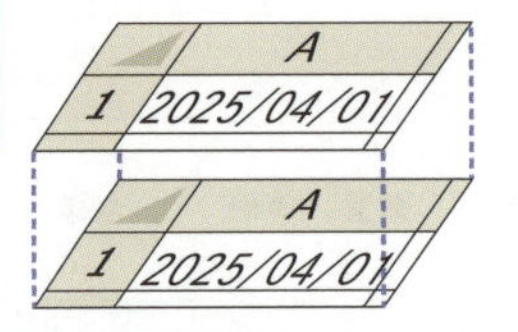

◆文字列
「2025/04/01」という文字列として管理されている

キーワード

シリアル値	P.312
表示形式	P.314
文字列	P.315

関連する関数

DATE	P.220
TEXT	P.208

使いこなしのヒント

日付の表示形式に整えて変換する

「20250401」は、そのまま入力すると数値として認識されます。これをまず、TEXT関数で「2025/04/01」の形式にします。TEXT関数の結果は文字データなので、DATEVALUE関数でシリアル値に変換します。つまり、数値→文字→シリアル値への変換を行います。

練習用ファイル ▸ L075_DATEVALUE.xlsx

使用例 「20250401」を日付のシリアル値に変換する　セルC4の式

=DATEVALUE(TEXT(B4,"0000!/00!/00"))

日付文字列

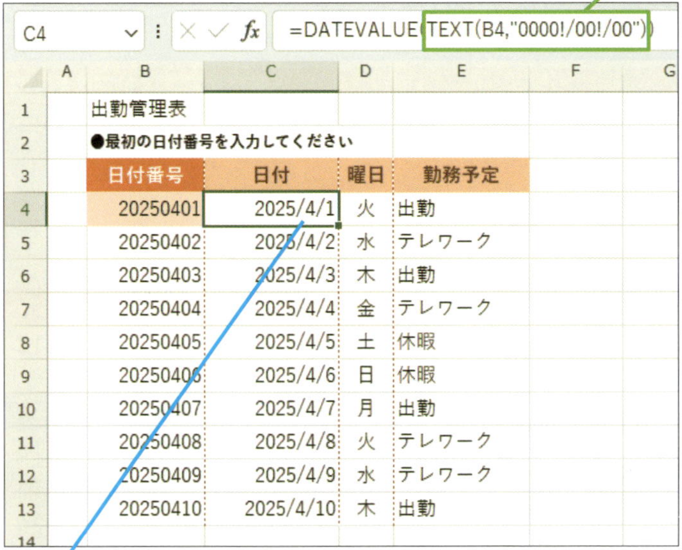

	A	B	C	D	E	F	G
1		出勤管理表					
2		●最初の日付番号を入力してください					
3		日付番号	日付	曜日	勤務予定		
4		20250401	2025/4/1	火	出勤		
5		20250402	2025/4/2	水	テレワーク		
6		20250403	2025/4/3	木	出勤		
7		20250404	2025/4/4	金	テレワーク		
8		20250405	2025/4/5	土	休暇		
9		20250406	2025/4/6	日	休暇		
10		20250407	2025/4/7	月	出勤		
11		20250408	2025/4/8	火	テレワーク		
12		20250409	2025/4/9	水	テレワーク		
13		20250410	2025/4/10	木	出勤		
14							

C4　=DATEVALUE(TEXT(B4,"0000!/00!/00"))

文字列をシリアル値に変換できる

ポイント

日付文字列　TEXT関数でセルB4の8桁の数値を「年/月/日」の形に変換した文字列を指定します。

使いこなしのヒント
シリアル値に変換する利点は

「20250401」は、8桁の数値です。このままでは日付の計算ができません。日付を扱う関数の引数にも指定できません。DATEVALUE関数でシリアル値に変換すれば、計算が可能になります。

使いこなしのヒント
表示形式「"0000!/00!/00"」の意味は?

TEXT関数の引数に指定する表示形式「"0000!/00!/00"」は、8桁の数字を「0000/00/00」の表示にする設定です。「!」は、その次の文字（ここでは「/」）をそのまま表示するという意味があります。本来、「/」は、「"」でくくる必要があり「"0000""/""00""/""00"」のように指定しなくてはなりませんが、「!」を使えば、簡単に表記できます。

スキルアップ
「2025」「4」「1」を「2025/4/1」にしてシリアル値に変換する

別々のセルに年、月、日の数字が入力されている場合は、まずTEXTJOIN関数（レッスン63）で「年/月/日」の1つの形にします。TEXTJOIN関数は、複数セルのデータを指定した文字（ここでは「/」）でつないで1つのデータにすることができます。そうしておいてDATEVALUE関数で日付として扱えるシリアル値に変換します。

数字を「/」でつないでシリアル値に変換する（セルE4の式）

=DATEVALUE(TEXTJOIN("/",TRUE,B4:D4))（デートバリュー）

「2025」「4」「1」をつないで、シリアル値に変換できる

E4　=DATEVALUE(TEXTJOIN("/",TRUE,B4:D4))

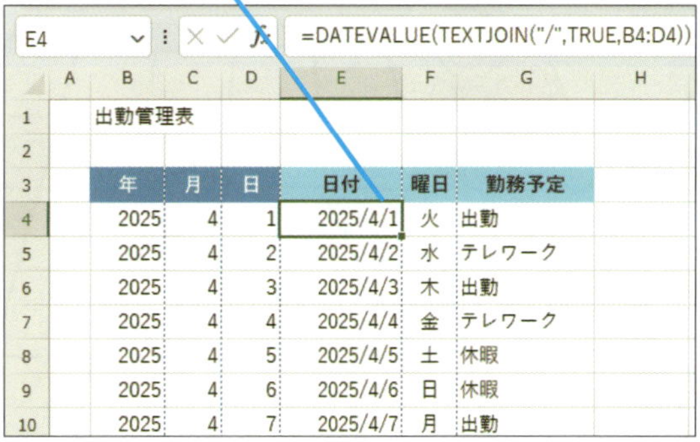

	A	B	C	D	E	F	G	H
1		出勤管理表						
2								
3		年	月	日	日付	曜日	勤務予定	
4		2025	4	1	2025/4/1	火	出勤	
5		2025	4	2	2025/4/2	水	テレワーク	
6		2025	4	3	2025/4/3	木	出勤	
7		2025	4	4	2025/4/4	金	テレワーク	
8		2025	4	5	2025/4/5	土	休暇	
9		2025	4	6	2025/4/6	日	休暇	
10		2025	4	7	2025/4/7	月	出勤	

レッスン
76 ○営業日後の日付を表示するには

WORKDAY

「○営業日後」の日付は、土日祝日や定休日を除いた○日後のことですが、カレンダーを見て探す必要はありません。WORKDAY関数は、土日や指定した日付を除いた○日後の日付を表示します。

日付／時刻　対応バージョン 365 2024 2021 2019

○営業日後の日付を求める

=WORKDAY(開始日, 日数, 祭日)

WORKDAY関数は、基準となる日付から土日を除いた、○日後を計算します。別表に祝日や特定の日付を記載して指定すれば、さらにそれらの日も除いて計算できます。
引数［開始日］に基準となる日を指定し、何日後にするか経過を表す日数を引数［日数］に指定します。祝日など、土日以外に除外する日があるときは、それらの日付を別表に記載し、引数［祭日］に指定します。

引数

開始日　計算の基準となる日付を指定します。開始日は0日目と数えます。

日数　土日以外の平日で「○日後」とする経過日数を指定します。

祭日　土日以外で祝日や定休日などの特定日を除外したいときに日付を指定します。省略した場合は、土日のみが経過日から除外されます。

キーワード

絶対参照　P.313

関連する関数

EDATE　P.218
EOMONTH　P.216
NETWORKDAYS　P.226

練習用ファイル ▸ L076_WORKDAY.xlsx

使用例　土日祝日を除く翌営業日の日付を求める

セルE3の式

=WORKDAY(D3,1,$G$3:$G$21)

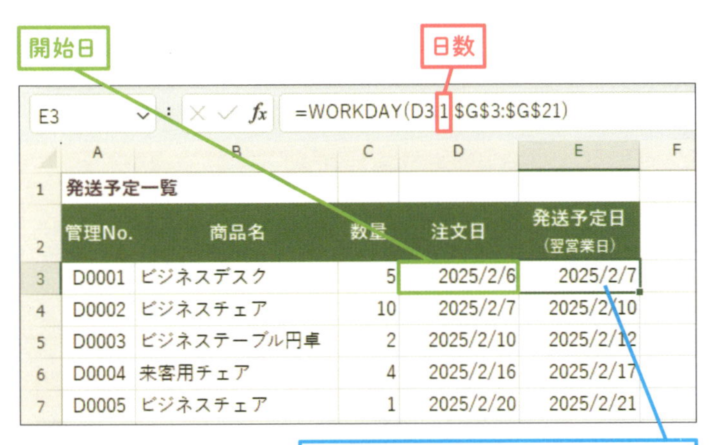

	A	B	C	D	E
1	発送予定一覧				
2	管理No.	商品名	数量	注文日	発送予定日（翌営業日）
3	D0001	ビジネスデスク	5	2025/2/6	2025/2/7
4	D0002	ビジネスチェア	10	2025/2/7	2025/2/10
5	D0003	ビジネステーブル円卓	2	2025/2/10	2025/2/12
6	D0004	来客用チェア	4	2025/2/16	2025/2/17
7	D0005	ビジネスチェア	1	2025/2/20	2025/2/21

土日祝日を除く翌営業日の日付を求められる

祭日

2025年祝日一覧	
2025/1/1	元日
2025/1/13	成人の日
2025/2/11	建国記念の日
2025/2/23	天皇誕生日
2025/2/24	振替休日
2025/3/20	春分の日
2025/4/29	昭和の日
2025/5/3	憲法記念日
2025/5/4	みどりの日
2025/5/5	こどもの日
2025/5/6	振替休日
2025/7/21	海の日
2025/8/11	山の日
2025/9/15	敬老の日
2025/9/23	秋分の日
2025/10/13	スポーツの日
2025/11/3	文化の日
2025/11/23	勤労感謝の日
2025/11/24	振替休日

ポイント

- **開始日**　注文日を基準となる日付にするのでセルD3を指定します。
- **日数**　翌営業日（1営業日後）を求めるので「1」を指定します。
- **祭日**　セルG3～G21の祝日の日付を指定します。ほかの行にも式をコピーするために絶対参照にします。

使いこなしのヒント
祝日の表を用意しておこう

WORKDAY関数の引数［祭日］には、土日のほかに計算から除外する日付を指定します。除外したい日付を別途入力し、入力したセル範囲を指定します。

使いこなしのヒント
開始日からさかのぼって計算するには

引数［開始日］より前の日付を求める場合は、引数［日数］に負の整数を指定します。「-1」とした場合、開始日から土日を除く1日前の日付が計算されます。

使いこなしのヒント
土日以外の曜日を除きたいときは

WORKDAY関数は、無条件に土日を除いた営業日を数えますが、土日の代わりに別の曜日を除きたい場合は、WORKDAY.INTL関数を使います。WORKDAY.INTLでは、引数［週末］に除外する曜日を示す番号か文字列を指定します。引数［週末］に指定できる番号や文字列はNETWORKDAYS.INTL関数と同じです。詳しくは、227ページの使いこなしのヒントを参照してください。

土日以外を除いた営業日を数える

ワークデイ・インターナショナル
=WORKDAY.INTL(開始日,日数,週末,祭日)

レッスン

77 期間の日数を求めるには

DATEDIF

開始日から終了日までの期間を調べるには、DATEDIF関数を使いましょう。結果は、日数や月数、年数など、引数に指定する書式で表示内容を変更できます。

分類なし　対応バージョン 365 2024 2021 2019

開始日から終了日までの期間を求める

デートディフ
=DATEDIF(開始日,終了日,単位)

DATEDIF関数は、引数［開始日］から［終了日］までの期間を表示します。その際、［開始日］（期間の初日）は1日目に含めないことを覚えておきましょう。期間の表示は、引数［単位］の指定にしたがい、日数、月数、年数などで表示できます。

引数

開始日	期間の開始日を指定します。
終了日	期間の終了日を指定します。
単位	期間を表示する形式を書式記号で指定します。

●引数［単位］の指定方法

［単位］の指定	意味	2024/7/1 ～ 2025/7/5の場合
"Y"	期間内の満年数	1
"M"	期間内の満月数	12
"D"	期間内の満日数	369
"YM"	1年未満の月数	0
"YD"	1年未満の日数	4
"MD"	1カ月未満の日数	4

キーワード

書式	P.312
数式	P.313

関連する関数

NETWORKDAYS	P.226
TODAY	P.106

練習用ファイル ▸ L077_DATEDIF.xlsx

使用例 入会日からの経過年数を求める　　セルD3の式

=DATEDIF(C3,TODAY(),"Y")

開始日　終了日　単位

D3　=DATEDIF(C3,TODAY(),"Y")

	A	B	C	D
1	会員様入会年数管理			
2	会員番号	会員種別	入会日	継続年
3	C50001	ゴールド	2019/4/3	5
4	C50002	プラチナ	2022/2/10	2
5	C50003	ゴールド	2014/6/7	10
6	C50004	ゴールド	2024/4/1	0
7	C50005	ゴールド	2019/11/25	4
8	C50006	ゴールド	2021/12/14	2

入会日から今日までの年数が求められる

ポイント

- **開始日**　入会日が入力されたセルC3を指定します。
- **終了日**　今日までの年数を調べたいのでTODAY関数を指定します。
- **単位**　期間を年数で表示するため「"Y"」を指定します。

スキルアップ
1年未満の月数を表示するには

引数［単位］に「"YM"」を指定します。「"YM"」は、DATEDIF関数が求める期間の年数を除き、残った月数を表示します。なお、「"M"」に指定した場合、期間のすべてを月数に換算します。

年数を除いた残りの月数を表示する（セルE3の式）

=DATEDIF(デートディフ)(C3,TODAY(),"YM")

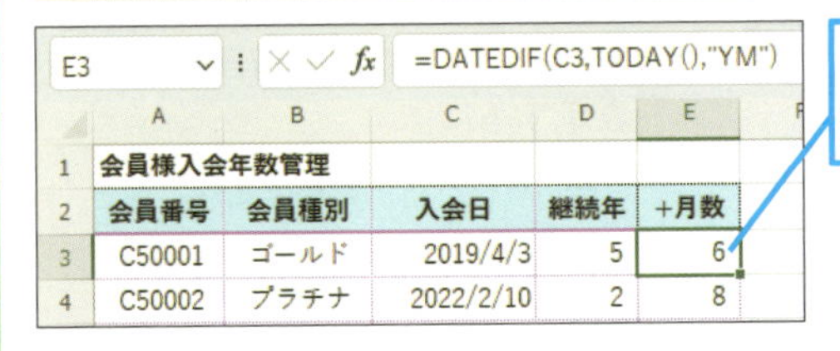

1年未満の月数が表示された

使いこなしのヒント
DATEDIF関数は関数の一覧に表示されない

DATEDIF関数は、元々Excel以外の表計算ソフトと互換性を保つために用意された関数です。そのため、［数式］タブの［日付/時刻］ボタンの一覧には表示されません。また、関数名の先頭文字を入力して関数を選ぶ機能や［関数の挿入］ダイアログボックスからも入力できないので1文字ずつ間違えないように手入力します。

使いこなしのヒント
「○年○ヶ月」の表示にする場合は

「○年○ヶ月」は、「○年」の部分と「○ヶ月」の部分とで別々のDATEDIF関数で求めます。それらの結果と「年」、「ヶ月」の文字を「&」でつないで表示します。

経過年月を「○年○ヶ月」で表示する（セルD3の式）

=DATEDIF(デートディフ)(C3,TODAY(),"Y")&"年"&DATEDIF(C3,TODAY(),"YM")&"ヶ月"

継続年月を「○年○ヶ月」の表示にできた

D3　=DATEDIF(C3,TODAY(),"Y

	A	B	C	D
1	会員様入会年数管理			
2	会員番号	会員種別	入会日	継続年月
3	C50001	ゴールド	2019/4/3	5年6ヶ月
4	C50002	プラチナ	2022/2/10	2年8ヶ月
5	C50003	ゴールド	2014/6/7	10年4ヶ月
6	C50004	ゴールド	2024/4/1	0年6ヶ月

レッスン
78 月末の日付を求めるには

EOMONTH

月末は、月によって30日だったり、31日だったりします。EOMONTH関数を利用すれば基準とする日付から今月や翌月などの月末の日付を正確に求めることができます。

日付／時刻　対応バージョン 365 2024 2021 2019

指定した月数だけ離れた月末の日付を求める

エンド・オブ・マンス
=EOMONTH(開始日, 月)

EOMONTH関数は、月によって異なる月末の日付を表示します。引数［開始日］を基準にし、引数［月］に指定した月数後の月末を表示します。［月］に「1」を指定した場合は、開始日の翌月の月末、「0」を指定した場合は、開始日と同じ月の月末が表示されます。

引数

開始日	基準になる日付を指定します。日付を直接指定する場合は「"2024/9/1"」のように「"」でくくります。
月	［開始日］の日付から何カ月離れているかを数値で指定します。同じ月なら「0」、翌月なら「1」を指定します。

キーワード

論理式 P.315

関連する関数

DATE P.220
DAY P.221
EDATE P.218

使いこなしのヒント

DATE関数で正確に月末を表示するには

DATE関数は引数に、年、月、日の数字を指定して日付を作成しますが、あえて翌月の1日の日付を指定します。そこから1日を引けば正確に前月の月末日付にすることができます。例えば、2024年9月の月末は、「=DATE(2024,10,1)-1」で表示できます。

使いこなしのヒント

開始日より前の月末の日付を表示するには

引数［月］に負の整数を指定します。開始日の前月の月末を表示するときは、「-1」を指定します。

練習用ファイル ▸ L078_EOMONTH.xlsx

使用例 受注日と同じ月の月末を表示する　セルD3の式

=EOMONTH(C3, 0)

開始日　月

D3　=EOMONTH(C3,0)

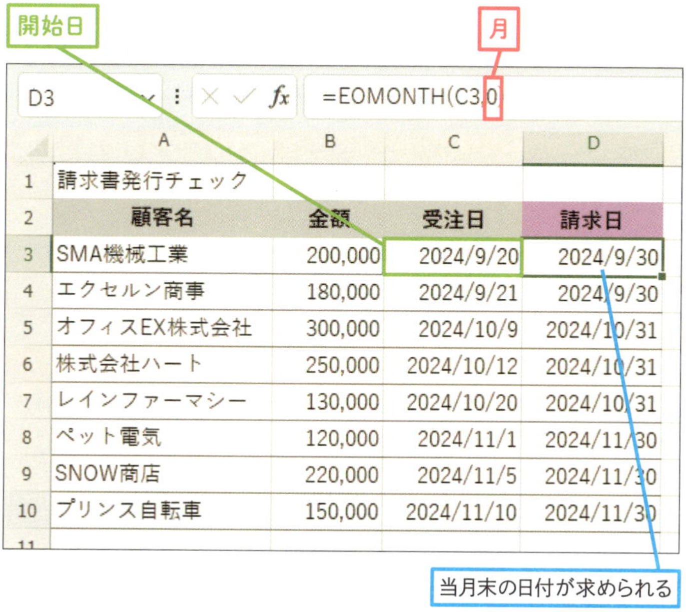

	A	B	C	D
1	請求書発行チェック			
2	顧客名	金額	受注日	請求日
3	SMA機械工業	200,000	2024/9/20	2024/9/30
4	エクセルン商事	180,000	2024/9/21	2024/9/30
5	オフィスEX株式会社	300,000	2024/10/9	2024/10/31
6	株式会社ハート	250,000	2024/10/12	2024/10/31
7	レインファーマシー	130,000	2024/10/20	2024/10/31
8	ペット電気	120,000	2024/11/1	2024/11/30
9	SNOW商店	220,000	2024/11/5	2024/11/30
10	プリンス自転車	150,000	2024/11/10	2024/11/30

当月末の日付が求められる

ポイント

開始日　受注日を基準にするためにセルC3を指定します。

月　同じ月の月末を表示するので「0」を指定します。

使いこなしのヒント

月初を表示するには

月初の1日をEOMONTH関数で表示するには、前月の月末をEOMONTH関数で求め、1日を足します。2024/9/20の翌月の月初（2024/10/1）を表示する場合は、「=EOMONTH("2024/9/20",0)+1」とします。

スキルアップ

日付により当月か翌月の月末を表示する

受注日が20日以前なら当月、21日以降なら翌月の月末にするには、結果を2通りにすることができるIF関数を使用します。IF関数では、受注日の日にちが20日以前かどうかを判定しますが、受注日の日にちのみを取り出すDAY関数を使った条件式を指定します。

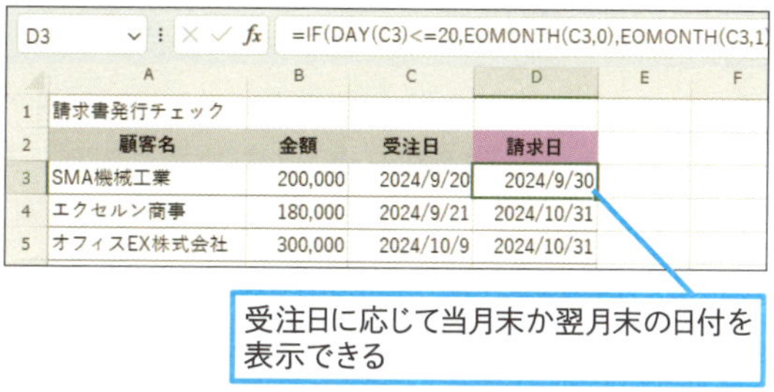

D3　=IF(DAY(C3)<=20,EOMONTH(C3,0),EOMONTH(C3,1)

	A	B	C	D	E	F
1	請求書発行チェック					
2	顧客名	金額	受注日	請求日		
3	SMA機械工業	200,000	2024/9/20	2024/9/30		
4	エクセルン商事	180,000	2024/9/21	2024/10/31		
5	オフィスEX株式会社	300,000	2024/10/9	2024/10/31		

受注日に応じて当月末か翌月末の日付を表示できる

受注日が20日以前なら当月末、21日以降なら翌月末を求める（セルD3の式）

=IF(DAY(C3)<=20, EOMONTH(C3, 0), EOMONTH(C3, 1))

ポイント

論理式	受注日の日の数値だけをDAY関数で取り出し、「DAY(C3)<=20」で「20日以前」という条件を指定します。
真の場合	20日以前の場合、当月の月末を表示する「EOMONTH(C3,0)」を指定します。
偽の場合	21日以降の場合、翌月の月末を表示する「EOMONTH(C3,1)」を指定します。

レッスン

79 1か月後の日付を表示するには

EDATE

1カ月後の同じ日付は、月によって30や31を足せば求められますが、EDATE関数を利用すれば○カ月後、あるいは○カ月前の日付を表示できます。

日付/時刻　対応バージョン 365 2024 2021 2019

指定した月数だけ離れた日付を表示する

エクスパイレーション・デート
=EDATE(開始日,月)

EDATE関数は、引数［開始日］から指定した月数後、月数前の同じ日付を表示します。例えば、［開始日］を「2025/3/10」に指定し、［月］を「1」に指定した場合、1カ月後の「2025/4/10」が表示されます。

引数

開始日	起点となる日付を指定します。
月	プラスの整数を指定した場合は、○カ月後の同じ日付が表示されます。 マイナスの整数を指定した場合は、○カ月前の同じ日付が表示されます。

キーワード

シリアル値 P.312
数式 P.313

関連する関数

EOMONTH P.216
NETWORKDAYS P.226
WORKDAY P.212

練習用ファイル ▸ L079_EDATE_1.xlsx

使用例1 翌月の同じ日付を表示する　セルB7の式

=EDATE(D1,1)

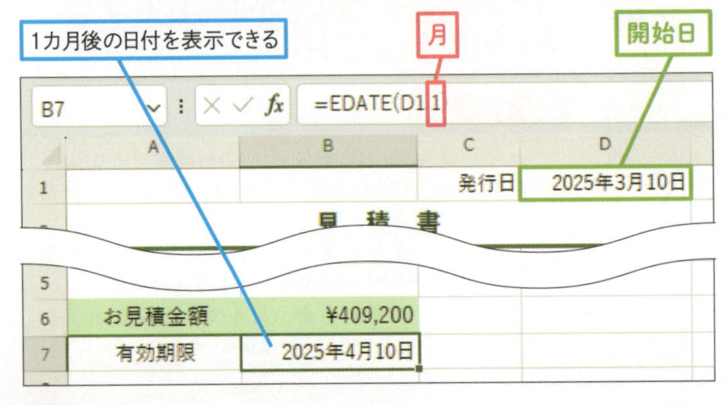

使いこなしのヒント

翌月の同じ日付の1日前を表示するには

有効期間が1カ月というとき、翌月の同日1日前を表示したい場合があります。その場合は、EDATE関数で表示した日付から1日分を引くといいでしょう。「=EDATE(D1,1)-1」とすると、翌月の同じ日から1日前の日付を求められます。

活用編 第7章 日付や時刻を自在に扱う

ポイント

開始日　発行日を基準にするためにセルD1を指定します。
月　発行日の翌月の同じ日にちを表示するので「1」を指定します。

練習用ファイル ▸ L079_EDATE_2.xlsx

使用例2 更新期限の1か月前の日付を表示する

セルD4の式

```
=EDATE(C4,-1)
```

開始日　月

D4　=EDATE(C4,-1)

	A	B	C	D
1	会員様更新期限お知らせ			※今日の日付入力
2				2025/4/1
3	会員番号	入会日	本年度更新期限	1か月前
4	C50001	2024/6/22	2025/6/22	2025/5/22
5	C50002	2023/5/31	2025/5/31	2025/4/30
6	C50003	2020/8/26	2025/8/26	2025/7/26
7	C50004	2023/8/21	2025/8/21	2025/7/21
8	C50005	2018/11/13	2025/11/13	2025/10/13
9	C50006	2020/8/4	2025/8/4	2025/7/4

1カ月前の日付を表示できる

ポイント

開始日　更新期限日を基準にするためにセルC4を指定します。
月　発行日の前月の同じ日にちを表示するので「-1」を指定します。

使いこなしのヒント

セルに日付の書式を設定するには

EDATE関数の結果が日付ではなく、ただの数値で表示された場合は、日付の表示形式を設定します。日付は「シリアル値」という数値で計算されるため、日付の表示形式が設定されていないと、数値がそのまま表示されてしまいます。シリアル値については、レッスン08の53ページで確認してください。

スキルアップ

うるう年と計算方法による日付の違い

EDATE関数により表示される「1カ月後」は、翌月の同じ日付です。ただし、31日など同じ日付がない月は、月末の日付になります。ということは、1月31日の1カ月後は、2月28日、うるう年なら2月29日です。このようにEDATE関数は、暦に合わせて日付を表示します。日数による計算ではないことを覚えておきましょう。日数による計算を行うには、「＝日付＋30」などの数式を入力します。なお、指定した月の月末の日付を表示するときは、EOMONTH関数を使いましょう（レッスン78）。

EDATE関数は単純な日数ではなく、暦に合わせた日付を表示する

	A	B	C
1	開始日	開始日+30	EDATE関数
2	2025/1/31	2025/3/2	2025/2/28
3	2024/1/31	2024/3/1	2024/2/29
4			
5			

レッスン
80 年、月、日を指定して日付を作るには

DATE

日付の年、月、日が別々に数値として入力されている場合、そのままでは日付データとして利用できません。DATE関数で別々の数値を日付データに変換します。

日付／時刻　対応バージョン 365 2024 2021 2019

年、月、日から日付を求める

=DATE(年, 月, 日)

DATE関数は、年、月、日の数値を日付データとして使える「シリアル値」に変換します。
例えば、年月日が「2025」「4」「1」と別々のセルに入力されていたとします。これを「2025/4/1」というように、日付として認識できる形式にするときDATE関数を使います。

引数

年　日付の年にする数値やセルを指定します。
月　日付の月にする数値やセルを指定します。
日　日付の日にする数値やセルを指定します。

キーワード

シリアル値 P.312

関連する関数

EDATE P.218
TIME P.222

使いこなしのヒント

シリアル値って何?

シリアル値は、日付として扱えるデータのことです。「2025/4/1」のように決められた形式で入力したデータはシリアル値になり、日付の計算が可能です。詳しくはレッスン08の53ページを参照してください。

練習用ファイル ▸ L080_DATE.xlsx

使用例 数値から日付データを作る

セルA5の式

=DATE(A2,A3,1)

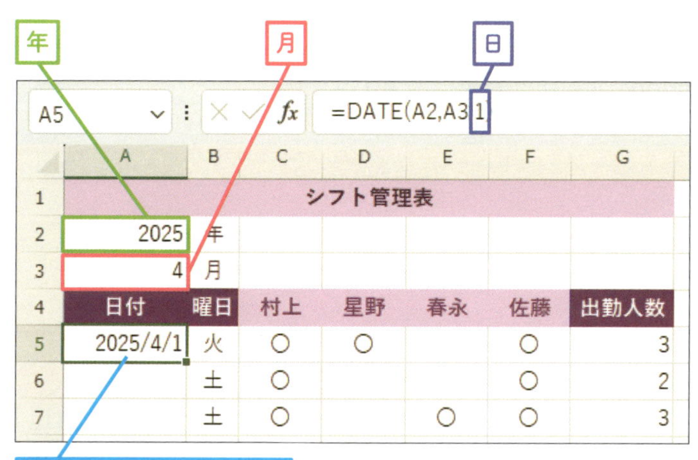

別々のセルの年、月から月の最初の日付を作成できる

ポイント

年	年の数値が入力されたセルA2を指定します。
月	月の数値が入力されたセルA3を指定します。
日	月の最初の日付を作成したいので「1」を指定します。

使いこなしのヒント

「2025/4/1」を年、月、日にバラバラにするには

DATE関数は、バラバラの数値から日付データを作成しますが、逆に「2025/4/1」の日付を年、月、日にバラバラにして取り出すには、以下のYEAR関数、MONTH関数、DAY関数を使います。

日付から年を求める

=YEAR(シリアル値)（イヤー）

日付から月を求める

=MONTH(シリアル値)（マンス）

日付から日を求める

=DAY(シリアル値)（デイ）

スキルアップ

請求日の翌月10日の日付を作成するには

「翌月10日」の日付は、DATE関数で年、月、日を指定して作成します。ここでは「請求日」の翌月10日を作るため、請求日の年、請求日の月＋1、請求日の日10を指定します。請求日の年、月はYEAR関数、MONTH関数で取り出します。

請求日の翌月10日の日付を表示する（セルE3の式）

=DATE(YEAR(D3),MONTH(D3)+1,10)（デート）

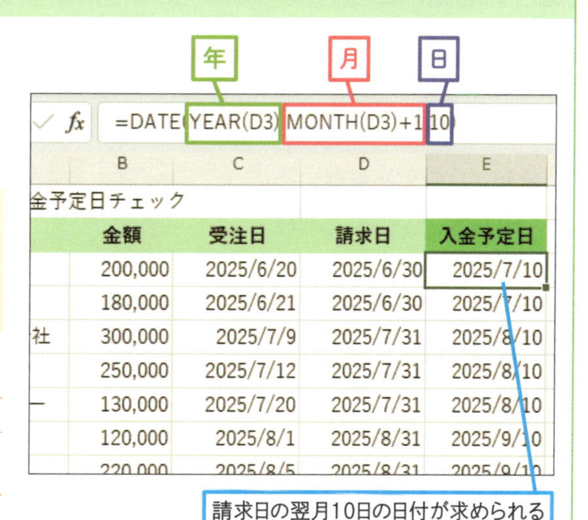

請求日の翌月10日の日付が求められる

ポイント

年	請求日からYEAR関数で取り出した年を指定します。
月	請求日からMONTH関数で取り出した月に1を足し翌月を指定します。
日	「10日」にしたいので「10」を指定します。

レッスン
81 別々の時、分を時刻に直すには

TIME

時刻が「00:00:00」の形式で入力されていれば、時刻同士の計算に利用できます。時、分、秒が別のセルにある場合には、TIME関数を使い、「00:00:00」の形式に変換する必要があります。

日付／時刻　対応バージョン 365 2024 2021 2019

時、分、秒から時刻を求める

=TIME(時, 分, 秒)

別々に入力された時、分、秒の数値を時刻データと認識できる形式に変換します。
時刻データとして認識されるのは、「00:00:00」の形式ですが、このように入力するのが面倒な場合は、時、分、秒をそれぞれ数値として入力し、後からTIME関数で時刻データにするといいでしょう。

引数

時	時を表す数値やセルを指定します。
分	分を表す数値やセルを指定します。
秒	秒を表す数値やセルを指定します。

キーワード

書式 P.312
表示形式 P.314

関連する関数

DATE P.220
DAY P.221
MONTH P.221
YEAR P.221

スキルアップ

時刻から時、分、秒を求める

別々の時、分、秒を時刻データにするのとは逆に、時刻データを時、分、秒に分けるには、HOUR関数、MINUTE関数、SECOND関数を使います。いずれも引数には、時、分、秒（秒は省略可）を「:」で区切った時刻データを指定します。

時刻から時を求める
=HOUR(シリアル値)

時刻から分を求める
=MINUTE(シリアル値)

時刻から秒を求める
=SECOND(シリアル値)

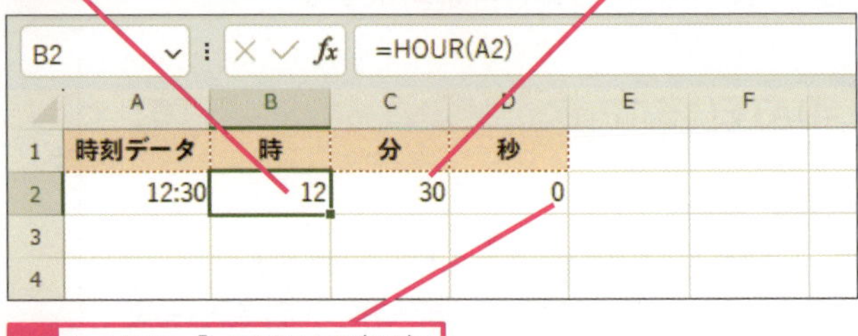

練習用ファイル ▸ L081_TIME.xlsx

使用例 時と分の数値を時刻に変換する　セルE4の式

=TIME(C4,D4,0)

時　分　秒　別々の時と分を時刻に直せる

E4　=TIME(C4,D4,0)

	A	B	C	D	E	F	G	H	I	J
1	勤務表									
2	日付		出勤			退出			休憩	実働時間
3			時	分	時刻	時	分	時刻		
4	2025/4/1	火	8	30	8:30	17	30	17:30	1:00	8:00
5	2025/4/2	水	12	30	12:30	21	30	21:30	0:30	8:30
6	2025/4/3	木	8	30	8:30	17	30	17:30	1:00	8:00

ポイント

- **時**　時として入力されている数値のセルC4を指定します。
- **分**　分として入力されている数値のセルD4を指定します。
- **秒**　秒の数値はないものとし「0」を指定します。

使いこなしのヒント

分や秒が60を超える場合は

分として入力されている数値が60を超えている場合、自動的に時に繰り上げられます。例えば、時が「8」、分が「90」の数値をTIME関数で変換すると、結果は「8:90」とはならず、分が繰り上げられて「9:30」となります。

スキルアップ

日付や時刻の表示形式を変更するには

日付や時刻データは、[セルの書式設定] ダイアログボックスを利用して表示形式を変更できます。[セルの書式設定] ダイアログボックスには [日付] や [時刻] などの分類があり、[種類] に表示された項目を選ぶだけで表示形式を変更できます。日付の場合、「2025/4/1」などと入力したセルを選択し、右の手順で操作しましょう。なお、[種類] に表示される [*2012/3/14] や [*2012年3月14日] などをクリックすると、[サンプル] に変更後の表示形式が表示されるので、[サンプル] の内容を確認しながら操作を進めるようにするといいでしょう。また「*」が表示されている項目は、Windowsが管理している日時設定に準拠します。Windowsの設定を日本以外の地域に変更すると、それに合わせて表示が変わります。

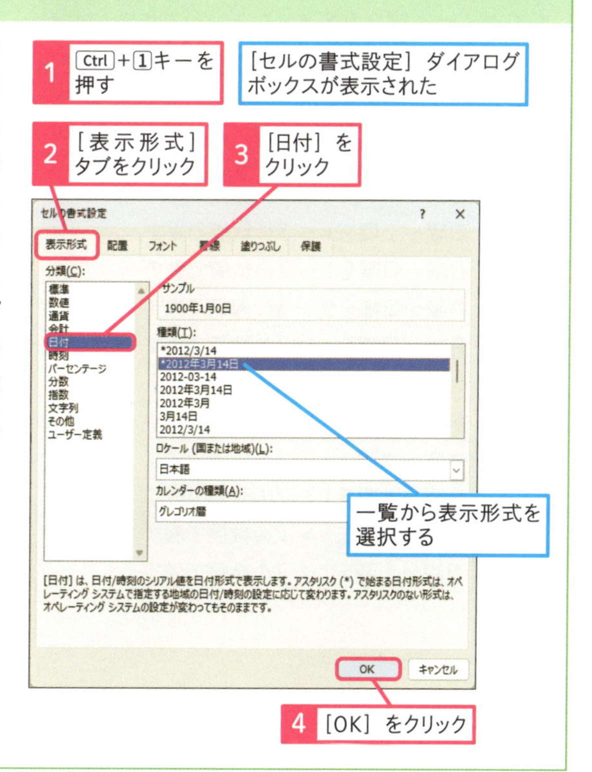

レッスン
82 土日を判定するには

WEEKDAY

「平日と土日で金額を変更して計算したい」というときは、まずは曜日を調べます。WEEKDAY関数を使って日付に該当する曜日を調べる方法を学びましょう。

日付／時刻　対応バージョン 365 2024 2021 2019

日付から曜日の番号を取り出す

ウィークデイ
=WEEKDAY(シリアル値, 種類)

WEEKDAY関数では、引数［シリアル値］に指定した日付の曜日を調べられます。結果は、引数［種類］に指定する番号（1 ～ 17）により異なります（表参照）。
結果は0 ～ 6、または1 ～ 7の数値で表示されるので、IF関数などを使い曜日を判定します。

引数

シリアル値　曜日の基準となる日付を指定します。
種類　曜日の表示方法を1 ～ 17の数値で指定します。

●引数［種類］の指定方法

指定	結果
1	日曜～土曜を1 ～ 7の数値で表す
2	月曜～日曜を1 ～ 7の数値で表す
3	月曜～日曜を0 ～ 6の数値で表す
11	月曜～日曜を1 ～ 7の数値で表す
12	火曜～月曜を1 ～ 7の数値で表す
13	水曜～火曜を1 ～ 7の数値で表す
14	木曜～水曜を1 ～ 7の数値で表す
15	金曜～木曜を1 ～ 7の数値で表す
16	土曜～金曜を1 ～ 7の数値で表す
17	日曜～土曜を1 ～ 7の数値で表す

キーワード
シリアル値　P.312

関連する関数
COUNTIF　P.150
IF　P.108
TEXT　P.208
WORKDAY　P.212

使いこなしのヒント
土日を判定する

WEEKDAY関数の結果が土日かどうかを判定するとき、引数［種類］を「2」に指定すると、月曜から日曜を1 ～ 7（土曜=6、日曜=7）で表すので、WEEKDAY関数の結果が「6以上」なら土日と判定できます。

使いこなしのヒント
スケジュール表の土日に色が付けられる

土日の日付に色を付ける場合、「条件付き書式」を設定します。条件にWEEKDAY関数を指定すれば、日付から曜日を判定して自動的に色を付けられます。詳しくはレッスン114で紹介します。

練習用ファイル ▸ L082_WEEKDAY.xlsx

使用例 土日なら金額を1500円、平日なら1200円にする

セルC3の式

=IF(WEEKDAY(A3,2)>=6,1500,1200)

シリアル値

種類

C3 =IF(WEEKDAY(A3,2)>=6,1500,1200)

	A	B	C	D	E
1	ご利用金額明細				
2	日付	曜日	金額	ご利用人数	合計
3	2025/5/1	木	1,200	1	1,200
4	2025/5/2	金	1,200	1	1,200
5	2025/5/3	土	1,500	2	3,000
6	2025/5/4	日	1,500	3	4,500
7	2025/5/5	月	1,200	1	1,200

土日なら金額を1500円、平日なら1200円と表示できる

ポイント

シリアル値 日付が入力されているセルA3を指定します。

種類 土日（WEEKDAY関数の結果が6以上）を1500円とするため、月曜～日曜を1～7で表す「2」を指定します。

使いこなしのヒント

IF関数で金額を判断する

IF関数は、引数［論理式］に条件を指定し、それが満たされているとき［真の場合］、満たされていないとき［偽の場合］を実行します。

ここでは、「WEEKDAY関数の結果が6以上」、つまり「土日である」を条件にし、満たされているとき「1500」、満たされていないとき「1200」を表示しています。

条件により2通りの結果にする

=IF（イフ）(論理式,真の場合,偽の場合)

スキルアップ

祝日はどうやって調べる

日付が祝日かどうかを調べる関数はありません。そこで、IF関数（レッスン28）を使い「土日」か「祝日」なら「1500」を表示し、どちらでもないなら「1200」を表示します。まず、IF関数に指定する条件は、「土日」、「祝日」の2つをOR関数（レッスン56）でまとめて指定します。OR関数のどちらかの条件が満たされていれば「1500」が表示されます。OR関数で指定する条件は、WEEKDAY関数の結果が6以上（つまり、土日である）とCOUNTIF関数（レッスン47）で祝日一覧に同じ日付があるかを数え、その結果が1（つまり、祝日である）の2つです。

土日か祝日なら1500を表示し、どちらでもないなら1200を表示する（セルC3の式）

=IF（イフ）(OR(WEEKDAY(A3,2)>=6,COUNTIF($G$3:$G$21,A3)=1),1500,1200)

土日か祝日とそれ以外で異なる結果が表示された

C3 =IF(OR(WEEKDAY(A3,2)>=6,COUNTIF($G$3:$G$21,A3)=1),1500,1200)

	A	B	C	D	E	F	G	H
1	ご利用金額明細							
2	日付	曜日	金額	ご利用人数	合計		2025年祝日一覧	
3	2025/5/1	木	1,200	1	1,200		2025/1/1	元日
4	2025/5/2	金	1,200	1	1,200		2025/1/13	成人の日
5	2025/5/3	土	1,500	2	3,000		2025/2/11	建国記念の日
6	2025/5/4	日	1,500	3	4,500		2025/2/23	天皇誕生日
7	2025/5/5	月	1,500	1	1,500		2025/2/24	振替休日
8	2025/5/6	火	1,500	1	1,500		2025/3/20	春分の日
9	2025/5/7	水	1,200	2	2,400		2025/4/29	昭和の日
10	2025/5/8	木	1,200	3	3,600		2025/5/3	憲法記念日
11	2025/5/9	金	1,200	1	1,200		2025/5/4	みどりの日
12				ご請求金額	¥20,100		2025/5/5	こどもの日
13							2025/5/6	振替休日

レッスン
83 土日祝日を除く日数を求めるには

NETWORKDAYS

土日と祝日を除いて日数を数えるには、NETWORKDAYS関数を使います。NETWORKDAYS関数は、何も指定しなくても土日を除いて日数を数える関数です。

日付／時刻　対応バージョン 365 2024 2021 2019

土日祝日を除外して期間内の日数を求める

ネットワークデイズ
=NETWORKDAYS(開始日,終了日,祭日)

NETWORKDAYS関数は、開始日から終了日の期間の土日を除く日数を数えます。祝日や定休日などの特定の日を除くことも可能です。引数［開始日］と［終了日］を指定するだけで、土日を除く日数が表示されますが、土日以外に除きたい日付がある場合は、引数［祭日］を指定しましょう。

引数

開始日	期間の最初の日付を指定します。
終了日	期間の最後の日付を指定します。
祭日	期間から土日以外に除外する日付を指定します（省略可)。

キーワード

セル範囲 P.313

関連する関数

DATEDIF P.214
WORKDAY P.212

使いこなしのヒント

祭日を直接指定するには

引数［祭日］には、あらかじめ日付を入力したセル範囲を指定するほかに、1つの日付を直接指定できます。例えば、2025/4/1を除外したい場合には、「=NETWORKDAYS(開始日,終了日,"2025/4/1")」のように日付を「"」でくくって指定します。

練習用ファイル ▸ L083_NETWORKDAYS.xlsx

使用例 土日を除く営業日の日数を求める

セルC3の式

=NETWORKDAYS(A3,EOMONTH(A3,0))

開始日　終了日

	A	B	C	D	E	F
1	売上管理					
2	年月	売上	営業日数	1日平均売上		
3	2025年4月	1,500,000	22	68,182		
4	2025年5月	1,430,000	22	65,000		
5	2025年6月	940,000	21	44,762		

C3: =NETWORKDAYS(A3,EOMONTH(A3,0))

期間内で土日を除いた営業日数が求められる

ポイント

- **開始日**　期間の最初の日付「2025/4/1」が入力してあるセルA3を指定します。
- **終了日**　［開始日］に指定した月の月末の日付を求めるためにEOMONTH関数を指定します。
- **祭日**　省略します。

スキルアップ

土日と祝日を除く営業日の日数を求めるには

開始日は「1日」の日付（ここではA列）、終了日はEOMONTH関数による月末を指定します。祝日も除くため、祝日の日付のセル範囲を指定します。なお、A列には「2025/4/1」と1日の日付が入力してあり、表示形式により「2025年4月」の表示にしてあります。

土日と祝日を除く営業日数を求める（セルC3の式）

ネットワークデイズ
=NETWORKDAYS(A3,EOMONTH(A3,0),$F$3:$F$21)

1日から月末で土日と祝日を除いた営業日数が求められる

C3: =NETWORKDAYS(A3,EOMONTH(A3,0),$F$3:$F$21)

	A	B	C	D	E	F	G
1	売上管理						
2	年月	売上	営業日数	1日平均売上		2025年祝日一覧	
3	2025年4月	1,500,000	21	71,429		2025/1/1	元日
4	2025年5月	1,430,000	20	71,500		2025/1/13	成人の

使いこなしのヒント

除外する週末が土日以外のときには

NETWORKDAYS関数は、無条件に土日を除いて日数を数えますが、除外したいのがほかの曜日のときには、NETWORKDAYS.INTL関数を利用しましょう。引数［週末］に除外する曜日を示す番号か文字列を指定します。

指定した曜日を除外して期間内の日数を求める

ネットワークデイズ・インターナショナル
=NETWORKDAYS.INTL(開始日,終了日,週末,祭日)

●引数［週末］の指定方法

引数［週末］の指定	除外される曜日
1または省略	土曜日と日曜日
2	日曜日と月曜日
3	月曜日と火曜日
4	火曜日と水曜日
5	水曜日と木曜日
6	木曜日と金曜日
7	金曜日と土曜日
11	日曜日のみ
12	月曜日のみ
13	火曜日のみ
14	水曜日のみ
15	木曜日のみ
16	金曜日のみ
17	土曜日のみ
文字列（1と0の7桁） (例) "1010000"	月曜日から日曜日までを1と0の7桁で表示。1が除外する曜日を表す (例) 月曜日と水曜日を除外

この章のまとめ

日付や時刻のシリアル値を再確認しよう

この章では、日付や時刻を扱う関数を紹介しました。関数は日付、時刻データを専用に扱うものがほとんどですから、用途に合わせて選べば問題はありません。ただし、気を付けたいのは、これらの関数が扱うのは「シリアル値」であることです。シリアル値とは、日付や時刻のデータそのものを表しますが、実体は1900/1/1を「1」として1日に1ずつ増える数値のことです（詳しくは第2章レッスン08を参照）。シリアル値の理解がないと、日付関数の引数を正しく指定することができません。もし関数の結果がエラーになったり、結果がうまく表示されなかったりした場合は、今一度、シリアル値について確認しましょう。

E4 =TIME(C4,D4,0)

	A	B	C	D	E	F	G	H	I	J
1	勤務表									
2	日付		出勤			退出			休憩	実働時間
3			時	分	時刻	時	分	時刻		
4	2025/4/1	火	8	30	8:30	17	30	17:30	1:00	8:00
5	2025/4/2	水	12	30	12:30	21	30	21:30	0:30	8:30
6	2025/4/3	木	8	30	8:30	17	30	17:30	1:00	8:00
7	2025/4/4	金	8	30	8:30	17	30	17:30	1:00	8:00
8	2025/4/5	土			0:00			0:00		0:00
9	2025/4/6	日	8	30	8:30	17	30	17:30	1:00	8:00
10	2025/4/7	月	8	30	8:30	17	30	17:30	1:00	8:00
11	2025/4/8	火			0:00			0:00		0:00

表示形式の設定と計算による変換をしっかり押さえよう

関数がいろいろできるのは、これまでの章で分かっていましたが、日付の関数は至れり尽くせりって感じですね。

月末の日付を表示したり、土日を除いた計算をしたり、そんな細かい処理が関数1つでできるなんてね！

日付や時刻の計算は、10進数の計算と違って、月をまたいだり、日付をまたいだりして特殊だから、専用のものが用意されているんだ。日付や時刻を扱うときは、まず日付関数を探してみよう。あと日付や時刻の表示形式も常に意識することも忘れずに！　つい表示形式のこと忘れてしまうからね。

日付が表示されるはずなのに「ヘンな数字が出ている！」ってことがよくあります。気を付けます！

活用編

第8章

データを分析・予測する

この章では、データの分析や予測に使う関数を紹介します。分析や予測の関数は、目的をはっきりさせて使うのがポイントです。何を知るための関数なのかを理解して使ってみましょう。

レッスン

84 Introduction この章で学ぶこと 過去のデータで未来を分析しよう

データの全体像を把握し、データの傾向を読み解いたり、予測したりする際にも、関数が役立ちます。この章では、データを分析・予測する関数を解説します。本章でどのような内容を学ぶのか、ここで簡単に押さえておきましょう。

データは未来のために蓄積する

データを蓄積するのは、将来のためってことはこれまでも話してきたよね。過去のデータを分析することで、未来に活かせることがいっぱいあるんだ!

分析というとデータの傾向とかを見るってことですよね。それが関数で求められるんですか?

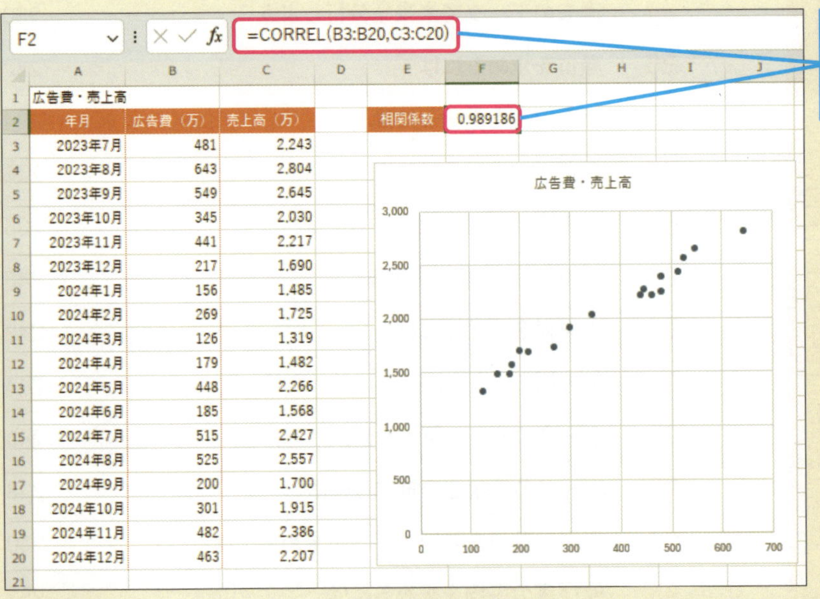

年月	広告費(万)	売上高(万)
2023年7月	481	2,243
2023年8月	643	2,804
2023年9月	549	2,645
2023年10月	345	2,030
2023年11月	441	2,217
2023年12月	217	1,690
2024年1月	156	1,485
2024年2月	269	1,725
2024年3月	126	1,319
2024年4月	179	1,482
2024年5月	448	2,266
2024年6月	185	1,568
2024年7月	515	2,427
2024年8月	525	2,557
2024年9月	200	1,700
2024年10月	301	1,915
2024年11月	482	2,386
2024年12月	463	2,207

うん! 例えば、CORREL関数を使えば、2つのデータの相関係数が求められるよ。相関関係があると見なせれば、今後のマーケティングをどのようにしていくか、客観的に考えられるよね。こうやって蓄積されたデータを分析することで、今後のビジネスの計画に役立てられるんだ!

データの分析に役立つ主な関数

でも、データの分析や予測って難しそうだなあ……。

大丈夫！　必要なデータがそろっていれば、目的の結果を簡単に求められるよ。

RANK.EQ関数で順位を求める

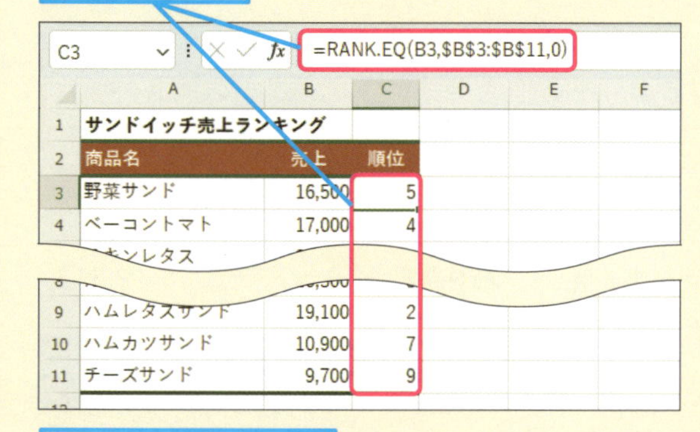

C3　=RANK.EQ(B3,$B$3:$B$11,0)

	A	B	C
1	サンドイッチ売上ランキング		
2	商品名	売上	順位
3	野菜サンド	16,500	5
4	ベーコントマト	17,000	4
5	チキンレタス		
9	ハムレタスサンド	19,100	2
10	ハムカツサンド	10,900	7
11	チーズサンド	9,700	9

STANDARDIZE関数で偏差値を求める

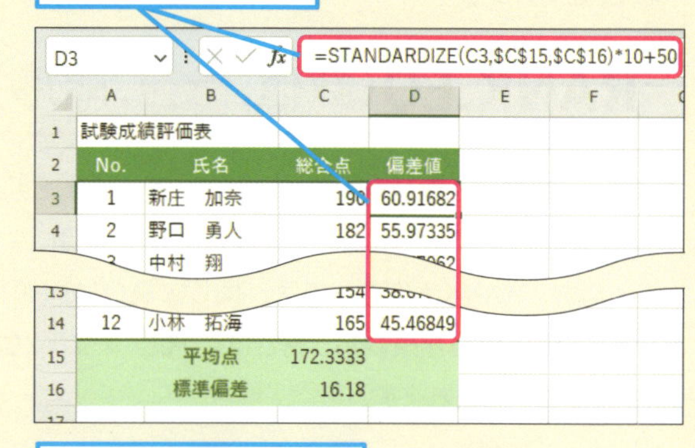

D3　=STANDARDIZE(C3,$C$15,$C$16)*10+50

	A	B	C	D
1	試験成績評価表			
2	No.	氏名	総合点	偏差値
3	1	新庄　加奈	190	60.91682
4	2	野口　勇人	182	55.97335
5	3	中村　翔		
14	12	小林　拓海	165	45.46849
15		平均点	172.3333	
16		標準偏差	16.18	

MEDIAN関数で中央値を求める

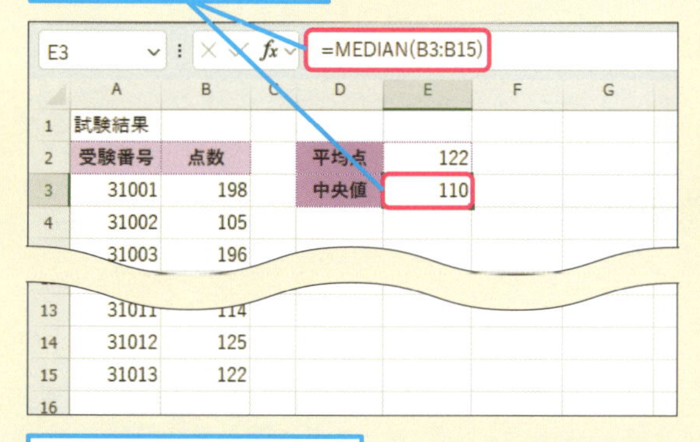

E3　=MEDIAN(B3:B15)

	A	B	C	D	E
1	試験結果				
2	受験番号	点数		平均点	122
3	31001	198		中央値	110
4	31002	105			
5	31003	196			
13	31011	114			
14	31012	125			
15	31013	122			

GEOMEAN関数で伸び率の相乗平均が求めれる

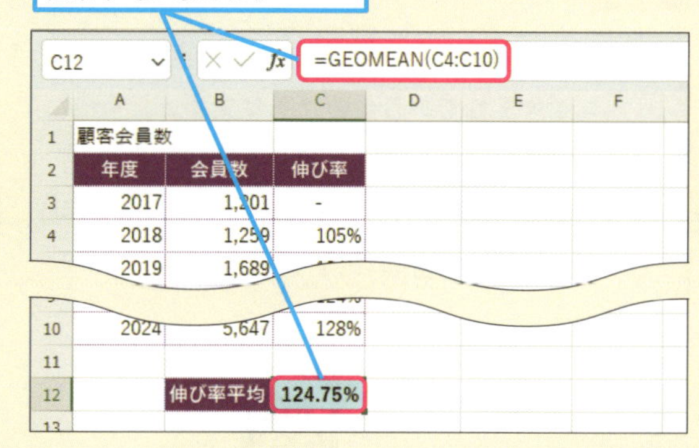

C12　=GEOMEAN(C4:C10)

	A	B	C
1	顧客会員数		
2	年度	会員数	伸び率
3	2017	1,201	-
4	2018	1,259	105%
5	2019	1,689	
10	2024	5,647	128%
11			
12		伸び率平均	124.75%

FORECAST.LINEAR関数でデータを予測する

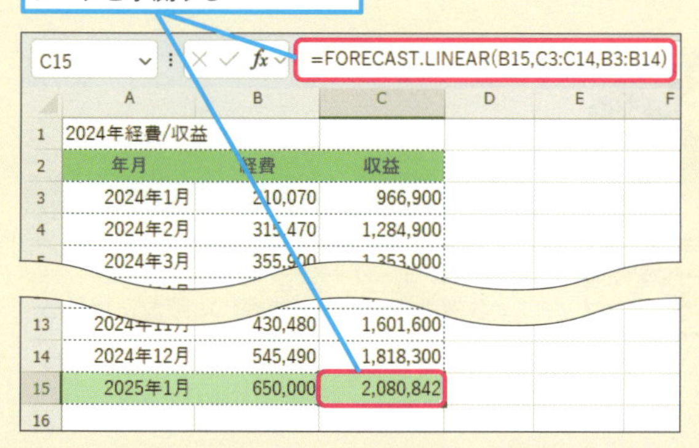

C15　=FORECAST.LINEAR(B15,C3:C14,B3:B14)

	A	B	C
1	2024年経費/収益		
2	年月	経費	収益
3	2024年1月	210,070	966,900
4	2024年2月	315,470	1,284,900
5	2024年3月	355,900	1,353,000
13	2024年11月	430,480	1,601,600
14	2024年12月	545,490	1,818,300
15	2025年1月	650,000	2,080,842

データの予測までできるなんて、すごい！

これを覚えれば、褒められること間違いなし!?　俄然やる気が湧いてきました！

順位を求めるには

RANK.EQ

指定した範囲の数値に順位を付けるには、RANK.EQ関数を使います。ここでは、商品ごとの売上金額に順位を付け、売れ筋商品を見極めます。

統計　対応バージョン 365 2024 2021 2019

順位を求める

ランク・イコール
=RANK.EQ(数値,参照,順序)

RANK.EQ関数は、順位を調べたいときに使う関数です。引数［参照］に指定した集団全体の中で［数値］が何番目になるかを調べます。なお、RANK.EQ関数では、同じ数値には同順位が表示されます。2位の数値が複数ある場合は、1位、2位、2位、4位というように順位付けされます。

引数

数値 順位を知りたい値。ここで指定する値は、引数［参照］に含まれている必要があります。
参照 順位を決める集団の範囲を指定します。
順序 降順に順位を付ける場合は「0」（省略可）、昇順に順位を付ける場合は「1」を指定します。

キーワード

互換性 P.312
絶対参照 P.313

関連する関数

LARGE P.136
SMALL P.137

使いこなしのヒント

大きい順に順位を付けるには

数値の大きい順（降順）に順位を付ける場合、引数［順序］に「0」を指定するか、引数［順序］そのものを省略します。

練習用ファイル ▸ L085_RANK.EQ

使用例 売り上げの高い順に順位を付ける

セルC3の式

=RANK.EQ(B3,$B$3:$B$11,0)

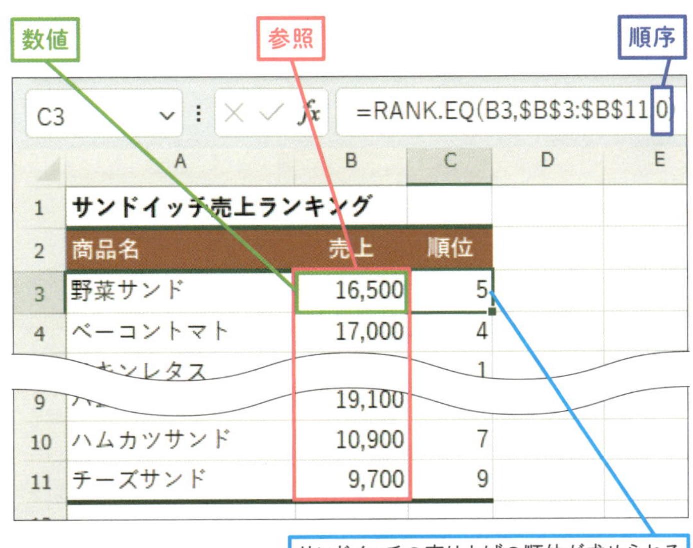

ポイント

- **数値** 順位を知りたい売上金額があるセルB3を指定します。
- **参照** 順位を決める集団のセル範囲（B3:B11）を絶対参照にして指定します。
- **順序** 数値の高い順に順位を付けるため「0」を指定します。

使いこなしのヒント

RANK関数は使えない？

RANK関数は、Excel 2010よりRANK.EQ関数に置き換えられています。古い関数は、互換性関数として残されていますので使用は可能です。ただし、古い関数は演算の精度が落ちる場合があります。互換性の問題がなければ、新しい関数の使用をおすすめします。なお、使い方はRANK.EQ関数と同じです。

順位を求める（互換性関数）

=RANK（ランク）(数値, 参照, 順序)

スキルアップ

同率順位を平均値で表示できる

順位を求める関数には、RANK.AVG関数もあります。RANK.AVG関数では、同率順位があった場合、順位の平均値が表示されます。例えば、2位と3位の数値が同じ場合、「(2位＋3位)÷2」の計算で順位の平均を求め、結果を1位、2.5位、2.5位、4位と表示します。この関数は、全体の中の順位を基準にしてデータ分析を行う際、より精度の高い順位が必要な場合に利用します。

順位を求める（同じ値は順位の平均値を表す）

=RANK.AVG（ランク・アベレージ）(数値, 参照, 順序)

引数

数値	順位を知りたい値を指定します。
参照	順位を決める範囲を指定します。
順序	降順に順位を付ける場合は「0」、昇順に順位を付ける場合は「1」を指定します。

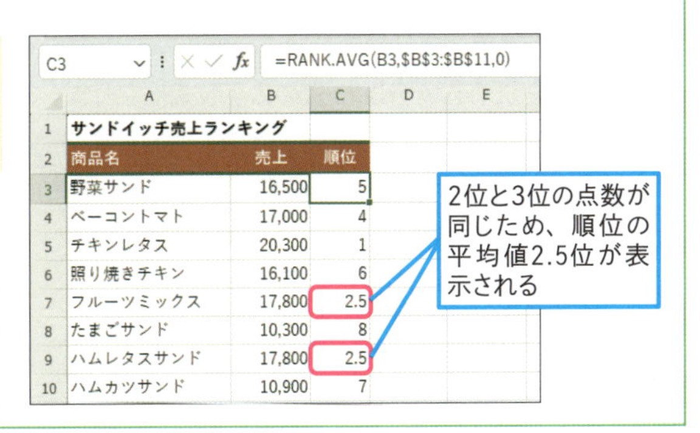

レッスン

86 標準偏差を求めるには

STDEV.P

標準偏差は、STDEV.P関数で求めることができます。標準偏差とは、数値のばらつきを評価する値のことで、偏差値を求める場合に必要です。

統計 対応バージョン 365 2024 2021 2019

標準偏差を求める

スタンダード・ディビエーション・ピー

=STDEV.P(数値1,数値2,…,数値254)

標準偏差を求めるSTDEV.P関数では、引数に集団の数値のセル範囲を指定します。空白セルや文字列、論理値が含まれている場合は、無視されます。

引数

数値 数値、またはセル、セル範囲を指定します。

●標準偏差とは

標準偏差とは、数値のばらつきを示す値です。例えば、10、20、30、40、50の標準偏差は「14.14……」です。もしすべてが10なら標準偏差は「0」になり、数値が低いほどばらつきは少ないと判定します。

標準偏差の値は、同じように数値のばらつきを表す「分散」（レッスン91参照）の平方根（ルート）をとったものです。「分散」は、各数値から平均値を引き、それぞれを2乗し、それらの平均を求めたものですが、2乗しているため、数値の単位が変わってしまいます。標準偏差は、2乗した値を平方根で戻すことで、数値に合わせた単位となり「分散」より分かりやすい値になります。試験の点数から標準偏差を求める場合は、次のような式になります。

$$\text{標準偏差} = \sqrt{\frac{(\text{個々の得点}-\text{平均点})^2\text{の総和}}{\text{全生徒数}}}$$

$$\text{分散} = \frac{(\text{個々の得点}-\text{平均点})^2\text{の総和}}{\text{全生徒数}}$$

キーワード

互換性	P.312
標準偏差	P.315
分散	P.315

関連する関数

STANDARDIZE	P.236
VAR.P	P.244

使いこなしのヒント

空白や文字は計算の対象にならない

標準偏差は、指定したセル範囲の数値を元に計算されます。セル範囲に含まれる空白や文字列、TRUEやFALSEの論理値は無視されます。

練習用ファイル ▸ L086_STDEV.P.xlsx

使用例 試験の点数のばらつき度合いを調べる　セルC16の式

=STDEV.P(C3:C14)

数値

C16 =STDEV.P(C3:C14)

	A	B	C	D	E
1	試験成績評価表				
2	No.	氏名	総合点		
3	1	新庄　加奈	190		
4	2	野口　勇人	182		
13	11	松本　美佐	154		
14	12	小林　拓海	165		
15		平均点	172.3333		
16		標準偏差	16.18		

試験成績の標準偏差が求められる

ポイント

数値　点数のセル範囲（C3:C14）を指定します。

使いこなしのヒント

旧STDEVP関数について

STDEVP関数は、Excel 2010よりSTDEV.P関数に置き換えられています。古い関数は演算の精度が落ちる場合があります。互換性の問題がなければ、新しい関数の使用をおすすめします。

標準偏差を求める(互換性関数)
スタンダード・ディビエーション・ピー
=ＳＴＤＥＶＰ(数値1, 数値2,…, 数値255)

スキルアップ

サンプルによる標準偏差を求めるには

レッスンで紹介したSTDEV.P関数は、対象のデータ全体から標準偏差を求めますが、すべてのデータを対象にするのが困難な場合は、抽出したサンプル（標本データ）から標準偏差を推定します。このときに利用するのは、STDEV.S関数です。標本データの標準偏差は、データ全体の標準偏差より小さい値に偏りがちなことが分かっています。STDEV.S関数は、それを補正して計算し推定値とします。

標本データから標準偏差を推定する
スタンダード・ディビエーション・エス
=ＳＴＤＥＶ．Ｓ(数値 1, 数値 2,…, 数値 254)

引数

数値　数値、またはセル、セル範囲を指定します。

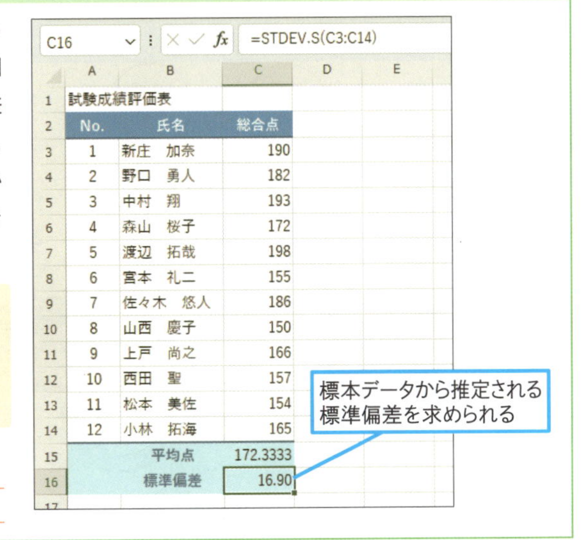

C16 =STDEV.S(C3:C14)

	A	B	C	D	E
1	試験成績評価表				
2	No.	氏名	総合点		
3	1	新庄　加奈	190		
4	2	野口　勇人	182		
5	3	中村　翔	193		
6	4	森山　桜子	172		
7	5	渡辺　拓哉	198		
8	6	宮本　礼二	155		
9	7	佐々木　悠人	186		
10	8	山西　慶子	150		
11	9	上戸　尚之	166		
12	10	西田　聖	157		
13	11	松本　美佐	154		
14	12	小林　拓海	165		
15		平均点	172.3333		
16		標準偏差	16.90		

標本データから推定される標準偏差を求められる

レッスン

87 偏差値を求めるには

STANDARDIZE

偏差値は、複雑な公式で求めますが、その一部はSTANDARDIZE関数に置き換えられます。平均値と標準偏差の値を利用して偏差値を計算しましょう。

統計　対応バージョン 365 2024 2021 2019

標準化変量を求める

スタンダーダイズ
=STANDARDIZE(値, 平均値, 標準偏差)

STANDARDIZE関数は、「標準化変量」を求める関数です。「標準化変量」は、単位や基準の異なる値を共通の基準になるように「標準化」したものです。STANDARDIZE関数の引数には、標準化したい「値」、「平均値」、「標準偏差」を指定しますが、平均値、標準偏差はあらかじめ計算しておく必要があります。
「偏差値」は、STANDARDIZE関数で求めた「標準化変量」を利用して求めます。

引数

値	標準化したい値を指定します。
平均値	母集団の平均値。AVERAGE関数で求められます。
標準偏差	母集団の標準偏差。STDEV.P関数で求められます。

キーワード

標準化変量	P.315
標準偏差	P.315
偏差値	P.315

関連する関数

AVERAGE	P.90
STDEV.P	P.234
VAR.P	P.244

使いこなしのヒント

標準化変量について

「標準化変量」は、基準の異なる数値を比較するとき利用します。例えば、国語と数学の点数を比較してもどちらが良い成績かは判断しかねます。国語と数学の点数をそれぞれの平均点、標準偏差から「標準化変量」に変換すれば、基準が統一されて比較可能になります。
「標準化変量」は、平均が「0」、標準偏差が「1」となるように「標準化変量＝(値－平均値) ÷標準偏差」の式で求めることができますが、これを計算するのがSTANDARDIZE関数です。

練習用ファイル ▸ L087_STANDARDIZE.xlsx

使用例 偏差値を求める　セルD3の式

=STANDARDIZE(C3,$C$15,$C$16)*10+50

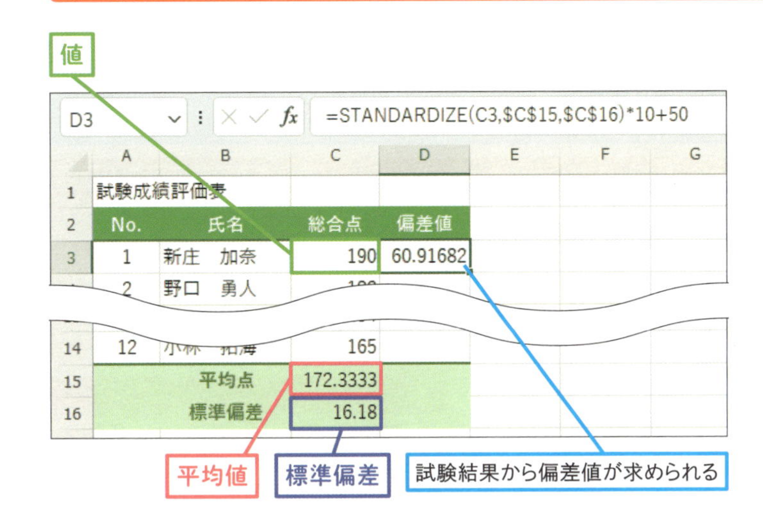

ポイント

- **値**　総合点が入力されているセルC3を指定します。
- **平均値**　AVERAGE関数で求めた平均値が表示されているセルC15を指定します。絶対参照にすることで、コピーしても正しい結果が求められます。
- **標準偏差**　STDEV.P関数で求めた標準偏差が表示されているセルC16を指定します。絶対参照にすることで、コピーしても正しい結果が求められます。

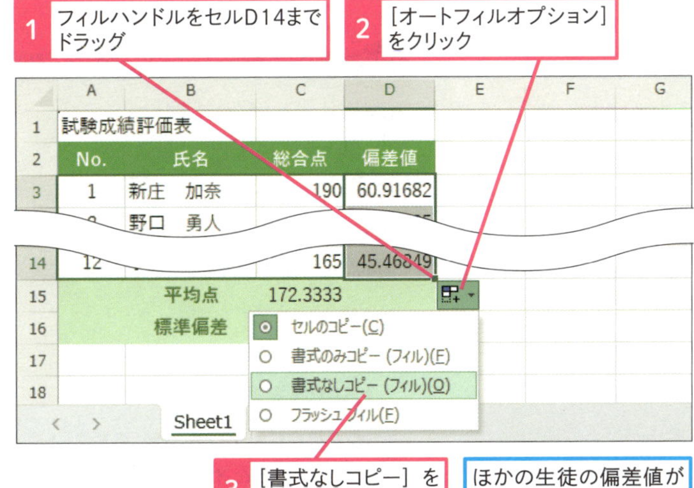

使いこなしのヒント
偏差値の求め方

受験シーズンによく耳にする「偏差値」は、「(自分の得点－平均点) ÷標準偏差×10+50」という公式で求められます。STANDARDIZE関数で計算する「標準化変量」に置き換えると、「標準化変量×10+50」という式で求めることができます。

使いこなしのヒント
標準化変量と偏差値の関係とは

「標準化変量」は、平均が「0」、標準偏差が「1」となるように標準化されます。「偏差値」は、平均が「50」、標準偏差が「10」になるように標準化する必要がありますが、「標準化変量」を10倍して50を加えれば求められます。

使いこなしのヒント
平均値と標準偏差が必要になる

標準化変量を計算するには、平均値と標準偏差の値が必要です。平均値はAVERAGE関数（レッスン20）、標準偏差はSTDEV.P関数（レッスン86）で求められます。

レッスン
88 百分率で順位を表示するには

PERCENTRANK.INC

PERCENTRANK.INC関数は、順位を百分率（パーセント）で表します。全体を100としたとき、順位を知りたい値が全体の何パーセントの位置にあるかが分かります。

統計　対応バージョン 365 2024 2021 2019

百分率での順位を表示する

=PERCENTRANK.INC（配列,数値,有効桁数）

（パーセントランク・インクルーシブ）

PERCENTRANK.INC関数は、値を順に並べたとき、特定の値が全体の何パーセントの位置にあるかを求めます。結果は小数点以下の数値で表され、最も低い数値の順位は「0」（0%）、最も高い数値の順位は「1」（100%）になります。

引数

- **配列**　百分率順位を決める集団のセル範囲、または配列を指定します。
- **数値**　百分率順位を知りたい値を指定します。
- **有効桁数**　結果の小数点以下の表示桁数を指定します。省略した場合は、「3」が指定され、小数点以下第3位まで表示されます。結果が「0.812」のときは「81.2%」となります。

●結果の見方

PERCENTRANK.INC関数の結果は、最小値が0%、最大値が100%、中央値が50%です。80%以上の結果なら大きい順に並べたときの上位20%内に含まれることが分かります。
順位を付けるにはRANK.EQ関数がありますが、これで求めた例えば「3位」という結果は、全体の数がわからないため「3件中3位」かもしれず、正確に分析できません。PERCENTRANK.INC関数なら全体の数に関係なく集団の中の位置を知ることができます。

キーワード

互換性	P.312
書式	P.312

関連する関数

PERCENTILE.INC	P.240
RANK.EQ	P.232
RANK	P.233

使いこなしのヒント

0%より大きく100%より小さい順位にするには

PERCENTRANK.INC関数の結果は0～1（0%～100%）になりますが、PERCENTRANK.EXC関数を利用すると、結果は0より大きく、1より小さい値になります。

百分率で順位を表示する（0%と100%を除く）

=PERCENTRANK.EXC（配列,数値,有効桁数）

（パーセントランク・エクスクルーシブ）

練習用ファイル ▸ L088_PERCENTRANK.INC.xlsx

使用例 商品ごとの売り上げに百分率の順位を付ける　セルD3の式

=PERCENTRANK.INC($C$3:$C$15,C3)

配列

D3　=PERCENTRANK.INC($C$3:$C$15,C3)

	A	B	C	D	E
1		6月売上ランキング			
2		商品名	6月売上	百分率順位	
3		エクセルロールいちご	360,000	75.0%	
4		エクセルロールバナナ	431,000	100.0%	
5		エクセルロールメロン	342,000	58.3%	
6		ガトーエクセル10個入り	322,000	50.0%	
7		ガトーエクセル20個入り	390,000	83.3%	
8		ガトーエクセルセレクション	230,000	8.3%	
9		シュガークッキー12個入り	346,000	66.6%	
10		シュガークッキー20個入り	411,000	91.6%	
11		シュガークッキー30個入り	298,000	25.0%	
12		シュガーショコラ15個入り	298,000	25.0%	
13		シュガーショコラ25個入り	176,000	0.0%	
14		シュガーショコラ40個入り	296,000	16.6%	
15		フルーツジュレ8個入り	306,000	41.6%	

数値

百分率での順位を求められる

ポイント

- **配列**　売上金額が入力されているセル範囲（C3:C15）を絶対参照で指定します。
- **数値**　順位を知りたいセルC3を指定します。
- **有効桁数**　省略します。

この商品が売り上げの最上位であることが分かる

この商品は、全体の中間に位置する順位であることが分かる

	A	B	C	D	E
1		6月売上ランキング			
2		商品名	6月売上	百分率順位	
3		エクセルロールいちご	360,000	75.0%	
4		エクセルロールバナナ	431,000	100.0%	
5		エクセルロールメロン	342,000	58.3%	
6		ガトーエクセル10個入り	322,000	50.0%	
7		ガトーエクセル20個入り	390,000	83.3%	
8		ガトーエクセルセレクション	230,000	8.3%	

使いこなしのヒント

旧PERCENTRANK関数について

PERCENTRANK関数は、Excel 2010よりPERCENTRANK.INC関数に置き換えられています。古い関数は演算の精度が落ちる場合があります。互換性の問題がなければ、新しい関数の使用をおすすめします。

百分率での順位を表示する（互換性関数）

=PERCENTRANK（パーセントランク）（配列,数値,有効桁数）

使いこなしのヒント

結果をパーセントで表示するには

PERCENTRANK.INC関数では、結果として0～1の数値が表示されます。これをパーセント表示にするには、セルに「パーセントスタイル」の書式を設定します。このレッスンの練習用ファイルには、あらかじめセルD3～D15にパーセントスタイルの書式を設定しています。

上位20%の値を求める

PERCENTILE.INC

PERCENTILE.INC関数は、上位○%の数値を取り出します。例えば、試験結果の上位20%を合格にするときのボーダーラインが分かります。

統計　対応バージョン 365 2024 2021 2019

百分位数を求める

パーセンタイル・インクルーシブ
=PERCENTILE.INC(配列, 率)

PERCENTILE.INC関数は、パーセントで指定した順位の値（分位数）を表示します。引数［配列］にある最小値を0%、最大値を100%とし、引数［率］に当たる数値を取り出します。試験の点数のように数値が大きいほど上位になる場合、上位20%とは、数値の小さい順に0 ～ 100%になるPERCENTILE.INC関数では、80%の位置になります。上位20%の値を求める場合、引数［率］に「80%」を指定します。

成績上位20%

順位	0% ～	20% ～	40% ～	60% ～	80% ～	100%
点数の例	62点	68点	72点	77点	86点	90点

引数［率］に「80%」を指定して求める

引数

- **配列**　順位を決める集団のセル範囲、または配列を指定します。
- **率**　調べたい順位（百分位）を百分率で指定します。

●分位数について

数値を小さい順に並べ、百分率（0% ～ 100%）で順位を表したものを「百分位」といい、その中の指定した位置の値が「分位数」（百分位数）です。このレッスンでは、0%～ 100%の中の80%に当たる分位数を調べます。

キーワード

互換性　P.312
絶対参照　P.313
百分位数　P.314

関連する関数

PERCENTRANK.INC　P.238
RANK.EQ　P.232
RANK　P.233

使いこなしのヒント

PERCENTRANK.INC関数とPERCENTILE.INC関数の違いとは

PERCENTRANK.INC関数は、全体の中の順位、PERCENTILE.INC関数は、指定した順位の値をそれぞれ調べます。どちらも順位は、0%～ 100%で表します。

練習用ファイル ▸ L089_PERCENTILE.INC.xlsx

使用例 成績上位20%の点数を表示する　セルE3の式

=PERCENTILE.INC(C3:C22, 0.8)

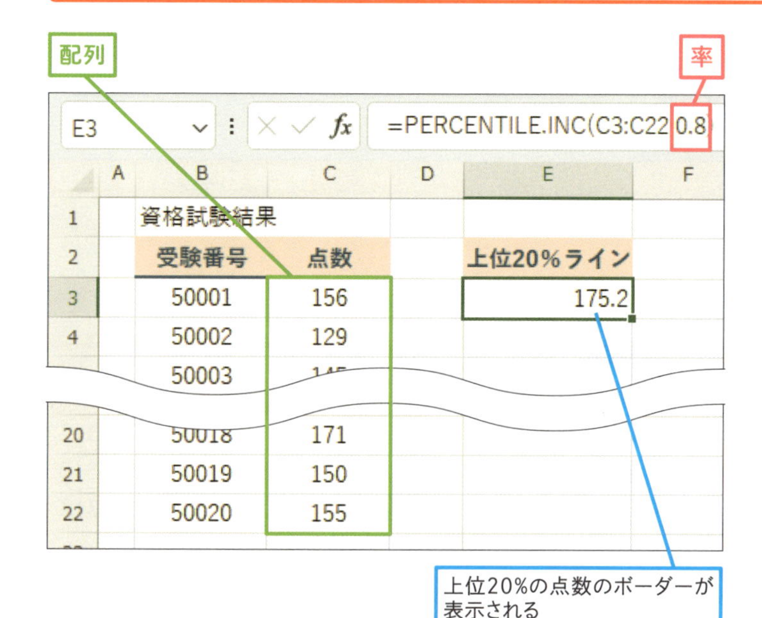

ポイント

- **配列**　点数が入力されているセルC3 ～ C22を指定します。
- **率**　上位20％を表す、百分位の80％（0.8）を指定します。「80%」と指定することも可能です。

使いこなしのヒント

旧PERCENTILE関数について

PERCENTILE関数は、Excel 2010よりPERCENTILE.INC関数に置き換えられています。古い関数は演算の精度が落ちる場合があります。互換性の問題がなければ、新しい関数の使用をおすすめします。

百分位数を求める（互換性関数）
=PERCENTILE（パーセンタイル）(配列, 率)

スキルアップ

上位20%以上に「合格」を表示するには

PERCENTILE.INC関数の結果を利用して、IF関数で上位20%に「合格」の文字を表示します。IF関数の条件には「点数>=セルF3」を指定しますが、セルF3はほかの行にコピーできるよう絶対参照にします。

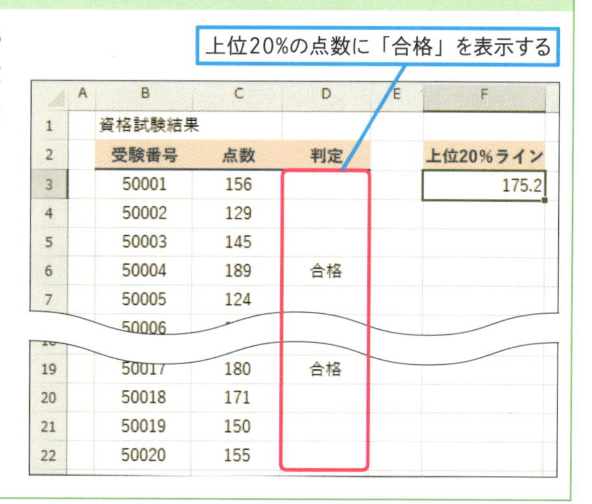

上位20%以上の点数に「合格」を表示する（セルD3の式）
=IF（イフ）(C3>=$F$3,"合格","")

レッスン

90 中央値を求めるには

MEDIAN

平均年収や平均貯蓄額、成績表などで活用するのが中央値です。一部の突出した値によって平均値が実感を伴わないようなときは、中央値の値を求めます。

統計 対応バージョン 365 2024 2021 2019

数値の中央値を求める

=MEDIAN(数値1, 数値2, …, 数値255)

MEDIAN関数は、引数［数値］に指定したデータを大きい順や小さい順に並べたとき、ちょうど真ん中に位置する中央値を求める関数です。データの個数が奇数の場合は、中央に位置する値が表示されますが、個数が偶数の場合は、中央に位置する2つの値の平均が表示されます。

引数

数値 中央値を求めるデータ群のセル範囲を指定します。

●中央値について

複数のデータの特徴を1つの値で代表して表す場合、よく使われるのが平均値や中央値です。試験結果を見るとき、平均値のみで全体の実力を測れるとは限りません。一部の優秀な生徒によって平均点はつり上がることがあるからです。中央値は、データを数値順に並べたときの中央に位置する値です。突出して高い、あるいは低い値があったとしても、あまり影響を受けないため、全体の実力を実態により近い値で表せる場合があります。

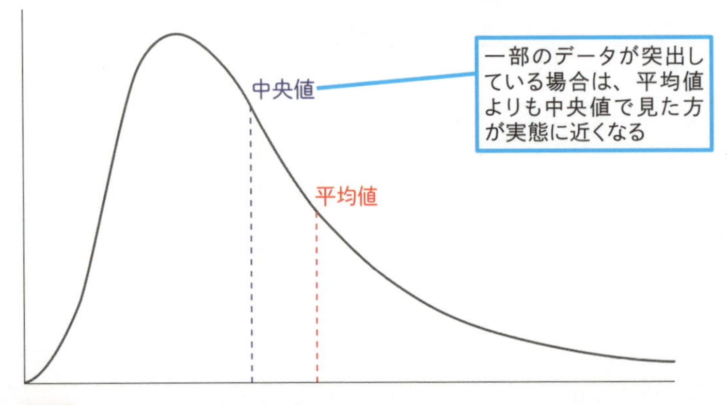

キーワード

最頻値	P.312
中央値	P.313
配列数式	P.314

関連する関数

AVERAGE	P.90
TRIMMEAN	P.250

使いこなしのヒント

最頻値でデータのばらつきを見る

データの特徴を表す値としては、平均値、中央値のほかに最頻値があります。最頻値は、最も頻度が高い値を表し、データ全体を把握するのに有効です。Excelでは、MODE.MULT関数で最頻値を求められます（レッスン93参照）。

練習用ファイル ▸ L090_MEDIAN.xlsx

使用例 試験結果の中央値を求める　セルE3の式

=MEDIAN(B3:B15)

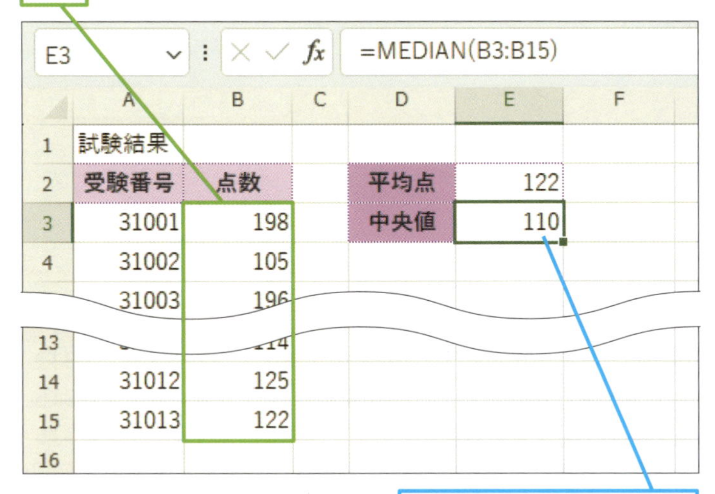

ポイント

数値　試験結果の点数のセル範囲（B3:B15）を指定します。

使いこなしのヒント

文字や空白が含まれているときは

引数［数値］に指定するセル範囲に、文字列、空白、論理値が含まれている場合それらは無視されます。なお、数値の「0」は含まれます。

使いこなしのヒント

TRIMMEAN関数を利用してもいい

TRIMMEAN関数は、データの中の最大値、最小値を除いて平均を求めます。大きく異なる数値を例外と見なし、除外して計算ができるので、より実態に近い平均値を求められます。詳しくは、レッスン94で紹介します。

スキルアップ

0を除いて中央値を求めたい

MEDIAN関数は、「0」もデータの1つとし、これを含めて中央値を求めます。「0」を含めたくない場合は対象となる数値が0より大きいかIF関数で判定し、0の場合、ここでは「FALSE」とします。その結果からMEDIAN関数で中央値を求めます。なお、Excel 2019以前のバージョンでは、以下の式を配列数式（244ページ参照）として入力する必要があります。

0を除いて中央値を求める（セルB8の式）

=MEDIAN(IF(B2:B7>0,B2:B7,FALSE))

Excel 2019以前のバージョンの式

{=MEDIAN(IF(B2:B7>0,B2:B7,FALSE))}

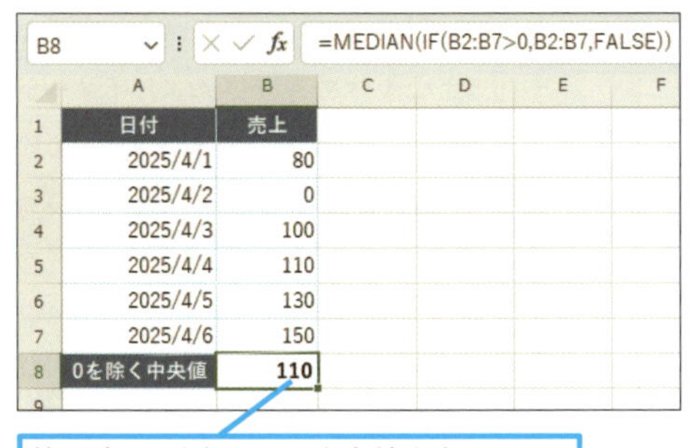

範囲内の0を無視して中央値を求められる

元の値		IF 関数の結果	
80	IF(B2:B7>0,B2:B7,FALSE)	80	
0		FALSE	無視される
100		100	
110		110	←中央値
130		130	
150		150	

レッスン
91 値のばらつきを調べるには

VAR.P

数値のばらつき具合を示す「分散」は、VAR.P関数で調べられます。このレッスンでは、成績表から点数の分散を求め、ばらつきがあるかどうかを確認します。

統計　　対応バージョン 365 2024 2021 2019

数値の分散を求める

=VAR.P(数値1,数値2,…,数値254)
（バリアンスピー）

VAR.P関数は、数値のばらつき具合を表す指標である「分散」を求めます。引数［数値］に指定した数値を母集団そのものと見なして分散が求められます。結果の値が小さいほどばらつきは少ないと判定します。なお、データを抜き取ったサンプルから分散（不偏分散）を求めるにはVAR.S関数を使います。

引数

数値　分散を求めるデータ群のセル範囲か数値を指定します。

●分散について

「分散」は、数値のばらつきを示す値で、偏差（平均との差）の2乗を合計した値をデータ数で割って求められます。下のグラフはAクラス（左グラフ）とBクラス（右グラフ）の試験結果を、散布図にしたものです。Aクラスの分散は「261.89」、Bクラスの分散は「915.50」という結果でした。Bクラスの方がばらつきが大きく、生徒の学習状況の差が大きいことが読み取れます。

●散布図で表した分散の例

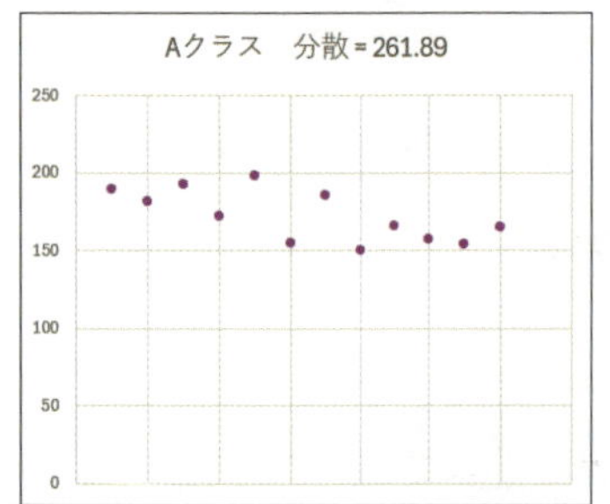

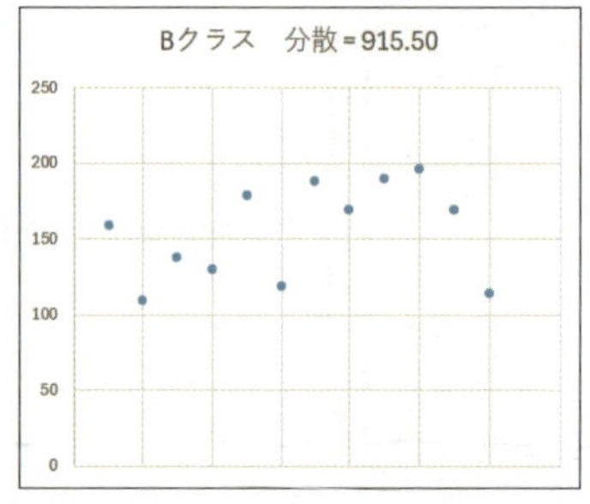

キーワード

互換性　P.312
標準偏差　P.315
分散　P.315

関連する関数

STDEV.P　P.234

使いこなしのヒント

「分散」と「標準偏差」

VAR.P関数で求める「分散」とSTDEV.P関数（レッスン86参照）で求める「標準偏差」は、どちらもデータのばらつき具合を見るものです。ちなみに「標準偏差の2乗」=「分散」です。
試験結果のばらつきを表す場合、一般的には「標準偏差」を使います。「標準偏差」は元のデータと同じ単位で表せるので、標準偏差が「16.8」の場合、平均点±16.8点に大体の人がいる、とイメージできますが、「分散」は計算上2乗しているため同じ単位で語ることはできず、ばらつきの指標が「261.8」と言われてもイメージしにくいからです。
ただ、「分散」の指標は、ほかの分析の計算上必要な場合があります。ここでは、「分散」の求め方を理解しましょう。

練習用ファイル ▸ L091_VAR.P.xlsx

使用例 試験成績の分散を求める　セルF18の式

=VAR.P(F3:F14)

数値

F18　=VAR.P(F3:F14)

	A	B	C	D	E	F
1		試験成績表【Aクラス】			試験成績表【Bクラス】	
2		氏名	総合点		氏名	総合点
3		新庄　加奈	190		西岡　芽衣	159
4		野口　勇人	182		松山　祐一	109
12			157			196
13		松本　美佐	154		藤岡　桜子	169
14		小林　拓海	165		滝沢　隆則	114
15		平均点	172.3333		平均点	155
16		中央値	169		中央値	164
17		標準偏差	16.18		標準偏差	30.26
18		分散	261.89		分散	915.50
19						

試験成績の分散を求められる

ポイント

数値　Bクラス全員の点数のセル範囲（F3:F14）を指定します。

使いこなしのヒント

旧VARP関数について

VARP関数は、Excel 2010よりVAR.P関数に置き換えられています。古い関数は演算の精度が落ちる場合があります。互換性の問題がなければ、新しい関数の使用をおすすめします。

数値の分散を求める（互換性関数）

バリアンス・ピー
=VARP(数値1,数値2,…,数値255)

スキルアップ

統計でよく利用する不偏分散を求める

分散を求める関数には、引数［数値］を母集団そのものと見なして分散を求めるVAR.P関数と引数［数値］を標本（サンプル）と見なして母集団の分散（不偏分散）を推定するVAR.S関数があります。例えば、クラス全体の分散を求めるならVAR.P関数を利用しますが、全国一斉に実施したテストの場合、すべてのデータを集めるのは不可能です。その場合、無作為に抽出したいくつかのデータを元にVAR.S関数を使って分散の推定値を求めます。

数値の不偏分散を求める

バリアンスエス
=VAR.S(数値1, 数値2,…, 数値254)

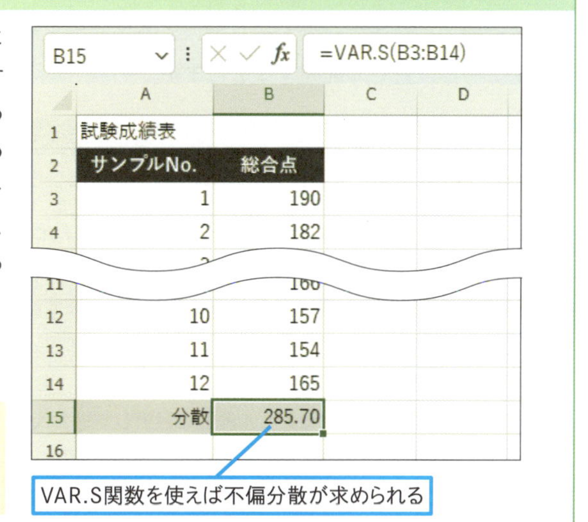

VAR.S関数を使えば不偏分散が求められる

レッスン

92 データの分布を調べるには

FREQUENCY

FREQUENCY関数は、それぞれの数値がどの区間に当てはまるか個数を表す度数分布を調べることができます。Excelのバージョンにより式の入力方法が異なります。

統計　対応バージョン 365 2024 2021 2019

区間に含まれる値の個数を調べる

=FREQUENCY(データ配列, 区間配列)

統計　対応バージョン 365 2024 2021 2019

区間に含まれる値の個数を調べる

{=FREQUENCY(データ配列, 区間配列)}

FREQUENCY関数では、範囲内の数値をあらかじめ決めた区間に当てはめて個数を集計する度数分布表を作成することができます。ここでは、会員の年齢で年代別に集計します。なお、結果の範囲を自動的に広げるスピル機能が未対応のExcel 2019の場合、FREQUENCY関数の式を配列数式として入力する必要があります。

引数

データ配列	数値データをセル範囲で指定します。
区間配列	数値データを振り分ける各区間の上限値を入力したセル範囲を指定します。

キーワード

度数分布表	P.314
配列数式	P.314

関連する関数

AVERAGE	P.90
MEDIAN	P.242
MODE.MULT	P.248

スキルアップ

Excel 2019以前のバージョンのときは

Excel 2019以前のバージョンでは、FREQUENCY関数を配列数式として入力します。配列数式は、「セル範囲×セル範囲」のように範囲を計算の対象にすることができます。結果は1つのセルの場合、複数のセルの場合があります。FREQUENCY関数の場合、結果を区間ごとに複数表示させたいので、結果を表示させたいセル範囲を選択して式を入力します。入力後、Ctrl+Shift+Enterキーを押すと、式が {} でくくられ配列数式になります。

年代別の会員数を調べる

{=FREQUENCY(B3:B20,F3:F9)}

Excel 2019以前のバージョンは配列数式にする

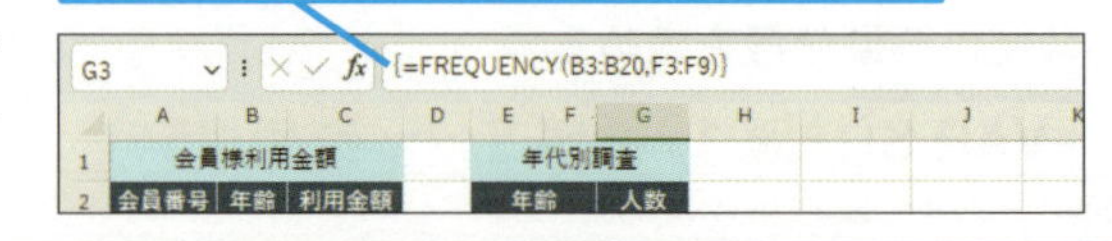

練習用ファイル ▸ L092_FREQUENCY.xlsx

使用例 年代別の会員数を調べる

セルG3の式

=FREQUENCY(B3:B20,F3:F9)

1 セルG3をクリック

2 数式バーに「=FREQUENCY(B3:B20,F3:F9)」と入力

3 Enterキーを押す

SUM　=FREQUENCY(B3:B20,F3:F9)

	A	B	C	D	E	F	G	H
1	会員様利用金額				年代別調査			
2	会員番号	年齢	利用金額		年齢		人数	
3	100001	30	3,687		10 ～	19	=FREQUENCY(B3:B	
4	100002	51	4,586		20 ～	29		
5	100003	60	4,141		30 ～	39		
6	100004	49	5,100		40 ～	49		
7	100005	74	3,126		50 ～	59		

データ配列

区間配列

ポイント

データ配列 年齢から年代別の人数を調べるため年齢のセル範囲（B3:B20）を指定します。

区間配列 年代を区切る最大値（10代なら19）が入力されたセル範囲（F3:F9）を指定します。

年代別と区間配列の最大値以上の会員数が調べられる

G4　=FREQUENCY(B3:B20,F3:F9)

	A	B	C	D	E	F	G	H
1	会員様利用金額				年代別調査			
2	会員番号	年齢	利用金額		年齢		人数	
3	100001	30	3,687		10 ～	19	2	
4	100002	51	4,586		20 ～	29	2	
5	100003	60	4,141		30 ～	39	3	
6	100004	49	5,100		40 ～	49	1	
7	100005	74	3,126		50 ～	59	4	
8	100006	70	3,120		60 ～	69	4	
9	100007	26	4,717		70 ～	79	2	
10	100008	60	4,189				0	
11	100009	50	3,156					

セルE10に「80 ～」、セルF10に「以上」と入力しておく

使いこなしのヒント

［区間配列］を作成するには

度数分布表の作成には区間の基準になる配列が必要です。各区間の最大値を並べたものを用意しておきます。年代別の分布表を作成する場合は、10代の最大値19、20代の最大値29をそれぞれ入力しておきましょう。

使いこなしのヒント

区間配列の行数+1の結果が表示される

Excel 2024、Excel 2021、Microsoft 365では、セルG3に入力したFREQUENCY関数の結果は複数行になります。区間配列に対する個数のほか、1行追加して（ここではセルG10）、区間配列の最大値以上の個数が表示されます。

使いこなしのヒント

FREQUENCY関数を削除するには

Excel 2024、Excel 2021、Microsoft 365で入力したFREQUENCY関数の結果を削除するには、式を入力したセル（ここではセルG3）を選択してDeleteキーを押します。Excel 2019以前で配列数式として入力した場合は、結果が表示されているセル範囲すべてを選択してDeleteキーを押します。

レッスン
93 データの最頻値を調べるには

MODE.MULT

データの中で最も多く出現する数値を最頻値と呼びます。ここではMODE.MULT関数を利用して、アンケート結果からどの回答が一番多いかを調べます。

統計　対応バージョン 365 2024 2021 2019

複数の最頻値を求める

モード・マルチ
=MODE.MULT(数値1, 数値2, …, 数値254)

統計　対応バージョン 365 2024 2021 2019

複数の最頻値を求める

モード・マルチ
{=MODE.MULT(数値1, 数値2, …, 数値254)}

指定した範囲の中で最も多く登場するデータ（最頻値）を調べます。最頻値は1つとは限らず、複数ある場合を考慮し、Excel 2019以前では配列数式としてMODE.MULT関数を入力します。Excel 2024、Excel 2021、Microsoft 365では、配列数式にする必要はなく、1つの式の入力で結果に応じた個数が表示されます。

引数

数値　最頻値を探したい数値が入力されたセル範囲を指定します。

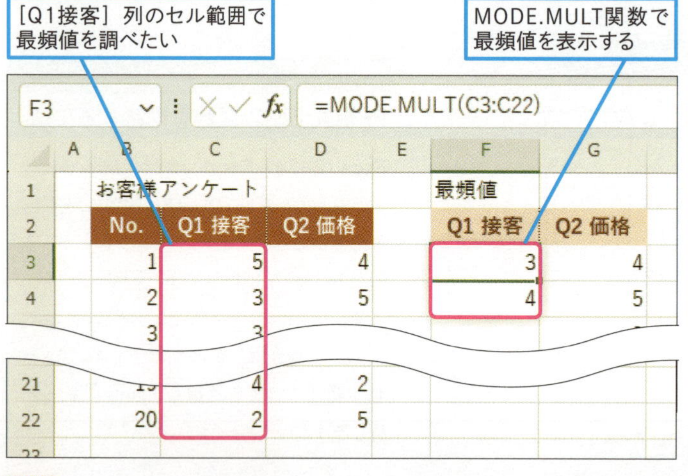

キーワード

互換性	P.312
最頻値	P.312
配列数式	P.314

関連する関数

AVERAGE　P.90

使いこなしのヒント

旧MODE関数について

MODE関数は、Excel 2010よりMODE.SNGL関数、MODE.MULT関数に置き換えられています。古い関数は演算の精度が落ちる場合があります。互換性の問題がなければ、新しい関数の使用をおすすめします。

数値の最頻値を求める（互換性関数）

モード
=MODE(数値1, 数値2, …, 数値255)

練習用ファイル ▸ L093_MODE.MULT.xlsx

使用例 アンケート結果で最も多い回答を調べる

セルF3の式

=MODE.MULT(C3:C22)

数値

［Q1接客］列の最頻値が求められ、2つの最頻値があることが分かる

F3 =MODE.MULT(C3:C22)

	A	B	C	D	E	F	G
1		お客様アンケート				最頻値	
2		No.	Q1 接客	Q2 価格		Q1 接客	Q2 価格
3		1	5	4		3	4
4		2	3	5		4	5
5		3	3	3			3
6		4	2	5			
7		5	1	3			
		6	4				
15		13	4	3			
16		14	4	4			
17		15	3	4			
18		16	4	2			
19		17	3	4			
20		18	3	5			
21		19	4	2			
22		20	2	5			

セルF3の式をセルG3にコピーすると［Q2価格］列の最頻値が求められ、3つの最頻値があることが分かる

ポイント

数値　「Q1接客」の点数が入力してあるセル範囲（C3:C22）を指定します。

使いこなしのヒント

MODE.SNGL関数とは

MODE.SNGL関数は、引数に指定したセル範囲の最頻値を1つ表示します。同じ頻度の数値があった場合は、最初に出現した数値が表示されます。

数値の最頻値を求める

=MODE.SNGL(数値 1, 数値 2,…, 数値 254)

スキルアップ

Excel 2019以前のバージョンのときは

Excel 2019以前のバージョンでは、MODE.MULT関数を配列数式として入力します。最頻値が複数ある場合を考慮し、想定する最大数（ここでは5）のセルの範囲を選択して式を入力します。

アンケート結果で最も多い回答を調べる

=MODE.MULT(C3:C22)

［Q1接客］列の最頻値を求める

結果がいくつあるかわからないので、データの数だけセル範囲を選択しておく

1 セルF3～F7を選択

2 数式バーに「=MODE.MULT(C3:C22)」と入力

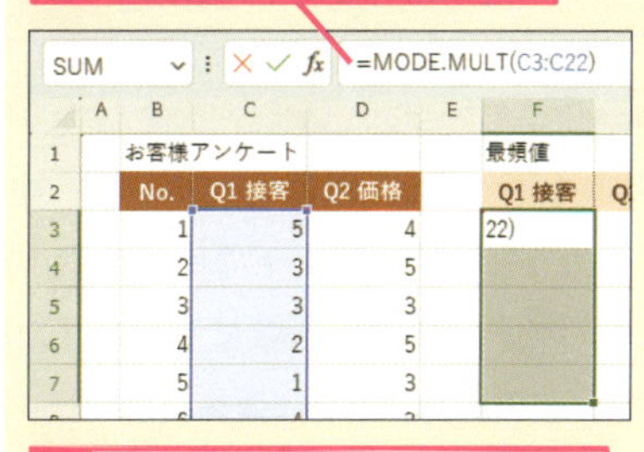

3 Ctrl + Shift + Enter キーを押す

［Q1接客］列の最頻値が求められ、2つの最頻値があることが分かる

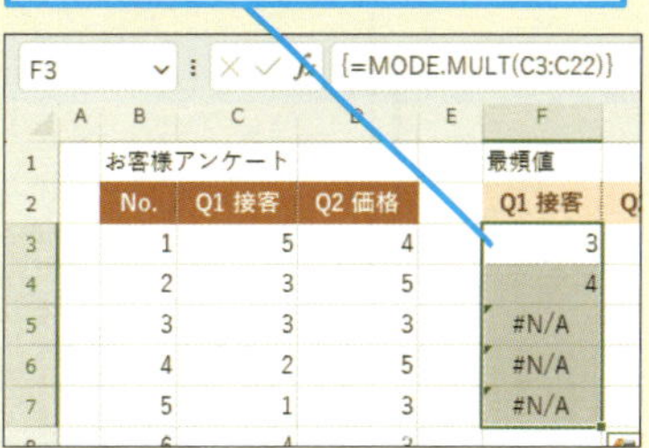

レッスン

94 極端な数値を除いて平均を求めるには

TRIMMEAN

データの中にほかとは異なる、極端に大きい値、もしくは小さい値がある場合、TRIMMEAN関数を使って極端な値を除いて平均を求めてみましょう。

統計　対応バージョン 365 2024 2021 2019

数値の中間項平均を求める

=TRIMMEAN(配列,割合)

（トリムミーン）

TRIMMEAN関数は、データの中の大きい値や小さい値を一定の割合で除いて、平均値を求めます。計算から除外する割合は、引数［割合］に小数点以下の数値か「%」の数値で指定します。

引数

- **配列**　平均値を求めるデータが入力されたセル範囲を指定します。除外するデータも含めて選択するのがポイントです。
- **割合**　除外するデータの個数を割合で指定します。100個のデータがあるとき、「0.1」、または「10%」と指定すると、上下合わせて10個のデータが均等に除外されます。

●中間項平均について

中間項平均とは、極端に大きい値、小さい値を一定の割合で除いて求める平均値です。下の例は、次ページの売り上げをグラフにしたものです。金額が極端に高い、または低い日があることが分かります。このような極端な値を含むデータを除くことで、より実態に近い平均を求めるのが中間項平均です。

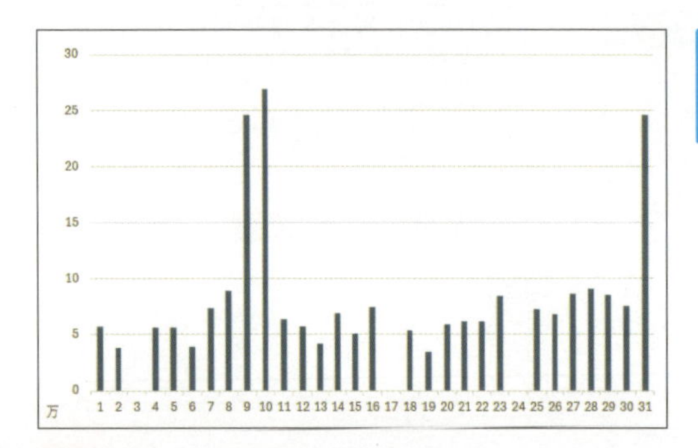

売り上げが極端に高い日と低い日がある

キーワード

中間項平均　P.314
文字列　P.315

関連する関数

AVERAGE　P.90
AVERAGEIFS　P.155

ここに注意

TRIMMEAN関数は、数値のみ対象にします。引数［配列］に文字列が含まれている場合、無視されます。

使いこなしのヒント

異常値を見極めて使おう

「中間項平均」は、売り上げ日報で必ず必要というわけではありません。「中間項平均」は、ほかのデータとかけ離れた異常値があるときに求めます。異常値があるかどうかは、グラフを見れば一目瞭然です。なぜ異常値が含まれるのか、その背景を探ることも必要でしょう。

練習用ファイル ▸ L094_TRIMMEAN.xlsx

使用例 上下それぞれ10%を除外して売り上げ平均を求める

セルE3の式

=TRIMMEAN(C3:C33, 0.2)

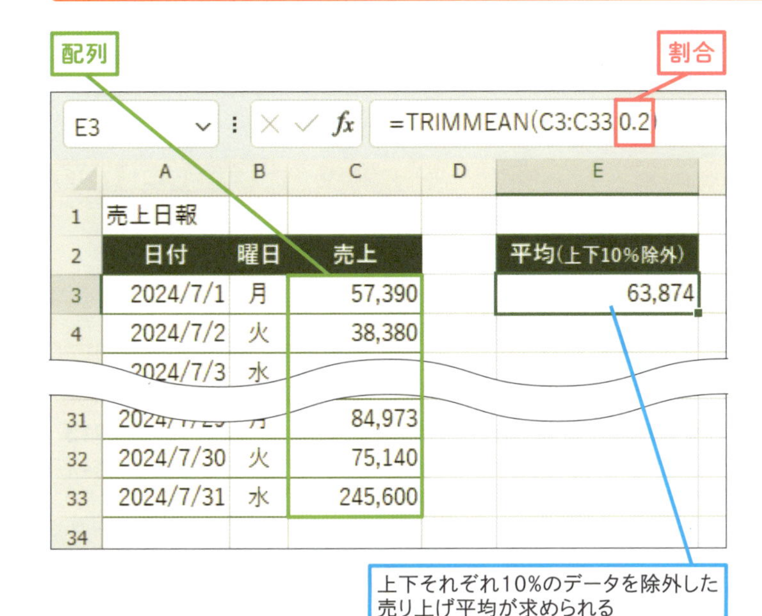

ポイント

配列 売上金額の平均値を求めるので、セル範囲（C3:C33）を指定します。

割合 上下それぞれ10％、合わせて20%を除外したいので「0.2」を指定します。

使いこなしのヒント

割合には上下合わせた数値を指定する

引数［割合］には、データ全体から除外する割合を指定します。上限を10%、下限を10%削除するなら、合わせて20%の指定が必要です。なお、上下別々の割合は設定できません。特定の値を除外する場合は、下のスキルアップで紹介するAVERAGEIF関数を使う方法があります。

スキルアップ

「0」などの特定の数値を除外して平均値を求める

数値を指定して除外する場合は、条件に合うデータを対象に平均を求めるAVERAGEIF関数、またはAVERAGEIFS関数を利用しましょう。

条件が1つのときには、AVERAGEIF関数を使います。条件が複数のときは、AVERAGEIFS関数を使います。右の例では、0円より大きい金額のみで平均値を求めています。

0を除外して平均値を求める（セルE9の式）

=AVERAGEIF(C3:C33,">0",C3:C33)（アベレージイフ）

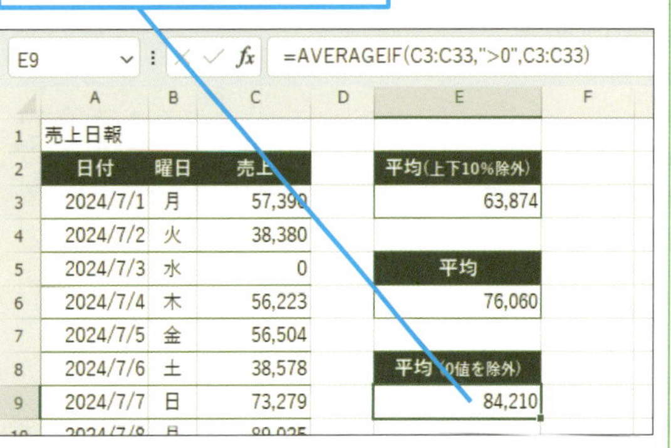

レッスン

95 伸び率の平均を求めるには

GEOMEAN

前年比などの割合の平均を求めたい場合は、GEOMEAN関数で相乗平均を求めます。相乗平均は伸び率の平均と考えるといいでしょう。

統計　対応バージョン 365 2024 2021 2019

数値の相乗平均を求める

ジオミーン

=GEOMEAN(数値1, 数値2, …, 数値255)

GEOMEAN関数は、相乗平均を求めます。n個のデータがあった場合、すべての値を掛けた値のn乗根で求めます。比率の平均を求める場合に利用します。

引数

数値　相乗平均を求めるセル範囲か0より大きい正の値からなる数値を指定します。

●相乗平均とは

一般的に平均というと、値をすべて加えて個数で割る「相加平均」のことを指します。これに対し、値をすべて掛けて個数のべき乗根で求めるのが「相乗平均」です。

例えば、前年比3倍、翌年が2倍と伸びている場合、トータルで3×2=6倍の伸びです。この平均は、以下の通り。相乗平均で正確な平均が求められることが分かります。

相加平均　(3+2)÷2=2.5倍 → トータルで2.5×2.5=6.25倍

相乗平均　$\sqrt{3\times2}=\sqrt{6}$ 倍 → トータルで $\sqrt{6}\times\sqrt{6}$ =6倍

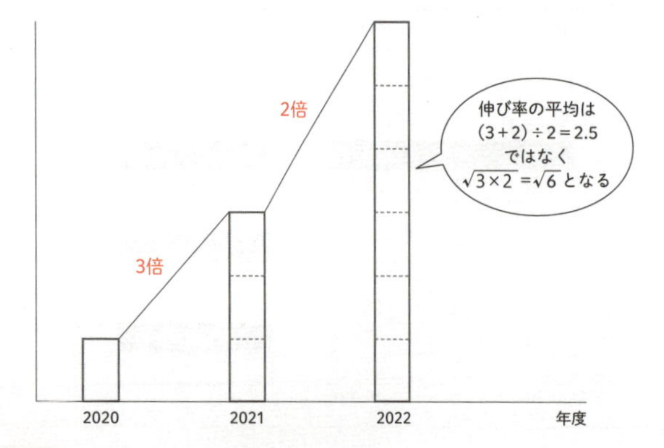

使いこなしのヒント

数式で計算するときは

例えば、1、3、5、7の4つの値の平均を関数を使わずに求めるには、以下の数式で計算します。Excelで「n乗根」を計算するには、「^」の記号を使い「^(1/n)」と入力します。4乗根の場合は、「^(1/4)」です。

●相加平均
和を「値の個数」で割る

=(1+3+5+7)/4

●相乗平均
積の「値の個数」乗根

=(1*3*5*7)^(1/4)

練習用ファイル ▸ L095_GEOMEAN.xlsx

使用例 会員数の伸び率の平均を求める

セルC12の式

=GEOMEAN(C4:C10)

数値

伸び率の相乗平均が求められる

C12 =GEOMEAN(C4:C10)

	A	B	C	D	E
1	顧客会員数				
2	年度	会員数	伸び率		
3	2017	1,201	-		
4	2018	1,259	105%		
5	2019	1,689	134%		
6	2020	2,054	122%		
7	2021	2,589	126%		
8	2022	3,559	137%		
9	2023	4,400	124%		
10	2024	5,647	128%		
11					
12		伸び率平均	124.75%		
13					

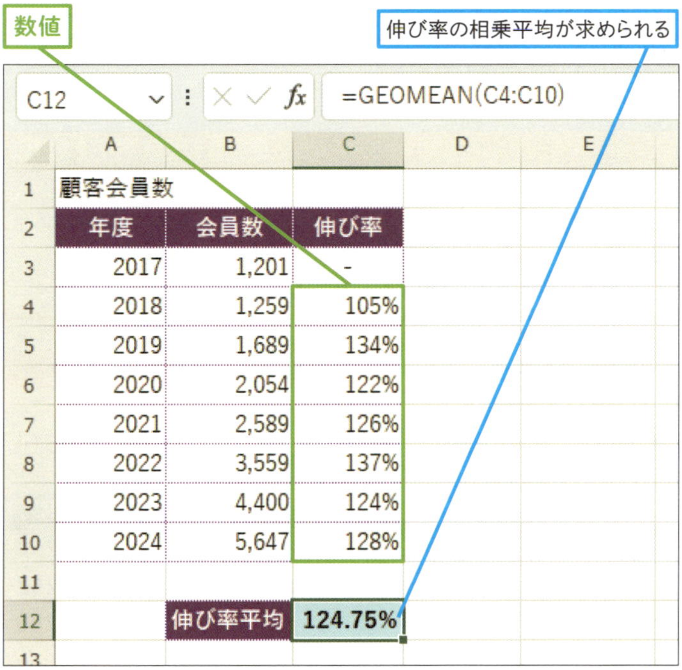

ポイント

数値 伸び率が表示されているセル範囲（C4:C10）を指定します。

使いこなしのヒント

あらかじめ伸び率を計算しておく

GEOMEAN関数で伸び率の平均を求めるには、あらかじめ伸び率を計算しておく必要があります。このレッスンの例では、「今年度会員数÷前年度会員数」で求められます。数値を％で表示にするには、［ホーム］タブにある［パーセントスタイル］ボタンを利用しましょう。

その年の会員数を前年の会員数で割って伸び率を求めている

C4 =B4/B3

	A	B	C
1	顧客会員数		
2	年度	会員数	伸び率
3	2017	1,201	-
4	2018	1,259	105%
5	2019	1,689	134%
6	2020	2,054	122%
7	2021	2,589	126%
8	2022	3,559	137%
9	2023	4,400	124%
10	2024	5,647	128%
11			
12		伸び率平均	124.75%
13			

スキルアップ

平均値には3つの種類がある

平均には、前ページで紹介した「相加平均」や「相乗平均」のほかに「調和平均」があります。調和平均は、すべての数値の逆数（その数に掛け合わせると1になる数）の相加平均（逆数を加えて個数で割った数）に対する逆数を計算して求められる平均です。ある作業にかかる時間の平均や速度の平均などを求めるときに利用されます。これら3つの平均の大きさは「相加平均≧相乗平均≧調和平均」の順になります。

数値の調和平均を求める

=HARMEAN(数値1, 数値2,…, 数値255)（ハーミーン）

レッスン

96 成長するデータを予測するには

GROWTH

一定のペースで上昇するデータを予測しましょう。GROWTH関数は、指数回帰曲線による予測です。ここでは、順調に伸びているこれまでの売り上げから将来の売り上げを予測します。

統計　対応バージョン 365 2024 2021 2019

指数回帰曲線で予測する

=GROWTH（既知のy, 既知のx, 新しいx, 定数）

（グロース）

GROWTH関数は、指定したデータを使用して指数曲線を求め、その線上の値を予測します。引数には、xとyのデータを指定しますが、その関係が「$y=b \times m^x$」（bは係数、mは指数回帰曲線の底）の式に当てはまると考えられる場合に有効です。yが予測の対象です。例えば、売り上げを予測する場合は、過去の売り上げデータを引数［既知のy］とします。

引数

既知のy　すでに分かっている「一定のペースで変化するデータ範囲」を指定します。

既知のx　「$y=b \times m^x$」が成り立つ可能性のあるデータ範囲を指定します（省略可）。省略した場合は、「1、2、3……」の配列を指定したと見なされます。

新しいx　予測を求める条件となる値を指定します（省略可）。

定数　「TRUE」を指定するか、省略すると、bの値も計算して予測します。「FALSE」を指定すると、bの値を「1」として予測します。

キーワード

指数回帰曲線	P.312
配列数式	P.314

関連する関数

CORREL	P.256
FORECAST.LINEAR	P.258
TREND	P.260

使いこなしのヒント

曲線的な変化の予測を行う

GROWTH関数は、曲線的に変化するデータの予測に用います。曲線ではなく、直線に当てはめる方が妥当な場合は、FORECAST.LINEAR関数（レッスン98）やTREND関数（レッスン99）を使って予測します。

使いこなしのヒント

指数回帰曲線について

増加や減少が次第に大きくなるデータは、指数関数の曲線「指数回帰曲線」に当てはめられます。散布図グラフにした場合、データの近くを通る線を指数関数で求めると曲線になります。GROWTH関数では、曲線の方程式を「$y=b \times m^x$」とし、データを当てはめて予測します。

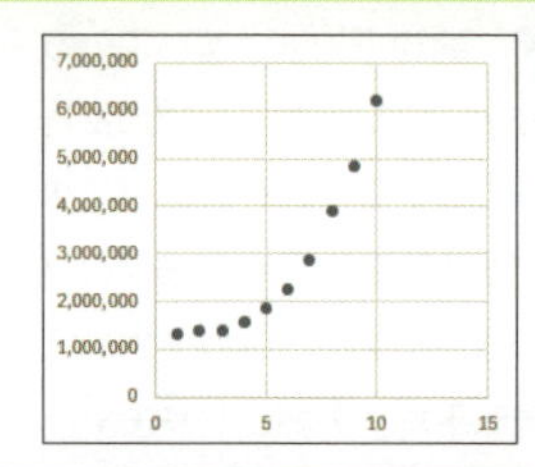

増加が次第に大きくなるデータは、指数回帰曲線に当てはめられる

練習用ファイル ▶ L096_GROWTH.xlsx

使用例 売り上げを予測する　セルC13の式

=GROWTH(C3:C12, B3:B12, B13)

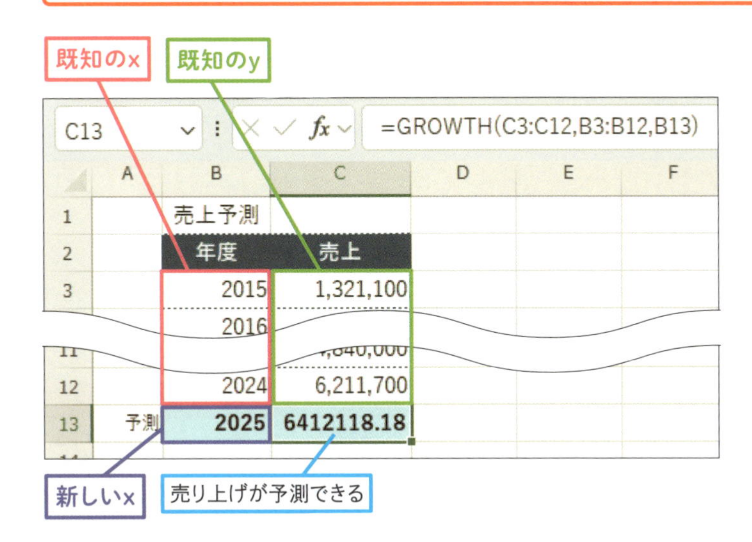

ポイント

- **既知の y**　これまでの売上金額のセル範囲（C3:C12）を指定します。
- **既知の x**　年度の数値が入力されたセル範囲（B3:B12）を指定します。
- **新しい x**　[既知のx]の新しい値となるセルB13を指定します。
- **定数**　省略します。

使いこなしのヒント

散布図グラフでデータを見極める

予測の元になるデータの変化が曲線的であるか、あるいは直線に近いのかを見極めるにはグラフが有効です。データの変化を簡易的に見るだけなら、データのセル範囲を選択し、散布図グラフを作成します。

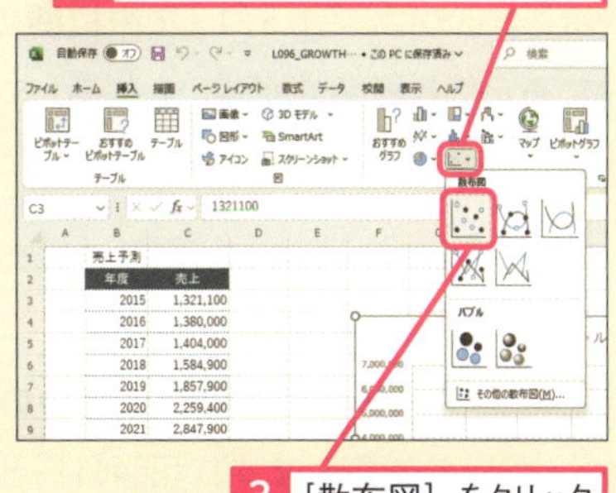

スキルアップ

将来の予測値を増やすには

引数［新しいx］に新しい値となるセル範囲を指定します。Excel 2024、Excel 2021、Microsoft 365では、セルC13に式を入力すると自動的にセルC15まで結果が表示されます。Excel 2019以前では、式を配列数式として入力する必要があります。
その場合、セルC13～C15を選択して式を入力した後、最後に Ctrl + Shift + Enter キーを押します。配列数式にすると式が{}でくくられます。

3年分の売り上げを予測する（セルC13の式）

=GROWTH(C3:C12, B3:B12, B13:B15)

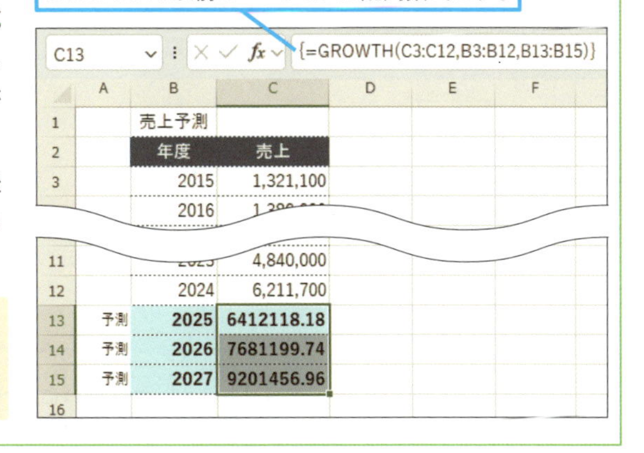

レッスン
97 2つの値の相関関係を調べるには

CORREL

2つのデータ間に相関関係があるかどうかは、データを見ただけでははっきりしません。CORREL関数を使えば、相関性を調べることができます。

統計　対応バージョン 365 2024 2021 2019

2組のデータの相関係数を調べる

=CORREL(配列1, 配列2)
（コリレーション）

CORREL関数は、データの相関係数を調べる関数です。2つのデータに相関関係があるかどうかを調べたいとき、引数［配列1］と引数［配列2］に2つのデータを指定して調べます。この関数により表示されるのは、-1～1までの相関係数です。一般的に1または、-1に近いほど相関性が強いと判断します。

引数

配列1　相関係数を調べたい2つのデータの一方のデータ範囲を指定します。

配列2　相関係数を調べたい2つのデータの他方のデータ範囲を指定します。［配列1］と同じデータ数にします。

●相関係数について

一方のデータが変化すると、もう一方も変化する関係が「相関関係」です。散布図グラフでは、プロットされた点が直線的に見えるとき、相関関係があると判定します。しかし、データにばらつきがあると直線を見い出せず、関係性を判断するのは困難です。CORREL関数は、相関関係を数値として表すので、客観的にとらえることができます。

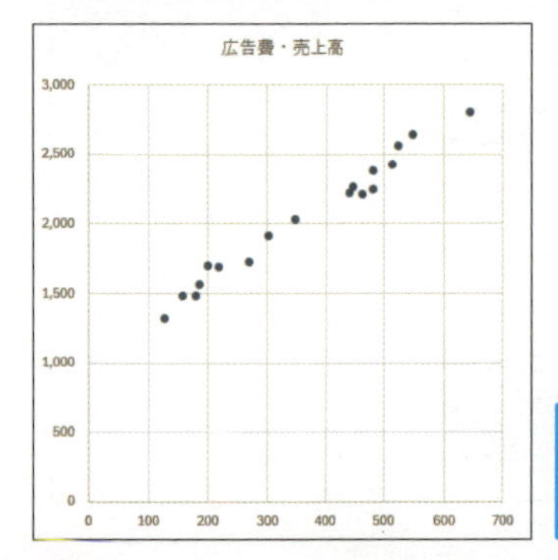

散布図グラフで右上がりか右下がりの直線状になれば、相関関係があると見なせる

キーワード
相関係数 P.313

関連する関数
FORECAST.LINEAR P.258
GROWTH P.254
TREND P.260

使いこなしのヒント

PEARSON関数も利用できる

CORREL関数と同じく、PEARSON関数でも相関関係を調べられます。両者は引数の指定方法も結果も同じです。

2組のデータの相関係数を調べる
=PEARSON(配列1, 配列2)
（ピアソン）

練習用ファイル ▸ L097_CORREL.xlsx

使用例 広告費と売上高の相関係数を求める

セルF2の式

=CORREL(B3:B20, C3:C20)

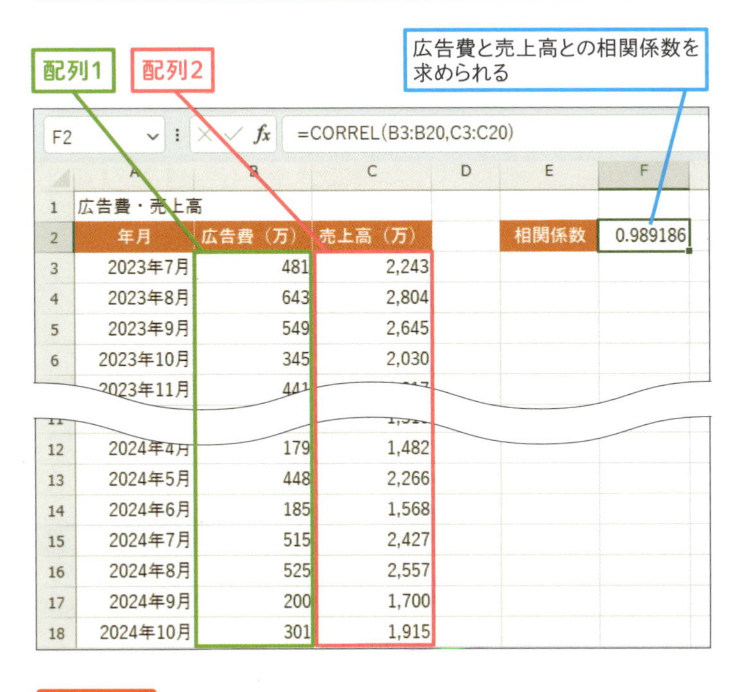

ポイント

配列1 「広告費」の数値のセル範囲（B3:B20）を指定します。

配列2 「売上高」の数値のセル範囲（C3:C20）を指定します。

使いこなしのヒント

相関係数の数値の見方が分からない

CORREL関数で求める相関係数は、-1～1に収まります。1に近いほど「正の相関」（グラフでは右上がりの直線）が強く、-1に近いほど「負の相関」（グラフでは右下がりの直線）が強いと判定します。0に近いほど相関は弱くなります。明確な基準はありませんが、以下の値を参考にしてください。

●相関係数の目安

相関係数（絶対値）	相関の判定
0～0.2	ほとんど相関なし
0.2～0.4	弱い相関あり
0.4～0.7	やや相関あり
0.7～1	強い相関あり

スキルアップ

相関関係を表すグラフを作るには

相関関係を見るには、2つのデータから作る散布図が必要です。グラフを作成するとき、データの範囲を選択した後、グラフ種類「散布図」を選びますが、データ範囲の左側の列がグラフの横軸を基準に、右側の列が縦軸を基準に配置されます。

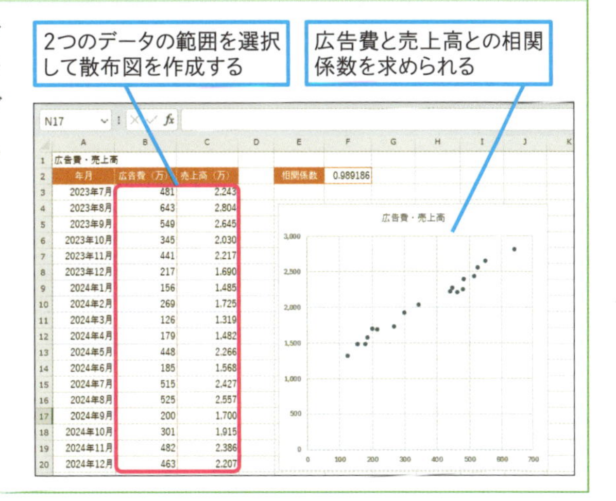

レッスン

98 1つの要素を元に予測するには

FORECAST.LINEAR

一方が変わると他方も変わる相関関係にあるデータでは、FORECAST.LINEAR関数による予測が可能です。ここでは、経費と収益のデータを用いて予測します。

統計　対応バージョン 365 2024 2021 2019

1つの要素から予測する

=FORECAST.LINEAR(x, 既知のy, 既知のx)

（フォーキャスト・リニア）

FORECAST.LINEAR関数は、相関関係にある2つのデータの一方を予測します。2つのデータをxとyで表し、xの変化によりyが変化する関係において、新しいx（引数［x］）からyを予測します。

引数

x	予測を求めるための条件となる値を指定します。
既知の y	xの変化により影響を受けるデータの範囲を指定します。
既知の x	yに影響するデータ範囲を指定します。

●回帰直線について

相関関係がある2つのデータは「回帰直線」で予測できます。相関関係にあるデータは、散布図グラフの点が直線的になります。ここに線を引いたのが「回帰直線」です。この直線の方程式（単回帰式）「y=ax+b」が求められれば、点が存在しない部分の予測が可能です。この回帰直線上でxに対応するyを求めるのがFORECAST.LINEAR関数です。なお、a（回帰係数）、b（切片）も関数で求められます（次ページ参照）。

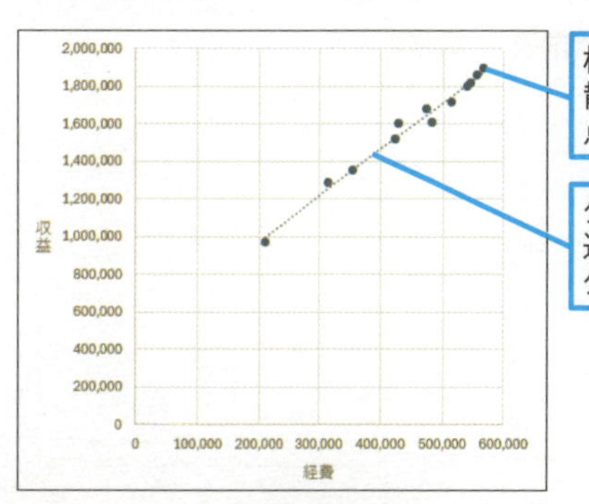

相関関係があるデータを散布図グラフにすると、点が直線的になる

グラフに「線形近似」を追加すると、回帰直線をグラフ内に表示できる

キーワード

回帰直線	P.311
互換性	P.312

関連する関数

CORREL	P.256
TREND	P.260

使いこなしのヒント

回帰係数と切片とは

xの値からyを予測するとき、回帰直線はy=ax+bで表されますが、aは直線の傾きを表す「回帰係数」、bは縦軸との交点を表す「切片」です。この2つの値は関数で求められます（次ページ参照）。予測をする上で直線の傾きを正確に把握する必要がある場合に計算します。

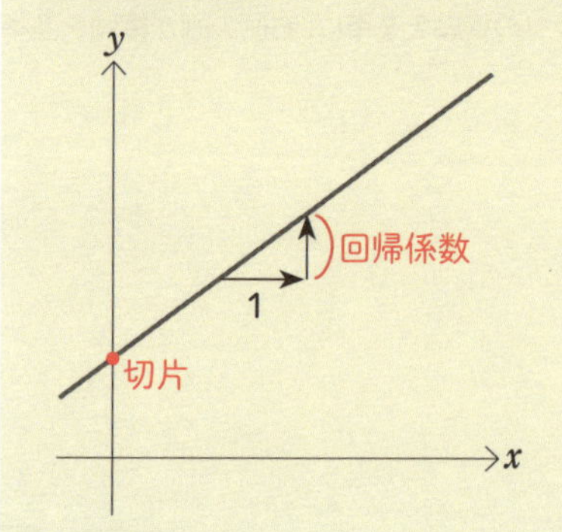

練習用ファイル ▸ L098_FORECAST.LINEAR.xlsx

使用例 収益を回帰直線で予測する

セルC15の式

=FORECAST.LINEAR(B15, C3:C14, B3:B14)

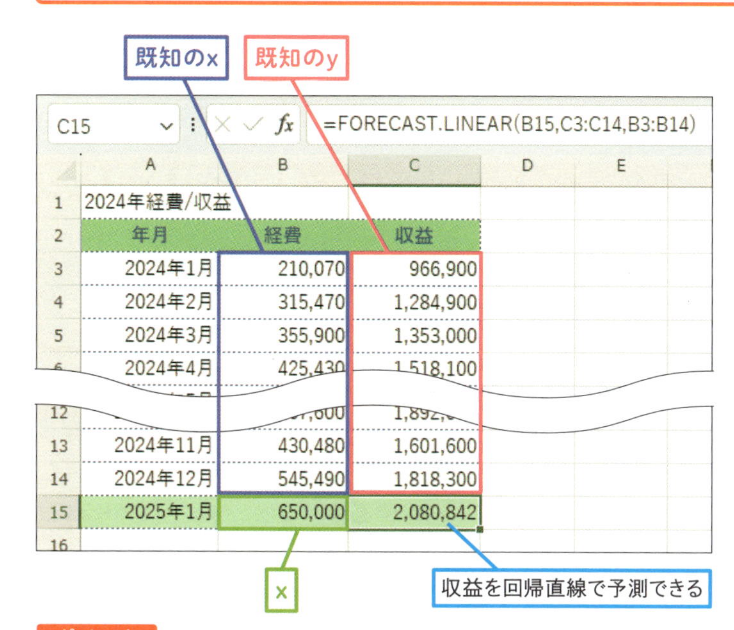

	A	B	C	D	E
1	2024年経費/収益				
2	年月	経費	収益		
3	2024年1月	210,070	966,900		
4	2024年2月	315,470	1,284,900		
5	2024年3月	355,900	1,353,000		
6	2024年4月	425,430	1,518,100		
13	2024年11月	430,480	1,601,600		
14	2024年12月	545,490	1,818,300		
15	2025年1月	650,000	2,080,842		

ポイント

x	予測の条件となる経費のセルB15を指定します。
既知の y	これまでの収益のセル範囲（C3:C14）を指定します。
既知の x	これまでの経費のセル範囲（B3:B14）を指定します。

使いこなしのヒント

旧FORECAST関数について

FORECAST関数は、Excel 2016よりFORECAST.LINEAR関数に置き換えられています。古い関数は演算の精度が落ちる場合があります。互換性の問題がなければ、新しい関数の使用をおすすめします。

1つの要素から予測する（互換性関数）

=FORECAST（フォーキャスト）(x, 既知のy, 既知のx)

スキルアップ

回帰係数や切片を求める

回帰直線の式「y=ax+b」のaが回帰係数、bが切片です。aの回帰係数は、直線の傾きを表し、SLOPE関数で求められます。bの切片は、xが0のときのyの値を表し、INTERCEPT関数で求められます。なお、これらの関数は、Excelのバージョンに関係なく利用できます。

回帰直線の傾きを求める

=SLOPE（スロープ）(既知のy, 既知のx)

回帰直線の切片を求める

=INTERCEPT（インターセプト）(既知のy, 既知のx)

F3 =SLOPE(C3:C14,B3:B14)

	A	B	C	D	E	F
1	2024年経費/収益					
2	年月	経費	収益		相関係数	0.992818638
3	2024年1月	210,070	966,900		回帰係数	2.466864098
4	2024年2月	315,470	1,284,900		切片	477380.3061
5	2024年3月	355,900	1,353,000			
6	2024年4月	425,430	1,518,100			
7	2024年5月	515,460	1,718,200			
8	2024年6月	483,580	1,608,600			
9	2024年7月	474,210	1,680,700			
10	2024年8月	540,210	1,801,900			
11	2024年9月	557,370	1,857,900			
12	2024年10月	567,600	1,892,000			
13	2024年11月	430,480	1,601,600			
14	2024年12月	545,490	1,818,300			

回帰直線の傾きや切片が求められる

レッスン
99 2つの要素を元に予測するには

TREND

複数の変数からあるデータを予測するには、TREND関数を利用しましょう。FORECAST.LINEAR関数と同様に回帰直線の予測を行います。

統計 対応バージョン 365 2024 2021 2019

2つの要素から予測する

=TREND(既知のy, 既知のx, 新しいx, 定数)

TREND関数は、回帰直線（レッスン98参照）による予測値を表示します。あるデータに影響を与える変数が複数ある場合に利用します。引数は、xの変化によりyが変化すると理解し、xに複数の変数を指定します。予測するのは、yの値です。

引数

既知のy	xの変化により影響を受けるデータの範囲を指定します。
既知のx	yに影響するデータの範囲を指定します。複数のデータを指定することが可能です。
新しいx	予測を求めるための条件となるxの範囲を指定します。
定数	「TRUE」または省略すると回帰直線の切片を計算して予測します。「FALSE」を指定すると切片を「0」として予測します。

キーワード

関連する関数

練習用ファイル ▸ L099_TREND.xlsx

使用例　広告費とサンプル配布数から売上高を予測する

セルD21の式

=TREND(D3:D20,B3:C20,B21:C21)

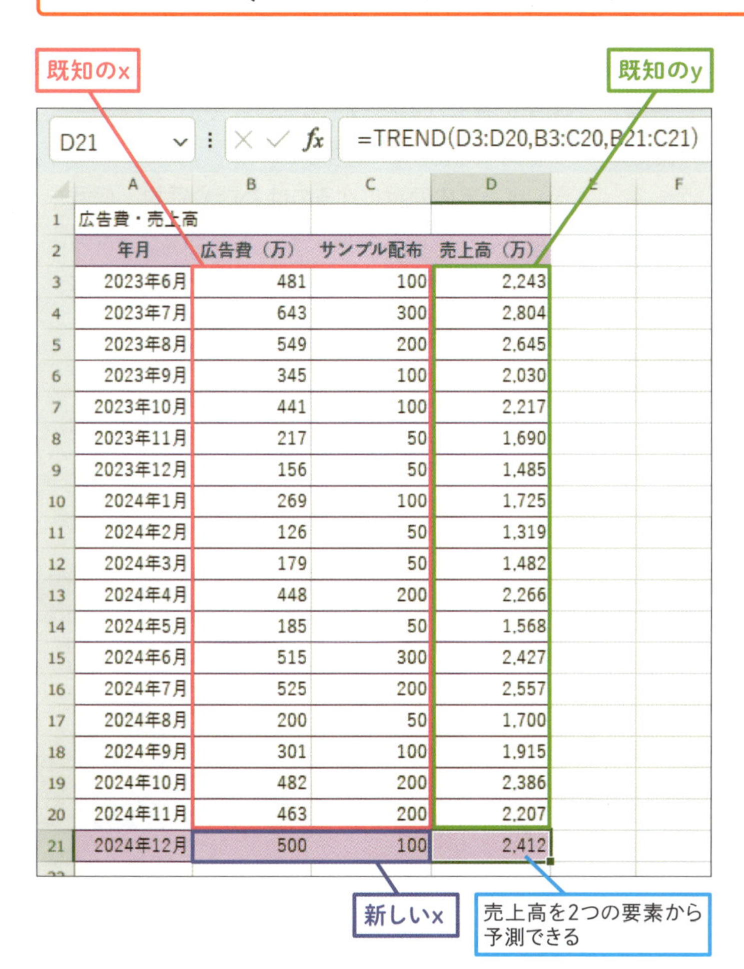

D21 =TREND(D3:D20,B3:C20,B21:C21)

	A	B	C	D
1	広告費・売上高			
2	年月	広告費（万）	サンプル配布	売上高（万）
3	2023年6月	481	100	2,243
4	2023年7月	643	300	2,804
5	2023年8月	549	200	2,645
6	2023年9月	345	100	2,030
7	2023年10月	441	100	2,217
8	2023年11月	217	50	1,690
9	2023年12月	156	50	1,485
10	2024年1月	269	100	1,725
11	2024年2月	126	50	1,319
12	2024年3月	179	50	1,482
13	2024年4月	448	200	2,266
14	2024年5月	185	50	1,568
15	2024年6月	515	300	2,427
16	2024年7月	525	200	2,557
17	2024年8月	200	50	1,700
18	2024年9月	301	100	1,915
19	2024年10月	482	200	2,386
20	2024年11月	463	200	2,207
21	2024年12月	500	100	2,412

ポイント

- **既知の y**　これまでの売上高のセル範囲（D3:D20）を指定します。
- **既知の x**　これまでの広告費、サンプル配布のセル範囲（B3:C20）を指定します。
- **新しい x**　予測の条件となる広告費、サンプル配布のセル範囲（B21:C21）を指定します。
- **定数**　省略します。

使いこなしのヒント

FORECAST.LINEAR関数の代わりに使える

TREND関数もFORECAST.LINEAR関数も同じく回帰直線による予測を求めます。FORECAST.LINEAR関数は、1つの変数による予測、TREND関数は、複数の変数による予測をしますが、TREND関数の引数［既知のx］に1つの変数の範囲を指定すれば、同じ結果になります。

この章のまとめ

小さな気づきから分析・予測してみよう

この章では、データの分析（予測も含め）を行う関数を紹介しました。ただし、これらの関数はむやみに使っても意味がありません。データ分析はちょっとした気づきから始まります。もしかして売り上げに変化があるかもしれない、2つのデータは関係があるかも、といった気づきを明らかにする目的で使うのがここで紹介した関数です。重要なのは「もしかしたら」という目でデータを見て想像することです。
そして、その助けになるのは合計や平均、個数といった基本的な数値です。本格的なデータ分析の前に基本関数による集計もおろそかにしないようにしましょう。

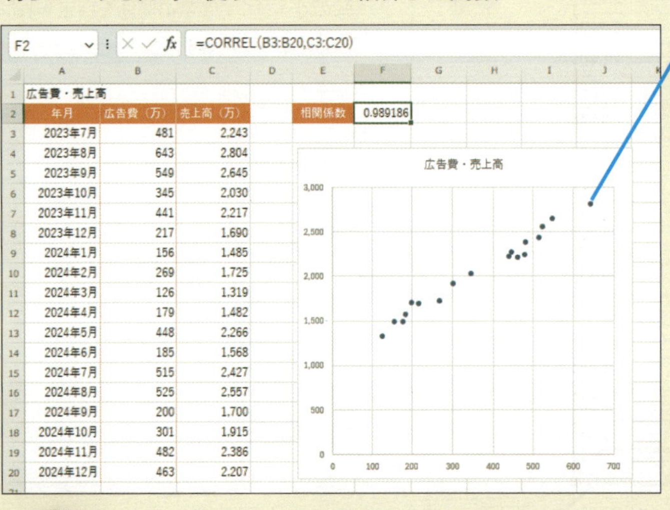

広告費・売上高

年月	広告費（万）	売上高（万）
2023年7月	481	2,243
2023年8月	643	2,804
2023年9月	549	2,645
2023年10月	345	2,030
2023年11月	441	2,217
2023年12月	217	1,690
2024年1月	156	1,485
2024年2月	269	1,725
2024年3月	126	1,319
2024年4月	179	1,482
2024年5月	448	2,266
2024年6月	185	1,568
2024年7月	515	2,427
2024年8月	525	2,557
2024年9月	200	1,700
2024年10月	301	1,915
2024年11月	482	2,386
2024年12月	463	2,207

まずは蓄積したデータにどのような関係があるのか想像しながら使う

この章の関数って、これまでの章となんか違う気がしない？

そうそう。これまでの章の特に数値を集計する関数は、答えが出るとすっきりしたんだけど、この章の関数は、なんかすっきりしないよね。

いいところに気づいたね。これは関数の結果が、分析や予測のための指針になるものだからなんだ。

「そういうもの」って割り切るしかないんでしょうか。結果に自信が持てないんですけど。

大丈夫。そう思ったら、ほかのデータの結果と比べたり、過去の予測が実際に合っていたか答え合わせするといいよ。経験を重ねていくと自信を持てるようになるから、いろいろ試してみよう！

活用編

第9章

表作成に役立つ テクニック関数

この章では、関数の使い方に注目します。関数を使うことで、表作成の作業を効率よくします。これまでの章で紹介した関数も含め、条件付き書式との組み合わせなど使い方の例を紹介します。

レッスン

100 Introduction この章で学ぶこと 関数で効率よく表を作ろう

後から表を修正すると、レイアウトが崩れたり、色を付け直したりする必要性が出てきます。この章では、そのようなときに役立つ汎用性の高い関数のテクニックを解説します。本章でどのような内容を学ぶのかここで簡単に紹介します。

面倒な修正作業も関数で解決！

独自のレイアウトで表を作ると、後から修正したときに面倒な作業が発生しない？　そんなときにも関数が役に立つよ

せっかく連番振ったのに、データの入れ替えや削除で連番が崩れて、また振り直しってことはよくあります。例えば、こんな感じで……

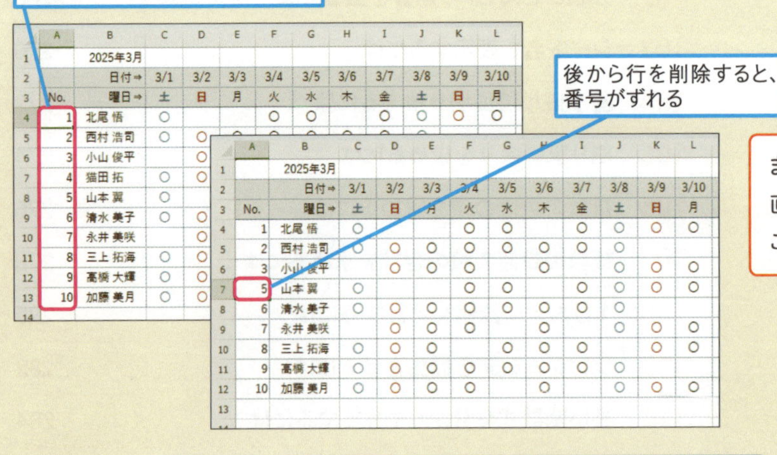

	A	B	C	D	E	F	G	H	I	J	K	L
1		2025年3月										
2		日付⇒	3/1	3/2	3/3	3/4	3/5	3/6	3/7	3/8	3/9	3/10
3	No.	曜日⇒	土	日	月	火	水	木	金	土	日	月
4	1	北尾 悟	○			○	○		○	○	○	○
5	2	西村 浩司	○	○	○	○	○	○	○	○		
6	3	小山 俊平		○	○	○		○		○	○	○
7	5	山本 翼	○			○	○		○	○	○	○
8	6	清水 美子	○	○	○	○	○	○	○	○		
9	7	永井 美咲		○	○	○		○		○	○	○
10	8	三上 拓海	○	○	○		○	○	○		○	○
11	9	髙橋 大輝	○	○	○	○	○	○	○	○		
12	10	加藤 美月	○	○	○	○		○		○	○	○
13												

まさか、自動で振り直してくれる、なんてことはないですよね？

そのまさか！　この場合、**レッスン101**で紹介するROW関数やCOLUMN関数、それに新たに追加されたSEQUENCE関数なんかを使えば即解決するよ。列や行を削除しても欠番が出ることはなく、新しく振り直してくれるんだ。

あのときの苦労は一体。もっと早く知っていれば……。

条件付き書式で表を見やすく整える

それから「表を見やすくするために色を付けたのにレイアウトが変わった！」なんてときも、また色を付けなおさなきゃいけないよね。そうした面倒なことも関数で解決できるんだ！

でも、色を付ける関数なんてありましたっけ？

関数のみで完結させるんじゃなくて、機能と組み合わせるんだ。指定した条件に合うセルに書式を設定できる機能は紹介したよね。

分かった！　レッスン09で学んだ「条件付き書式」機能と関数を組み合わせるんですね！

大正解！条件付き書式を使えば、手作業で個別に色を付けたり、罫線を引いたりしなくて済むんだ。

平均点以上の得点のセルに色を付ける

	A	B	C	D
1	試験成績			
2	番号	氏名	総合点	
3	1	井口　綺羅	180	
4	2	岩井　洋二	145	
5	3	梅田　啓二	142	
6	4	大竹　崇	130	
7	5	奥山　良美	160	
8	6	川田　英明	180	
9	7	久保田　修造	150	
10	8	滝沢　隆則	190	
11	9	西岡　芽衣	150	
12	10	藤岡　桜子	175	
13	11	松山　祐一	169	
14	12	向井　千代美	152	
15		平均点	160.25	
16				

土日の行だけ塗りつぶす

	A	B	C	D
1	スケジュール			
2	日付	曜日	勤務	予定
3	2024/11/1	金	テレワーク	
4	2024/11/2	土		
5	2024/11/3	日		
6	2024/11/4	月	出勤	
7	2024/11/5	火	出勤	
8	2024/11/6	水	テレワーク	
9	2024/11/7	木	テレワーク	
10	2024/11/8	金	出張	
11	2024/11/9	土		
12	2024/11/10	日		
13	2024/11/11	月	出勤	
14	2024/11/12	火	テレワーク	
15				
16				

条件付き書式ってこれまであまり使ってこなかったなあ。こんなに便利だったとは！

レッスン

101 連番を作成するには

SEQUENCE

縦方向や横方向に連続する番号を並べたいということはよくあります。SEQUENCE関数は、セル数を指定して縦、横どちらにも連番を作成します。Office 2021以降、Microsoft 365で使用可能です。

数学 / 三角　　対応バージョン 365 2024 2021 2019

連続した数値を生成する

シーケンス
=SEQUENCE(行, 列, 開始, 目盛り)

SEQUENCE関数は、引数に指定された行数、列数により、縦方向、横方向、または範囲に連続した数値を作成します。引数［開始］に連番の最初の値、引数［目盛り］に増分の数値を指定することで、連番のパターンを決めることができます。

引数

- **行**　連番を作成する行数を指定します。列方向にだけ連番を作成する場合は省略します。
- **列**　連番を作成する列数を指定します。行方向にだけ連番を作成する場合は省略します。
- **開始**　連番の最初の値を指定します。省略した場合は「1」になります。
- **目盛り**　連続する数値の増分を指定します。省略した場合は「1」になります。

キーワード

数式　P.313
スピル　P.313

関連する関数

SORT　P.142
RANDARRAY　P.283

スキルアップ

ROW関数、COLUMN関数を利用して連番を作成する

連番の作成は、セルの行番号を調べるROW関数、セルの列番号を調べるCOLUMN関数を利用する方法もあります。ROW関数では例えば、「=ROW(C2)」とすると、結果はセルC2の行番号「2」になります。引数を省略し「=ROW()」とすると、関数式が入力されたセルの行番号になります。COLUMN関数の場合、結果はA列を1列目として数えた列番号が返されます。ROW関数、COLUMN関数で求めた番号を利用して連番を算出する方法です。

セルの行番号を求める

ロウ
=ROW(セル)

セルの列番号を求める

カラム
=COLUMN(セル)

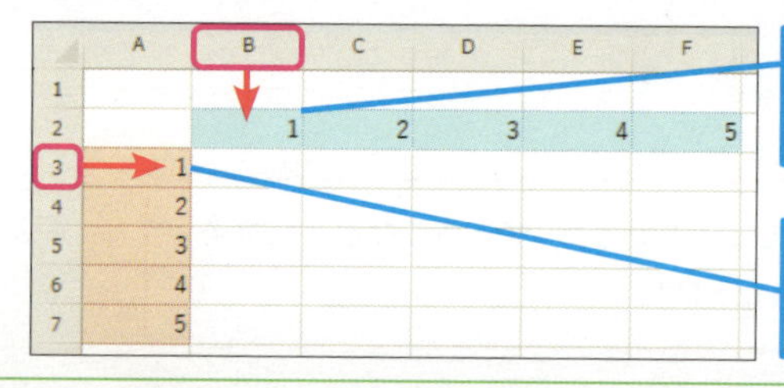

練習用ファイル ▸ L101_SEQUENCE.xlsx

使用例1 縦方向に1から始まる連番を振る

セルA4の式

=SEQUENCE(10)

1から始まる連番が簡単に作成できる

配列

A4 =SEQUENCE(10)

	A	B	C	D	E	F	G	H	I	J	K	L	M	N	O	P	Q
1		2025年3月															
2		日付➡	3/1	3/2	3/3	3/4	3/5	3/6	3/7	3/8	3/9	3/10	3/11	3/12	3/13	3/14	3/15
3	No.	曜日➡	土	日	月	火	水	木	金	土	日	月	火	水	木	金	土
4	1	北尾 悟	○			○	○		○	○	○	○		○	○	○	
5	2	西村 浩司	○	○	○	○	○	○	○	○			○	○	○		○
6	3	小山 俊平		○	○	○		○		○	○	○	○	○	○	○	○
7	4	猫田 拓	○	○	○		○	○	○		○	○	○		○	○	○
8	5	山本 翼	○			○	○		○	○	○	○		○		○	
9	6	清水 美子	○	○	○	○	○	○	○	○			○	○	○		○
10	7	永井 美咲		○	○	○		○		○	○	○	○	○	○	○	○
11	8	三上 拓海	○	○	○		○	○	○		○	○	○		○	○	○
12	9	高橋 大輝	○	○	○	○	○	○	○	○			○	○	○		○
13	10	加藤 美月	○	○	○	○		○		○	○	○	○	○	○	○	○
14																	

ポイント

行	10行分の連番を作成するため「10」を指定します。
列	縦方向のみに連番を作成するため省略します。
開始	1から始まる連番を作成するため省略します。
目盛り	1ずつ増やす連番を作成するため省略します。

使いこなしのヒント

行や列が削除されても連番は削除されない

表内の行が削除されたとしてもSEQUENCE関数で作成された連番は削除されません。そのため欠番は出ませんが、余分な番号が残り表からはみ出してしまいます。表の行数や列数に合わせて連番を作成したい場合は、必要な行数、列数をカウントするなどの工夫が必要です。

B列のデータをカウントして連番を作成する（セルA4の式）

=SEQUENCE(COUNTA(B4:B13))

練習用ファイル ▸ L101_SEQUENCE.xlsx

使用例2 横方向に連続した日付を作成する

セルC2の式

=SEQUENCE(,15,B1)

開始

列

日付の連番が簡単に作成できる

C2 =SEQUENCE(,15,B1)

	A	B	C	D	E	F	G	H	I	J	K	L	M	N	O	P	Q
1		2025年3月															
2		日付➡	3/1	3/2	3/3	3/4	3/5	3/6	3/7	3/8	3/9	3/10	3/11	3/12	3/13	3/14	3/15
3	No.	曜日➡	土	日	月	火	水	木	金	土	日	月	火	水	木	金	土
4	1	北尾 悟	○			○	○		○	○	○	○		○	○	○	
5	2	西村 浩司	○	○	○	○	○	○	○	○			○	○	○		○
6	3	小山 俊平		○	○	○		○		○	○	○	○	○	○	○	○
7	4	猫田 拓	○	○	○		○	○	○		○	○	○		○	○	○

ポイント

行	横方向のみに連番を作成するため省略します。
列	15列分の連番を作成するため「15」を指定します。
開始	セルB1に入力されている日付（2025/3/1）を開始日とします。
目盛り	1日ずつ増やす日付を作成するため省略します。

使いこなしのヒント

複数の行列に連番を作成するには

引数［行］、［列］のどちらも指定した場合、複数の行、列からなる範囲に連番が作成されます。その場合、関数式を入力したセルから横方向に連番が作成されます。

=SEQUENCE(3,5)
3行5列の範囲に連番を作成する

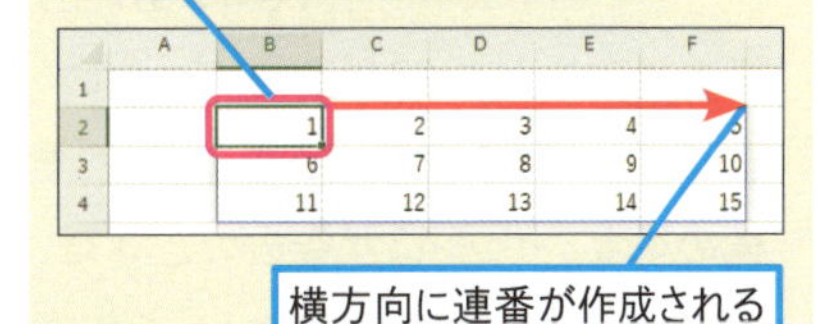

レッスン

102 分類ごとに1から連番を振るには

分類ごとの連番

グループごとに1から始まる連番を振りたいとき、IF関数を使ってみましょう。グループ名をIF関数の条件で見分けて番号を表示します。

練習用ファイル ▸ L102_分類ごとの連番.xlsx

使用例 組ごとに1から始まる連番にする　セルB3の式

=IF(A3<>"",1,B2+1)

論理式　真の場合　偽の場合

B3　=IF(A3<>"",1,B2+1)

	A	B	C	D	E
1	クラス名簿				
2	組	番号	氏名		
3	1組	1	田中　優斗		
4			赤井　真人		
5			佐々木　美奈		
6	2組		山野　智		
7			松本　順一		
8			福山　未来		
9			中野　拓也		
10	3組		山口　梨乃		
11			井川　涼介		
12			浜田　翔太		
13					

ポイント

論理式　A列のセルに文字が入力されているか判定するため「A3<>""」(セルA3が空白ではない)を指定します。

真の場合　セルA3が空白ではない(つまり文字がある)場合、1を表示するので「1」を指定します。

偽の場合　セルA3が空白のときは、1つ上の行の番号に1を足します。「B2+1」を指定します。

キーワード

演算子	P.311
オートフィル	P.311
論理式	P.315

関連する関数

COLUMN	P.266
ROW	P.266

使いこなしのヒント

A列に何か入力されていれば「1」を表示する

ここではIF関数を使い、A列に何か入力されていれば1を表示し、何も入力されていなければ上の行の番号に1を足します。このときのIF関数の条件は、「A3<>""」とします。「<>」は「～ではない」を表す演算子です。「A3<>""」は、「セルA3は空白("")ではない」つまり、「何か入力されている」という意味になります。

● 関数式をコピーする

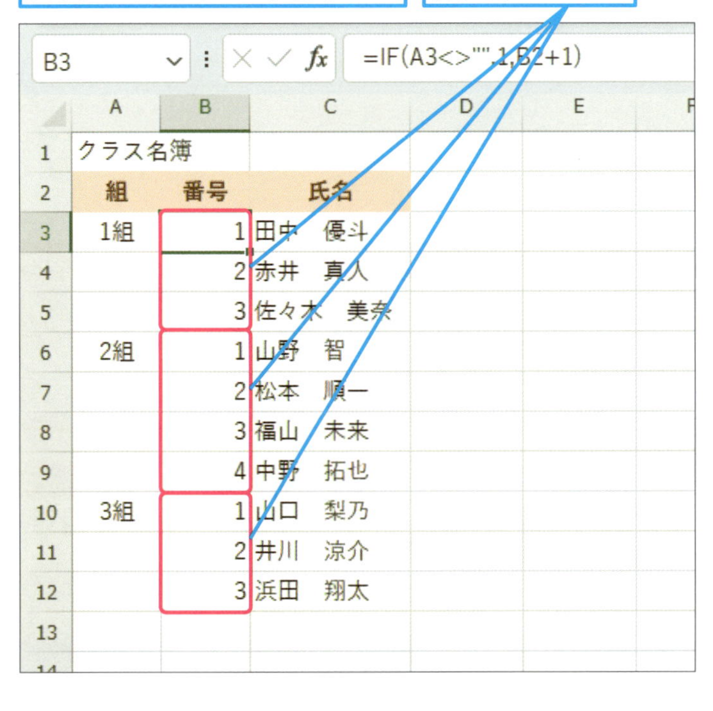

	A	B	C
1	クラス名簿		
2	組	番号	氏名
3	1組	1	田中　優斗
4		2	赤井　真人
5		3	佐々木　美奈
6	2組	1	山野　智
7		2	松本　順一
8		3	福山　未来
9		4	中野　拓也
10	3組	1	山口　梨乃
11		2	井川　涼介
12		3	浜田　翔太
13			

使いこなしのヒント

関数を使わずに連番を振るには

連続した数値を手入力する場合は、オートフィル機能を使います。初期値の「1」を入力し、セルの右下のフィルハンドルをドラッグした後、［オートフィルオプション］ボタンをクリックして、［連続データ］を選択しましょう。ただし、分類ごとの連番にするには、分類の数だけオートフィルの操作を繰り返す必要があります。

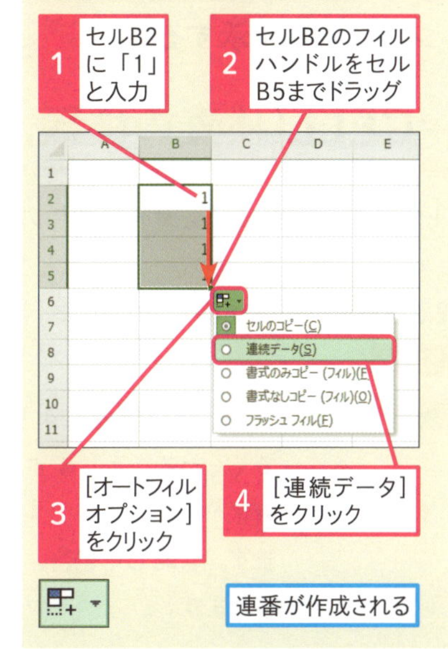

スキルアップ

分類の文字がすべて入力されているときに連番を表示する

練習用ファイルでは、1組というグループを示す文字がセルA3のみに入力されています。右の例のように、グループを示す1組や2組という文字がすべて［組］列に入力されている場合はどうでしょう。

この場合は、IF関数の条件に「組の文字が1つ上のセルと同じではない」という式を指定します。ここでは「A3<>A2」とします。これで、A列に入力された文字が1つ上のセルと違うとき1を表示し、同じなら1が足されます。このように表の内容に合わせて関数式を作りましょう。

文字が変わったときに組ごとの連番を表示する（セルB3の式）

=IF(A3<>A2,1,B2+1)（IF：イフ）

B3　=IF(A3<>A2,1,B2+1)

	A	B	C
1	クラス名簿		
2	組	番号	氏名
3	1組	1	田中　優斗
4	1組	2	赤井　真人
5	1組	3	佐々木　美奈
6	2組	1	山野　智
7	2組	2	松本　順一
8	2組	3	福山　未来
9	2組	4	中野　拓也
10	3組	1	山口　梨乃
11	3組	2	井川　涼介
12	3組	3	浜田　翔太
13			

［組］列にすべて文字が入力されていても、グループごとの連番を付けられる

レッスン

103 シート名を表示するには

CELL

シート名と表のタイトルをリンクさせたいときには、CELL関数が利用できます。CELL関数はセルやシート、ブックのさまざまな情報を表示する関数です。

情報　対応バージョン 365 2024 2021 2019

シート名を表示する

=CELL(検査の種類, 参照)

CELL関数は、引数［検索の種類］の設定値（表参照）により、セルの行や列、幅、書式、シートなどさまざまな情報を表示します。設定値は、「"filename"」のように「"」でくくる必要があります。

引数

- **検査の種類**　表示したい情報により設定値（表参照）を「"」でくくって指定します。
- **参照**　情報を表示したいセル、またはセル範囲を指定します。省略した場合、関数を入力したセルが指定されます。

キーワード

表示形式　P.314

関連する関数

TEXTAFTER　P.179
TEXTBEFORE　P.179
RIGHT　P.179

●検査の種類

検査の種類	結果
"address"	セルやセル範囲（左上隅）の列、行番号が表示される
"col"	セルやセル範囲（左上隅）の列番号が表示される
"color"	負の値を色付きで表示した場合「1」が表示され、それ以外は「0」が表示される
"contents"	セルやセル範囲（左上隅）の内容が表示される
"filename"	ファイルの保存先、ファイル名、シート名が表示される
"format"	セルに設定されている表示形式が決められた記号で表示される 例えば、表示形式が「標準」の場合「G」、「日付」の場合「D1」が表示される
"parentheses"	( )で囲むユーザー定義の表示形式が設定されている場合「1」、それ以外は「0」が表示される
"prefix"	設定されている文字データの文字位置が決められた記号で表示される 左寄せの場合「'」、右寄せの場合「"」、中央揃えの場合「^」が表示される
"protect"	セルがロックされている場合は「1」、ロックされていない場合は「0」が表示される
"row"	セルやセル範囲（左上隅）の行番号が表示される
"type"	入力されているデータの情報が表示される。セルが空白の場合「b」、文字の場合「l」、その他の値が入力されている場合「v」が表示される
"width"	2つの結果が表示される。1つ目は列幅の数値、2つ目は列幅が既定値の場合「TRUE」、変更されている場合「FALSE」が表示される

練習用ファイル ▸ L103_CELL.xlsx

使用例 保存先、ファイル名、シート名を表示する

セルA1の式

=CELL("filename")

検査の種類

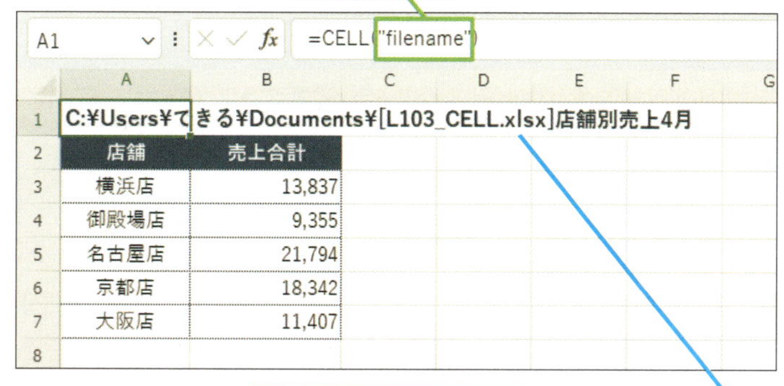

保存場所のフォルダー名やファイル名が表示される

ポイント

検査の種類 ファイルの情報を表示したいので「"filename"」を指定します。

参照 式を入力したセル（ここではセルA1）を指定するため省略します。

使いこなしのヒント

結果を更新するには

情報を表示したいセルの内容を書き換えたとき、CELL関数の結果は自動的には更新されません。CELL関数の式を再計算して更新します。再計算はF9キーを押します。

スキルアップ

シート名を表のタイトルにする

シート名が常に表のタイトルになるように、上の使用例で表示した結果からシート名のみ取り出します。シート名は、[ファイル名] の後の文字列と決まっているので、TEXTAFTER関数で"]"より後の文字を取り出します。なお、TEXTAFTER関数は、Excel 2024、Microsoft 365で使用可能です。TEXTAFTER関数が利用できない場合は、末尾から文字を取り出すRIGHT関数を使います。

シート名が表示された

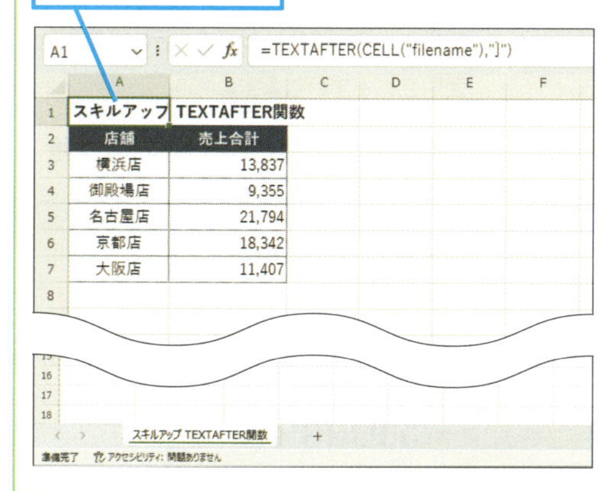

● シート名を取り出す（セルA1の式）

TEXTAFTER関数を使う場合

=TEXTAFTER(CELL("filename"),"]")

RIGHT関数を使う場合

=RIGHT(CELL("filename"),LEN(CELL("filename"))-FIND("]",CELL("filename")))

レッスン

104 基準値単位に切り捨てるには

FLOOR.MATH

FLOOR.MATH関数は、数値を指定した単位で切り捨てます。商品を必要数に合わせて、ケース単位で注文するシーンを想定して考えてみましょう。

数学／三角　対応バージョン 365 2024 2021 2019

基準値の倍数で数値を切り捨てる

=FLOOR.MATH(数値, 基準値, モード)
（フロア・マス）

FLOOR.MATH関数は、引数［数値］に最も近い［基準値］の倍数を求めます。例えば、数値「80」を基準値「30」で計算した場合、基準値「30」の倍数で、数値「80」を超えない「60」が結果として表示されます。
使用例では、A4クリアファイルを80個用意するには、1ケース30個の場合、何ケース必要かを計算します。

引数

数値　切り捨ての対象にする数値を指定します。
基準値　倍数の基準になる値を指定します。
モード　負の数値を切り捨てる方向を「0」、または負の数値で指定します。数値「-6.5」を基準値「1」で切り捨てるとき、モードによって以下の結果になります。

数値	基準値	モード	結果
-6.5	1	0（省略可）	-7
-6.5	1	-1	-6

キーワード

互換性　P.312
数値　P.313

関連する関数

ROUND　P.104
ROUNDDOWN　P.104
ROUNDUP　P.104

使いこなしのヒント

旧FLOOR関数、CEILING関数について

FLOOR関数、CEILING関数は、Excel 2010よりFLOOR.MATH関数、CEILING.MATH関数に置き換えられています。古い関数は演算の精度が落ちる場合があります。互換性の問題がなければ、新しい関数の使用をおすすめします。

基準値の倍数で数値を切り捨てる（互換性関数）

=FLOOR(数値, 基準値)
（フロア）

基準値の倍数で数値を切り上げる（互換性関数）

=CEILING(数値, 基準値)
（シーリング）

練習用ファイル ▸ L104_FLOOR.MATH.xlsx

使用例　ケース単位で余りが出ない注文数を求める

セルD3の式

=FLOOR.MATH(B3, C3)

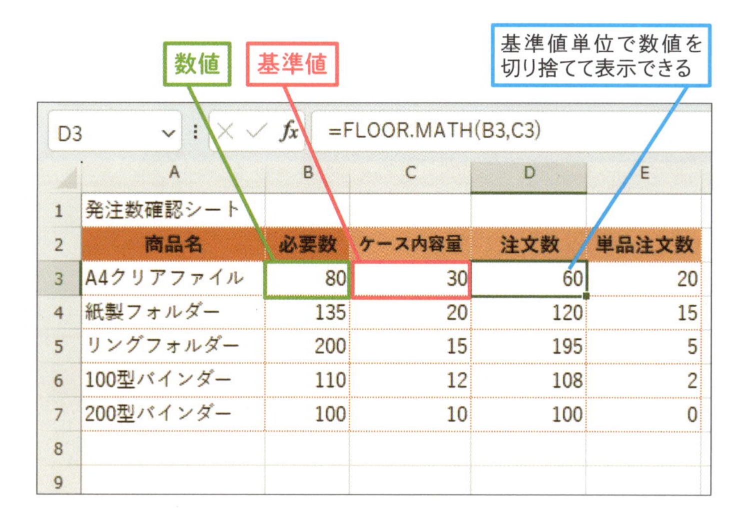

	A	B	C	D	E
1	発注数確認シート				
2	商品名	必要数	ケース内容量	注文数	単品注文数
3	A4クリアファイル	80	30	60	20
4	紙製フォルダー	135	20	120	15
5	リングフォルダー	200	15	195	5
6	100型バインダー	110	12	108	2
7	200型バインダー	100	10	100	0
8					
9					

ポイント

- **数値**　「必要数」の値のセルB3を指定します。
- **基準値**　「ケース内容量」の値のセルC3を指定します。
- **モード**　負の値が入力されることはないので省略します。

使いこなしのヒント

必要数に足りない商品数を求めるには

FLOOR.MATH関数の結果は「必要数」を超えないよう切り捨てるので、このままでは「必要数」に足りない商品が発生してしまいます。ここでは、「必要数-注文数」の計算で不足分（単品注文数）を求めています。

スキルアップ

基準値の倍数で数値を切り上げる

基準値単位に切り上げる場合は、CEILING.MATH関数を使います。引数［基準値］の倍数を求める点ではFLOOR.MATH関数と同じですが、結果は、［数値］より大きい値に切り上げます。

基準値の倍数で数値を切り上げる

=CEILING.MATH（シーリング・マス）(数値, 基準値, モード)

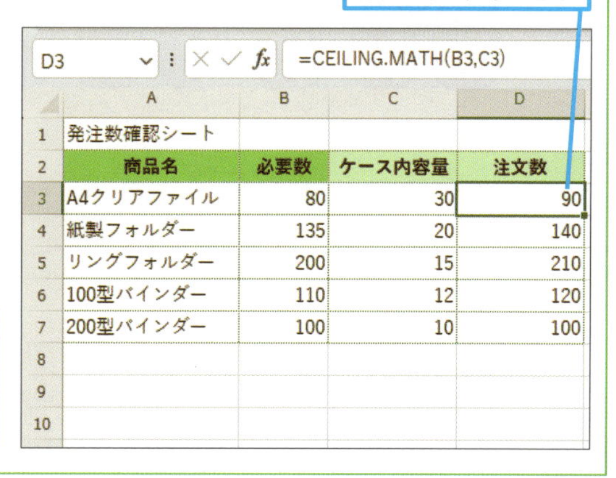

	A	B	C	D
1	発注数確認シート			
2	商品名	必要数	ケース内容量	注文数
3	A4クリアファイル	80	30	90
4	紙製フォルダー	135	20	140
5	リングフォルダー	200	15	210
6	100型バインダー	110	12	120
7	200型バインダー	100	10	100
8				
9				
10				

レッスン

105 割り算の余りを求めるには

MOD

MOD関数は割り算の余りを表示します。Excelで割り算の式を入力すると、小数点以下まで結果が出ますが、MOD関数は結果を整数にした場合の余りを表示します。

数学／三角　　対応バージョン 365 2024 2021 2019

割り算の余りを求める

モデュラス
=MOD(数値,除数)

MOD関数は、割り算の結果が整数のときの余りを表示します。例えば、7÷3の割り算だとすると結果の整数は2です。その余り「1」を求めるのがMOD関数です。

引数

数値	割り算の割られる数値（分数で表したときの分子）
除数	割り算の割る数値（分数で表したときの分母）

キーワード

オートフィル　P.311

絶対参照　P.313

関連する関数

SUM　P.88

SUMPRODUCT　P.278

PRODUCT　P.276

使いこなしのヒント

MOD関数で奇数、偶数を判別する

MOD関数は、奇数、偶数の判別に使われることがあります。数値を2で割ったときの余りが「0」なら偶数、「1」なら奇数というわけです。IF関数の条件に指定すれば、偶数か奇数かで異なる結果にすることができます。

練習用ファイル ▸ L105_MOD.xlsx

使用例 金額から金種の数量を求める

セルC6の式

=MOD($C$2, B5)/B6

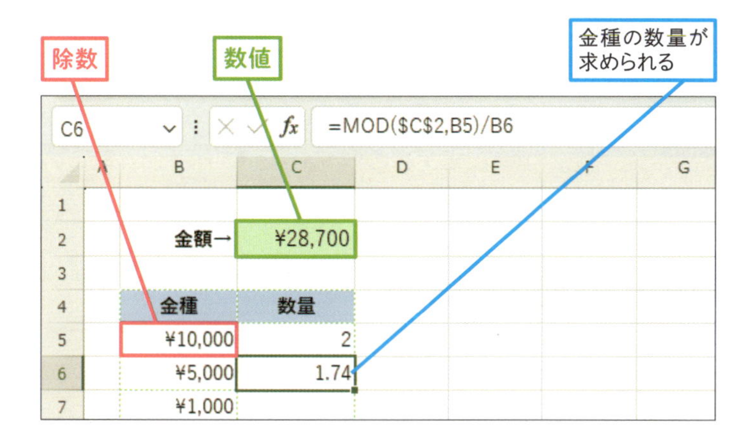

ポイント

数値 割られる値として金額が入力されたセルC2を指定します。式のコピーを可能にするために絶対参照にします。

除数 ¥5,000の数量は、金額÷¥10,000の余りから計算する必要があるので、ここでは¥10,000が入力されたセルB5を指定します。MOD関数で求められた「金額÷¥10,000の余り」をセルB6の¥5,000で割って¥5,000の数量とします。

1 セルC6の式を「=INT(MOD($C$2,B5)/B6)」に変更

レッスン07を参考にセルC12まで関数式をコピーしておく

C6 =INT(MOD($C$2,B5)/B6)

	A	B	C	D	E	F	G
1							
2		金額→	¥28,700				
3							
4		金種	数量				
5		¥10,000	2				
6		¥5,000	1				
7		¥1,000	3				
8		¥500	1				
9		¥100	2				
10		¥10	0				
11		¥5	0				
12		¥1	0				

数量の小数点以下が切り捨てられる

使いこなしのヒント

割り算の整数の答えを求めるには

割り算そのものを行う関数としてQUOTIENT関数があります。結果は整数です。例えば「5÷2」の式の結果は「2.5」ですが、QUOTIENT関数の結果は「2」となります。使用例では、セルC5の¥10,000の数量をQUOTIENT関数で求めています。

商を求める

=QUOTIENT(クオーシャント)(数値, 除数)

使いこなしのヒント

INT関数と組み合わせて整数にする

使用例では、セルC6はMOD関数と割り算の結果から「1.74」が表示されます。¥5,000の数量としては整数の「1」としたいので、ここではINT関数を組み合わせ、小数点以下を切り捨てます。

セルC6の式

=INT(MOD($C$2, B5)/B6)

レッスン

106 複数の数値の積を求めるには

PRODUCT

複数の数値を掛け合わせる場合、PRODUCT関数が利用できます。計算対象の複数の数値はセル範囲で指定できるので、掛け算の式を作るより簡単に入力できます。

数学／三角　対応バージョン 365 2024 2021 2019

積を求める

プロダクト
=PRODUCT(数値1,数値2,…,数値255)

PRODUCT関数は、引数に指定した数値を掛け合わせて積を求めます。SUM関数が引数に指定した数値を足して和を求めるのと同様です。ここでは、利益を求めるために、商品の金額、利益率、仕入数を掛けた積を求めます。

引数

数値　積を求めたい複数の数値、またはセル範囲を指定します。

キーワード

空白セル P.311
セル範囲 P.313
文字列 P.315

関連する関数

IF P.108
SUM P.88
SUMPRODUCT P.278

活用編 第9章 表作成に役立つテクニック関数

スキルアップ

掛け算とPRODUCT関数の違い

PRODUCT関数は、複数の数値を掛け合わせます。数値を「*」でつないで掛け算を行うのと同じですが、空白や文字が含まれている場合は、異なる結果になります。PRODUCT関数は、空白セルや文字列、論理値を無視します。掛け算では、空白セルは「0」として計算し、文字列はエラーになります。論理値はTRUEを1、FALSEを0として計算します。このような違いがあることを認識しておきましょう。
右の例は「金額」「利益率」「仕入数」をPRODUCT関数と掛け算の式で計算した結果です。「利益率」を空白にすると、PRODUCT関数は空白を無視するので、結果的に「100％」として計算したのと同じになります。掛け算の場合、空白は「0」として計算するので、計算結果は「0」になります。

PRODUCT関数では、空白を無視する。利益率を空白にした場合、100％で掛け算したことになる

	A	B	C	D	E
1	仕入予定管理				
2	品名	金額	利益率	仕入数	利益
3	商品A	1,000		10	10,000
4	商品B	2,000	10%	10	2,000
5					
6	品名	金額	利益率	仕入数	利益
7	商品A	1,000		10	0
8	商品B	2,000	10%	10	2,000

「=B7*C7*D7」では、空白は「0」とみなされるので結果は「0」になる

練習用ファイル ▸ L106_PRODUCT.xlsx

使用例　複数の数値の積を求める

セルE3の式

=PRODUCT(B3:D3)

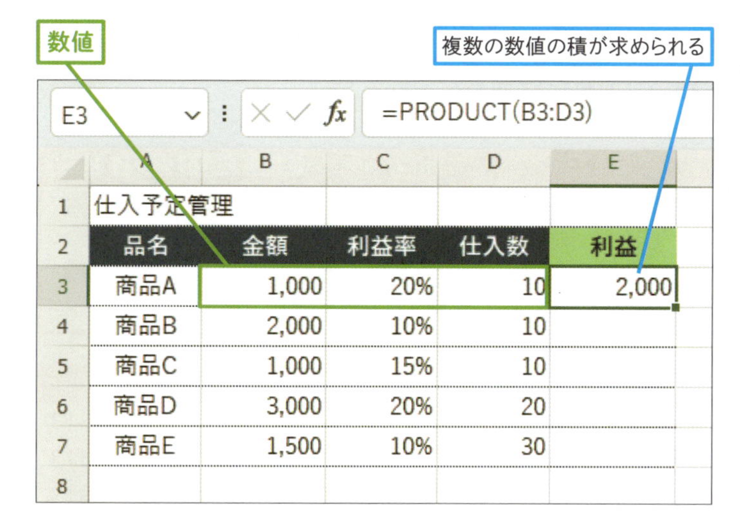

ポイント

数値　積を求めたい複数の数値のセルB3 ～ D3を指定します。

1 セルE3をクリック

2 セルE3のフィルハンドルにマウスポインターを合わせる

E3　=PRODUCT(B3:D3)

	A	B	C	D	E
1	仕入予定管理				
2	品名	金額	利益率	仕入数	利益
3	商品A	1,000	20%	10	2,000
4	商品B	2,000	10%	10	
5	商品C	1,000	15%	10	
6	商品D	3,000	20%	20	
7	商品E	1,500	10%	30	
8					

3 セルE7までドラッグ

ほかの商品の利益も求められる

使いこなしのヒント

積と和を同時に求めるには

PRODUCT関数で求めたそれぞれの行の「利益」を合計する場合、SUM関数で合計することもできますが、PRODUCT関数とSUM関数を1つの関数（SUMPRODUCT関数）で済ませることもできます。SUMPRODUCT関数については、レッスン107で解説します。

レッスン
107 複数の数値の積の合計を求めるには

SUMPRODUCT

SUMPRODUCT関数は、複数の積（掛け算）を計算し、それらの合計を求めます。複数行の単価×数量を計算し、それらの合計を求める場合、SUMPRODUCT関数1つで求めることができます。

数学／三角　対応バージョン 365 2024 2021 2019

配列要素の積の和を求める

サムプロダクト
=SUMPRODUCT(配列1, 配列2, …, 配列255)

SUMPRODUCT関数は、複数の配列（セル範囲）の同じ位置のセル同士を掛け、その結果を合計します。以下の例を見てください。1 ～ 4が入力された配列1と10 ～ 40が入力された配列2があるとします。配列1と配列2を掛けて合計を求めるとき、「1×10」や「2×20」などの数式を用意してSUM関数で合計してもいいのですが、SUMPRODUCT関数を使えば一度に「300」という積の和を求められます。

引数

配列1 ～ 255　同じ大きさの配列（セル範囲）を指定します。

キーワード

関連する関数

配列1		配列2		積		積の和（SUMPRODUCT）
1	×	10	=	10	→	300
2		20		40		
3		30		90		
4		40		160		

使いこなしのヒント

SUM関数で積の和を求められる

SUMPRODUCT関数の特徴は、配列×配列の計算ができることですが、配列の計算は、スピル機能で可能です。スピル機能が利用できるExcel 2021以降、Microsoft 365では、SUM関数の引数に直接、配列×配列を指定して求めることができます。

SUM関数で積の和を求める（セルD12の式）

サム
=SUM(C3:C10*D3:D10)

練習用ファイル ▸ L107_SUMPRODUCT.xlsx

使用例 複数の数値の積の合計を求める　セルD12の式

=SUMPRODUCT(C3:C10,D3:D10)

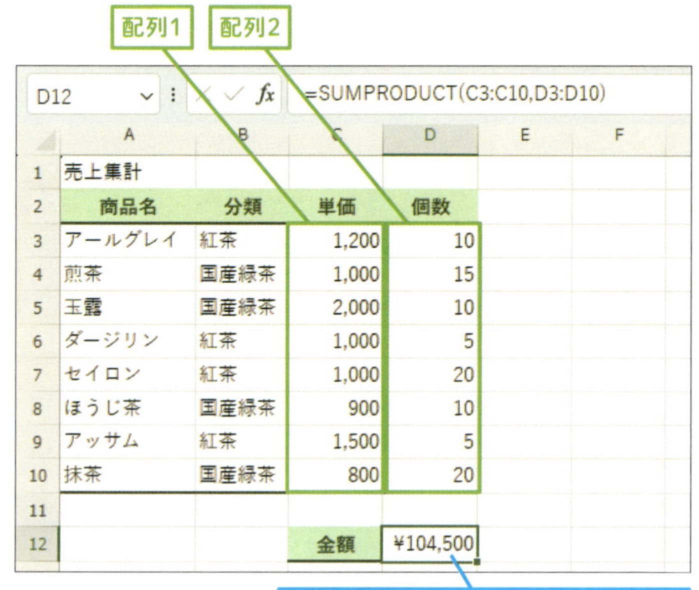

	A	B	C	D
1	売上集計			
2	商品名	分類	単価	個数
3	アールグレイ	紅茶	1,200	10
4	煎茶	国産緑茶	1,000	15
5	玉露	国産緑茶	2,000	10
6	ダージリン	紅茶	1,000	5
7	セイロン	紅茶	1,000	20
8	ほうじ茶	国産緑茶	900	10
9	アッサム	紅茶	1,500	5
10	抹茶	国産緑茶	800	20
11				
12			金額	¥104,500

単価と個数から売り上げの金額を求められる

ポイント

- **配列1**　積を求めたい「単価」のセルC3～C10を指定します。
- **配列2**　積を求めたい「個数」のセルD3～D10を指定します。

使いこなしのヒント

配列同士は同じ大きさの必要がある

引数に指定する複数の配列は、同じ大きさである必要があります。ここでは、「単価」と「個数」のセル範囲は同じ行数でなくてはなりません。大きさが異なる場合、引数が間違っていることを示す「#VALUE」エラーが表示されます。

スキルアップ

条件に合う行の計算ができる

「分類が紅茶」という条件を引数［配列1］に指定します。配列1の「B3:B10="紅茶"」（分類が紅茶）は、それぞれの行で判定され紅茶なら「TRUE」、それ以外なら「FALSE」が導き出されます。この結果に1を掛けると、「TRUE」は1、「FALSE」は0に数値化することができます。0の行は、配列2、3の数値と掛け算しても0となるので、結果的に「TRUE」の行のみ集計され、紅茶の積の和を求めることができます。

分類が「紅茶」の積の合計を求める

=SUMPRODUCT(サムプロダクト)((B3:B10="紅茶")*1,C3:C10,D3:D10)

行	配列1		配列2		配列3		積
3	紅茶（TRUE）*1=1		1,200		10		12000
4	国産緑茶（FALSE）*1=0		1,000		15		
5	国産緑茶（FALSE）*1=0		2,000		10		
6	紅茶（TRUE）*1=1		1,000		5		5000
7	紅茶（TRUE）*1=1	×	1,000	×	20	=	20000
8	国産緑茶（FALSE）*1=0		900		10		
9	紅茶（TRUE）*1=1		1,500		5		7500
10	国産緑茶（FALSE）*1=0		800		20		

積の和 → 44500

レッスン

108 1行おきに数値を合計するには

1行おきの合計

1行おきに入力されている数値を合計するには、行番号が奇数か偶数かを調べ、奇数行、偶数行ごとに計算します。合計にはSUMPRODUCT関数を利用します。

練習用ファイル ▸ L108_1行おきの合計.xlsx

使用例 1行おきの数値を合計する　セルC11の式

=SUMPRODUCT(C3:C10, MOD(ROW(C3:C10), 2))

ここでは以下のような集計表で、「金額」と「個数」の項目をそれぞれ合計する

1 セルC11に「=SUMPRODUCT(C3:C10,MOD(ROW(C3:C10),2))」と入力

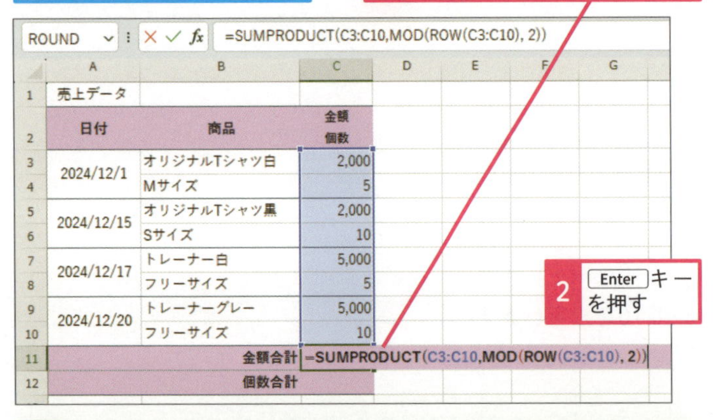

2 Enter キーを押す

使いこなしのヒント

ここで使用する関数

ここでは以下の3つの関数を組み合わせて使用しています。

配列の積の和を求める（レッスン107参照）

=SUMPRODUCT(配列 1, 配列 2,…)　（サムプロダクト）

割り算の余りを求める（レッスン105参照）

=MOD(数値 , 除数)　（モデュラス）

行番号を表示する（レッスン101参照）

=ROW(参照)　（ロウ）

キーワード

数値 P.313

配列 P.314

関連する関数

PRODUCT P.276

使いこなしのヒント

奇数行の数値を合計する

SUMPRODUCT関数は、複数の配列の積の合計を求めます。配列は、下図の配列1で示す「C3:C10」と配列2で示す「C3:C10の行番号を2で割った余り」です。余りが0の偶数行は、掛け算の結果が0になるので、奇数行のみ合計されます。

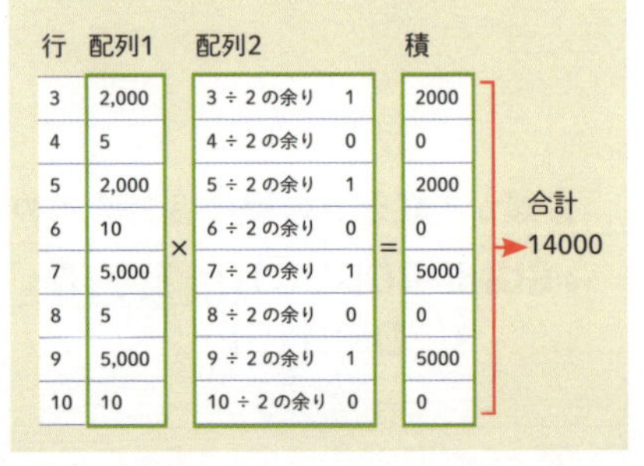

行	配列1	×	配列2		=	積
3	2,000		3 ÷ 2 の余り	1		2000
4	5		4 ÷ 2 の余り	0		0
5	2,000		5 ÷ 2 の余り	1		2000
6	10		6 ÷ 2 の余り	0		0
7	5,000		7 ÷ 2 の余り	1		5000
8	5		8 ÷ 2 の余り	0		0
9	5,000		9 ÷ 2 の余り	1		5000
10	10		10 ÷ 2 の余り	0		0

合計 ▸ 14000

続けて関数を入力する

3 セルC12に「=SUMPRODUCT(C3:C10,MOD(ROW(C3:C10)+1,2))」と入力

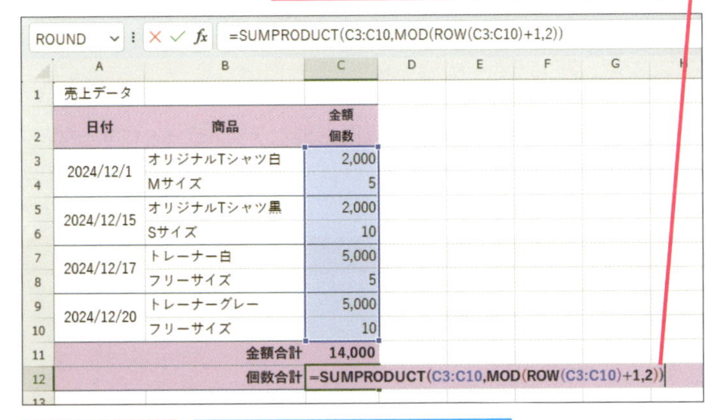

4 Enter キーを押す

「金額」と「個数」のそれぞれを合計できる

使いこなしのヒント

偶数行の数値を合計するには

ここでは、行番号を2で割った余りが「1」の行を合計しています。偶数行は余りが「0」になってしまうので、「1」になるように調整します。偶数行を合計する下の式は、ROW関数で取り出した行番号に1を加え、余りを「1」にしています。

偶数行の数値を合計する

=SUMPRODUCT(C3:C10,MOD(ROW(C3:C10)+1,2))

行	配列1		配列2			積
3	2,000		(3+1) ÷ 2の余り	0		0
4	5		(4+1) ÷ 2の余り	1		5
5	2,000		(5+1) ÷ 2の余り	0		0
6	10	×	(6+1) ÷ 2の余り	1	=	10
7	5,000		(7+1) ÷ 2の余り	0		0
8	5		(8+1) ÷ 2の余り	1		5
9	5,000		(9+1) ÷ 2の余り	0		0
10	10		(10+1) ÷ 2の余り	1		10

合計 → 30

スキルアップ

2行おきで合計する

2行おきに合計する場合、行番号を3で割った余りで合計する行を決めます。右の例では、セルC12に行番号が3、6、9行の合計を求めたいので余りが0かどうかを判定します。下の式の「MOD(ROW($C$3:$C$11),3)=0」がそのための式です。この結果は、余りが0なら「TRUE」、それ以外なら「FALSE」です。これに1を掛けて数値化すると、「TRUE」は「1」、「FALSE」は「0」となり、余りが0の行のみ合計されます。同様にしてセルC13の合計は余りが1の行を、セルC14の合計は余りが2の行を合計します。

行	配列1		配列2				積
3	10000		3 ÷ 3の余り	0	(TRUE)		10000
4	12000		4 ÷ 3の余り	1	(FALSE)		0
5	9000		5 ÷ 3の余り	2	(FALSE)		0
6	15000		6 ÷ 3の余り	0	(TRUE)		15000
7	10000	×	7 ÷ 3の余り	1	(FALSE)	=	0
8	9000		8 ÷ 3の余り	2	(FALSE)		0
9	10000		9 ÷ 3の余り	0	(TRUE)		10000
10	10000		10 ÷ 3の余り	1	(FALSE)		0
11	11000		11 ÷ 3の余り	2	(FALSE)		0

合計 → 35000

2行おきに入力された数値を合計する(セルC12の式)

=SUMPRODUCT($C$3:$C$11,(MOD(ROW($C$3:$C$11),3)=0)*1)

	A	B	C
1	売上集計		
2	日付	支店	売上金額
3	2024/12/1	横浜	10,000
4		鎌倉	12,000
5		小田原	9,000
6	2024/12/2	横浜	15,000
7		鎌倉	10,000
8		小田原	9,000
9	2024/12/3	横浜	10,000
10		鎌倉	10,000
11		小田原	9,000
12	合計	横浜	35,000
13		鎌倉	32,000
14		小田原	27,000

2行おきに合計できる

レッスン
109 ランダムな値を発生させるには

RAND、RANDBETWEEN

RAND関数、RANDBETWEEN関数は、ランダムな数値を表示します。実験に必要なテストデータにするなど、いろいろな用途に利用できます。

数学／三角　対応バージョン 365 2024 2021 2019

0以上1未満の小数の乱数を発生させる

ランダム
=RAND()

RAND関数は、0以上1未満のランダムな数値（乱数）を表示します。セルに文字や数式を入力したり、いろいろな機能を利用したりすると、ワークシートは自動的に再計算されますが、そのたびに新しい乱数が発生します。

引数

RAND関数には引数がありません。しかし、「()」の省略はできません。

キーワード

乱数　P.315

関連する関数

INT　P.105
ROUND　P.104

数学／三角　対応バージョン 365 2024 2021 2019

指定した範囲内の整数の乱数を発生させる

ランダムビトウィーン
=RANDBETWEEN(最小値, 最大値)

RANDBETWEEN関数は、引数［最小値］と引数［最大値］の範囲内にあるランダムな数値を表示します。RAND関数と同様に、ワークシートが再計算されるたびに、新しい乱数が発生します。

引数

最小値　乱数として発生させる最小値を整数で指定します。
最大値　乱数として発生させる最大値を整数で指定します。

ここに注意

RAND関数、RANDBETWEEN関数は、ワークシート上のいろいろな作業のタイミングで更新されます。関数が使われているファイルを開いたときにも更新されます。発生させた数値を保存したいときは、レッスン70の199ページの使いこなしのヒントを参考に、数値をコピーして値として貼り付けましょう。

練習用ファイル ▸ L109_RAND.xlsx

使用例 0以上1未満の乱数を発生させる

セルB3の式

=RAND()

0以上1未満のランダムな小数が表示される

B3 =RAND()

	A	B	C	D	E	F	G
1		座席ランダム割振表					
2		並べ替えキー	出席番号	氏名		座席	
3		0.341987359	1	赤井　真人	⇒	A1	
4		0.238744742	2	井川　涼介	⇒	A2	
5		0.740745436	3	佐々木　美奈	⇒	A3	
6		0.251689297	4	田中　優斗	⇒	A4	
7		0.454330945	5	中野　拓也	⇒	A5	
8		0.279100329	6	浜田　翔太	⇒	A6	
9		0.813990088	7	福山　未来	⇒	A7	
10		0.680855278	8	松本　順一	⇒	A8	
11		0.519348352	9	山口　梨乃	⇒	A9	
12		0.055202928	10	山野　智	⇒	A10	
13							

割振表のセルB2～D12を選択して、[ホーム] タブの[並べ替えとフィルター] をクリックし、[昇順] や [降順] を実行するとランダムに並べ替えられる

使いこなしのヒント

整数の乱数を発生させるには

結果が整数になるRANDBETWEEN関数を使います。引数には開始値、終了値を指定します。なお、下図のように範囲内に同じ関数を入れる場合は、関数を入力するセル範囲を選択し、式を入力、最後に Ctrl + Enter キーを押します。

0から9のランダムな整数を表示する（セルC3:I9の式）

=RANDBETWEEN(0, 9)

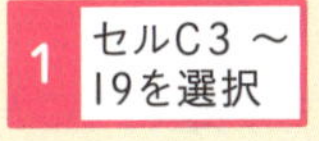

2 そのままセルC3に式を入力

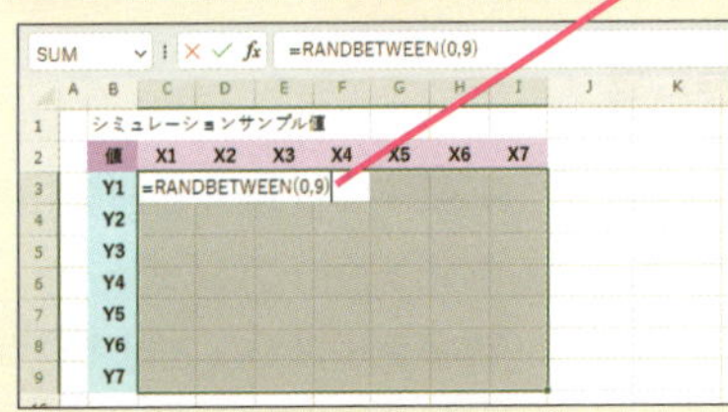

3 Ctrl + Enter キーを押す

選択したセル範囲にランダムな整数が表示される

スキルアップ

配列にランダムな値を表示する関数

Excel 2021以降とMicrosoft 365では、配列に乱数を発生させるRANDARRAY関数が利用できます。引数には乱数を発生させたい行数、列数、乱数の最小値、最大値を指定し、結果を整数にするなら引数 [整数] に「TRUE」を指定します。

配列にランダムな値を表示する

=RANDARRAY(行数,列数,最小値,最大値,整数)

配列に0から9のランダムな整数を表示する（セルC3の式）

=RANDARRAY(7,7,0,9,TRUE)

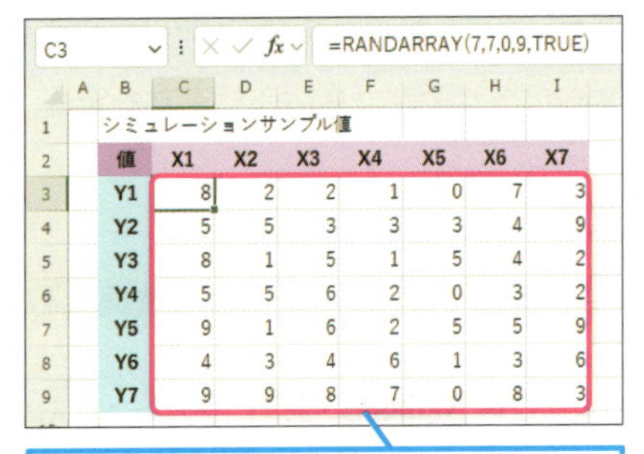
C3 =RANDARRAY(7,7,0,9,TRUE)

シミュレーションサンプル値

値	X1	X2	X3	X4	X5	X6	X7
Y1	8	2	2	1	0	7	3
Y2	5	5	3	3	3	4	9
Y3	8	1	5	1	5	4	2
Y4	5	5	6	2	0	3	2
Y5	9	1	6	2	5	5	9
Y6	4	3	4	6	1	3	6
Y7	9	9	8	7	0	8	3

7行7列の配列に0から9のランダムな整数が表示される

レッスン

110 長い関数式を分かりやすくするには

LET

関数のネストや複雑な条件が含まれた式は、長く難しい式になりがちです。そのような式は、名前を定義できるLET関数との組み合わせを考えてみましょう。Excel 2021以降、Microsoft 365で使用可能です。

論理　対応バージョン 365 2024 2021 2019

変数を利用して関数式を作る

=LET(名前1,名前値1,名前2,名前値2,…,計算)

LET関数では、式の中で計算式や範囲に名前を付けることができ、その名前を使った式を作成することができます。例えば、IF関数の式の中に「SUM(C3:E3)」が何度も登場するという場合、「SUM(C3:E3)」に「G」という名前を付けます。すると「SUM(C3:E3)」を「G」に置き換えることができ、式を短くすることができます。

引数

名前1～126	定義する任意の名前を指定します。名前は英数字、日本語文字、アンダーバー（_）が使えますが、先頭に数字を付けることはできません。
名前値1～126	引数［名前］に割り当てる値、セル範囲、計算式を指定します。
計算	引数［名前］で定義した名前を使って数式を作成します。

● LET関数の利用例

例では、F列の「手当」を4～6月の売上合計が100,000以上の場合、売上合計の20%、100,000未満の場合、売上合計の10%としてIF関数で算出しています。IF関数の式には同じ「SUM(C3:E3)」が3回登場するので、これに「G」という名前を定義します。

◆IF関数のみの式
式が長く読みづらい

=IF(SUM(C3:E3)>=100000,SUM(C3:E3)*0.2,SUM(C3:E3)*0.1)

=LET(G,SUM(C3:E3), IF(G>=100000,G*0.2,G*0.1))

SUM(C3:E3)を「G」という名前に定義

◆LET関数を組み合わせた式
式が短く内容が分かりやすい

キーワード

数式	P.313
ネスト	P.314

関連する関数

IF	P.108
LAMBDA	P.286

使いこなしのヒント

LET関数の構造

LET関数の引数［名前］と［名前値］は、変数とそれに代入する値の関係です。［名前］で指定した変数に［名前値］の値や範囲、式が代入されます。これにより引数[計算式]に作成する式で名前（変数）を利用することができます。

［名前値］が［名前］に代入される

=LET(名前,名前値,名前を使った計算式)

練習用ファイル ▸ L110_LET.xlsx

使用例 LET関数でIF関数を分かりやすくする

セルF3の式

=LET(G,SUM(C3:E3),IF(G>=100000,G*0.2,G*0.1))

名前1　名前値1　計算

F3　=LET(G,SUM(C3:E3),IF(G>=100000,G*0.2,G*0.1))

	A	B	C	D	E	F	G	H
1		担当者別売上						
2		担当者	4月売上	5月売上	6月売上	手当		
3		青木	30,000	30,000	30,000	9,000		
4		三上	30,000	30,000	40,000	20,000		
5		木村	50,000	50,000	50,000	30,000		
6		間宮	20,000	20,000	20,000	6,000		
7		山下	50,000	20,000	20,000	9,000		
8								

ポイント

- **名前1**　4～6月の売上合計を定義する名前を「G」とします。
- **名前値1**　名前「G」に割り当てる合計を求める式「SUM(C3:E3)」を指定します。
- **計算**　合計「G」が100,000以上の場合、合計「G」の20%、100,000未満の場合、合計「G」の10%を求めるIF関数式を入力します。

使いこなしのヒント

計算実行のパフォーマンスが向上

1つの式の中に複数の計算式がある場合、それが同じ計算であってもExcelは繰り返し計算を実行します。LET関数を使用すると、引数［名前値］に指定した計算は1度で済むため、計算実行にかかる負荷が減り、パフォーマンスが向上します。

スキルアップ

式を分かりやすくするには

複数の人と共有する表では、関数で何をやっているのかを分かりやすくしておくことが求められます。LET関数には、計算式を読みやすくする効果がありますが、名前定義の理解がないと、かえって難しい式になってしまいます。誰にでも理解しやすくするには、LET関数を使わなくてもいいように工夫することも必要です。

例えば使用例では、合計をあらかじめ別のセルに求めておけば、IF関数式を簡易化できます。無理に1つの式にまとめるのではなく、あえて式を分けるということも1つの方法です。

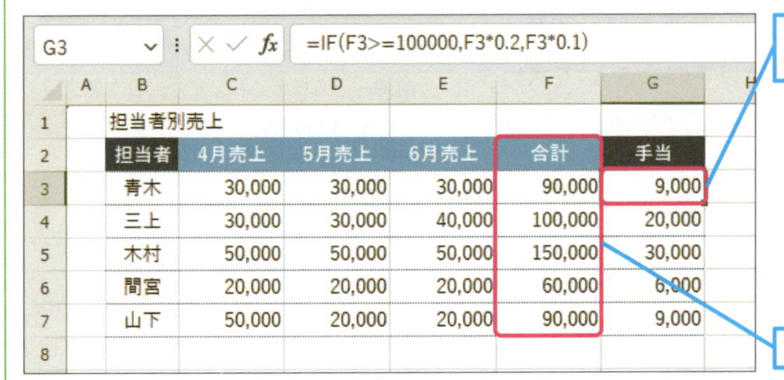

G3　=IF(F3>=100000,F3*0.2,F3*0.1)

	A	B	C	D	E	F	G
1		担当者別売上					
2		担当者	4月売上	5月売上	6月売上	合計	手当
3		青木	30,000	30,000	30,000	90,000	9,000
4		三上	30,000	30,000	40,000	100,000	20,000
5		木村	50,000	50,000	50,000	150,000	30,000
6		間宮	20,000	20,000	20,000	60,000	6,000
7		山下	50,000	20,000	20,000	90,000	9,000
8							

レッスン

111 オリジナル関数を作るには

LAMBDA

LAMBDA関数は、オリジナルの関数を自作するための関数です。よく使う独自の計算式があるという場合、関数として登録しておけば、次回から関数での入力が可能になります。Excel 2024、Microsoft 365で使用可能です。

論理　対応バージョン 365 2024 2021 2019

オリジナルの関数を作る

=LAMBDA(引数名1,引数名2,…,計算式)

（ラムダ）

LAMBDA関数は、自作関数を定義する関数です。そのため上記の式をセルに入力してもエラーになります。自作関数を使えるようにするには、［名前の定義］でLAMBDA関数を登録します。LAMBDA関数の引数には、自作の引数名とそれを使った式を指定します。

引数

引数名1～253	自作関数で使用する引数の名前を文字列で指定します。
計算式	［引数名］で指定した引数を使って数式を作成します。

● 自作関数のテスト

自作の関数を登録する前に、LAMBDA関数をセルに入力して試すことができます。その場合は、LAMBDA関数の後に、実際に使うときの引数を指定します。

=LAMBDA(引数名 1, 引数名 2,…, 計算式)(引数 1, 引数 2,…)

関数を作成するための引数

セルに入力するために必要な実際の引数

使用例では、金額と割引率から価格（小数点以下四捨五入）を求める関数を自作しますが、テスト入力としてセルE3に以下の式を入力します。

「金額」と「割引率」という引数名を宣言する

実際に「金額」と「割引率」に参照させたいセル

=LAMBDA(金額,割引率,ROUND(金額*(1-割引率),0))(C3,D3)

関数として登録したい計算式

実際に「金額」と「割引率」に参照させたいセル

キーワード

関連する関数

使いこなしのヒント

自作関数の関数名について

関数名は、英数字、日本語文字、アンダーバー（_）が利用できます。ただし、先頭文字に数字は使えません。また、英字の関数名なら、関数の先頭文字を入力したとき候補として表示されますが、日本語文字にした場合は候補として表示されません。

アルファベットの関数名は関数の候補に表示される

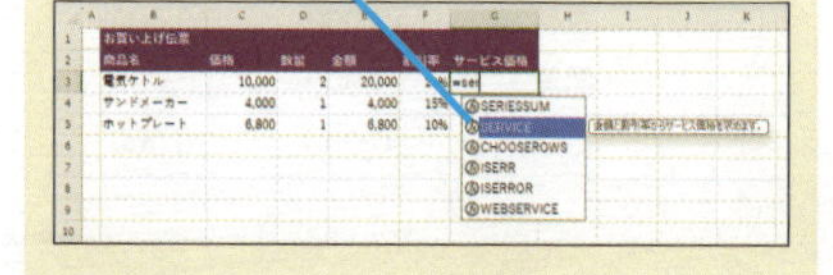

練習用ファイル ▶ L111_LAMBDA.xlsx

使用例 自作関数をテスト入力する

セルE3の式

=LAMBDA(金額,割引率,ROUND(金額*(1-割引率),0))(C3,D3)

ポイント

- **引数名1** 計算式で使う引数の名前を「金額」とします。
- **引数名2** 計算式で使う引数の名前を「割引率」とします。
- **計算式** サービス価格を求める計算式「ROUND(金額*(1-割引率),0)」を引数名を使って入力します。
- **引数1** セルE3のサービス価格を求める際の引数［金額］のセルC3を指定します。
- **引数2** セルE3のサービス価格を求める際の引数［割引率］のセルD3を指定します。

セルE3に入力した自作関数を登録する

1 セルE3をクリック

2 数式バーに表示されるLAMBDA関数の先頭から［引数1］［引数2］を除く式をドラッグ

3 Ctrl+Cキーを押す

数式がコピーされた

4 Escキーを押す

5 ［数式］タブをクリック

6 ［名前の定義］をクリック

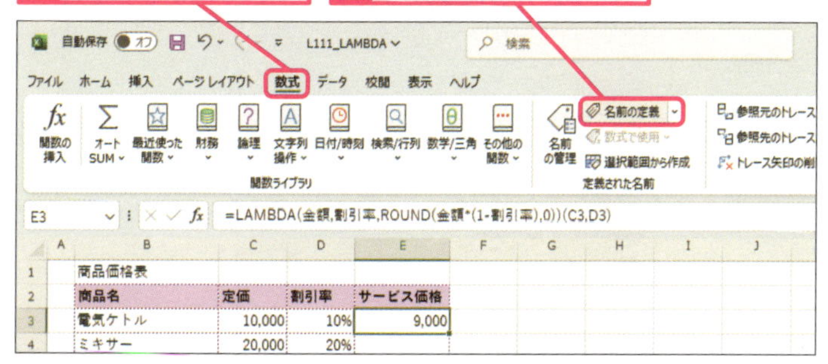

7 ［参照範囲］をクリック

8 Ctrl+Vキーを押して式を貼り付け

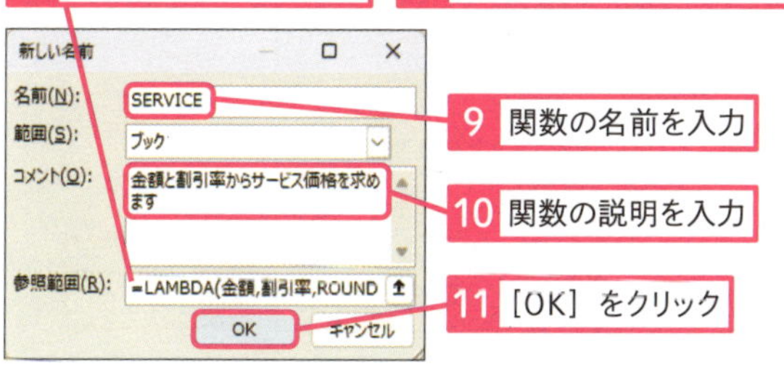

9 関数の名前を入力

10 関数の説明を入力

11 ［OK］をクリック

使いこなしのヒント

登録した関数を修正するには

［数式］タブの［名前の管理］をクリックし、［名前の管理］ダイアログボックスを表示します。登録されている関数を選択して［編集］ボタンをクリックすると、登録したときの画面が表示され関数名や式を修正することができます。

1 登録されている関数をクリック

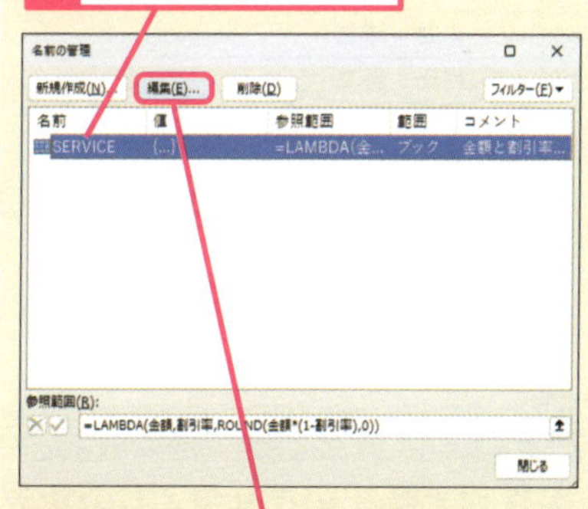

2 ［編集］ボタンをクリック

使いこなしのヒント

自作関数を使うには

自作関数は、LAMBDA関数で作成、登録したブック内で利用できます。使い方は、既存の関数と同じです。使用例で登録した関数の場合は、「=SERVICE(金額,割引率)」として式を入力します。

セルG3に自作のSERVICE関数を入力する
=SERVICE(E3,F3)

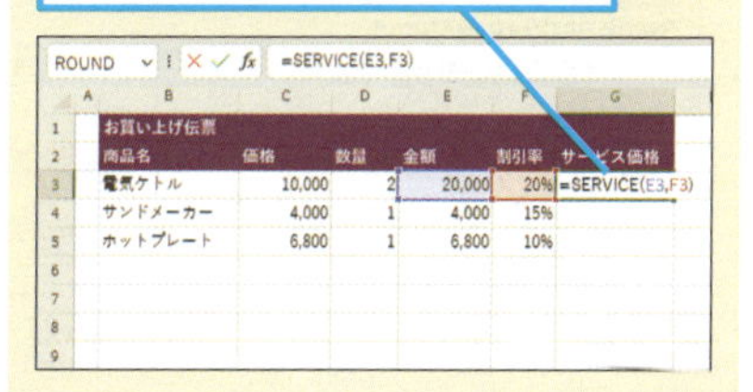

レッスン

112 条件付き書式で平均値以上に色を付ける

AVERAGE

「条件付き書式」の条件には直接関数式を指定することができます。ここでは、平均値以上に色を付けるため、平均を求めるAVERAGE関数を条件に指定します。

平均点以上のセルを強調表示する

Before

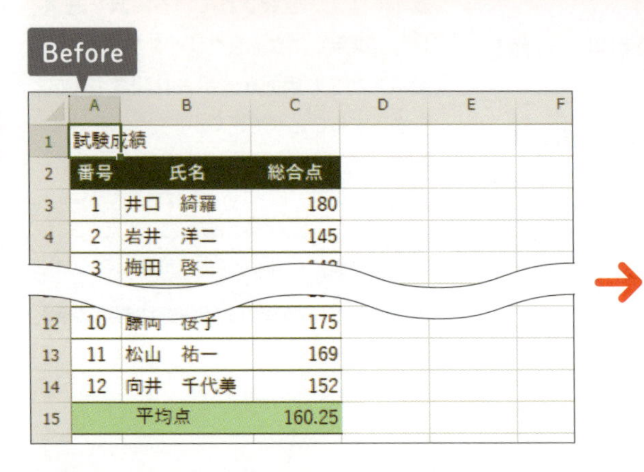

After

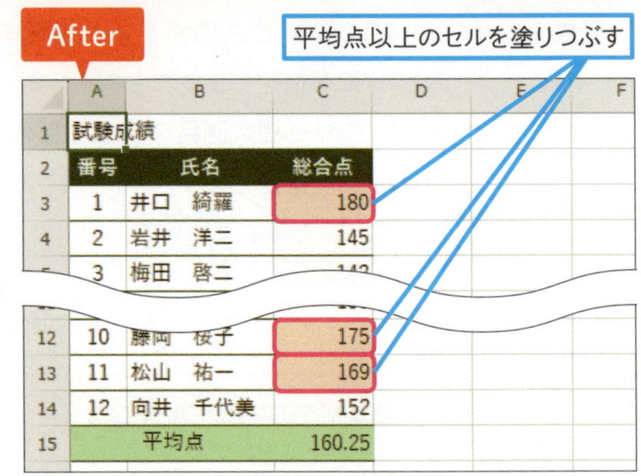

スキルアップ

条件付き書式の塗りつぶしの色を設定する

条件付き書式の条件を設定する［新しい書式ルール］ダイアログボックスの［書式］をクリックすると、［書式設定］ダイアログボックスが表示されます。セルの背景の色は［塗りつぶし］タブを表示して色を選びます。なお、［書式設定］タブ、［フォント］タブ、［罫線］タブの設定も同時に可能です。

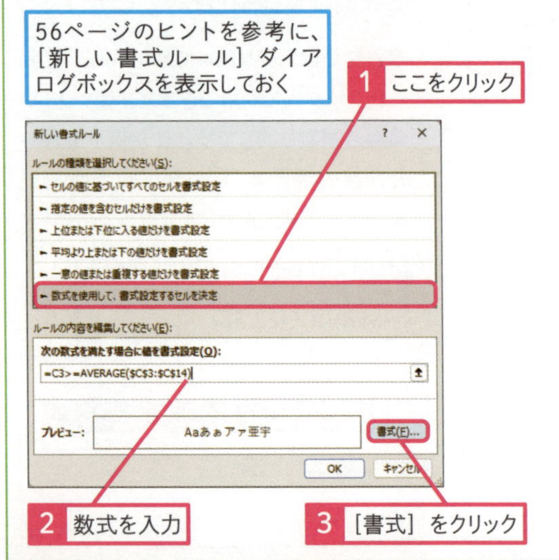

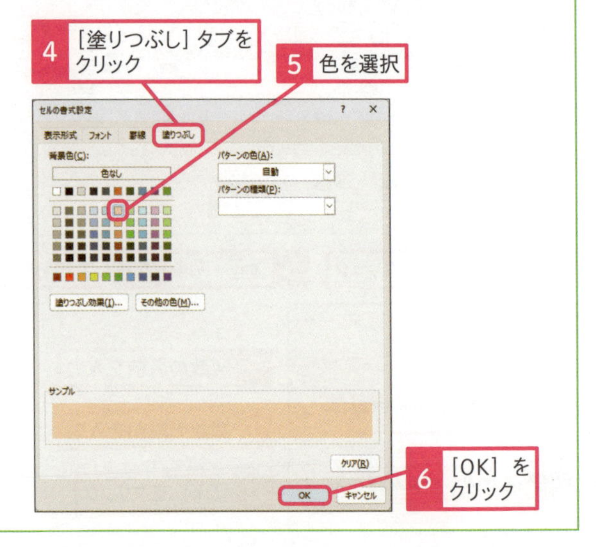

練習用ファイル ▸ L112_AVERAGE.xlsx

使用例 平均点以上に色を付ける

=C3>=AVERAGE($C$3:$C$14)

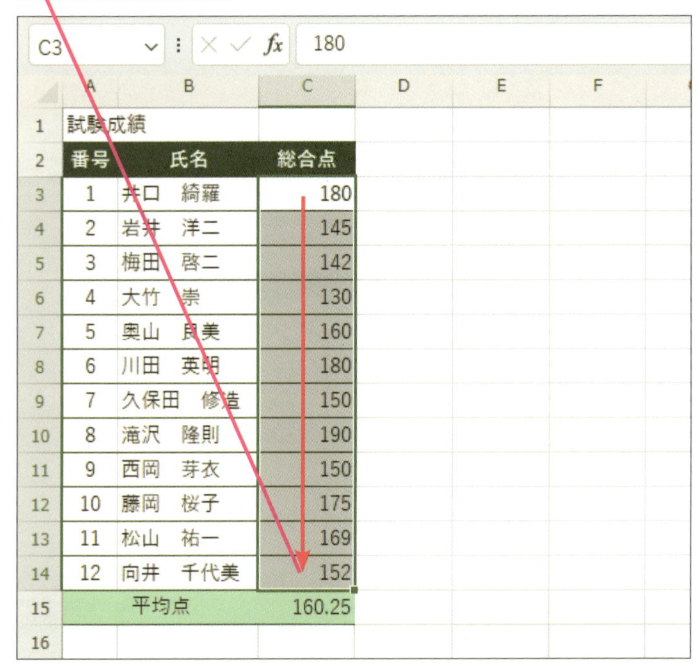

56ページのヒントを参考に、[新しい書式ルール] ダイアログボックスを表示しておく

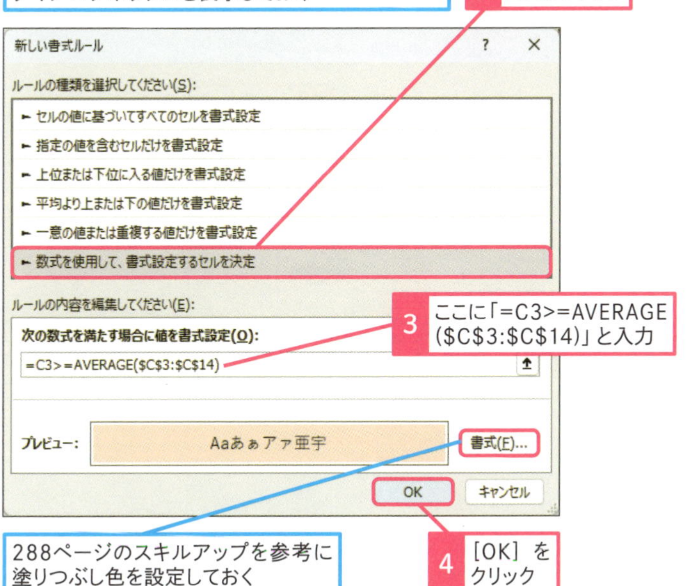

288ページのスキルアップを参考に塗りつぶし色を設定しておく

キーワード

使いこなしのヒント
条件式の意味

ここで指定する条件式「=C3>=AVERAGE($C$3:$C$14)」のポイントは、セルC3が相対参照であることです。セルC3を相対参照にしておくことで、C列の各行の点数とAVERAGE関数の平均値が比較され、各行によって色が付きます。AVERAGE関数のセル範囲は、どの行においても同じなので絶対参照に指定します。

C列の各行の値が平均点以上か比較する条件式

=C3>=AVERAGE($C$3:$C$14)

使いこなしのヒント
平均点を求めたセルを条件にするには

使用例ではセルC15に平均点が求められています。これを利用して条件付き書式を設定する場合は、[新しい書式ルール] ダイアログボックスに以下の式を指定します。

C列の各行の値がセルC15の値以上か比較する条件式

=C3>=$C$15

レッスン
113 条件付き書式で土日の文字に色を付ける

OR

「条件付き書式」の条件に複数の条件を指定する場合は、AND関数、OR関数が利用できます。ここでは、曜日が「土」、または「日」に色を付けるので、OR関数で条件を指定します。

土日の文字のみ色を変更する

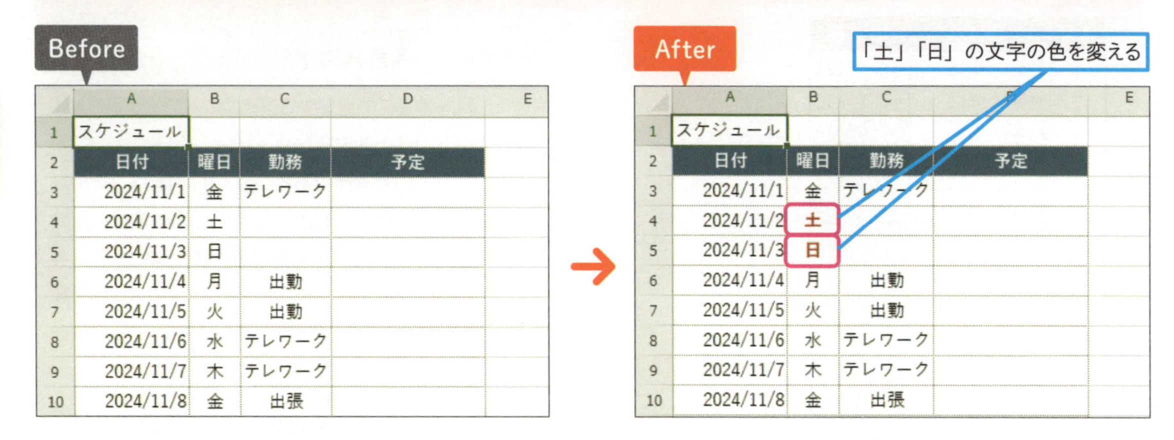

	A	B	C	D	E
1	スケジュール				
2	日付	曜日	勤務	予定	
3	2024/11/1	金	テレワーク		
4	2024/11/2	土			
5	2024/11/3	日			
6	2024/11/4	月	出勤		
7	2024/11/5	火	出勤		
8	2024/11/6	水	テレワーク		
9	2024/11/7	木	テレワーク		
10	2024/11/8	金	出張		

スキルアップ
条件付き書式の文字の色を設定する

［新しい書式ルール］ダイアログボックスでは、セルの書式を細かく指定することができます。文字の色を変更する場合は、［書式］をクリックし、［セルの書式設定］ダイアログボックスを表示して、［フォント］タブの［色］を設定します。下の例では、文字の色に加えて［太字］も設定しています。

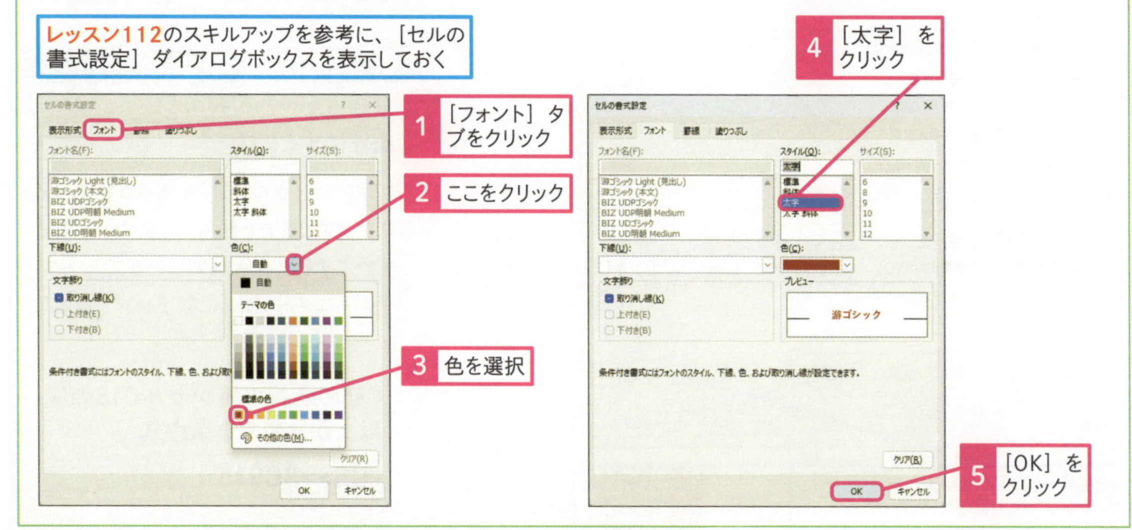

練習用ファイル ▸ L113_OR.xlsx

使用例 曜日が土、日のいずれかを判定する条件

=OR(B3="土",B3="日")

1 セルB3～B14をドラッグして選択

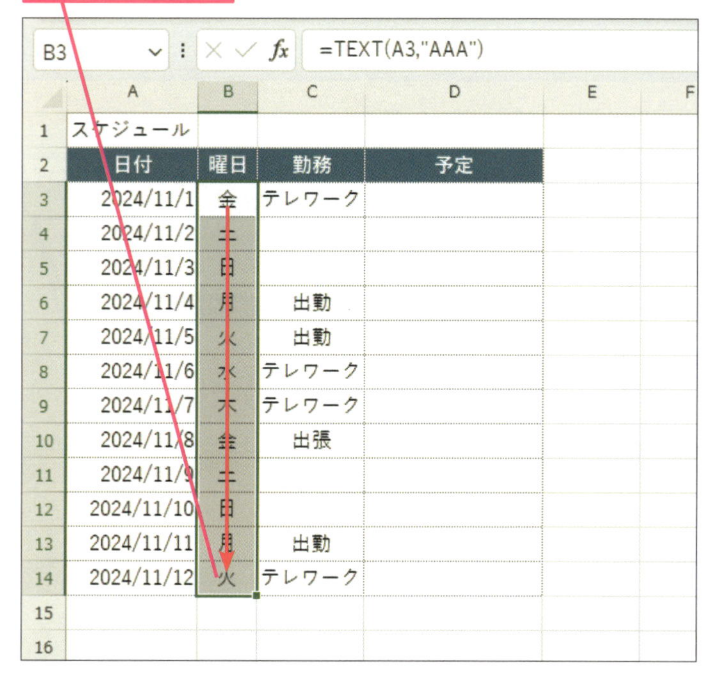

56ページのヒントを参考に、[新しい書式ルール]ダイアログボックスを表示しておく

2 ここをクリック

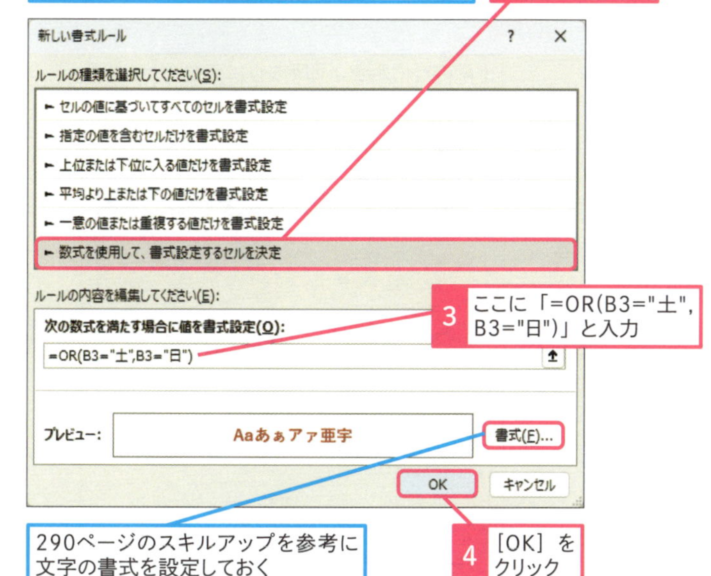

3 ここに「=OR(B3="土",B3="日")」と入力

290ページのスキルアップを参考に文字の書式を設定しておく

4 [OK]をクリック

キーワード

FALSE	P.311
TRUE	P.311
条件付き書式	P.312

使いこなしのヒント

ここで使用する関数

ここでは「曜日が土」、または「曜日が日」が満たされているかを判定するOR関数を使います。引数に複数の条件を指定します。OR関数の結果は「TRUE」（いずれかが条件に合う）か「FALSE」（いずれも条件に合わない）ですが、「TRUE」のとき設定した書式に変わります。

複数の条件のいずれかが満たされているか判断する

=OR（オア）(論理式1,論理式2,…,論理式255)

使いこなしのヒント

行全体に色を付けるには

使用例では、「曜日」の土日の文字だけに色を付けていますが、土日の日付や勤務内容など、行全体に書式を設定することもできます。その場合の設定方法は、レッスン114を参照してください。

レッスン

114 条件付き書式で土日の行に色を付ける

WEEKDAY

「条件付き書式」は、設定範囲や条件により異なる結果になります。ここでは、土日の行全体に色が付くよう設定します。条件に合うデータを含む行全体の書式が変わるのがポイントです。

土日の行全体を塗りつぶす

Before

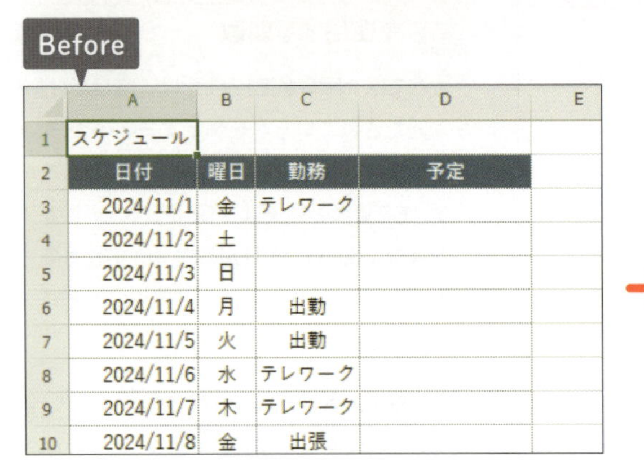

After

「土」「日」が入力されている行を塗りつぶす

	A	B	C	D
1	スケジュール			
2	日付	曜日	勤務	予定
3	2024/11/1	金	テレワーク	
4	2024/11/2	土		
5	2024/11/3	日		
6	2024/11/4	月	出勤	
7	2024/11/5	火	出勤	
8	2024/11/6	水	テレワーク	
9	2024/11/7	木	テレワーク	
10	2024/11/8	金	出張	

スキルアップ

土日に異なる色を設定するには

土曜日の行を水色、日曜日の行を赤色のように色を変える場合は、それぞれ別々の条件付き書式を設定します（表参照）。条件付き書式を設定するのは、どちらもセルA3～D14です。

	条件式	書式
1つ目の条件付き書式	=WEEKDAY($A3,2)=6 （WEEKDAY関数の結果が6 ←土曜） または、=$B3="土"	塗りつぶしの色 水色
2つ目の条件付き書式	=WEEKDAY($A3,2)=7 （WEEKDAY関数の結果が7 ←日曜） または、=$B3="日"	塗りつぶしの色 赤色

土曜の行に水色、日曜の行に赤色の2つの条件付き書式を設定した

	A	B	C	D
1	スケジュール			
2	日付	曜日	勤務	予定
3	2024/11/1	金	テレワーク	
4	2024/11/2	土		
5	2024/11/3	日		
6	2024/11/4	月	出勤	
7	2024/11/5	火	出勤	
8	2024/11/6	水	テレワーク	
9	2024/11/7	木	テレワーク	
10	2024/11/8	金	出張	
11	2024/11/9	土		
12	2024/11/10	日		
13	2024/11/11	月	出勤	
14	2024/11/12	火	テレワーク	
15				

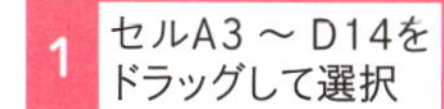

使用例 日付から曜日が土日かどうかを判定する条件

=WEEKDAY($A3, 2)>=6

1 セルA3～D14を ドラッグして選択

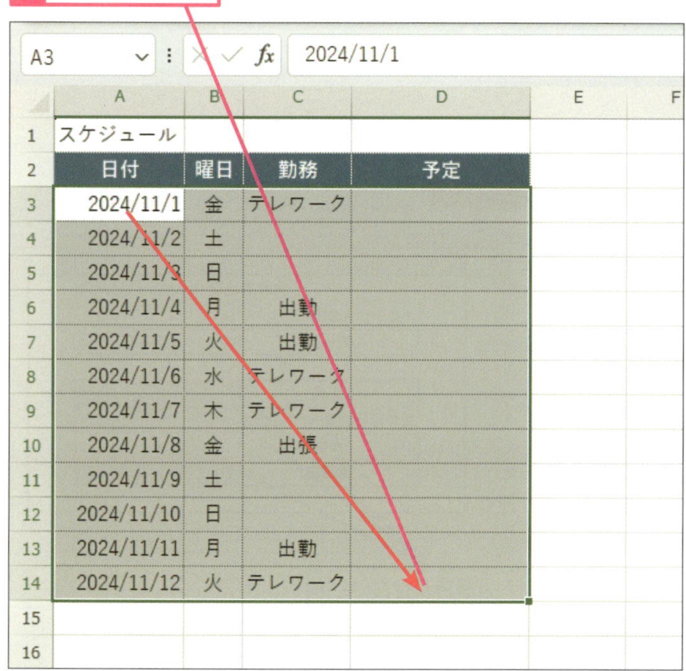

56ページのヒントを参考に、[新しい書式ルール]ダイアログボックスを表示しておく

2 ここをクリック

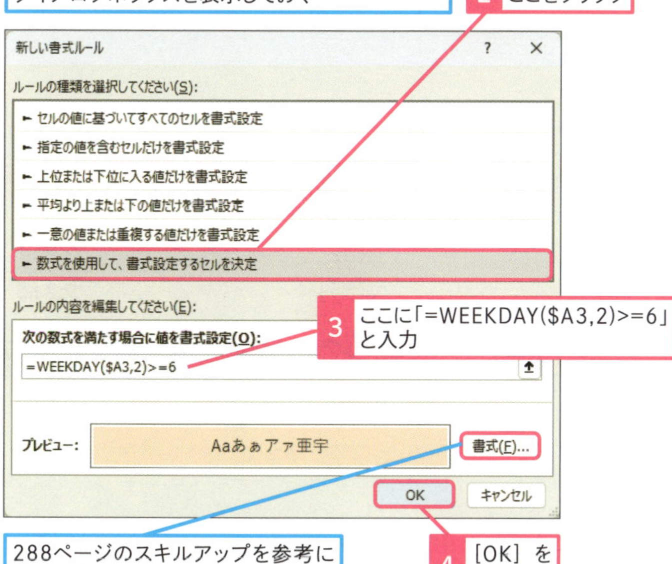

3 ここに「=WEEKDAY($A3,2)>=6」と入力

288ページのスキルアップを参考に塗りつぶし色を設定しておく

4 [OK] を クリック

キーワード

条件付き書式	P.312
シリアル値	P.312
絶対参照	P.313

使いこなしのヒント

曜日の番号が 6以上のとき色を付ける

WEEKDAY関数は、日付に対する曜日を番号で表す関数です（レッスン82参照）。ここでは、引数［種類］に月～日を1～7の番号で表す「2」を指定し、その結果が6以上（土曜日と日曜日）のときセルに塗りつぶしの色が設定されるようにします。

日付から曜日の番号を取り出す

=WEEKDAY（シリアル値,種類）

使いこなしのヒント

引数に指定する日付は 列のみ固定する

WEEKDAY関数の引数に指定する日付のセルは、「$A3」のように列のみ「$」を付けて絶対参照（レッスン13）の指定にします。条件付き書式は、A～D列に対し設定しますが、土日かどうかを判定するセルA3の列が変動しないように、列のみ固定します。

レッスン
115 条件付き書式で必須入力箇所に色を付ける

ISBLANK

入力箇所が決まっている書類などは、条件付き書式で入力箇所に色が付くようにしておくと便利です。セルが空白かどうかをISBLANK関数で判定し、空白のときだけ色を付けます。

空白のセルのみ塗りつぶす

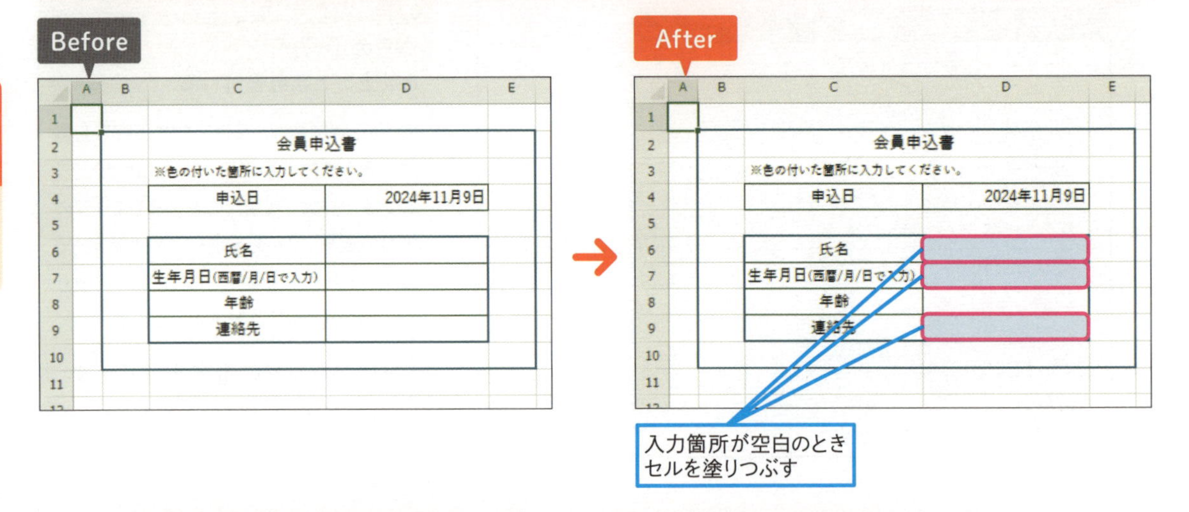

情報　対応バージョン 365 2024 2021 2019

セルが空白かどうかを調べる

イズブランク
=ISBLANK(テストの対象)

ISBLANK関数は、引数［テストの対象］に指定したセルが空白かどうかを調べます。結果は、空白のときには「TRUE」、空白でないときには「FALSE」になります。

引数

| **テストの対象**　空白かどうかを調べるセルを指定します。

キーワード

FALSE	P.311
TRUE	P.311
文字列	P.315

関連する関数

ISTEXT	P.295

練習用ファイル ▸ L115_ISBLANK

使用例 セルが空白かどうかを判定する条件

=ISBLANK(D6)

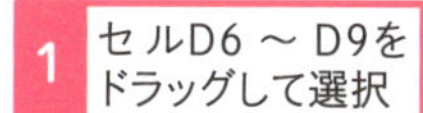

セルD6 ～ D7、D9の必須入力項目に条件付き書式を設定する

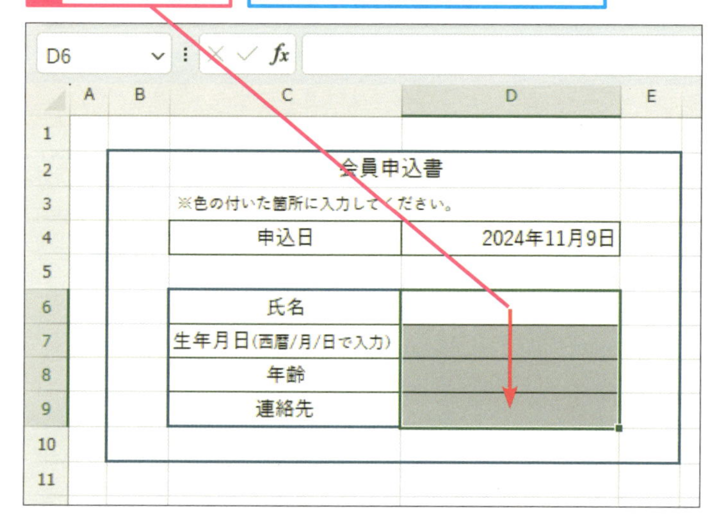

56ページのヒントを参考に、[新しい書式ルール]ダイアログボックスを表示しておく

2 ここをクリック

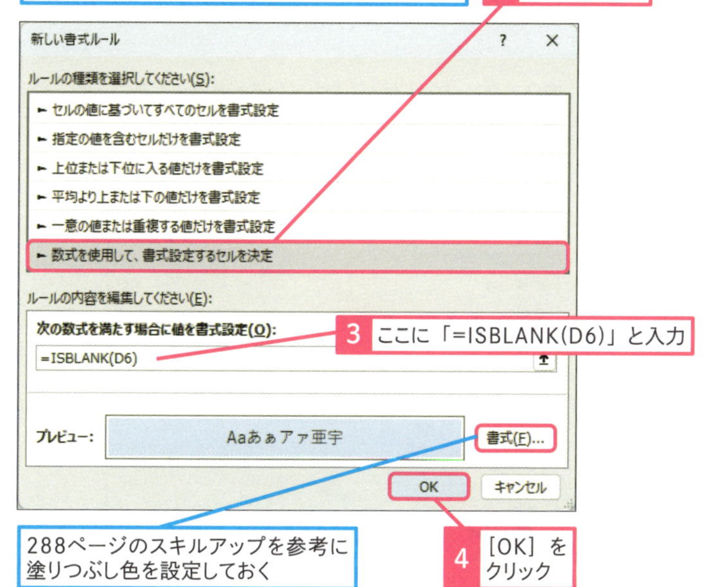

3 ここに「=ISBLANK(D6)」と入力

288ページのスキルアップを参考に塗りつぶし色を設定しておく

4 [OK]をクリック

使いこなしのヒント

セルの内容が文字列かどうかを調べるには

セルに文字が入力されているかどうかを調べるにはISTEXT関数を使います。ISTEXT関数は、セルに文字があるとき「TRUE」が表示されます。空白や数値、論理値など文字以外のときは「FALSE」が表示されます。

セルの内容が文字列かどうかを調べる

=ISTEXT(テストの対象)（イズテキスト）

使いこなしのヒント

データを入力すると色が消える

データを入力するとISBLANK関数の結果が「FALSE」になるので、条件付き書式は働かず、色がなくなります。

データを入力すると色が消える

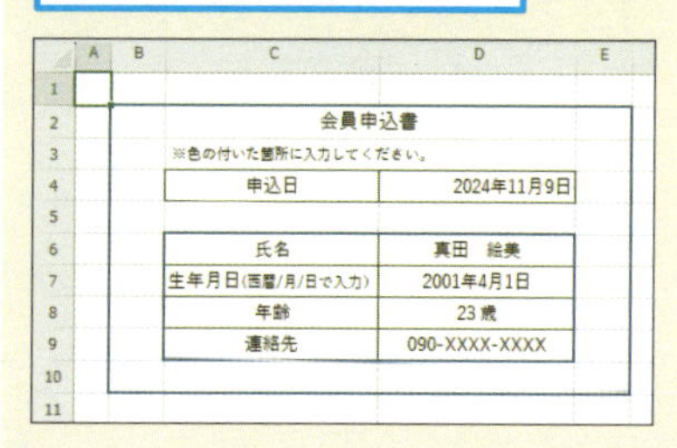

レッスン

116 条件付き書式で分類に応じて罫線を引くには

NOT、ISBLANK

条件付き書式は表の作成にも役立ちます。表の罫線が何らかのルールにより表示されているときには、条件付き書式が利用できます。ここでは、表の「分類」が変わるところに罫線を表示します。

自動的に罫線を引く

Before

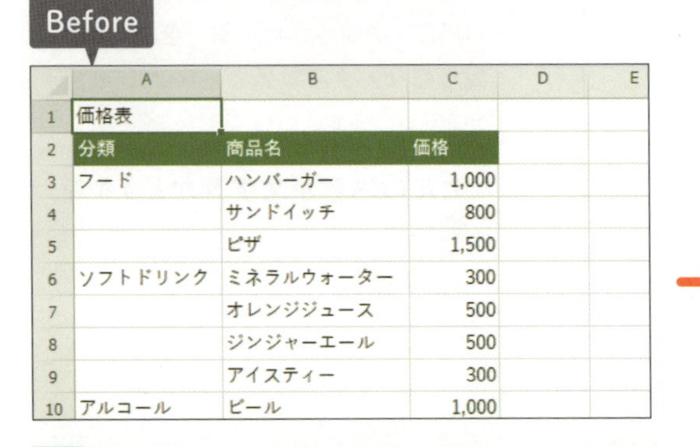

	A	B	C	D	E
1	価格表				
2	分類	商品名	価格		
3	フード	ハンバーガー	1,000		
4		サンドイッチ	800		
5		ピザ	1,500		
6	ソフトドリンク	ミネラルウォーター	300		
7		オレンジジュース	500		
8		ジンジャーエール	500		
9		アイスティー	300		
10	アルコール	ビール	1,000		

After

［分類］列が空白でない場合にだけ上側に罫線を引く

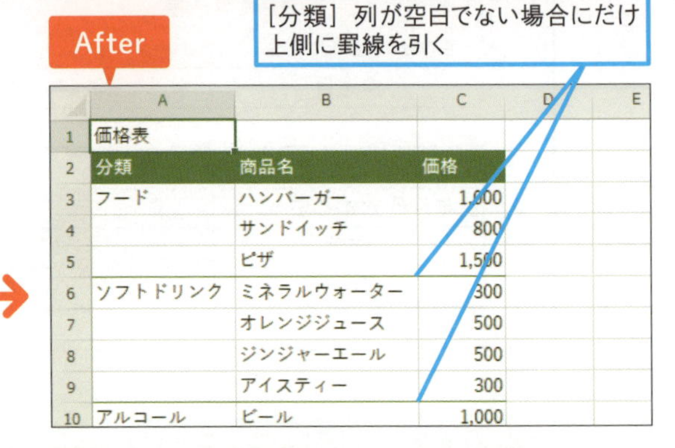

	A	B	C	D	E
1	価格表				
2	分類	商品名	価格		
3	フード	ハンバーガー	1,000		
4		サンドイッチ	800		
5		ピザ	1,500		
6	ソフトドリンク	ミネラルウォーター	300		
7		オレンジジュース	500		
8		ジンジャーエール	500		
9		アイスティー	300		
10	アルコール	ビール	1,000		

スキルアップ

条件付き書式の罫線の書式を設定する

条件付き書式は、セルに対する罫線の設定もできます。条件に合うときだけ罫線が表示されます。この場合、セルのどこに罫線を表示するかを設定します。ここでは、A列のセルが空白でない（文字が入力されている）とき、セルの上側に線を表示する設定にします。

レッスン112のスキルアップを参考に、［セルの書式設定］ダイアログボックスを表示しておく

1 ［罫線］タブをクリック

2 ［スタイル］からクリックして線を選択

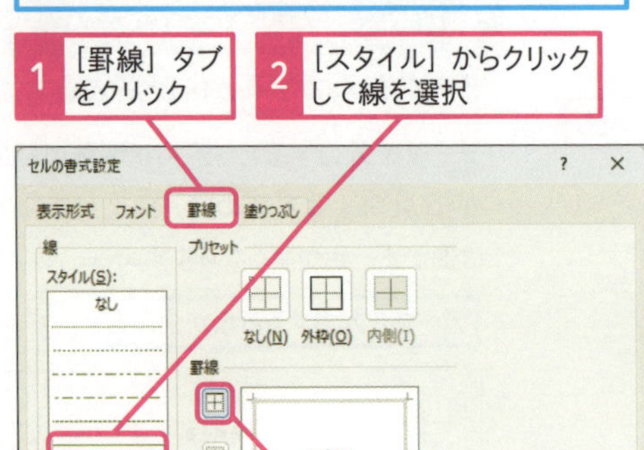

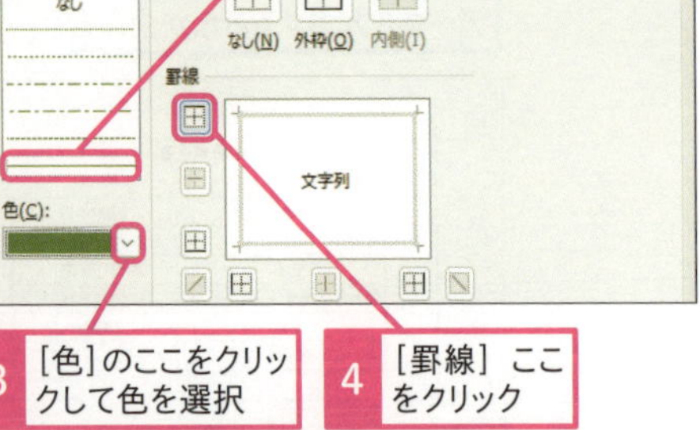

3 ［色］のここをクリックして色を選択

4 ［罫線］ここをクリック

罫線の書式が設定できた

5 ［OK］をクリック

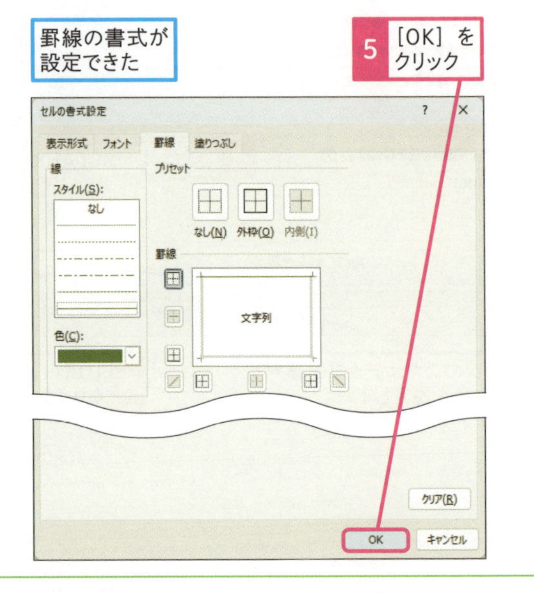

練習用ファイル ▸ L116_NOT、ISBLANK

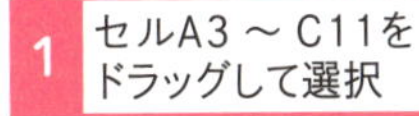

セルが空白ではないことを判定する条件

=NOT(ISBLANK($A3))

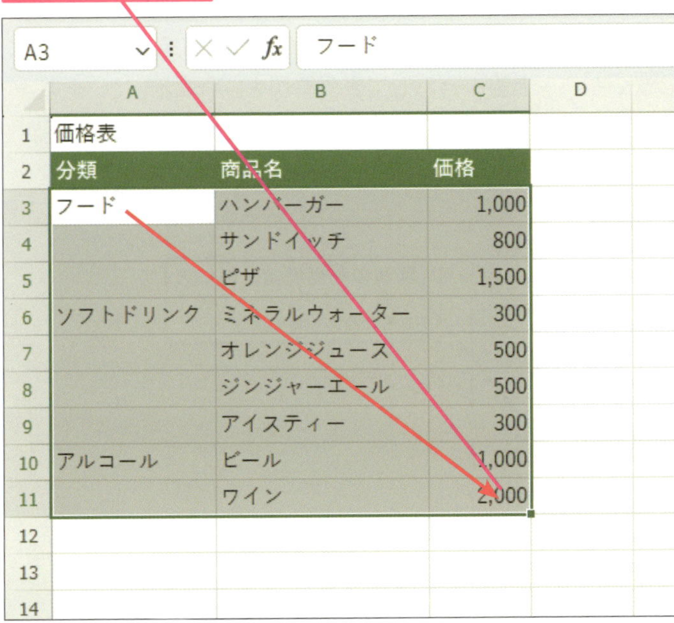

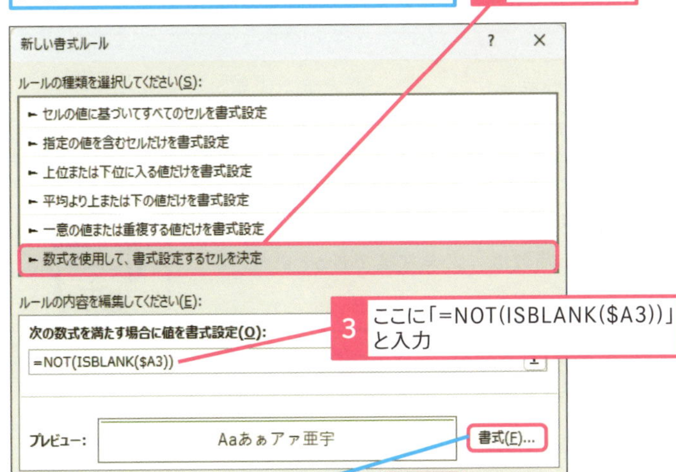

キーワード

FALSE	P.311
TRUE	P.311
空白セル	P.311

使いこなしのヒント

ここで使用する関数

ISBLANK関数は、セルA3が空白かどうかを判定し、空白のとき「TRUE」になります。条件付き書式は「TRUE」のときに書式が変わるので、ISBLANK関数だけでは、空白セルに罫線が表示されてしまいます。そこで、空白のときは「FALSE」になるようにNOT関数を組み合わせます。NOT関数は「TRUE」と「FALSE」を逆にします。

セルが空白かどうかを調べる（レッスン115参照）

=**ISBLANK**(テストの対象)

論理式の結果のTRUEとFALSEを逆にする

=**NOT**(論理式)

使いこなしのヒント

セルが文字のときだけ罫線を引くには

ここでは、NOT関数とISBLANK関数を組み合わせて、「セルが空白ではない」ときに罫線を引いています。逆にセルが文字のときだけ罫線を引く場合は、ISTEXT関数を利用します。条件付き書式の条件に「=ISTEXT($A3)」と指定します。

この章のまとめ

使い方次第でExcelがもっと便利に

この章は、関数を使うことで作業の効率化をはかれる事例を集めました。関数は集計や分析のように答えを出すだけではありません。うまく使えば表の体裁を整えてくれたり、ミスを防ぐための仕組みとして利用できたりします。レッスン101で紹介したSEQUENCE関数やROW関数はデータに付けるNo.などの連番作成に役立ちます。また、レッスン116では、条件付き書式と組み合わせて表の罫線を自動表示しています。この章で紹介したものは、関数そのものの機能というより、使い方の事例を役立ててください。

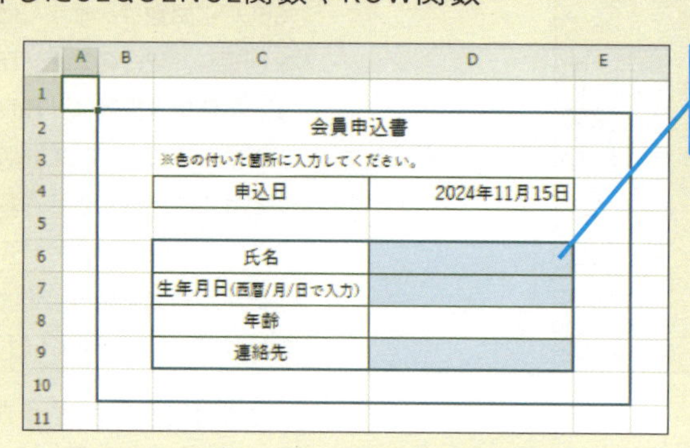

関数の利用価値は使い方次第で変わる。どう工夫できるかをよく考えよう

この章で出てきた関数は、一見、何に使うか分からない関数が多くなかった？　例えば、セルが空白かどうか調べるISBLANK関数なんて、セルを見れば分かるのにって。

そうそう。割り算の余りを調べるMOD関数も、余りを知る必要なんてあるかなって思った。

確かに、関数の機能だけ聞いても何に使うか分からないよね。でも、この章で紹介した関数は、工夫次第でもっといろいろな場面で使えるはずだよ。

関数で解決できることがないか考えてみようかな。

いいこと言うね！　それは関数全般に言えること。Excelを使っていて何か不便なことや、もっとこんなことしたいっていうことが少しでもあったら、使える関数がないか探してみよう。そうそう！それには、次の第10章「Copilotを数式作成に活用する」がきっと役に立つよ。AIで使える関数を探してみよう！

活用編

第10章

Copilotを数式作成に活用する

この章では、Microsoft社が提供する生成AIツール「Copilot」をExcelの数式作成に活用する方法を紹介します。Copilotの利用により、関数の疑問に分かりやすい回答を返してくれたり、使い方のヒントを与えてくれたりします。まずはこの章で紹介するCopilotの利用を試してみましょう。

レッスン
117 Introduction この章で学ぶこと Copilotを数式作成のアシスタントにしよう

関数を使う上ではちょっとした疑問や不安を抱くことが少なからずあります。たくさんある関数の中から的確なものが選べているだろうか、使い方は間違っていないだろうかなど。経験を積んでいけば解決することもありますが、すぐに不安は拭えません。このようなときAIツール「Copilot」が活躍します。

Copilotでどんなことができる?

まず、Copilotはチャットでやり取りできるということを念頭において聞いてね。チャットで何か質問すると、Copilotは質問に関する関連性の高いものをWeb上で検索し、それらを要約した答えを返してくれるんだ。

ということは、検索サイトで関数を調べたりするとよくある大量の検索結果から探し出す、あの手間が省けるんですか?

そうそう。おまけに検索するだけじゃなく、それを分かりやすい文章で答えてくれるというのが生成AIなんだよ。

でも関数のことは、さすがに分かりやすく簡単にというわけにはいきませんよね。

大丈夫。ちょっと難しい回答が返ってきたら「もっと簡単に説明して」って言えばいいんだよ。自然な会話形式でやり取りできるのが「Copilot」だから、アシスタントにいろいろな形で質問してみよう。

Copilotをデータ分析に役立てよう

生成AIっていうと、文章を作ってくれたり、画像を編集してくれたりするイメージなんですけど、Excelに役立つことってあるのかな?

そう思うでしょ。答えを先に言うとね、Copilotは、関数の式を作ってくれたり、今あるデータの分析を手助けしてくれるんだよ。アプリケーションと連携するCopilot Pro、Microsoft 365 Copilotでは、表や値を見て答えやヒントをくれるんだ。

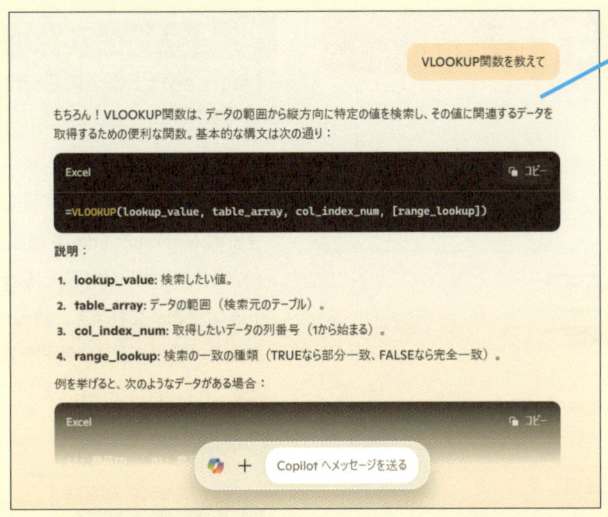

関数の使い方を教えてくれたり、数式を作成したりしてくれる

それじゃあ、もう関数を勉強しなくてもいいってこと?やったー!

ちょっと待って!それはだめ。AIは間違っている可能性もあるということは、常に意識していないとね。CopilotはWeb上のコンテンツを集めて回答を導いているので、必ずしも正確ではない。とすると、Copilotが提案してくれた内容が正しいのかを見極める目は必要だよね。

確かにそうですね。これまでの章でさまざまな関数を勉強してきましたから、その点は大丈夫です!

Copilotは、何回も根気よく付きあってくれるアシスタントだから、誰にも遠慮せずとにかくCopilotに聞いてみよう!

レッスン
118 利用できる関数を探すには

AIによる関数検索　練習用ファイル　なし

目的の表を作成するにはどの関数を使えばいいか？ Copilotから的確な回答を得るためには、作成したい表ややりたいことを明確にして質問します。Microsoft Copilotのアプリ（無料）を起動して試してみましょう。

1 作成したい表から関数を探す

質問例

売上集計表に使えそうな関数は？

1 ［Copilot］をクリック

Copilotが起動した

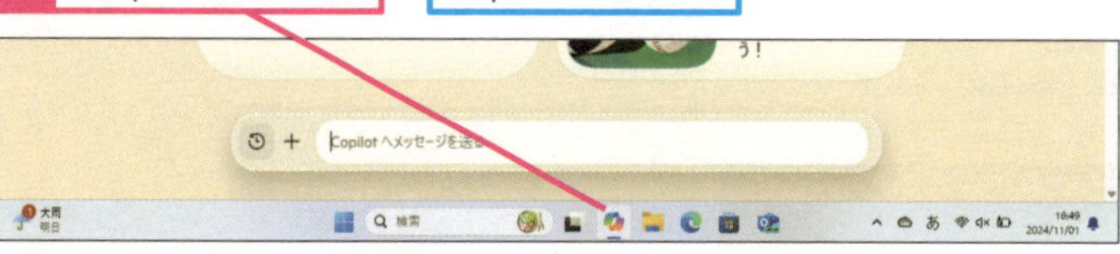

2 上記の質問を入力

3 ［メッセージの送信］をクリック

太郎さん, お会いできて嬉しいです

売り上げ集計によく使われる代表的な関数と簡単な説明が提示された

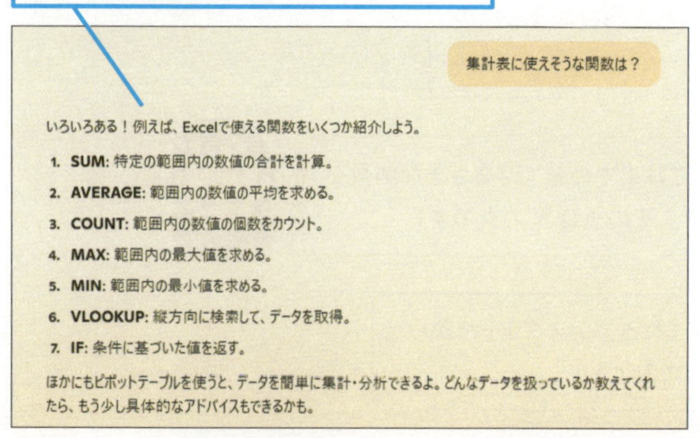

キーワード

Copilot	P.311
数式	P.313

使いこなしのヒント
Microsoft EdgeのCopilotを使うには

MicrosoftのWebブラウザー「Microsoft Edge」で誰でも無料で「Copilot」が利用できます。Microsoft Edgeを起動し、画面右上のアイコンをクリックすると、Copilotのチャット画面が表示されます。画面一番下に用意されているボックスに質問を入力します。

1 ［Copilot］をクリック

質問を入力して送信すると回答が表示される

使いこなしのヒント
Excelに関する回答を得るには

Copilotは、Webページや履歴情報などの情報を読み込み、回答を作成します。そのため、Excelとは無関係な回答になる場合があります。より精度の高い回答を得るには「Excel」や「関数」などの単語を入れた質問をしましょう。

2 やりたいことを明確にして関数を探す

質問例

表からデータを抽出する関数は?

目的に合った関数と簡単な説明が提示される

表からデータを抽出する関数は？

=VLOOKUP(検索値, 範囲, 列番号, [検索の型])

または、もっと多機能な方法として

=XLOOKUP(検索値, 検索範囲, 戻り範囲, [見つからない場合], [一致モード], [検索モード])

例えば、A列からF列の間のデータを取得する場合、XLOOKUPは柔軟に使えるよ。どんなデータを探している？教えてくれたら具体的に示すよ。

3 関数に絞らずExcelの使い方を探す

質問例

Excelで重複データを削除する方法は?

Excelの機能で重複データを削除する方法が提示された

Excelで重複データを削除する方法は？

任せて。次の手順で進めてみよう。

1. 重複データのある範囲を選択。
2. [データ]タブへ移動して、[重複の削除]をクリック。
3. ポップアップウィンドウが表示されたら、重複を削除したい列を選択してOKをクリック。

そうすると、Excelが自動的に重複を見つけて削除してくれるはずだよ。試してみて。

使いこなしのヒント

重ねて質問するには

チャットで質問を重ねることができます。例えば、売り上げ集計に役立つ関数をもっと知りたい場合、「ほかには？」と簡単に問いかけるだけで、別の関数を表示してくれます。

「ほかには?」と聞くと、さらに別の関数を提示してくれる

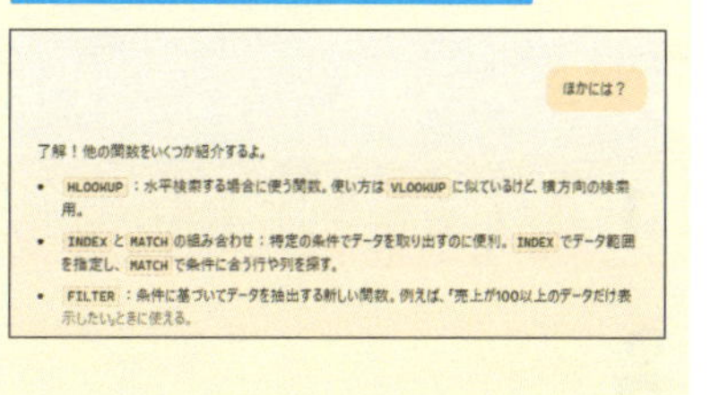
ほかには？

了解！他の関数をいくつか紹介するよ。

- HLOOKUP ：水平検索する場合に使う関数。使い方は VLOOKUP に似ているけど、横方向の検索用。
- INDEX と MATCH の組み合わせ：特定の条件でデータを取り出すのに便利。INDEX でデータ範囲を指定し、MATCH で条件に合う行や列を探す。
- FILTER ：条件に基づいてデータを抽出する新しい関数。例えば、「売上が100以上のデータだけ表示したい」ときに使える。

スキルアップ

会話をリセットするには

会話を続けていくと、そのやりとりを踏まえた回答が生成され、期待する会話にならないことがあります。その場合、会話のリセットを試してみましょう。［履歴を表示］をクリックしたあと［新しいチャットを開始］をクリックします。［履歴を表示］がない場合は、［ホームへ］でホーム画面に戻り［履歴を表示］をクリックします。

1 ［履歴を表示］をクリック

2 ［新しいチャットを開始］をクリック

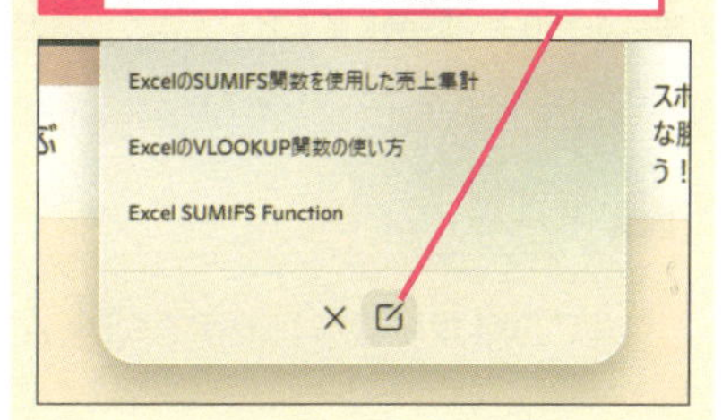

レッスン

119 関数ヘルプとして使うには

AIによる関数ヘルプ

練習用ファイル なし

ある関数のことを知りたいとき、検索サイトなどで調べると、大量のさまざまな検索結果が表示されます。この中から、自分の目的にあう結果を探すのは大変です。Copilotで的確な回答を導く方法を紹介します。

キーワード

Copilot	P.311
数式	P.313

1 関数名を明確にして質問する

質問例

VLOOKUP関数を教えて

VLOOKUP関数の解説、引数の説明などが表示される

VLOOKUP関数を教えて

もちろん！VLOOKUP関数は、データの範囲から縦方向に特定の値を検索し、その値に関連するデータを取得するための便利な関数。基本的な構文は次の通り：

```
Excel                                                    コピー
=VLOOKUP(lookup_value, table_array, col_index_num, [range_lookup])
```

説明：

1. **lookup_value:** 検索したい値。
2. **table_array:** データの範囲（検索元のテーブル）。
3. **col_index_num:** 取得したいデータの列番号（1から始まる）。
4. **range_lookup:** 検索の一致の種類（TRUEなら部分一致、FALSEなら完全一致）。

例を挙げると、次のようなデータがある場合：

使いこなしのヒント

表示された式をExcelで使うには

関数の書式や数式が表示された場合、式の右に［コピー］ボタンがあります。これをクリックした後、Excelのシートに Ctrl + V キーで貼り付けます。

［コピー］をクリックする

範囲から縦方向に特定の値を検索し、その値に関連するデータを
構文は次の通り：

コピー

_array, col_index_num, [range_lookup])

使いこなしのヒント

簡潔な説明の回答がほしい場合は

「VLOOKUP関数の引数を簡単に」や「VLOOKUP関数を150字で説明して」というように、どんな回答がほしいかをオーダーします。

質問例

VLOOKUP関数を150字で説明して

オーダー通りに150字の説明が表示される

VLOOKUP関数を150文字で説明して

VLOOKUP関数は、データ範囲から特定の値を縦方向に検索し、その値に対応する列のデータを取得するためのExcel関数。構文は `=VLOOKUP(lookup_value, table_array, col_index_num, [range_lookup])` で、範囲内の値を見つけると関連する情報を引き出します。

2 具体例を示して質問する

質問例

「リンゴ」のデータだけを合計するには

具体的なデータ「リンゴ」を含む使用例が表示される

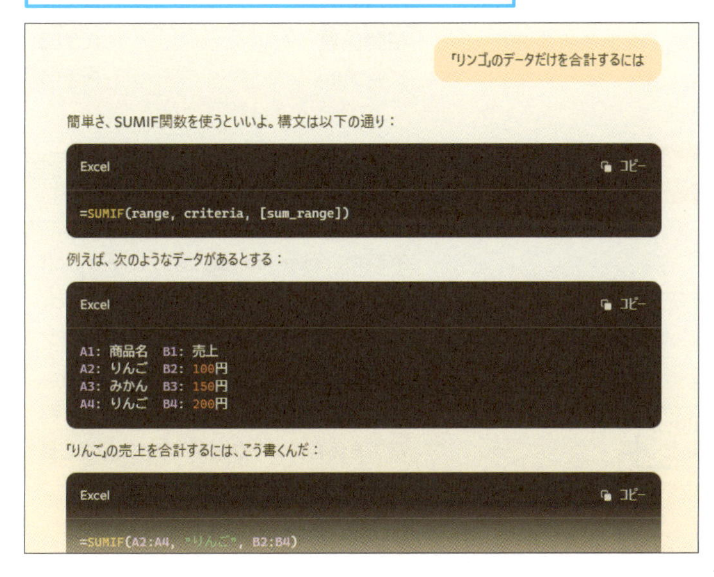

3 より精度の高い数式を作る

質問例

80点以上を「合格」にするIF関数式は?

作成された式が表示される

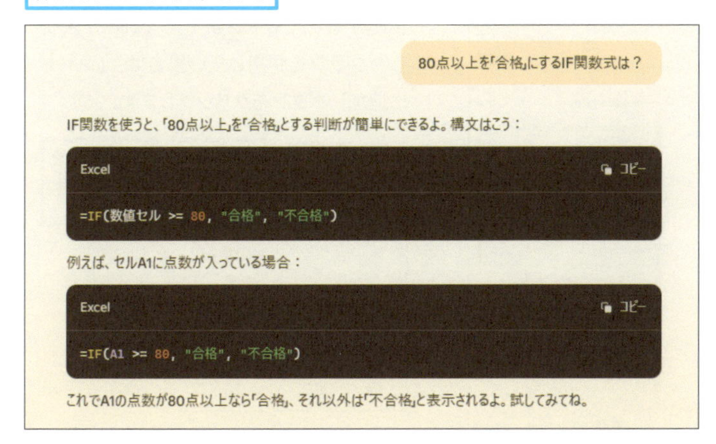

使いこなしのヒント
簡潔な説明の回答がほしい場合は

左の例では、データを具体的に「リンゴ」として質問しているため、すぐに使える使用例の式が表示されます。これを「条件に合うデータだけを合計するには？」と質問すると、一般的な説明となり引数を使った数式の例が表示される可能性が高くなります。

使いこなしのヒント
より精度の高い数式を作るには

具体的な関数名、使用データを質問に含めることで、完成度の高い関数式を作成してくれる可能性があります。ただし、正しい式である保証はありません。必ず検証してから利用しましょう。

使いこなしのヒント
表を作ってくれる

データを整形して表を生成するように指示することもできます。以下の例では、データを「-」ごとにセルに分割した表が生成されます。なお、質問ボックス内で改行する場合は、Shift ＋ Enter キーを押します。生成された表は、［Excelで編集］ボタンでExcelの新規ブックにコピーされます。

質問例

次のデータを「-」ごとに列に分割して
B1-AA1-101
B1-AA1-102
X1-BE2-001
X1-JA3-103

セルを分割した表が提示される

了解です！次のようにデータを「-」ごとに分割しました。

列1	列2	列3
B1	AA1	101
B1	AA1	102
X1	BE2	001
X1	JA3	103

レッスン

120 データを分析してみよう

AIによるデータ分析

練習用ファイル L120_AIによるデータ分析.xlsx

Officeのアプリケーション（サブスクリプション版）と連携する有料サービスのCopilot Pro、または、Microsoft 365 Copilotでは、Excelの中でCopilotを利用することができます。今ある表を元により具体的なヒントを得ることができます。

1 広告費と売上高に相関関係があるか下調べする

質問例

相関関係ありそう?

1 ［ホーム］タブをクリック

2 ［Copilot］をクリック

Copilotが起動した

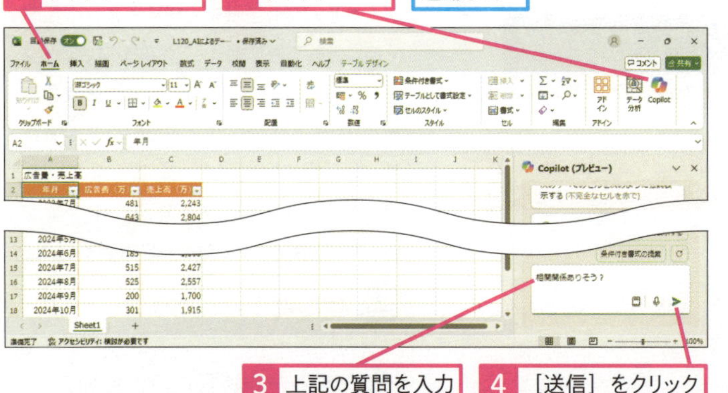

3 上記の質問を入力

4 ［送信］をクリック

グラフが表示され相関関係があることが回答された

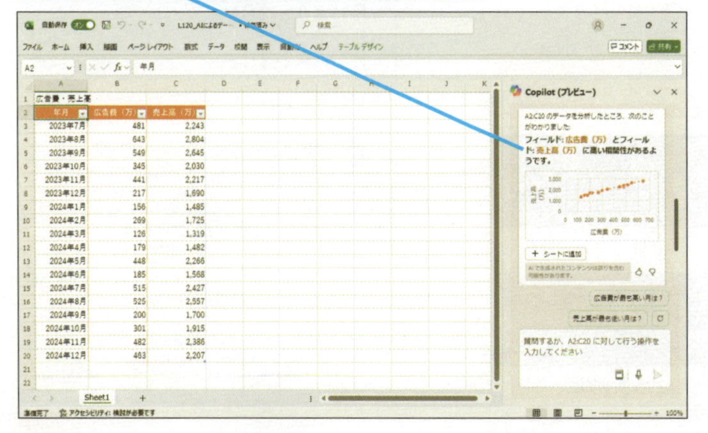

使いこなしのヒント

ExcelでCopilotを使うには

有料のCopilot Pro（個人向け）、Microsoft 365 Copilot（法人向け）を契約すると、Excelの［ホーム］タブにCopilotのアイコンが追加されます。これをクリックしてチャットを始めます。なお、ExcelでCopilotを利用する場合、ブックをクラウドに保存し自動保存を有効にする必要があります。

自動保存をオンにする

使いこなしのヒント

グラフを挿入するには

ExcelのCopilotでは必要に応じてグラフが作成されます。または、グラフの作成を指示することもできます。Copilotが生成したグラフを利用したい場合は、［シートに追加］ボタンをクリックします。

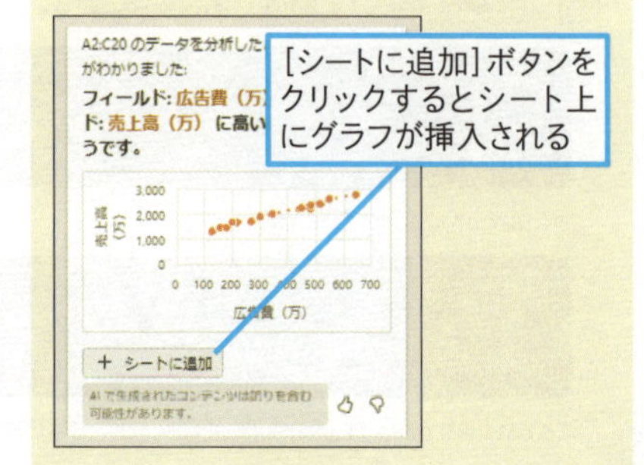

2 相関関係を表す関数を入力する

質問例

広告費と売上高の相関係数を表す式は?

1 上記の質問を入力

2 ［送信］をクリック

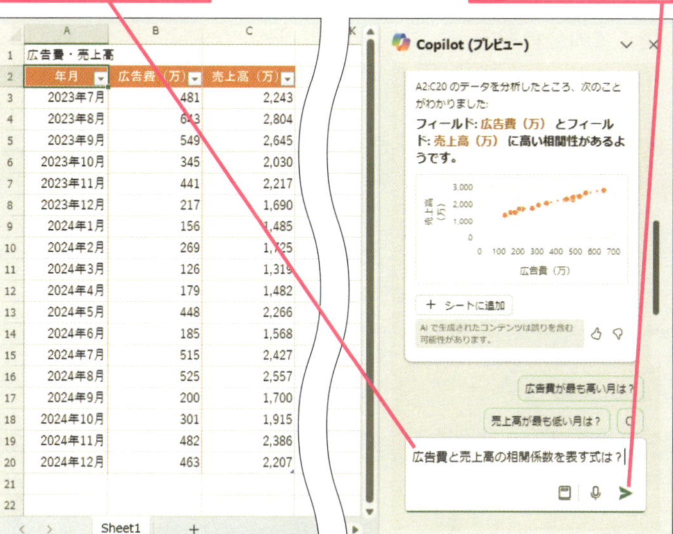

	A	B	C
1	広告費・売上高		
2	年月	広告費（万）	売上高（万）
3	2023年7月	481	2,243
4	2023年8月	643	2,804
5	2023年9月	549	2,645
6	2023年10月	345	2,030
7	2023年11月	441	2,217
8	2023年12月	217	1,690
9	2024年1月	156	1,485
10	2024年2月	269	1,725
11	2024年3月	126	1,319
12	2024年4月	179	1,482
13	2024年5月	448	2,266
14	2024年6月	185	1,568
15	2024年7月	515	2,427
16	2024年8月	525	2,557
17	2024年9月	200	1,700
18	2024年10月	301	1,915
19	2024年11月	482	2,386
20	2024年12月	463	2,207

広告費と売上高の相関係数を求める関数式が生成された

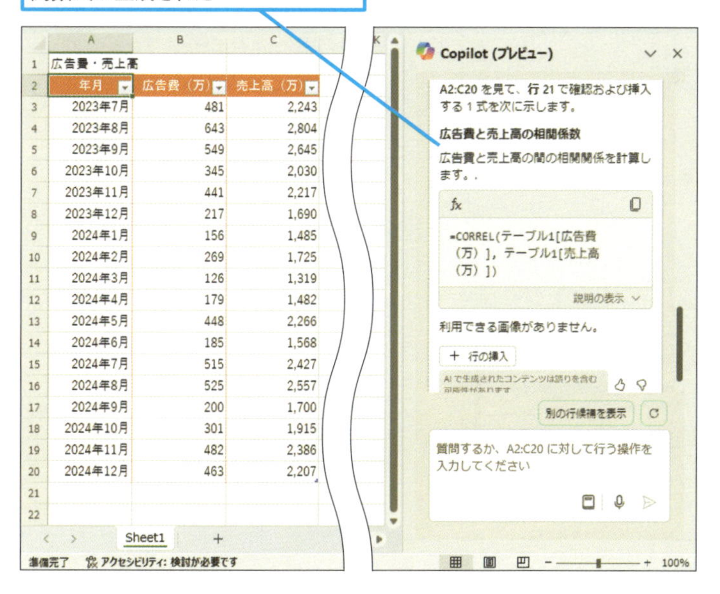

使いこなしのヒント

表が自動認識される

ExcelのCopilotは、自動的に表を認識し、その表に対してデータ分析や式の生成などを行います。そのためには、表として認められる必要があります。簡単には表を「テーブル」として設定します。また、テーブル以外でも、先頭の1行に項目名が並び、空白の行や列、小計、結合セルを含まないなどの条件を満たす表は自動認識されます。表として認められた場合、Copilotの質問ボックスに範囲が表示されます。

質問ボックスに対象になる範囲が表示される

使いこなしのヒント

式を挿入するには

表示された式の右上にある［コピー］ボタンをクリックした後、式を挿入するセルで貼り付け（Ctrl＋Vキー）ます。または、提案された箇所（ここでは「行21」）に貼り付ける場合は、［行の挿入］ボタンをクリックします。

［行の挿入］をクリックすると「行21」に式が挿入される

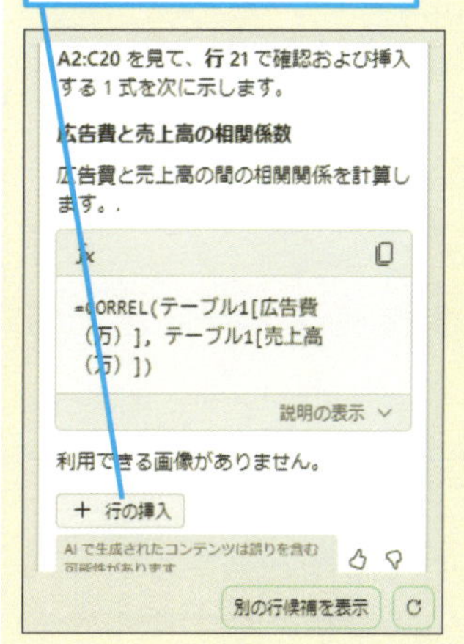

レッスン
121 数式を生成するには

AIによる関数生成

練習用ファイル L121_AIによる関数生成.xlsx

Copilot Pro、または、Microsoft 365 Copilotでは、今あるデータを見て数式を提案してくれます。この機能を利用して表を完成させることができたり、Copilotの提案で新しい視点での分析を行うことができます。

キーワード

Copilot	P.311
数式	P.313
テーブル	P.314

1 第一四半期実績表に合う数式を提案させる

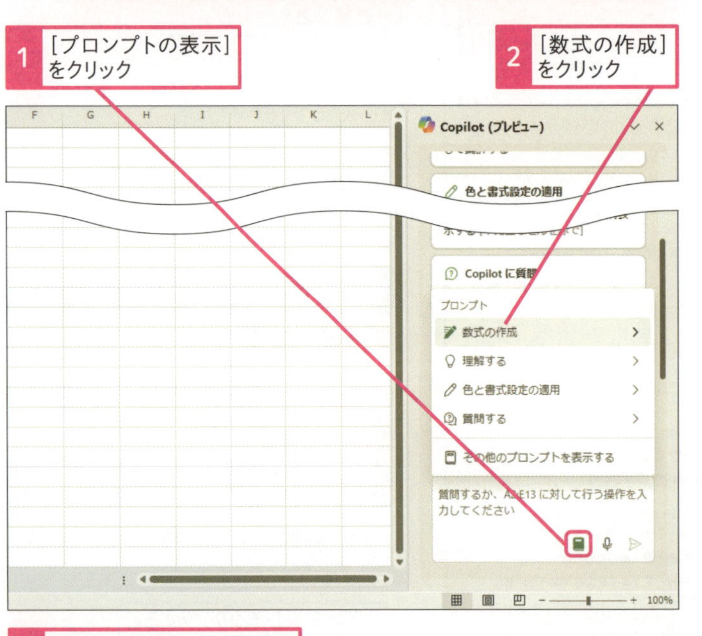

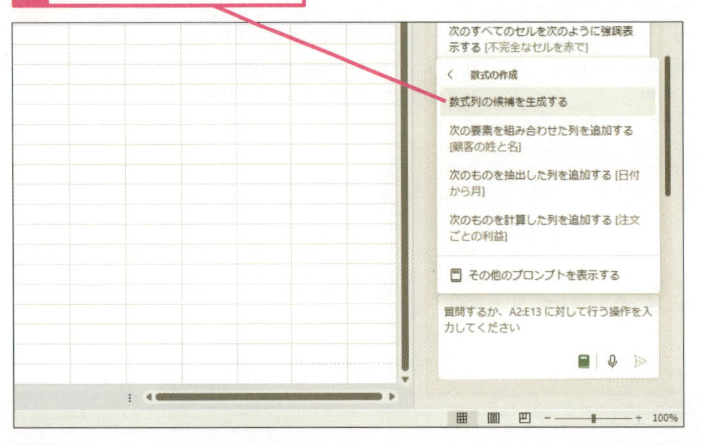

使いこなしのヒント

ほかの提案を見たいときには

提案された数式が目的に沿わない場合は、ほかの提案をみてみましょう。その場合、「別の列の候補を表示する」をクリックします。

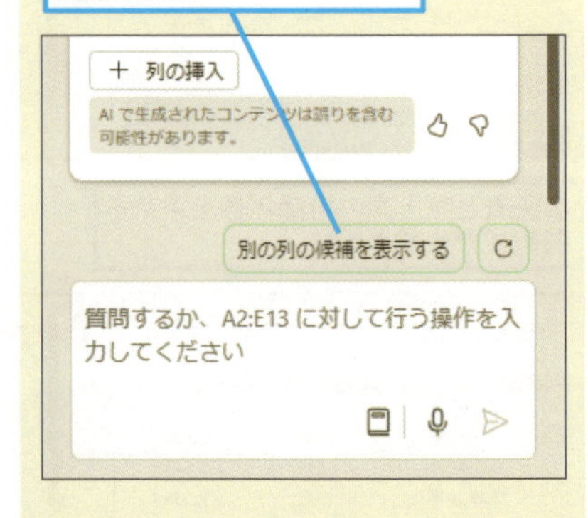

● 提案された計算列を追加する

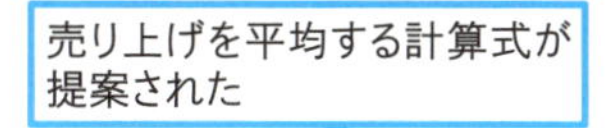

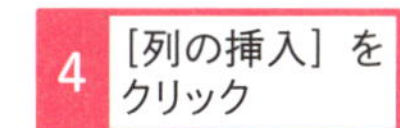

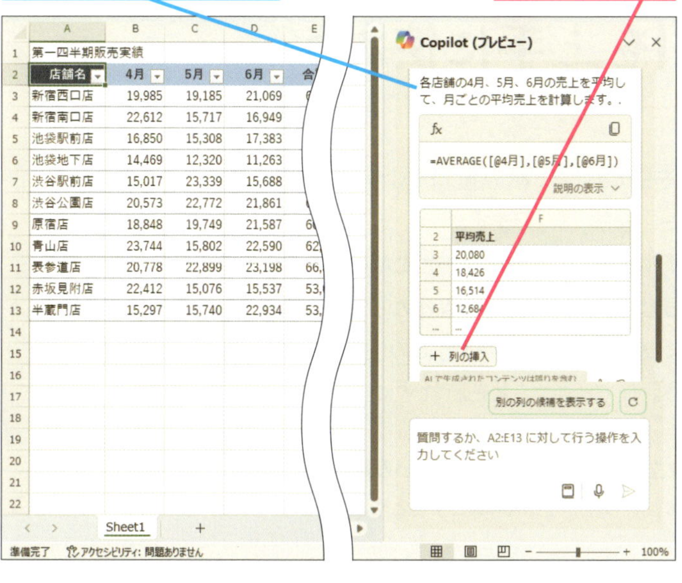

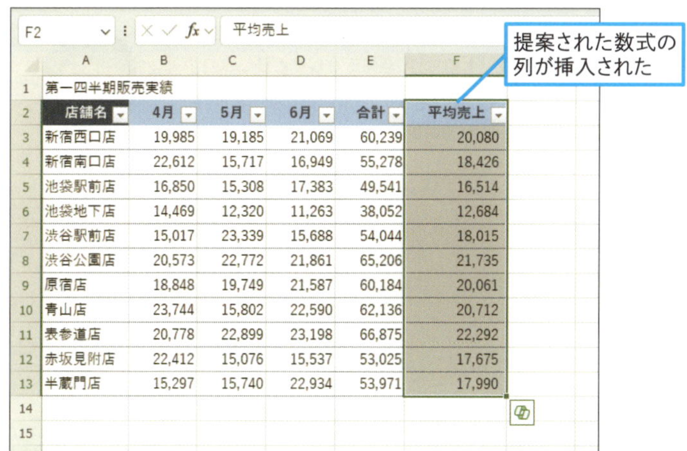

	A	B	C	D	E	F
1	第一四半期販売実績					
2	店舗名	4月	5月	6月	合計	平均売上
3	新宿西口店	19,985	19,185	21,069	60,239	20,080
4	新宿南口店	22,612	15,717	16,949	55,278	18,426
5	池袋駅前店	16,850	15,308	17,383	49,541	16,514
6	池袋地下店	14,469	12,320	11,263	38,052	12,684
7	渋谷駅前店	15,017	23,339	15,688	54,044	18,015
8	渋谷公園店	20,573	22,772	21,861	65,206	21,735
9	原宿店	18,848	19,749	21,587	60,184	20,061
10	青山店	23,744	15,802	22,590	62,136	20,712
11	表参道店	20,778	22,899	23,198	66,875	22,292
12	赤坂見附店	22,412	15,076	15,537	53,025	17,675
13	半蔵門店	15,297	15,740	22,934	53,971	17,990

使いこなしのヒント

式を生成して挿入する

目的の式を生成して挿入したい場合は、具体的な場所も含めて指示します。例えば、「F列の平均売り上げが2万円以上に○を付ける「評価」列をG列に追加」とすると、式が生成されるので、確認して［列の挿入］ボタンをクリックします。

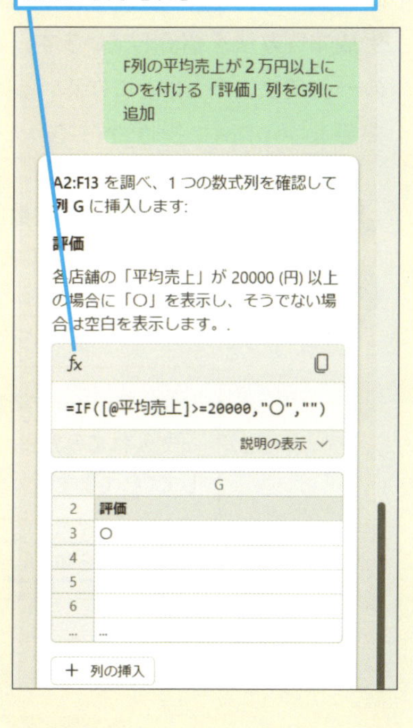

使いこなしのヒント

Excelの操作を指示する

ExcelのCopilotでは、指示したことを実行してくれます。例えば、「F列を中央揃え」のようにしてほしいことを具体的に指示すると、確認のメッセージが返ってくるので、［適用］ボタンをクリックします。

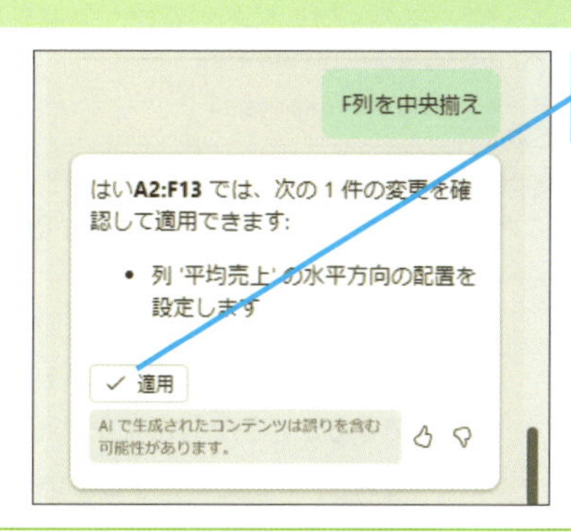

この章のまとめ

生成AIを上手に使おう

この章では、生成AIツール「Copilot」をExcel関数の利用に役立てる例を紹介しました。まずは関数について調べる、そして、関数式や表を生成する方法を紹介しています。これらはほんの一例です。あとはとにかくいろいろな質問や要望をCopilotに投げかけてみましょう。その積み重ねでより精度の高いやりとりが可能になります。

ただし、生成AIについては、根拠が明確でない、誤った情報から生成される場合がある、ということが利用上の注意としてあげられています。このことを忘れずに上手に活用していきましょう。

生成AIがExcelの関数にも役立つことが分かって、いろいろ質問したくなりました。ところで北島くん、さっきからCopilotとずっとやりとりしてるけど、何を聞いてるの?

はい。Copilotと関数“しりとり”してるんです。「Excelの関数でしりとりしよう」って入れてみたら、Copilotがのってきて。頼んでもないのに関数の説明もしてくれてます。

Copilotなら知りたいことを気軽に頼める

Excel関数の名前でしりとりしたら、楽しく関数が覚えられそう。一緒にしりとりしよう！

しりとりでExcelの関数を覚えるのは楽しそうですね！ぜひやってみましょう。私から始めますね。

「SUM」(和を求める関数)

次は「M」で始まる関数をどうぞ！

MOD関数！

素晴らしい！MOD関数は、割り算の余りを求める関数ですね。次は「D」で始まる関数ですね。

「DAYS」(2つの日付の差を求める関数)

次は「S」で始まる関数をお願いします！

そんなこともできるの!?関数の勉強にもなるし面白そう!

北島くん、Copilotを使いこなしているね。北島くんのように、できるかどうかなんて気にせず、とにかく聞いてみることが大事。その調子で使いこなしていこう!

用語集

&（アンパサンド）
Excelの数式に利用できる演算子。「+」を数値を足す演算子として使うように、「&」を文字列を連結する演算子として利用する。例えば、セルA1の文字列と「あいう」を連結する場合、式は「=A1&"あいう"」とする。
→数値、数式、文字列

Copilot（コパイロット）
Copilotは、Microsoft社が提供する生成AIツール。無料で利用できるアプリ版、WEB版のほかに、有料のCopilot Pro、Microsoft 365 Copilotがある（2024年11月）。チャット形式によるやりとりで文章や画像の生成が可能。有料のCopilotでは、Officeアプリ内で生成AIのサポートを受けることができる。

FALSE（フォールス）
引数［論理値］の「偽」の値。「数式の答えが正しくない」ことを意味する。OR関数、AND関数、NOT関数の結果は、FALSEかTRUEの論理値になる。
→TRUE、数式、論理値

TRUE（トゥルー）
引数［論理値］の「真」の値。「数式の答えが正しい」ことを意味する。OR関数、AND関数、NOT関数の結果は、TRUEかFALSEの論理値になる。
→FALSE、数式、論理値

エラーインジケーター
隣接したセルを参照していない関数や数式を入力したとき、セルの左上に表示される三角のマーク。Excelがセル参照の間違いと判断したときに表示されるが、入力内容が正しい場合は無視したままでいい。
→数式、セル参照

演算子
数式などに使う計算記号。例えば数学で使う「＋」「－」「×」「÷」は「算術演算子」と呼ばれる。なお、数式で算術演算子を使うときは、それぞれ「+」「－」「*」「/」の記号を入力する。
→数式

オートSUM（オートサム）
合計するセル範囲を自動的に認識し、計算結果を表示する機能。［オートSUM］ボタンの一覧から項目を選択すれば、合計だけでなく、平均、データの個数、最大値、最小値を計算できる。なお、［オートSUM］ボタンは［ホーム］タブと［数式］タブの両方にある。
→セル範囲

オートフィル
セルに入力済みのデータや関数、書式をコピーできる機能。アクティブセルの右下に表示されるフィルハンドルをドラッグするか、ダブルクリックして利用する。オートフィルを実行した後に表示される［オートフィルオプション］ボタンをクリックすれば、コピー方法を変更できる。
→書式

回帰直線
2つのデータに強い相関関係があるとき、散布図グラフ上には、直線的にデータマーカーが配置される。この直線を回帰直線という。

改行コード
セル内で文字列を複数行の表示にするには、Alt＋Enterキーで改行を行うが、このとき入力されるのが改行コード。改行を指示する文字列で、Excelでは表示されないが、Deleteキーで削除する（改行を取りやめる）ことは可能。
→文字列

空白セル
何も入力されていないセル、または関数や数式の結果として空白文字列「""」が表示されているセルのこと。
→空白文字列、数式

空白文字列
セルの内容が「空白」であることを表す記号。例えば、セルA1の内容が「10」であることを表したい場合に「A1=10」と記述するが、セルA1が「空白の状態」を表したい場合には「A1=""」と記述する。

クロス集計表
データを2つの分類で集計する表。表の上端と左端に分類の項目を配置し、それぞれの項目が交差する位置に該当するデータの個数や割合などの集計結果を表示する。データをどのような観点から集計するか、分類項目の配置がポイントになる。

互換性
異なるソフトウェアやバージョンで相互にデータのやりとりができるかどうかを表すもの。Excelではバージョンが変わるごとに新しい関数が追加されているが、それらの関数は古いバージョンで使用できない。この問題を解決するために、古いバージョンで利用できる互換性関数が用意されている。

最頻値
データ群の中で最も頻繁に出現する値のこと。ExcelではMODE.MULT関数で調べられる。

参照先
［数式］タブにある［参照先のトレース］で使われる「参照先」は、数式により計算、あるいは処理される値から見た数式のこと。セルA3に「=A1+A2」の数式があるとすると、A1、A2から見た参照先はA3になる。
→数式、トレース

参照元
［数式］タブにある［参照元のトレース］で使われる「参照元」は、数式から見た計算、あるいは処理される値のこと。セルA3に「=A1+A2」の数式があるとすると、A3から見た参照元はA1、A2になる。
→数式、トレース

指数回帰曲線
散布図グラフでデータの全体的傾向を示す曲線の一種。グラフ上の曲線はカーブの特徴により成り立つ式が異なるが、xとyの関係が指数関数であるとき指数回帰曲線となる。

条件付き書式
セルに条件と書式を設定することで、セルの内容が条件を満たしたとき、セルの色や罫線などの書式が適用される機能。［ホーム］タブにある［条件付き書式］ボタンの設定項目で条件や書式を設定できる。
→書式

書式
セルの内容をどのように見せるかを設定するもの。セルに入力した値は、書式を設定して「,」や「¥」などを付けて表示できる。

書式記号
TEXT関数で数値や日付、時刻などの表示形式を設定するときに使う記号。例えば、日付から曜日を表示するときは、「"aaa"」や「"aaaa"」といった書式記号を指定する。［セルの書式設定］ダイアログボックスの［表示形式］タブの［ユーザー定義］でも同じ書式記号を指定できる。
→数値、表示形式

シリアル値
日付や時刻を表す数値。セルに日付や時刻を入力すると、シリアル値に変換されるとともに書式が［日付］や［時刻］に変更される。日付のシリアル値は、1900年1月1日を「1」とし、1日で1ずつ増える。例えば「2025年1月10日」のシリアル値は「45667」となる。時刻のシリアル値は、24時間を「1」で表し、12時の場合は「0.5」となる。Excelでは、日付や時刻をシリアル値で管理することで、日数や時間を計算可能にしている。
→書式、数値

数式
「=」から始まる式のこと。演算子を使った数式や関数がある。計算結果を表示したいセルには数式を入力するが、その際、「=」を入力しないと、数式は文字列と見なされてしまう。
→演算子、文字列

数式バー
アクティブセルの内容を表示する場所。入力した関数は数式バーで確認できるほか、修正もできる。関数や数式が入力されたセルには計算結果しか表示されないが、アクティブセルにすると数式バーで数式の内容を確認できる。
→数式

数値
セルに入力した数字のデータや、関数や数式の計算結果として表示された数字。
→数式

スピル
1つの数式に対して複数の結果が得られる場合、隣接するセルに範囲を広げて表示する機能。スピル機能により広がった結果の範囲は、クリックしたとき罫線で囲まれて強調表示される。
→数式

制御文字
コンピュータ上の文字はそれぞれに割り当てられた番号があり、これを文字コードという。その中には、表示や印刷、通信の機器を制御するものがあり、これを制御文字、あるいは制御コードという。改行コードもその一種。
→改行コード

絶対参照
セルの数式をほかのセルにコピーしたときにも参照先のセルが変わらない参照方法。セルの列番号、行番号の前に「$」を付ける。例えば、セルA1に入力してある「=$B$1」という数式をセルA2にコピーしても、数式は「=$B$1」のままでコピーされる。
→参照先、数式、相対参照

セル参照
ほかのセルの内容を利用して計算するときに、列番号と行番号でセルを指定すること。セルA1とセルB1の数値を足し算したい場合、セル参照による「=A1+B1」という数式を入力する。
→数式、数値

セル範囲
引数などで指定する複数のセルのこと。セル番号の間に「:」を入れて記述する。例えば、セルA1からセルC3のセル範囲は「A1:C3」となる。関数や数式の入力中にドラッグしてセル範囲を選択することもできる。
→数式

相関係数
2つの変数の間にある相関関係（一方が変化するともう一方も変化する）の強さを表す-1から+1の間の数値。-1か+1に近いほど強い相関関係があることを指す。Excelでは、CORREL関数で求められる。
→数値

相乗平均
すべての数値を掛けて平均したもの。積の累乗根で求める。Excelでは、GEOMEAN関数で求められる。なお、一般的な「平均」は、すべての数値を足してデータ個数で割る相加平均のことを指す。
→数値

相対参照
数式や関数をほかのセルにコピーしたときに、参照するセルがコピー先のセルに合わせて変わる参照方法。例えば、セルA1に入力してある「=B1」という数式をセルA2にコピーすると、数式は「=B2」になる。セルの列番号、行番号に「$」を設定しないときは、参照方法が相対参照となる。
→数式、絶対参照

中央値
データを小さい順に並べたとき、中央に位置する値のこと。ExcelではMEDIAN関数で求められる。

中間項平均
平均を求めるデータ群に、極端に高い値や低い値が含まれていると、平均値はその値に影響される。これを防ぐために、上下の値を除外して求める平均のこと。Excelでは、TRIMMEAN関数で求められる。

調和平均
平均値の一種。数値それぞれの数の逆数の和を個数で割った平均の逆数。ExcelではHARMEAN関数で求められる。
→数値

テーブル
表の作成、管理、分析をサポートする機能。表をテーブルに変換すると、データの追加や削除、並べ替え、抽出が簡単になる。ほかに、テーブルスタイルを設定することで表全体の色や書式なども簡単に設定できる。表をテーブルに変換するには、表内のセルをクリックして［挿入］タブの［テーブル］ボタンをクリックする。
→書式

等号
「=」の記号。関数では、「=」に続けて関数名を入力する。条件式の記述では、「>」や「<」と組み合わせて比較演算子としても使う。
→比較演算子

度数分布表
複数のデータをいくつかの階級（区間）に分け、階級ごとの個数を調べ、階級と個数を表にしたもの。Excelでは、FREQUENCY関数により作成できる。

トレース
一般的にはプログラムや数式の過程を追うことを「トレース」というが、Excelでは［数式］タブの［参照元のトレース］、［参照先のトレース］の機能の名前。参照元や参照先を矢印の線で表示する。
→参照先、参照元

ネスト
関数を、ほかの関数の引数に組み込んで使用すること。特定の条件を設定するIF関数では、引数にほかの関数をネストする場合が多い。ネストができるのは64レベルまで。

配列
同じ種類のデータが入力された列や行からなるセル範囲のこと。
→セル範囲

配列数式
配列のデータを一括で計算する数式のこと。FREQUENCY関数のように配列数式として入力することで、必要な結果を得られる関数がある（スピル機能が利用できる場合は不要）。なお、配列数式として入力するには、数式を作成した後Ctrl + Shift + Enterキーを押す。これにより式全体が「{}」でくくられ、配列数式となる。
→数式、スピル、配列

比較演算子
値を比較して論理値の結果を表示する記号。比較演算子には「=」「>」「<」「>=」「<=」「<>」などがある。［論理式］で使われることが多い。
→論理式、論理値

百分位数
数値を小さい順に並べたとき、百分率で指定した順位の値。ExcelではPERCENTILE.INC関数で求められる。
→数値

表示形式
セルの数値や日付などのデータの見せ方のこと。表示形式を変えてもデータの内容は変わらない。「1234」という数値を通貨表示形式にすると「¥1,234」と表示されるが、データに「¥」や「,」が追加されたわけではなく、セルには「1234」と入力されている。［ホーム］タブにある［数値の書式］をクリックするか、［セルの書式設定］ダイアログボックスの［表示形式］タブで表示形式を変更できる。
→書式、数値

標準化変量
単位や基準の異なる値を共通の基準になるように「標準化」した値。平均が「0」、標準偏差が「1」となるように変換する。Excelでは、STANDARDIZE関数で求められる。
→標準偏差

標準偏差
データのばらつき具合を表す値で、「分散」の正の平方根で求める。分散はExcelではSTDEV.P関数（標準偏差）やSTDEV.S関数（標本標準偏差）で求められる。
→分散

フィルター
データの一覧から条件に合わせて行を抽出する機能。テーブルの列見出しには抽出に利用するフィルターボタンが自動で表示される。テーブル以外の表では、[データ] タブの [フィルター] ボタンをクリックしてフィルターボタンを表示する。フィルターボタンの一覧から抽出条件を指定できるほか、昇順や降順での並べ替えも可能。
→テーブル

複合参照
列と行でセルの参照形式を変える参照方法。「A$1」の場合は、列が相対参照で行が絶対参照、「$B2」の場合は、列が絶対参照で行が相対参照となる。このように複合参照には、相対参照と絶対参照を組み合わせた2種類の参照方法がある。
→絶対参照、相対参照

分散
データのばらつき具合を表すもので、それぞれのデータの平均値との差を2乗した値の平均。これにルートを付けたものが「標準偏差」。分散も標準偏差もデータのばらつきを表すが、分散は2乗しているためデータの単位と一致しない。単位を一致させるために分散の正の平方根を取ったものが標準偏差となる。Excelは、VAR.P関数（分散）、VAR.S関数（不偏分散）で求められる。
→標準偏差

偏差値
あるデータがデータ群の中のどのくらいの位置にいるかを表す値。偏差値は、「(偏差値を求めたい値－平均）÷標準偏差×10＋50」や「標準化変量×10＋50」の計算で求められる。
→標準偏差

文字列
セルに入力した文字データのこと。Excelでは、文字列のデータと数値のデータが区別される。TEXT関数で表示形式を変更すると、数値が文字列になる。
→数値、表示形式

乱数
規則性がなく予測できないランダムな数字。無作為のサンプルデータが必要なときなどに生成する。Excelでは、RAND関数（0 ～ 1未満の乱数）、RANDBETWEEN関数（指定した範囲内の乱数）で生成できる。

論理式
「A1=10」（セルA1の値が「10」である）のように比較演算子で表した数式。「正しい」（TRUE）か「正しくない」（FALSE）かが論理値で表される。
→FALSE、TRUE、演算子、数式、比較演算子

論理値
論理式の結果を表す値。論理式が正しい場合は「TRUE」、正しくない場合は「FALSE」で表される。OR関数やAND関数などで複数の条件に合っているかどうかを求めると表示される。この「TRUE」または「FALSE」を「論理値」という。
→FALSE、TRUE、論理式

ワイルドカード
文字列を検索するとき、文字の代わりに指定できる記号のこと。「*」は任意の複数の文字を表す。「?」は任意の1文字を表す。
→文字列

索引

タ

■著者

尾崎裕子（おざき ゆうこ）

プログラマーの経験を経て、コンピューター関連のインストラクターとなる。企業におけるコンピューター研修指導、資格取得指導、汎用システムのマニュアル作成などにも携わる。現在はコンピューター関連の雑誌や書籍の執筆を中心に活動中。主な著書に『テキパキこなす! ゼッタイ作業効率が上がる エクセルの時短テク121』『できるイラストで学ぶ入社1年目からのExcel関数』(インプレス)などがある。

STAFF

シリーズロゴデザイン	山岡デザイン事務所<yamaoka@mail.yama.co.jp>
カバー・本文デザイン	伊藤忠インタラクティブ株式会社
カバーイラスト	こつじゆい
本文イラスト	ケン・サイトー
DTP制作	柏倉真理子
校正	株式会社トップスタジオ
デザイン制作室	今津幸弘<imazu@impress.co.jp>
	鈴木　薫<suzu-kao@impress.co.jp>
制作担当デスク	柏倉真理子<kasiwa-m@impress.co.jp>
編集・制作	株式会社トップスタジオ
編集	高橋優海<takah-y@impress.co.jp>
編集長	藤原泰之<fujiwara@impress.co.jp>
オリジナルコンセプト	山下憲治

■商品に関する問い合わせ先

このたびは弊社商品をご購入いただきありがとうございます。本書の内容などに関するお問い合わせは、下記のURLまたは二次元バーコードにある問い合わせフォームからお送りください。

https://book.impress.co.jp/info/

上記フォームがご利用いただけない場合のメールでの問い合わせ先

info@impress.co.jp

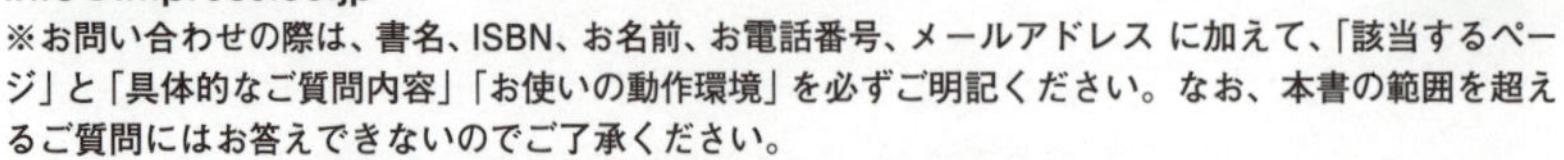
※お問い合わせの際は、書名、ISBN、お名前、お電話番号、メールアドレス に加えて、「該当するページ」と「具体的なご質問内容」「お使いの動作環境」を必ずご明記ください。なお、本書の範囲を超えるご質問にはお答えできないのでご了承ください。

●電話やFAXでのご質問には対応しておりません。また、封書でのお問い合わせは回答までに日数をいただく場合があります。あらかじめご了承ください。
●インプレスブックスの本書情報ページ https://book.impress.co.jp/books/1124101089 では、本書のサポート情報や正誤表・訂正情報などを提供しています。あわせてご確認ください。
●本書の奥付に記載されている初版発行日から3年が経過した場合、もしくは本書で紹介している製品やサービスについて提供会社によるサポートが終了した場合はご質問にお答えできない場合があります。

■落丁・乱丁本などの問い合わせ先

FAX　03-6837-5023
service@impress.co.jp
※古書店で購入された商品はお取り替えできません。

できるExcel関数 Copilot対応
Office 2024/2021/2019&Microsoft 365版

2024年12月21日　初版発行

著　者　尾崎裕子&できるシリーズ編集部

発行人　高橋隆志

編集人　藤井貴志

発行所　株式会社インプレス
〒101-0051　東京都千代田区神田神保町一丁目105番地
ホームページ　https://book.impress.co.jp/

印刷所　株式会社広済堂ネクスト

ISBN978-4-295-02078-3 C3055

Printed in Japan